LEBENSKÜNSTLER

Russ Hodge

LEBENSKÜNSTLER

VON FROSTFESTEN FISCHEN, RADIOAKTIVITÄTSRESISTENTEN BÄRTIERCHEN UND SELBSTHEILENDEN AMPHIBIEN

AUS DEM ENGLISCHEN ÜBERSETZT VON
STEFAN WILDESS

Illustriert von
Kat Menschik

Galiani Berlin

INHALT

Zum Gedenken an meine Mutter, Shirley Jo Hodge,
die mein erstes Buch abtippte
und mir die Liebe zum Lesen und zur Musik vermittelte
und noch vieles mehr.

Vorwort

Fast zwei Jahre lang kam jedes Gespräch irgendwann auf das Thema Tiere. Sagt man den Leuten, dass man an einem Buch schreibt, hat einem jeder eine Geschichte zu erzählen. Oft scheint es, als habe sich die Gesellschaft von der Natur, im virtuellen Zeitalter manchmal sogar von der physischen Realität abgekoppelt, aber Tiere tauchen in unserem Leben ständig auf, selbst mitten in der Großstadt. Vor dem Hintergrund der metallisch kreischenden Geräusche der Straßenbahn, des piependen Müllwagens und der aus einem Café sickernden Chill-out-Musik unterhalten sich von Dächern und Hecken aus die Vögel miteinander. Morgens liegen die Reste von Insekten unter Straßenlaternen auf dem Boden verstreut herum. Kinder und die Öffentlichkeit wurden gar einmal aufgefordert, im Haus zu bleiben, weil jemand behauptete, einen waschechten Löwen gesehen zu haben, der frei durch die südlichen Vororte streife. Sogar ein unscharfes Foto gab es davon. Am nächsten Tag wurde aus dem Löwen ein Wildschwein.

Auf den Spuren bemerkenswerter Tiere trifft man auf bemerkenswerte Wissenschaftler. Viele haben auf verschlungenen Wegen zu ihrem Tier gefunden, von einer Art zur anderen, quer über den Globus, sie schauen zurück in die Vergangenheit, tief in die Zellen hinein oder weit hinaus ins Weltall. Wer kann schon ahnen, dass ein Forscher mit einer Leidenschaft für die kleinsten Vögel der Welt in der Antarktis tauchen gehen würde, um riesige Spinnen zu erforschen. Oder dass eine Geschichte über sibirische Fledermäuse zu einer bemerkenswerten Frau führen könnte, die lyrische Texte zur Geologie schrieb, Flugzeuge flog und bei den Nürnberger Prozessen Nazis verhörte. Die Übersetzung eines altgriechischen Romans durch einen Freund wurde zum Tor zu dem, was ich den ›dänischen Giraffenclub‹ nenne, und zu einem erstaunlichen Paar, das Insulin nach Europa brachte, um es für die breite Masse herzustellen. Auf den Spuren der Grizzlybären erfuhr ich etwas zu 250000 Jahren menschlicher Elternschaft. Ein Forscher, der seine Karriere damit begann, Nachtigallen auf einem Fahrrad hinterherzujagen, stellt nun tiefgreifende Fragen dazu, wie Wissenschaftler die Signifikanz ihrer Experimente bewerten.

Ich hatte kaum mit dem Schreiben dieses Buches begonnen, als solche Geschichten meine ursprüngliche Idee über den Haufen warfen. Seit über zwei Jahrzehnten hatte ich über die rasante Erforschung der Grundlagen des Lebens geschrieben, über erstaunliche Fortschritte in unserem Verständnis der Evolution, über die Entwicklung fantastischer Technologien und Werkzeuge zur Manipulation von Genen und zum Verständnis ihrer Funktionen. Der bei weitem größte Teil dieser Arbeit fokussierte sich auf eine sehr kleine Anzahl von Arten: Fliegen und Würmer, Frösche und Fische, Mäuse und Ratten.

Vielleicht war es an der Zeit, den Blickwinkel zu erweitern.

Mein Freund Salim Seyfried, ein herausragender Wissenschaftler, nahm mich mit auf eine Veranstaltung von Kat Menschik und einem Autor, dessen Buch sie gerade illustriert hatte. Salim hatte ihr künstlerisches Talent für einige wissenschaftliche Illustrationen in Anspruch genommen. Er stellte uns einander vor, und das sollte einen großen Einfluss auf die Entwicklung dieses Buches haben. Wäre es dazu nicht gekommen, gäbe es dieses Buch in dieser Form sicher nicht. Kats Kunst diente mir beim Schreiben als Inspiration.

Seit Jahren verfolge ich die Arbeit von Gary Lewin, einem meiner Kollegen am Max-Delbrück-Centrum in Berlin, der am sogenannten Nacktmull forscht. Der Nacktmull ist so klein, dass er einem auf die Handfläche passt; er hat eine Lebenserwartung von weit über 30 Jahren, lebt in Kolonien mit einer Königin und einer Sozialstruktur, ist praktisch kaltblütig, unempfindlich gegen mehrere Arten von Schmerz, bekommt nie Krebs und hat weitere, für Säugetiere höchst ungewöhnliche Eigenschaften. Im Laufe der Jahre hat Garys Labor eine Entdeckung nach der anderen über diese Tiere gemacht – und dabei Tiefgreifendes über den Menschen erfahren.

Andere bemerkenswerte Tiere könnten ebenso wichtige Erkenntnisse über unsere Biologie, Gesundheit und Krankheiten liefern. Wenn man wissen möchte, warum wir an Bluthochdruck leiden, wäre es dann nicht sinnvoll, sich ein Tier anzusehen, das genau dieses Problem nicht hat: nämlich die Giraffe? Verliert ein Mensch eine Gliedmaße, ist sie für immer verloren; wird bei einem Unfall das Rückenmark durchtrennt, wachsen die Nerven nie wieder nach. Aber warum nicht? Manche Tiere können die Nerven, das Herz, die Haut, Teile des Gehirns und sogar ganze Gliedmaßen regenerieren. Was können sie uns über die Grenzen der Wundheilung in unserem Körper sagen?

Heutzutage ist das genetische Instrumentarium so ausgereift, dass seine Methoden auf eine viel breitere Palette von Arten angewendet werden können, und die Wissenschaft weiß das zu nutzen. Aber schon immer gab es Menschen mit einer weiteren Sicht auf die Dinge, die begriffen, dass der Blick auf andere Tiere gewinnbringend sein könnte. Gary Lewin kannte einige von ihnen und dachte, es wäre sinnvoll, einige von ihnen zusammenzubringen. Er organisierte 2019 ein Treffen von Experten für Wale und Beutelteufel, Maulwürfe und Kolibris, Pythonschlangen und Rotwangen-Schmuckschildkröten und etwa 20 weitere für die Forschung eher ›untypische‹ Organismen.

Es war eine Konferenz, wie sie in den Jahren vor COVID ständig stattfand. Experten flogen aus der ganzen Welt ein, schlossen sich an den Beamer an, standen vor einem echten, leibhaftigen Publikum, um Vorträge zu halten und Fragen zu beantworten, und vertagten sich dann mit Getränken in der Hand zur Postersession. Und tatsächlich hatten sie sich viel zu sagen. Dann gingen sie nach Hause.

COVID brachte fast umgehend alles zum Stillstand, und die Frage lautete: »Was nun?« Einige der Gespräche nach der Konferenz waren mir im Gedächtnis geblieben, aber ich war mir nicht ganz sicher, warum. Ich hatte das Gefühl, dass es da eine größere Botschaft gab, die ich vermitteln wollte. Einige der Vorträge reichten über die reine Biologie hinaus und deuteten auf größere Themen hin: Vielfalt, den Klimawandel, soziale Fragen. Vielleicht wäre es sinnvoll, noch einmal einen Blick darauf zu werfen, die Dinge zusammenzufassen und die vorgetragenen Ideen einem breiteren Publikum zugänglich zu machen.

Also fing ich an, wissenschaftliche Artikel zu lesen, Leute ausfindig zu machen und Kontakt aufzunehmen. Alle waren gesprächsbereit, jeder hatte eine Geschichte zu erzählen und tat dies auch bereitwillig. Alle widmeten mir äußerst großzügig ihre Zeit – sogar einige, die selbst tolle Bücher geschrieben hatten, auch zu ähnlichen Themen.

Fast sofort änderte sich mein anfangs recht simpler Plan für das Buch. Ich hatte vorgehabt, über einige der verblüffenden Entdeckungen zu berichten, die bei der Untersuchung bemerkenswerter Organismen gemacht worden waren. Bei der Arbeit mit Nacktmullen hatte Garys Labor herausgefunden, dass diese 18 Minuten ohne Sauerstoff auskommen konnten und sich vollständig davon erholten. Dies war mehr als bloß interessant: Es könnte uns etwas Wichtiges darüber sagen, wie diese Tiere Energie gewinnen und nutzen und warum Menschen es ihnen nicht nachtun können. Das Studium der Nacktmulle hatte ein Fenster zu neuen Prinzipien des Stoffwechsels und des Schmerzes sowie zu grundlegenden Prozessen in ihren und unseren Zellen geöffnet.

Viele Wissenschaftler, mit denen ich in der Vergangenheit zusammengearbeitet habe, scheinen einen eher utilitaristischen Blick auf Organismen zu haben: Interessiert man sich für einen bestimmten biologischen Prozess, stellt man eine wissenschaftliche Frage, findet das richtige Modellsystem und bastelt so lange daran herum, bis man eine Antwort erhält. Bei meinen Gesprächen stellte ich hingegen immer wieder fest, dass die Menschen, die an bemerkenswerten Tieren arbeiten, meist eine umfassendere Sicht der Dinge haben.

Diese Vorstellung von einem universellen Baukasten menschlicher und tierischer Merkmale löste sich durch Gespräche mit Kollegen wie Gary Lewin, Tobias Wang, C.E. O'Brien, Barbara Natterson-Horowitz, Valentin Amrhein und Katina Roumbedakis schnell in Luft auf. Jeder von ihnen hat Jahre seines Lebens einem ›untypischen‹ Modellorganismus gewidmet. Jede Begegnung brachte einen Perspektivenwechsel mit sich. Es handelt sich natürlich um einen fortlaufenden Prozess, aber es ist klar, dass die Denkweise dieser Menschen eine andere ist. Anstatt nach der einen bestimmten Sache zu suchen, sind sie bereit, ein wenig zu verweilen, die Eindrücke und Beobachtungen aufzunehmen, die Geschehnisse abzuwarten und zu beobachten.

Ich hatte nicht erwartet, dass die Forschung an Maulwürfen die holzschnittartige Auffassung des Geschlechts als binär in Frage stellen würde. Dass es einen Zusammenhang zwischen dem Gesang von Nachtigallen und anderen Vögeln und der Art und Weise gibt, wie wir bestimmte Eigenschaften mit einem bestimmten Geschlecht verbinden. Dass man auf einem Parkplatz eine neue Bärtierchen-Art finden könnte, die etwas über die frühe Evolution von Köpfen und Gehirnen aussagen könnte. Dass das Eis in Eisfischen vielleicht nicht schmilzt, wenn die Temperaturen steigen. Ich hatte nicht erwartet, dass das Schreiben über die Lieferkette von Tintenfischen – wie ein Tier vom Meer in verschiedenste Teile der Welt auf den Esstisch gelangt – so viele in meinem eigenen Stil enthaltene kulturelle Perspektiven offenbaren würde.

Dieses Buch wurde ursprünglich auf Englisch geschrieben, mit dem Titel »Remarkable: what animals can teach us about ourselves, the value of diversity, and saving the world«. Es war als Arbeitstitel gedacht, als ich das erste Kapitel begann. Wie sich herausstellte, habe ich am Ende tatsächlich über all diese Dinge geschrieben.

Viele der Wissenschaftler, mit denen ich gesprochen habe, glauben, dass wir einen Wendepunkt überschritten haben – oder kurz davorstehen –, der das Leben auf dem gesamten Planeten bedroht. Während wir uns als Individuen mit unseren unmittelbaren persönlichen Angelegenheiten und den großen Dramen der Nationen beschäftigen, fügen wir der Natur unwiderruflichen Schaden zu – und damit auch uns selbst. Unsere Lebensweise hat einen großen Scherbenhaufen angerichtet. Das zeigt sich unter anderem darin, dass die Artenvielfalt auf unserem Planeten in einem erschreckend schnellen Tempo abnimmt.

Es ist keineswegs das erste Mal, dass das Leben auf der Erde vor einer gewaltigen Herausforderung steht; je nach Zählweise hat es in den letzten 500 Millionen Jahren zwischen fünf und 20 oder mehr Massensterben gegeben. In dieser Zeit mussten die Arten mit kleinen, komplizierten Problemen, enormen Herausforderungen und allem, was dazwischenliegt, umgehen. Die Evolution hat so vieles davon gelöst, dass die Idee allzu verlockend erscheint, irgendwo in der Natur da draußen könnte etwas auf uns warten, was uns inspirieren, heilen und vom Abgrund zurückholen kann.

Die Wissenschaftler, mit denen ich gesprochen habe, sehen Tiere als Ganzes und nicht als Ansammlung einzelner Merkmale, die es zu zerlegen und untersuchen gilt. Jeder Organismus stellt ein Ökosystem aus Zellen, Geweben und Strukturen dar, die gemeinsam sein Überleben in einer Umweltnische sichern. Mit genügend Zeit kann sich bei jeder Art ausreichend Vielfalt ergeben, um einen Überlebensweg aufzutun, wenn sich ihre Nische verändert.

Die Geschichten in diesem Buch zeigen, dass dies geschieht, und zwar dank der erstaunlich anpassungsfähigen Systeme zur Steuerung der vorhandenen Gene. Über enorme Zeiträume hinweg können die flossenbildenden Moleküle so justiert werden, dass sie Beine bauen. Aus Beinen können Mandibeln oder Antennen werden. Finger können zu Flügeln werden. Die Veränderung der Position eines Ohrs kann das Gehör so präzise machen, dass ein Vogel nachts jagen kann. Aber all diese bemerkenswerten Eigenschaften der Tiere haben sich über lange Zeiträume hinweg entwickelt. Es gibt keine Garantie dafür, dass sich eine Art anpassen kann, und selbst wenn sie es kann, könnte das Jahrmillionen in Anspruch nehmen. So wie die Dinge momentan laufen, werden selbst die bemerkenswertesten Tiere nicht genug Zeit dazu haben, nicht annähernd genug.

Wir täten gut daran, uns einiges von ihnen abzuschauen, solange sie noch da sind.

DIE UNTERWELT

1

Das Reich des Nacktmulls

Der Highway 30 ist eine lange, staubige Straße am Horn von Afrika, die sich von der somalischen Grenze nach Norden bis in das Herz Äthiopiens erstreckt. Ihren Ausgang im Süden nimmt sie als unbefestigte Piste, die sich über mit spärlichen Sträuchern und verkümmerten Akazienbäumen gesprenkelte Hügel aus durcheinandergewürfeltem Felsgestein windet. Dann macht der Highway einen Schwenk nach Nordwesten über ein großes, trockenes Flachland, eine trostlose Landschaft, in der in Trockenzeiten der Boden ausdörrt und ein Labyrinth aus Rissen hinterlässt, die wie riesige Tonscherben über die Ebene verstreut liegen. Weiter nördlich ist die Straße endlich befestigt und passiert Hügel und Städte mit poetisch klingenden Namen: Shilabo und Kebri Dehar, Usul und Kebri Beyah. Dazwischen immer wieder lange, leere Streckenabschnitte, die frei von jedem Leben zu sein scheinen; man kann eine halbe Stunde fahren, ohne ein Tier oder einen anderen Menschen zu Gesicht zu bekommen.

Der Eindruck der vollkommenen Kargheit täuscht: Direkt unter der Erdoberfläche befinden sich Baue und Tunnelsysteme, die sich weit in alle Richtungen erstrecken. Bewohnt werden sie von Tieren, die derart ungewöhnlich sind, dass sie fast außerirdisch erscheinen. Es ist das Reich des Nacktmulls.

Irgendetwas trieb einst die Vorfahren dieses kleinen Nagetiers in die Unterwelt. Die extremen Bedingungen, denen sie dort ausgesetzt waren, zogen drastische Veränderungen an ihrer Biologie nach sich. Beim Graben von Tunneln brauchte schon der einfache Akt der Atmung den Sauerstoff in der Atmosphäre auf. Nahrung und Wasser waren äußerst knapp und die Population wuchs schnell über ihre Ressourcen hinaus. Die Nacktmulle hungerten.

Heute geschieht das Gleiche direkt über ihren Köpfen. Wir Menschen haben große Vorteile, wenn unsere Existenz bedroht ist: die Wissenschaft, die uns sagt, dass die sich anbahnende Apokalypse von uns selbst ausgeht, und die intellektuellen, technologischen und gesellschaftlichen Werkzeuge, um die Probleme anzugehen, wenn wir bloß den Willen dazu aufbringen könnten, sie wirklich zu nutzen.

Der Verstand der Nacktmulle ist schwer messbar und ihr einziges technisches Mittel sind die scharfen Zähne, mit denen sie graben. Ihre hochentwickelte Gesellschaft beruht auf zwei Prinzipien: der strengen biologischen Regulierung der Fortpflanzung der Kolonie und dem Teilen von wirklich allem. Das sind jedoch eher Nebeneffekte denn Ursachen dessen, was ihnen das Überleben ermöglicht hat. In Ermangelung von Wissenschaft und Regierungen bestand ihre einzige Möglichkeit darin, sich einer tiefgreifenden evolutionären Umstellung zu unterziehen, die ihre Biologie und damit ihr Wesen an sich grundlegend veränderte. Das zog sich über Millionen von Jahren, während derer sie wohl die meiste Zeit kurz vorm Aussterben standen, und es brachte eine große Zahl an Fehlschlägen mit sich.

Nimmt man einen Nacktmull in die Hand – denn er hat genau die richtige Größe dafür –, so hat man da ein runzliges, zappelndes Energiebündel vor sich, das in der Luft herumschnüffelt und einen anzwitschert. Die nadelstichartigen schwarzen Augen, die wie auftätowiert wirken, versuchen einen zu orten. Man wirkt vermutlich wie graue Schatten auf ihn; er ist nicht völlig blind, hat aber nur ein minimales Sehvermögen.

Der Nacktmull ist von Menschen als hässlich bezeichnet worden, aber das ist die falsche Sicht der Dinge. Was man da in der Hand hält, ist ein auserlesenes Evolutionsprodukt, das eine nahezu perfekte Verbindung geschaffen hat aus Biologie, Verhalten und der Umgebung, in der es lebt. So erfolgreich ist diese, dass die Art heute als ungefährdet gilt; sie hat sich über den größten Teil von Äthiopien, Somalia und Kenia ausgebreitet. Die Nische, die dieses Tier für sich erarbeitet hat, wird es ihm voraussichtlich erlauben, noch Millionen von Jahren in einer der unwirtlichsten Gegenden der Erde zu leben.

Es sei denn, wir ruinieren auch seine Umwelt.

Wie mag das Leben unter der Erde sein, im Dunkeln, dicht gedrängt und bei ständigem Hunger? In die Gedankenwelt eines Nacktmulls können wir uns nicht hineinversetzen, aber das heißt nicht, dass wir es nicht wenigstens versuchen sollten oder dass wir uns nichts von ihm abschauen könnten. Die Wissenschaft eröffnet die Möglichkeit zum Gespräch. Deshalb geht es in diesem Buch nicht bloß um den Nacktmull und andere bemerkenswerte Tiere – es handelt auch von den bemerkenswerten Menschen, die sie beobachten und studieren, und dem Gespräch, das sie führen.

Eine der größten Populationen von Nacktmullen außerhalb Afrikas findet sich an einem Ort, der sich kaum drastischer von ihrer Heimat unterscheiden könnte: Berlin, Deutschland. Eine riesige Stadt mit Fluss und Wasserwegen und üppigen Grünflächen allerorten. Die Nagetiere finden sich dort nicht unter den Gärten der Menschen oder in den U-Bahn-Tunneln – jedenfalls soweit wir es wissen –, sondern im Keller eines biomedizinischen Forschungsinstituts.

Dort züchtet der Wissenschaftler Gary Lewin seit Jahren Kolonien der Tiere und studiert sie. Diese Beziehung begann, als ein amerikanischer Kollege Garys, Thomas Park, entdeckte, dass Nacktmulle für bestimmte Arten von Schmerz unempfindlich sind. Da Schmerz ein zentrales Thema von Garys Forschung bildete, war sein Interesse geweckt, und Thomas brachte ihm ein paar Tiere. Gary erwarb weitere Tiere aus Kolonien, die in Südafrika gezüchtet worden waren. Heute betreut er mit über zwanzig Kolonien eine der größten Nacktmullsammlungen der Welt.

Feldforschung hat eine entscheidende Rolle für seine Arbeit gespielt – auch zum Aufbau einer engen Zusammenarbeit mit lokalen Forschungsgruppen in Afrika –, aber der Weg dorthin war durchaus abenteuerlich. »An vielen der Orte, die wir vor zehn Jahren bereist haben, können wir nicht mehr arbeiten, weil es inzwischen zu gefährlich geworden ist«, sagt er. Er berichtet von marodierenden Rebellengruppen sowie der Entführung und dem Verschwinden eines Kollegen an der Grenze zwischen Kenia und Somalia. Ein Kollege in Somalia starb an COVID, die Epidemie war dort weitgehend ignoriert worden.

Garys Akzent ist schwer einzuordnen – »Ich habe nicht wirklich einen«, sagt er, was angesichts seines Lebensweges auch Sinn ergibt. Groß wurde er mitten in der Irischen See auf der Isle of Man, gleich weit entfernt von den Küsten Irlands, Englands und Schottlands. Nach der Schule ging er an die Universität Sheffield, mitten im Vereinigten Königreich und ohne Zugang zum Meer, zum Promovieren dann südwärts, nach London. Seine Dissertation hatte den etwas einschüchternden Titel »Peripheral and Central Consequences of Appropriate and Inappropriate Regeneration of Adult Primary Afferents« (Periphere und zentrale Konsequenzen der geeigneten und ungeeigneten Regeneration von primären Afferenzen bei Erwachsenen).

Danach ging es für ein Postdoc-Stipendium nach New York – Europäern, die eine lebenslange Karriere in der Forschung anstreben, gilt ein Aufenthalt in Amerika als quasi obligatorisch. Nach Europa zurück brachte ihn eine Stelle am Max-Planck-Institut für Psychiatrie in Bayern. Im Jahr 1996 trat er in die Abteilung für Neurowissenschaften des MDC ein und blieb seither in Berlin.

Ein Großteil der aktuellen Arbeit seines Labors beschäftigt sich mit den einzigartigen Eigenschaften des Nacktmulls und damit, was sie uns über das menschliche Wesen verraten könnten. Warum empfinden wir bestimmte Arten von Schmerz (und sie nicht)? Warum bekommen wir Krebs (und sie nicht)? Wie hat unsere Biologie uns zu sozialen Lebewesen gemacht (was auch sie sind)?

Es gibt noch einen weiteren Grund, genau hinzusehen – Nacktmulle haben eine enorme Lebenserwartung. Sie werden etwa 35 Jahre alt, zehnmal älter als die meisten anderen Nagetiere. Bis vor nicht allzu langer Zeit waren 35 Jahre sogar älter als das durchschnittliche menschliche Leben. Erst seit einem winzigen Bruchteil der Geschichte unserer Spezies übertreffen wir die durchschnittliche Lebenserwartung eines Nacktmulls.

Gary beschreibt die Anpassungen, die Nacktmulle durchlaufen haben, folgendermaßen: »Im Laufe der Jahrmillionen haben sie einfach alles abgelegt, was unter der Erde Energie verbraucht und zum Überleben nicht notwendig ist. Dazu gehört auch ihr Fell.« Daher also das ›nackt‹ im Namen.

Es ist nicht so, dass sie gar keine Haare hätten. Ihre Schnurrhaare, die ihnen in verschiedener Hinsicht nützlich sind, haben sie behalten: Sie dienen als zusätzlicher Tastsinn, als Navigationssystem und als eine Art Messhilfe, wenn sie sich in der Dunkelheit bewegen. (*Passt mein Kopf da rein?*) Hinzu kommen einzelne Haare, die in Abständen über die Haut verstreut sind, wie Stimmgabeln zum Einfangen von Vibrationen, und ein paar spärliche Flecke an anderen Stellen. Auch diese dienen als Sensoren, um sich in Tunneln zurechtzufinden, oder wenn sie auf dunklen, schmalen Pfaden aufeinanderstoßen. Für das, was da geschieht, ist selbst ›erbarmungsloses Hetzen‹ fast noch ein harmloser Ausdruck. Begegnen sich zwei Tiere, ist das kein Spiel für Angsthasen: Sie stürmen schnurstracks aufeinander zu. Beide könnten eigentlich sofort den Rückwärtsgang einlegen – Nacktmulle laufen genauso schnell rückwärts wie vorwärts. Sie prallen jedoch aufeinander, purzeln übereinander und hetzen direkt weiter zu ihrem aktuellen Ziel.

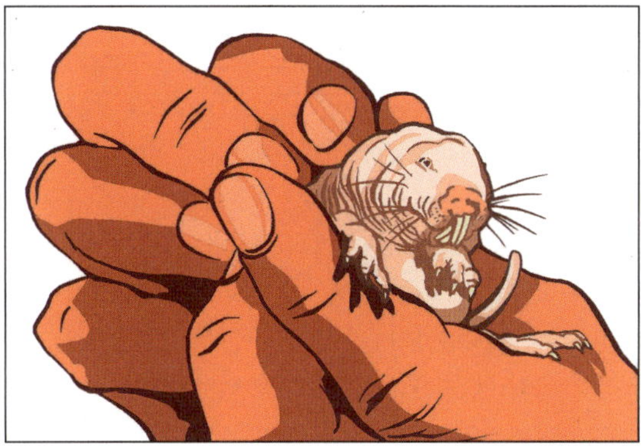

Nacktmulle sind klein genug dafür, dass man sie leicht in einer Hand halten kann; die Weibchen sind etwas größer.

Damit eine Spezies so lange am Rand des Hungertodes überleben konnte, mussten die einzelnen Tiere Energie sparen. Eine Möglichkeit dazu bestand im Herunterdrehen des Thermostats – nicht ihrer Höhlen, sondern ihrer Körper. Es kostet viel Energie, die Körpertemperatur konstant hochzuhalten, während um einen herum die Temperatur steigt und fällt. Im äquatorialen Afrika müssen sich die Tiere nicht allzu sehr vor Kälte fürchten; ihre Höhlen sind warm und gemütlich. Wenn die Temperatur nachts sinkt, kuscheln sie sich mit Dutzenden anderer Tiere in der Enge des Baues zusammen.

Ein Problem war damit gelöst. Weniger Wärme erzeugen zu müssen, verbraucht weniger Nahrung, aber es bringt andere Probleme mit sich. Sitzt man nachts irgendwo in der Mitte des Rudels fest, kann man nicht raus, um Wasser zu lassen, und man kriegt kaum Luft. Normalerweise wäre die Säure im Urin schmerzhaft; Nacktmulle empfinden jedoch bestimmte Arten von Schmerz nicht mehr. Und sie haben die Fähigkeit entwickelt, stundenlang mit sehr wenig Sauerstoff auszukommen: Im schlimmsten Fall kann ein einzelnes Tier volle achtzehn Minuten ohne Sauerstoff überstehen. Über die Jahre haben Gary und seine Kollegen nach und nach herausgefunden, wie die Evolution die Biologie der Nacktmulle so verändert hat, dass sie diese Fähigkeiten entwickelt haben.

Um die von ihnen gemachten Entdeckungen nachzuvollziehen, muss man an die Organe und dann noch weiter an die Zellen heranzoomen und den Dialog belauschen, der sich auf der grundlegendsten Ebene des Lebens abspielt: in den Molekülen eines Organismus, die sich drehen und wenden, sich aneinanderbinden, Energie aufnehmen und wieder abgeben.

Im Kern jeder tierischen Zelle befindet sich eine Kopie seines Genoms, ein riesiges Kochbuch mit den chemischen Anweisungen zur Herstellung von RNA und Proteinen. Unterschiede in diesem Code und die Art und Weise, wie diese Informationen verwendet werden, sind es, die den Menschen vom Nacktmull unterscheiden.

Die Chemie des Lebens ist nicht perfekt, und das ist auch gut so, denn sonst gäbe es uns nicht. Jedes Mal, wenn die DNA kopiert oder mit der eines Partners verschmolzen wird, entstehen Fehler. Unsere Rezepte ändern sich ständig – Dinge werden falsch geschrieben, Zutaten weggelassen oder neue hinzugefügt; von manchem gibt es eine Prise mehr oder eine Prise weniger.

Einige dieser Veränderungen sind nicht von Bedeutung. Andere wirken sich darauf aus, ob Moleküle überhaupt gebildet werden, oder wann und wo, und ob sie die richtige Form und Chemie haben. Geschieht so etwas, ist das in der Regel schlecht, denn unsere Zellen und Körper haben Jahrmilliarden von Versuch und Irrtum überstanden, um ihre jetzige Feinabstimmung zu erreichen. Wahllos an den Teilen herumzubasteln ist da im Allgemeinen keine gute Idee.

Hin und wieder macht eine zufällige Änderung das Leben dann aber doch ein wenig einfacher.

Es wäre falsch, sich den Organismus als große Maschine vorzustellen, die durch einzelne geniale Erfindungen optimiert wird. Ein Organismus ist eine Gemeinschaft von Systemen, eine Gemeinschaft von Zellen, eine Demokratie von Molekülen. Innovationen können helfen, aber nur, wenn sie das Ganze im Gleichgewicht erhalten, und zwar über die gesamte Lebensspanne hinweg.

Die Evolution und das Überleben hängen nicht von einer Vielzahl »egoistischer« Buchstaben im genetischen Code ab. Gene müssen sozial sein. Sie müssen zusammenarbeiten, um einen Körper zu schaffen, dessen Teile aufeinander, auf seine Gesellschaft und auf die Umwelt abgestimmt sind.

Jeder Mensch und jedes Tier bildet ein einzigartiges Experiment. Jeder von uns hat ein Genom, das es so nie zuvor gegeben hat, mitgestaltet durch alle Lebenswelten seiner Vergangenheit, bis ganz zurück zur ersten Zelle. Von den Fehlern und Erfahrungen all unserer Vorfahren vorangetragen, werden wir als biologische Zeitmaschinen in die Zukunft entsandt. Die Natur kann nicht vorhersagen, wie diese Zukunft aussehen wird oder welche Eigenschaften ein Tier brauchen wird, um darin zu überleben. Zur Lösung dieses Problems mischt sie die Karten so, dass jeder von uns ein wenig anders wird, in der Hoffnung, dass ein paar von uns das Zeug dazu haben werden.

Irgendwann brachte dieser Prozess einen Nacktmull hervor, der eine Art von Schmerz, die die meisten anderen Tiere kennen, nicht mehr spürte. Und einen anderen Nacktmull, der nicht so viel Sauerstoff brauchte. Dann wird gemischt und gemischt, und an irgendeinem Punkt kommen diese beiden Eigenschaften in einem einzigen Tier zusammen. Der Nutzen ist offensichtlich. Noch mehr schlafende Tiere lassen sich zu einem großen, engen Haufen zusammenpacken und sparen damit weiter Energie. So können sie wiederum von noch weniger Nahrung leben und eine noch größere Kolonie aufbauen.

Die Änderung einer Sache verändert die nächste. Alles strebt ständig nach einem Gleichgewicht.

Gary Lewin ahnte, dass die Unempfindlichkeit des Nacktmulls gegenüber bestimmten Arten von Schmerzen wohl etwas mit den Nervenzellen zu tun haben musste, die bei anderen Tieren normalerweise das Signal »Ich habe Schmerzen« auslösen. Im Allgemeinen ist die Anatomie der Nacktmulle der des Menschen recht ähnlich – sie haben die gleichen Arten von Nerven, die auf die gleiche Weise mit dem Rückenmark und dem Gehirn verbunden sind. Und die Nagetiere empfinden Schmerz, nur eben nicht bestimmte Arten davon. Lag das Problem also nicht bei den Zellen oder ihrer Verbindung zum Gehirn, musste er noch näher heranzoomen. Er musste sich die Moleküle ansehen, die am Schmerz beteiligt sind, und vor allem jene, die Schmerzsignale überhaupt erst auslösen.

»Die Art von Schmerz, von der wir sprechen, heißt Hyperalgesie«, sagt Gary. »Hat jemand eine Entzündung, ist zum Beispiel der Finger rot oder geschwollen, dann kann die kleinste Berührung oder Hitze äußerst schmerzhaft sein. Die Nerven, die den Schmerz übertragen, sind überempfindlich geworden. Beim Nacktmull geschieht das nicht, und um das nachzuvollziehen, mussten wir uns das System ansehen, das die Nerven überhaupt erst sensibilisiert.«

Gary ist mit diesem System bestens vertraut – einen Teil davon hatte er schließlich selbst entdeckt. Während seiner Postdoc-Zeit in den frühen 1990ern im Labor von Lorne Mendell an der State University of New York identifizierte er das Signal, das Nerven überempfindlich macht. Der Körper setzt ein Molekül namens NGF wie ein Leuchtfeuer ein, um auf Verletzungen aufmerksam zu machen.

»Wenn es zu einer Verletzung und Entzündung kommt«, so Gary, »schütten die Zellen NGF aus; im verletzten Bereich schwimmt dann viel von diesem Molekül herum. Erreicht es einen dieser schmerzempfindlichen Nerven, dockt es an ein Molekül auf seiner Oberfläche an, das sich TrkA nennt. Kommen diese beiden zusammen, senden sie ein starkes Signal in die Zelle. Das Signal springt eine Weile hin und her und verstärkt sich dabei immer mehr, bis es schließlich dem Nerv ausrichtet: Es ist ernst, gib dem Gehirn Bescheid!«

Beim Nacktmull sind diese Teile alle vorhanden: seine eigenen Versionen von NGF und TrkA und alles andere, was zur Schmerzerzeugung notwendig ist. Was ist also anders?

»Wir stellten fest, dass die chemische Schreibweise von TrkA im Nacktmull ein paar winzige Änderungen erfahren hatte«, sagt Gary. »Diese Unterschiede bewirkten nicht viel. TrkA befindet sich immer noch auf der Oberfläche der Nervenzellen, NGF kann immer noch daran andocken, und geschieht das, wird immer noch ein Signal in die Zelle gegeben. Aber das Signal ist schwächer als sonst. Es ist einfach nicht stark genug, um den Schalter zu betätigen, der sagt: Ich habe Schmerzen.«

Könnte das zur Behandlung menschlicher Schmerzen von Nutzen sein? Könnten wir die Stärke von TrkA irgendwie herunterregeln? Vielleicht gab es irgendwo eine Substanz, die diese Wirkung hatte; wenn nicht, konnte man sie womöglich herstellen. Garys Labor könnte kurz davorstehen, eine Behandlung für chronische Schmerzen zu entdecken. Das ist es jedenfalls, woran sie gerade arbeiten.

Dann entdeckten der Gastwissenschaftler Thomas Park und Jane Reznick, eine Postdoktorandin im Labor, dass Nacktmulle nicht bloß eine Atmosphäre tolerieren, in der sie fast den gesamten Sauerstoff aufgebraucht und viel CO_2 ausgeatmet haben. Die Tiere können sogar achtzehn Minuten komplett ohne Sauerstoff auskommen, ohne dass es zu Nebenwirkungen kommt.

Um herauszufinden, wie sie das schaffen, muss man wissen, warum andere Lebewesen – auch wir – überhaupt Sauerstoff brauchen. Das hat mit der Chemie der Zellen zu tun, wie sie Grundelemente des Lebens kombinieren, um Energie zu gewinnen und Reaktionen hervorzurufen. Einige Grundlagen dazu wurden vor etwa einem Jahrhundert von Hans Krebs und William Johnson erarbeitet; ein Teil davon, wie es der Zufall will, an Gary Lewins Alma Mater, der Universität von Sheffield.

Aus chemischer und physikalischer Sicht ist Sauerstoff ein hochreaktives Element, es kann sich also mit anderen Atomen verbinden und wieder davon lösen, um chemische Prozesse in Gang zu setzen. In unserem Körper wird es zur Energiegewinnung verwendet, indem die Zellen die Kohlenhydrate und Fette in der Nahrung abbauen und dann Sauerstoff an einige der Produkte binden. Diese Reaktionen werden von den Mitochondrien genutzt, kleinen Strukturen in den Zellen, die als Kraftwerke dienen.

Eine wichtige Zutat dieses Prozesses ist Glukose, eine Zuckerart, die Bestandteil unserer Nahrung ist. Vor langer Zeit hat eine Zelle herausbekommen, wie sie den Zucker aufspalten und daraus Energie gewinnen kann. Seither tanken all ihre Nachfahren diese Art von Treibstoff. Es gibt aber auch andere Möglichkeiten zur Energiegewinnung, andere natürliche Alternativen. Die frühe Erdatmosphäre enthielt noch keinen Sauerstoff, die ältesten Organismen musste ohne auskommen. Sie nutzten dazu Fruktose, also Fruchtzucker.

Einige Tierarten haben sich dieses als Reservesystem erhalten. Sogar in unserem eigenen Körper können einige Organe es verarbeiten: die Leber kann es, der Dünndarm zu einem gewissen Grad. Sie schaffen das, weil ihre Zellen über Mittel verfügen, die andere Organe und Gewebe nicht haben. Eines davon ist ein Molekül auf der Oberfläche der Zellen, ein sogenannter Rezeptor, der Fruktose erkennt und in sich hineinzieht. Die zweite Komponente ist ein Enzym, das einen Teil der Fruktose abschneidet und ihm eine Form gibt, mit der es in den Energiekreislauf eingeschleust werden kann. Verfügen Zellen über diese beiden Komponenten, können sie auch ohne Sauerstoff Energie produzieren.

Unsere Gehirne und Herzen haben diese nicht, sie brauchen eine ständige Sauerstoffzufuhr. Ohne Sauerstoff verhungern sie und geben mehr oder weniger direkt ihren Dienst auf. Dasselbe geschieht bei einer plötzlichen Unterbrechung der Sauerstoffzufuhr, wie etwa bei einem Herzinfarkt oder Schlaganfall. Das ist für uns ein Problem. Entziehen wir diesen Organen auch nur für kurze Zeit den Sauerstoff, erholen wir uns nie komplett davon.

Nacktmulle haben die notwendigen Teile dafür überall in ihrem Körper. Außerdem verfügen sie über große Vorräte an Fruktose. Das macht sie zu Hybriden: Sobald sie den gesamten Sauerstoff aufgebraucht haben und ihre Atmosphäre voller CO_2 ist, schalten sie auf dieses zweite Energiesystem um. Selbst ohne Sauerstoff erhalten ihr Gehirn und ihr Herz weiterhin, was sie brauchen. Ihr Körper kühlt ab, sie schlafen ein; wenn die Sauerstoffmenge wieder ansteigt, wachen sie auf.

Die Fähigkeit unserer Leber zur Verstoffwechselung von Fruktose ist ein Hinweis darauf, dass unsere Zellen über den notwendigen Code verfügen, also über einen Schalter, der uns helfen könnte, Katastrophen zu überleben. Wir müssen bloß herausfinden, wie man ihn in den Teilen des Körpers betätigt, die das am ehesten brauchen.

Aus der Biologie folgt das Verhalten und daraus die soziale Struktur. Wo beginnt dieser Zyklus? Irgendwo, überall. Irgendwann haben Mutationen in den Genen die gesamte Fortpflanzungsbiologie des Nacktmulls umgestellt, um eine strenge Regulierung der Population zu gewährleisten. Normalerweise kann in jeder Kolonie bloß ein einziges Weibchen Nachwuchs gebären. Das macht sie auch und bringt alle 80 Tage ein Dutzend oder mehr Junge zur Welt. Gezeugt werden sie von einem einzigen oder ein paar wenigen Männchen. Der gesamte Rest der Population wird unfruchtbar.

Wissenschaftler haben diese Matriarchin ›die

Königin‹ getauft. Diesen Titel verteidigt sie energisch in brutalen Keilereien mit jeder Thronanwärterin, und auf eine Art auch biologisch. Sobald ein Weibchen die Fähigkeit zur Mutterschaft entwickelt, werden die anderen Weibchen unfruchtbar; entweder das, oder es kommt zu einem blutigen Kampf auf Leben und Tod. Genauso ist es bei den Männchen.

Das Muttertier steht im Mittelpunkt einer ausgeklügelten Sozialstruktur, die sich aus Partnern, Arbeitern und Soldaten zusammensetzt; jedem Tier ist eine bestimmte Rolle zugewiesen, und sie passen aufeinander auf. Soldaten verteidigen die Kolonie gegen Schlangen und andere Raubtiere, die sich in ihre Tunnel einschleichen – und verjagen in der Regel jeden Außenseiter, der von einer anderen Kolonie kommt.

Die Arbeiter haben gelernt, aus fast nichts das Beste zu machen; sie haben dazu ausgeklügelte, nachhaltige Anbautechniken entwickelt. Die Arbeitertiere tunneln sich bis zu den Wurzeln einer Pflanze heran und beißen ein Stück ab. Statt ihren eigenen Hunger zu stillen und sich vollzustopfen, ernten sie bloß ein wenig und nehmen es mit, um es mit allen zu teilen. Sie merken sich den Ort der Wurzel, warten, bis sie nachgewachsen ist, und holen sich dann wieder etwas von ihr. Irgendwie speichert ihr Gehirn eine riesige Karte ihrer Tunnel und Nahrungsquellen.

Und sie kommunizieren ständig.

Vor ein paar Jahren, mit der Ankunft von Alison Barker, begann Gary Lewins Labor das Gezwitscher der Tiere abzuhören, wirklich bewusst hineinzuhören. Alison ist Amerikanerin und spricht ein Englisch, das meinem sehr ähnlich ist. Wir kommen aus verschiedenen Regionen, aber in einem großen Teil des Landes ähnelt sich die Sprache der Menschen; ein paar Jahre in Europa obendrauf glätten das Ganze dann noch. Spricht man den gleichen Dialekt, fühlt man eine Verbindung.

Wir hatten uns vor ein paar Jahren im Institut kennengelernt und ein paarmal Kaffee getrunken. Sie bat mich um eine Zeichnung eines Nacktmulls für einen ihrer Artikel und hat diese Zeichnung seitdem mehrfach wiederbenutzt, immer mit Quellenangabe, sehr freundlich.

Während ihrer Zeit am Institut hatte Alison bahnbrechende Forschung zur Sprache der Nacktmulle durchgeführt. Dies verhalf ihr zu einer unabhängigen Stelle am Max-Planck-Institut für Hirnforschung in Frankfurt, einige Hundert Kilometer weg. Dort baute sie ihre eigene Forschungsgruppe und ihre eigenen Nacktmullkolonien auf, mit Hilfe der Tiere, die sie von Gary erhalten hatte. Ich hatte mir vorgenommen, sie anzurufen, da stand sie zufällig vor einem Café in Berlin, das ich regelmäßig aufsuche. Ich hatte Glück, sie würde ein, zwei Tage in der Stadt sein.

Alison stammt aus Rhode Island, dem kleinsten der fünfzig US-Bundesstaaten, und ging dort zur Universität. Sie schloss sich einer neurowissenschaftlichen Gruppe an, weil sie sich in das Thema verliebt hatte. Ihr Doktorvater bekam eine Stelle in München, also zog sie nach Deutschland. Später, auf der Suche nach einer Postdoc-Stelle, lernte sie Gary und seine Nacktmulle kennen.

»Gary nahm mich mit zur Kolonie, als gerade jemand die Tiere fütterte. Die Kammer war offen und man konnte sie zwitschern hören, wie Vögel. Das ist ein Moment, den ich nie vergessen werde. Das ist es, dachte ich. Das ist es, was ich will.«

Es musste einen Grund geben, warum die Nacktmulle so viel Lärm machten. Sie schlug ein Projekt zur Untersuchung ihrer Lautäußerungen und ihres Sozialverhaltens vor. Der Rest des Labors war mit anderen Projekten beschäftigt; mit diesem Aspekt der Tiere hatten sie sich noch nicht befasst. Gary gab ihr das Go.

»Ein oder zwei Jahre haben wir damit verbracht, diese Geräusche, die Phoneme, das Alphabet zu ordnen, um eine Art Wörterbuch zu erstellen«, so Alison. »Wir hatten glücklicherweise eine Art Stein von Rosette zur Verfügung, einen Artikel von John Pepper aus den frühen 1990ern. Seine Gruppe hatte siebzehn Arten von Lauten identifiziert und sie in einen Verhaltenskontext gestellt.«

Bringt man zwei Nacktmulle zusammen, geben sie eine Art leises Zwitschern von sich, in etwa »Hi, Hi, Hi, Hallo, Hallo«, sagt sie. »Es geht hin und her.« Es schien eine Art Begrüßung zu sein, aber vielleicht auch mehr. »Die ganze Palette ihrer Laute konnten wir nicht untersuchen, wir mussten uns auf etwas fokussieren. Dieser Ausschnitt schien uns besonders geeignet zu sein.«

Im Allgemeinen geben die Tiere tiefe Töne von sich, was angesichts des Lebensraums der Nacktmulle durchaus sinnvoll ist. Ihre Tunnel verstärken tiefe Töne: man nennt das den Stethoskopeffekt. Das Leben unter der Erde hat sie ihre Sehkraft gekostet; scharfe Lichtkontraste können sie zwar wahrnehmen, aber sie sehen nicht wirklich Bilder von Dingen. Zum Ausgleich haben sie ihr stimmliches Repertoire erweitert. Das musste etwas bedeuten. All das Lärmen kostete die Tiere Energie, und davon hatten sie nun wirklich nicht viel übrig.

Alison und ihre Kollegen sammelten Aufnahmen von 36190 leisen Zwitscherern, die von 166 Tieren aus vier Kolonien stammten, darunter auch einige aus einem anderen Labor. Sie ließen all diese Aufnahmen durch ein Spektrogramm und Filter laufen und setzten maschinelles Lernen und viele weitere Methoden ein. Am Ende konnte der Computer die Stimmen der einzelnen Nacktmulle einer Kolonie erkennen. Auch zwischen den »Dialekten« der verschiedenen Kolonien konnte er unterscheiden.

»Wenn wir Menschen einander grüßen, vermitteln unsere unverwechselbaren Stimmen unsere individuelle Identität. Unsere Sprache und unser Dialekt sind Ausdruck unserer kulturellen Identität«, sagt Alison. »Bei Nacktmullen ist es dasselbe. Die Stimmen der einzelnen Tiere haben einzigartige Merkmale. Und wie Menschen haben sie einen Akzent, einen Dialekt, den man in diesen Begrüßungen hören kann. Ältere Tiere bringen ihren Dialekt den Jungtieren bei, ein Jungtier erlernt ihn in etwa drei Monaten. Es scheint eine soziale Funktion zu haben. Sicherlich ist es ein Merkmal, das sie auf die Anwesenheit eines Außenstehenden aufmerksam macht.«

Die Sprache der Nacktmulle spiegelt auch die rigide Struktur ihrer Gesellschaft wider. Die Königin gibt den Ton an. »Stößt ihr etwas zu und ist sie nicht mehr da, bricht der Zusammenhalt ihrer Kolonie auseinander und damit auch der Zusammenhalt ihres Dialekts«, so Alison. »Das weist auf die besondere Rolle der Königin hin; ihre Dominanz ist wichtig für die Aufrechterhaltung der Gruppenstruktur.«

Nacktmulle leben in Gängen, die sie mit ihren scharfen Zähnen graben.

Die Tiere leben so lange, dass sie sich wohl über etwas unterhalten müssen – und sei es bloß aus Langeweile. Könnte es tatsächlich sein, dass sie über wichtige und tiefgründige Dinge kommunizieren? Bienen teilen anderen Bienen in einem Tanz mit, wo sie Nahrung finden können; könnte das Gezwitscher der Nacktmulle eine Wegbeschreibung beinhalten? Um das herauszufinden, sagt Alison, wird es viel Geduld brauchen und einen tiefgreifenden Versuch zur Wahrnehmung der Welt aus ihrer Perspektive.

Nacktmulle und Menschen koexistieren schon seit langem, es kam zwangsläufig zu einigen Begegnungen. Ab und an taucht eines dieser Tiere auf, etwa wenn eine Katze vor der Tür steht und im Maul ein Wesen mit riesigen Hasenzähnen, nadelstichartigen Augen und nacktem, faltigem Fleisch trägt. Über die Jahre haben solche Begegnungen Neugier geweckt und Mythen und Geschichten hervorgebracht. Die indigenen Völker haben Namen für sie; auf Somalisch heißen sie *jiir jiir qaawan*, in Tansania heißen sie *Fucco*. Afrikanische Kollegen haben den Wissenschaftlern über die Jahre einige Geschichten erzählt – der Nacktmull, sagen sie, sei das Wesen, das Hindernisse beseitigt. Alles in allem bekommt man ihn selten zu Gesicht, Nacktmulle lugen fast nie über die Erdoberfläche hinaus.

Und sie reisen selten. Es gibt eine Ausnahme, die mit dem Langfristigen ihrer Art zusammenhängt: Immer mal wieder wird ein Jungtier geboren, das etwas komisch aussieht und sich – jedenfalls für einen Nacktmull – seltsam verhält. Irgendwann wird es von der Kolonie verstoßen oder es juckt es einfach, die Kolonie zu verlassen. Das sind die Entdecker: rare Einzelgänger, die ausziehen und sich auf eine lange Reise begeben. Sei es aus Fernweh oder ins Exil, bloß zu einer Rückkehr kommt es nie.

Solche Individuen werden als *Disperser* bezeichnet, sie sind selten. Über die biologische Notwendigkeit, die sie von ihrer Kolonie wegführt, ist nichts bekannt. Was auch immer es sei, solch ein Tier kann auf seiner Reise einem anderen Reisenden begegnen und mit diesem eine neue Kolonie gründen.

All dies ist auf lange Sicht, also aus Sicht der Art, sehr sinnvoll. Da alle Mitglieder einer Kolonie von einer einzigen Mutter und nur wenigen Vätern abstammen, besteht die Gefahr der Inzucht, was in der Regel zu einer Häufung seltener genetischer Defekte führt. Die Lösung liegt in der Vielfalt: Man holt sich jemand von draußen ins Haus, heiratet außerhalb des Klans. Dabei werden die Gene einer Gruppe durch Varianten aus einer anderen Kolonie angereichert. Disperser sind es, die das möglich machen.

Normalerweise werden Außenseiter direkt abgewiesen, einige dürfen jedoch passieren: Königinnen bevorzugen Partner, die nicht direkt mit ihnen verwandt sind.

Müssten Menschen sich wie Nacktmulle ernähren, würden sie nicht lange überleben. Genau das geschieht gerade in Äthiopien, direkt an der Erdoberfläche, wo die Menschen über die letzten drei Jahre nicht nur mit einer Pandemie, sondern auch mit einer schrecklichen Dürre zu kämpfen hatten. Die Regenzeit im Jahr 2022 war die trockenste der letzten 70 Jahre.

Verhungern – egal, wo – ist nicht die Lösung für unsere Klimakrise. Aber vielleicht müssten diejenigen, die genug haben, nicht *ganz so viel* essen. Es gibt eine Möglichkeit, das Ungleichgewicht zwischen grotesker Fettleibigkeit in den reichen Gesellschaften und das Hungern, das die Menschen in den armen Ländern zu Skeletten abmagern lässt, zu korrigieren. Eine Fülle von Forschungsergebnissen deutet darauf hin, dass regelmäßiges Fasten enorme Vorteile mit sich bringt; es wirkt sich auf unsere Körper auf eine Art und Weise aus, die dazu beiträgt, eine Vielzahl schlimmer Krankheiten abzuwehren. Die meisten von uns könnten mit viel weniger auskommen, und es ginge uns dabei viel besser.

Man kommt ins Nachdenken, ob die Tatsache, dass Nacktmulle fast nie Krebs bekommen, mit ihrem ständigen Fasten und der Nutzung eines anderen Stoffwechsels zu tun hat. Irgendwo könnte es einen Zusammenhang geben, meint Gary Lewin, er will weiter danach suchen.

Die meisten Reisenden auf dem Highway 30 sind sich wahrscheinlich nicht bewusst, dass sie das Reich der Nacktmulle passieren. Es stellt sich die Frage, ob Nacktmulle wohl über uns Bescheid wissen.

Sicherlich hören und spüren sie das tiefe Dröhnen der Straße, wenn Autos und Lastwagen darauf fahren. Und manchmal stürzt die Außenwelt mit voller Wucht auf sie ein: Fährt schweres Gerät darüber hinweg, brechen ihre Tunnel ein. Jedes in einem Garten gegrabene Loch dringt potenziell in ein Gebiet ein, das sie schon seit langer Zeit für sich beanspruchen.

Wir stören sie also, sie sind jedoch geduldige Tiere; sie müssen bloß warten, und es ist gar nicht mal unwahrscheinlich, dass sie uns überleben werden.

Vom dem Moment an, als sie in die Unterwelt zogen, haben Nacktmulle sich auf die extremen Bedingungen ihrer Umwelt eingerichtet, indem sie einen ultimativ nachhaltigen Lebensstil entwickelt haben. Als Fahrplan für unser eigenes Überleben täten wir gut daran, ihnen nachzueifern: unsere Population regulieren, teilen, was wir haben, und mit viel weniger auskommen.

Wir müssten ihrem Beispiel jedoch folgen, ohne das Gleiche durchzumachen wie sie: Wir haben nicht die Millionen von Jahren, die ihre Spezies für die Anpassung gebraucht hat. Falls die Evolution die einzige Rettung vor den toxischen Auswirkungen unseres eigenen Lebensstils darstellt, wird sie so weitgehende Veränderungen erfordern, dass wir unsere Nachkommen nicht mehr als Menschen erkennen werden.

2

In der Höhle des Bären

Wir standen in einer Dunkelheit, die so vollkommen war, dass es kein Wort dafür zu geben schien, und atmeten kühle, modrige Luft ein, während weit entfernt in einer anderen Höhlenkammer etwas Kleines leise umherkrabbelte. Aus dem Nichts ein rosiger Schein, als unser Professor eine Taschenlampe einschaltete, die er gegen seine Handfläche gedrückt hielt. Langsam spreizte er seine Finger und ließ das Licht über die Felswand gleiten. In den rötlich-grauen Stein gekratzt, zog eine Herde Mammuts vor unseren Augen vorbei; weiter hinten stand ein riesiges, angriffslustiges Nashorn, das wohl mit schwarzer Holzkohle gezeichnet war.

»Sie hatten Fackeln und Lampen und in etwa so viel Licht«, sagte unser Professor. »So hätte es ausgesehen, so sah es für sie aus.«

Er sprach von den Menschen, die vor 13000 Jahren in diese Höhle hinabgestiegen waren, um dort großartige Kunstwerke zu schaffen. Die Rouffignac-Höhle liegt in der Region Dordogne in Südfrankreich, in der Nähe des kleinen Dorfes Fleurac und eines kleinen Nebenflusses namens ›le Labinche‹. In diesem Gebiet befinden sich etwa 25 weitere Stätten mit antiken Malereien, Gravuren und Skulpturen.

Ich belegte damals ein Seminar über prähistorische Kunst an der Universität von Bordeaux. An den Wochenenden setzten wir uns in einen lauten, klapprigen Kleinbus, dessen Getriebe gerne mal Probleme machte, und fuhren nach Nordwesten. Unser Professor hatte einen Schlüssel zur Rouffignac-Höhle, mit dem wir sie außerhalb der Öffnungszeiten betreten konnten, zu Fuß und mit Taschenlampen. So konnten wir die Seitentunnel erforschen und uns in enge Bereiche vortasten, um Dinge zu sehen, die sonst kaum jemand zu Gesicht bekommt – wie etwa eine der seltenen Darstellungen eines Menschen. Vor 13000 Jahren machten die Menschen kaum »Selfies«, und wenn doch, dann befanden sich diese Bilder oft in schwer zugänglichen Winkeln. Um dieses Bild zu sehen, mussten wir Klettergurte umschnallen, uns an einem Karabiner einhaken und an einem Seil in ein tiefes, enges Loch abseilen. Dort fand man sich wenige Zentimeter vor einem im Profil skizzierten Gesicht wieder.

Der Künstler, der es angefertigt hatte, gehörte zu einer Sippe von Jägern und Sammlern, die auf ihren saisonalen Wanderungen durch diese Region zogen und dem Wild folgten. Manchmal ließen sie sich in der Nähe der schlundähnlichen Höhlenöffnungen nieder, die wie strategisch platzierte Motels entlang des Weges einen gewissen Schutz boten. Sie waren geübte Höhlenforscher und kletterten tief und manchmal über große Entfernungen in den Untergrund und fertigten in Kammern prächtige Malereien an, wobei sie Farben verwendeten, die manchmal eine ausgeklügelte und sorgfältige Zubereitung erforderten. Oder sie ritzten in der Kühle und Stille der Höhle stundenlang Figuren in die Wände.

Es sei denn, sie wurden von einem Bären gestört.

In Rouffignac gibt es nur eine einzige Darstellung eines Bären, aber viele Spuren echter Bären: verlassene Höhlen, verstreute Knochen und tiefe Kratzer an den Wänden. Manchmal integrierten die Künstler die Kratzspuren in ihr Werk. Wollte man ein Wollmammut in den Stein gravieren, brauchte man dann nicht so viele Haare zu zeichnen.

Bären nutzten die Höhlen schon viel früher als die Menschen. Als die Neandertaler in Europa ankamen und viel später der moderne Mensch, war jede Höhle, auf die sie stießen, zumindest im Winter sehr wahrscheinlich von einem Bären oder zwei bewohnt. Höhlen eigneten sich gut zum Verstecken und Überwintern; griffen Löwen oder ein Rudel Wölfe einen Bären in seinem schwächsten Moment an, war das mit viel Aufwand verbunden.

Für die Menschen waren diese wilden Tiere unter allen Umständen zu meiden. Auch wenn Höhlenbären in erster Linie Vegetarier waren – sie hätten sich gestört gefühlt. Und der Versuch, sich mit prähistorischen Waffen zu verteidigen, wäre im Grunde, als würde man einen Panzer mit Steinen bewerfen. Die Bären wurden gewaltig groß, drei Meter lang und anderthalb Tonnen schwer. In dem Jahr, in dem ich in Frankreich lebte, brachte Jean-Jacques Annaud seinen Film *La Guerre du Feu* heraus, in dem ein schrecklicher Angriff eines Höhlenbären simuliert wird. Als unser Professor uns in die Höhlen führte, waren sie schon seit fast 25000 Jahren verschwunden. Trotzdem.

Die meisten Hominiden-Clans waren so klein, dass sie es nie mit einem Bären aufgenommen hätten, es sei denn, es war absolut unvermeidlich. Es gab jedoch *so viele* dieser Tiere. In einer einzigen Höhle in der Schweiz wurden 30000 Skelette gefunden, ein Zeichen dafür, dass sie über Jahrtausende hinweg ständig bewohnt war. Gelegentlich taucht in einer archäologischen Stätte ein Bärenschädel auf, der offenbar absichtlich und vielleicht aus rituellen Gründen so platziert wurde.

Zu der Zeit, als die Künstler Rouffignac entdeckten, waren die größten Höhlenbären bereits ausgestorben, aber es gab noch viele ihrer Nachkommen: hauptsächlich verschiedene Arten von Braunbären, die mit den Grizzlybären in Amerika verwandt sind. Braunbären waren etwas weniger wählerisch, wenn es darum ging, wo sie sich ein Lager bereiteten – ein gutes Dickicht reichte aus –, aber sie nutzten auch weiterhin Höhlen.

Trotzdem stiegen die Menschen immer wieder hinab, über Tausende von Jahren. Der künstlerische Schaffensdrang muss so stark gewesen sein, dass sie das Risiko viele Male auf sich nahmen. Allerdings muss das jedes Mal mit der Angst geschehen sein, dass ein Bär aus der Tiefe auftauchen könnte, ausgehungert und ungehalten, weil er aus dem Winterschlaf geweckt wurde.

Für fünf bis sieben Monate im Jahr fällt der amerikanische Grizzlybär in einen Schlafmodus, der Torpor genannt wird – eine Form des Winterschlafs. Er ist nicht völlig weg; ab und zu erwacht er und geht hinaus, um sich Nahrung zu suchen. Dennoch bleibt er über weite Strecken bewegungslos und nimmt nur einen Bruchteil der Kalorien auf, die er normalerweise benötigt. Der Mensch kann das nicht, er würde dahinsiechen.

Vielleicht ist die Bewegung tiefer in der menschlichen Natur verankert, als uns bewusst ist. Vor Jahren behauptete der Schriftsteller Bruce Chatwin, der Mensch sei zu einer nomadischen Existenz bestimmt. Wir stammen von Vorfahren ab, die über Hunderttausende von Jahren ständig unterwegs waren, und das hat unsere Biologie und unsere Kultur auf tiefgreifende Weise geprägt. Sesshaft zu werden war schwer. Wir seien nicht zum langen Stillsitzen geschaffen, sagt Chatwin. Wenn wir das tun, geschieht etwas mit unserem Geist und unserer Kultur, und im Extremfall, wenn wir völlig bewegungslos bleiben, beginnt unser Körper abzubauen.

Ist man längere Zeit an das Bett gefesselt, fällt es einem schwer, wieder aufzustehen. Der Grund dafür ist ein Verlust an Muskelmasse, der auch bei Astronauten, bei Unterernährung, Krebs oder im Alter auftritt. Ein weiteres Problem ist, dass uns bei einer Winterdiät, die der eines Bären entspräche, der Treibstoff ausginge. Wie sehr ist der ständige Bedarf an Treibstoff wirklich in der menschlichen Natur verankert? Könnten wir es den Bären gleichtun?

Mitch Gotthardt sucht bei Bären nach Antworten zu Fragen über Muskeln, Stoffwechsel und Herz-Kreislauf-Erkrankungen.

Mitch lernte ich vor Jahren kennen, als er ein junger Medizinstudent an der Universität Heidelberg war und an einem Englischkurs teilnahm, den ich unterrichtete. In den nächsten zehn Jahren ging er seinen Weg und ich meinen, bis wir uns eines Tages in Berlin wiedertrafen. Er hatte sein Medizinstudium abgeschlossen und promovierte an einem Labor am Max-Delbrück-Centrum in Berlin, in dem er Pionierarbeit auf dem Gebiet der Muskel- und Herz-Kreislauf-Erkrankungen leistete. Ich war beauftragt worden, über die Forschung von Mitch und seinen Kollegen zu schreiben.

Wir waren beide etwas älter geworden – sein schwarzes Haar hatte inzwischen graue Stellen, meines war komplett grau. Er war immer ein schneller Denker und Sprecher gewesen, und nach einem längeren Aufenthalt in den Vereinigten Staaten sprach er nun gleichermaßen fließend Deutsch und Englisch.

In den folgenden Jahren sollten wir uns immer wieder begegnen. Ich verfolgte seine Arbeit darüber, wie sich Muskeln entwickeln, wie sie aufgebaut sind und wie ihre Bestandteile die Funktion des Herzens beeinflussen – im Guten wie im Schlechten. Seine Forschung versucht, Gewebeebenen miteinander in Verbindung zu bringen: vom Herzen als Ganzes und dem Herz-Kreislauf-System bis hin zu den Zellen und weiter hinab zu den Molekülen. Es dauert manchmal ein ganzes Leben, aber die kleinsten Ereignisse können sich als große Probleme entpuppen.

Wenn sich ein Muskel entwickelt, produzieren seine Zellen die molekularen Äquivalente von Federn und Bolzen, Scheiben und zahnradähnlichen Motoren. In einem Wunder der Selbstmontage verweben sich die Teile zu Miniaturkolben und motorähnlichen *Sarkomeren*. Die Zellen verschmelzen Ende an Ende zu langen Reihen, und die Reihen werden zu Fasern gebündelt. Sie werden über den Blutkreislauf versorgt und sind mit Nerven verbunden, so dass sie auf ein Signal des Gehirns hin koordiniert aktiv werden können.

Muskeltätigkeit erfordert die ständige Zufuhr von Energie: manchmal die großen Ausbrüche, die man braucht, um einen Bären zu bekämpfen oder endlos einem Fußball hinterherzujagen; manchmal die kleinen Mengen, die präzise zugeführt werden, um einen Triller auf der Geige zu spielen oder die Spitze eines Splitters in der Haut zu greifen. Es ist ein ständiger Balanceakt erforderlich, um die Energie von einem Ort zum anderen zu transportieren und gleichzeitig den Haushalt in Gang zu halten und lebenswichtige Funktionen wie den gleichmäßigen Herzschlag sicherzustellen. Eigentlich erstaunlich, dass das bei vielen Menschen so lange gutgeht, bis es irgendwann eben nicht mehr der Fall ist.

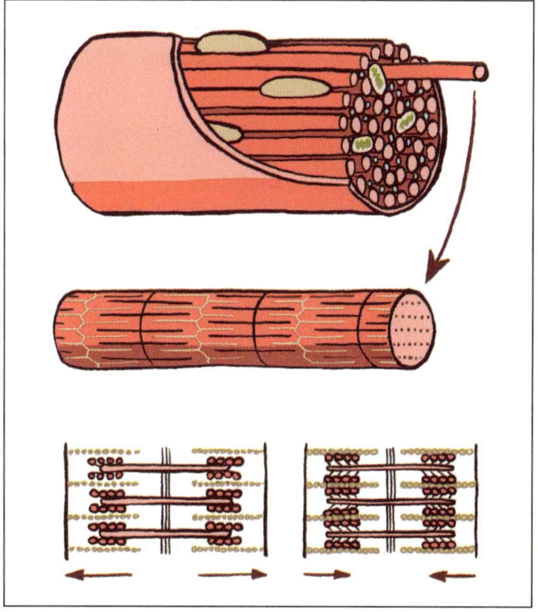

Die Skelettmuskeln von Bären und Menschen entstanden aus Fasern, die entstehen, wenn Muskelzellen sich zusammenschließen. Diese Zellen enthalten *Sarcomere*: kolbenartige Proteinstrukturen wie Titin und Myosin.

Dann schleicht sich das Alter ein oder eine lange Zeit der Inaktivität oder eine Anhäufung von Nachwirkungen schlechter Lebensentscheidungen, und »Zerfall ringsum«, wie William

Butler Yeats es ausdrückte. »Das Zentrum hält nicht stand; die Anarchie ist losgelassen in die Welt.« Zumindest auf den Körper losgelassen.

Mitch hatte sich ursprünglich nicht mit Muskeln oder dem langen Winterschlaf der Bären auseinandersetzen wollen. Als er sein Medizinstudium begann, zog es ihn zunächst in die Chirurgie.

»Ich wollte etwas bewirken, und in diesem Bereich der Medizin kann man das tatsächlich – operiert man nicht, stirbt jemand«, sagt er. »Dann kam ich als Assistent in den Operationssaal und mir wurde das Problem der Chirurgie klar, nämlich, dass sie sehr mechanischer und repetitiver Natur ist, dass die Verbesserungen größtenteils technisch sind und oft nur schrittweise erfolgen und dass das alles einem kaum Zeit für die Forschung lässt.«

Anderswo auf der Welt gab es aufregende Entwicklungen, die auf lange Sicht die Art von Veränderung bewirken könnten, von der er sprach. In den 1990er Jahren kamen die Gentherapien auf, die einen völlig neuen Ansatz bei bis dahin nicht behandelbaren Krankheiten versprachen – Erbkrankheiten oder Krebs, durch Fehler in der DNA hervorgerufen.

Einer von Mitchs Professoren in Heidelberg, Detlev Ganten, war gerade Direktor eines neuen Instituts geworden und wollte, dass Mitch mit nach Berlin kam. Dort leistete die Gruppe von Michael Strauss Pionierarbeit auf dem Gebiet der Gentherapiemethoden. Mitch bewarb sich und erhielt eine Stelle in dem Labor.

»Das war die beste Entscheidung überhaupt«, sagt er. »Als Teil der Gentherapie musste man alle molekularen, zellulären und *In-vivo*-Methoden beherrschen. Das verschaffte mir Erfahrung mit einer ganzen Reihe von Technologien, ich konnte alle Tools erproben.«

Er musste auch feststellen, dass die Gentherapie wirklich *schwierig* war. Noch vor den ersten klinischen Versuchen und den ersten Rückschlägen wurde ihm klar, dass es wahrscheinlich Jahre – vielleicht Jahrzehnte – dauern würde, bis Laborprojekte zu etwas führen würden, das in der Klinik eingesetzt werden könnte und dort einen Unterschied machen würde. Stattdessen begann er, das Gelernte auf einer grundlegenderen Ebene anzuwenden, um das von ihm erstrebte tiefere Verständnis menschlicher Krankheiten zu erlangen.

Während seines Studiums pendelte er zwischen Deutschland und den USA hin und her. Zuerst zum Labor von Joachim Herz an der University of Texas Southwestern Medical School in Dallas, Texas. Er half dem Labor, ein Mausgen namens LRP auszuschalten, ein multifunktionales Rezeptorprotein, das mit neurodegenerativen Erkrankungen, Atherosklerose und Krebs in Verbindung steht. Es ist mit einem Rezeptor verwandt, der bei familiärer Hypercholesterinämie häufig mutiert ist. (Interessanterweise werden gerade jetzt, 26 Jahre später, einige klinische Versuche gestartet, um diese Krankheit mit Hilfe der Gentherapie zu behandeln. Aber Geduld, sie befinden sich damit in der Anfangsphase.)

Mitch kehrte nach Deutschland zurück, schloss sein Medizinstudium und seine Doktorarbeit ab und ging für eine Postdoc-Stelle zurück nach Dallas. Danach wollte er in den USA bleiben, und die National Institutes of Health finanzierten ihm die Gründung eines eigenen Labors an der Washington State University (WSU). Im Jahr 2002 erhielt er dann den Sofja-Kovalevskaja-Preis der Humboldt-Stiftung, der eingerichtet worden war, um Wissenschaftler aus dem Ausland zur Rückkehr nach Deutschland zu ermutigen. Er eröffnete ein zweites Labor in Berlin – wiederum am Max-Delbrück-Centrum.

Eine Zeit lang leitete er also zwei Labors. Schließlich wechselte er Vollzeit nach Berlin, arbeitet aber weiterhin mit Kollegen in den USA zusammen – an Projekten mit unkonventionellen Tiermodellen wie dem Winterschlaf haltenden Grizzlybären.

Ich bezweifle, dass jemand an der WSU arbeiten oder ihr einen Besuch abstatten könnte, ohne von den Bären zu hören.

Der Bundesstaat Washington liegt ganz im Nordwesten der USA, nur Alaska liegt noch weiter nordwestlich. Die Universität befindet sich nicht nur mitten in einem echten Bärengebiet, sondern verfügt auch über eine weltweit einzigartige Einrichtung für die Tiere. Seit 1986 werden dort acht bis zehn Bären gehalten.

Sie wurde ins Leben gerufen, weil die Universität eine veterinärmedizinische Fakultät beherbergt, die sich um alle Arten von Tieren kümmert, von pensionierten Rennpferden bis hin zu Haustieren, die von Menschen zu Lehr- und Trainingszwecken gespendet werden. Benötigt ein Tier eine spezielle Behandlung oder ist seine einzige Hoffnung eine experimentelle klinische Studie, ist die WSU möglicherweise der richtige Ort dafür.

»Das Bärengehege ist ein echtes Highlight, es zieht viel Aufmerksamkeit auf sich«, sagt Mitch. »Sie haben sehr viel Platz. Wie auf dem alten Bildschirmhintergrund von Windows XP: saftig grüne Wiesen, sanfte Hügel, blauer Himmel. Und überall laufen Bären herum.« Er lächelt. »Soweit ich mich erinnere, hatte XP keine Bären.«

Die Tierpfleger sind sehr entspannt, sagt er, und ebenso die Bären, die dort aufgewachsen sind. Bringt jemand Futter oder Leckereien, stehen sie auf und klopfen an die Tore des Geheges. Es gibt ein Becken, in dem die Jungtiere planschen können, einen Gartenschlauch, große Reifen zum Klettern, Kratzbäume und Spielzeug.

Trainiert werden sie mit Belohnungen: Eimer voller Beeren und quetschbare Flaschen, aus denen sie trinken können. Mitch hat ein Foto von einem Jungtier, das sich an sein Bein klammert. Die Pfleger geben den Jungtieren Schnuller; sie wissen, wie sie daran lutschen können.

Und es wird viel Wissenschaft betrieben. »Bei unserer Arbeit wenden wir molekulare Werkzeuge und Technologien an«, sagt Mitch. »Aber es ist nicht die typische Forschung, die wir normalerweise betreiben, bei der man in einen Organismus eindringt, etwas zerstört und schaut, was das auslöst. Stattdessen beobachtet man, wie die Tiere Dinge tun, die der Mensch nicht tun kann, und versucht, daraus zu lernen.«

Die erwachsenen Bären wurden zur Kooperation bei Experimenten trainiert, und die Jungtiere folgen ihrem Beispiel, sagt Mitch. Die Bären sind so kooperativ, dass sie sich von den Pflegern alle paar Stunden Blut abnehmen lassen, wenn eine Studie das erfordert. Sie legen sich sogar für eine Echokardiographie auf eine Holzstange, ganz ohne Betäubung.

Mitchs Arbeit mit den Bären ist ein Ergebnis seiner Forschungen über den Stoffwechsel und das Herz-Kreislauf-System. Den größten Teil des Winters zu verschlafen, würde beim Menschen schwere gesundheitliche Probleme auslösen – warum nicht beim Bären?

»Ein großer Unterschied ist, dass der Grizzlybär im Winterschlaf viel weniger Muskelmasse verliert, als das beim Menschen der Fall wäre«, sagt Mitch Gotthardt. »Berücksichtigt man die Größe, würde ein inaktiver Mensch etwa doppelt so viel Muskelmasse verlieren. Irgendwie schafft es der Körper eines Bären, sich mit viel weniger Kalorien zu versorgen. Wollte der Mensch eine solche Diät machen, würde der Glukosespiegel im Blut sinken und wir würden verhungern.«

Dieser Bedarf an Glukose kam schon in der Geschichte über den Nacktmull auf, denn Glukose spielt für die meisten Lebensformen eine Rolle: bei Tieren, Pflanzen, Pilzen … Bei Tieren liefert sie den Treibstoff für die Tätigkeit des Gehirns, des Herzens, anderer Muskel, des gesamten Körpers. Selbst wenn ein Tier auf Sparflamme läuft – ein Bär im Winterschlaf, ein Nacktmull ohne Sauerstoff, ein Kolibri im Torpor –, braucht es immer noch ein Minimum an Energie, um seine wichtigsten Systeme aufrechtzuerhalten. Das Pumpen des Herzens kostet Treibstoff, ebenso wie die Nerven, die es am Laufen halten, und alle anderen Körpersysteme. Selbst wenn sie nur im Standby-Modus sind.

Studien der letzten Jahre haben bestätigt, dass Bären das Glukoseproblem zumindest teilweise dadurch lösen, dass sie sich vor dem Winter große Fettreserven anfressen. Das Fett speichert den Zucker in einer Form, die sich später extrahieren lässt. Aber Zucker ist nicht das Einzige, was Bären brauchen; sie nehmen mehr als nur potenzielle Energie auf. Die Nahrung liefert auch Rohstoffe für die grundlegendsten Prozesse unseres Körpers.

In jeder einzelnen unserer Zellen gehen ständig Dinge kaputt und müssen ersetzt werden. Die DNA wird in RNAs und dann in ›Arbeitermoleküle‹ – Proteine – abgespalten. Es werden jedoch ständig neue Moleküle hergestellt, und die vorhandenen haben eine begrenzte Lebensdauer und müssen ersetzt werden. Funktioniert ein Protein nicht mehr, wird es durch die zelluläre Müllabfuhr zerkleinert. Für die Herstellung neuer Proteine braucht man die richtigen Zutaten.

Im Falle der Proteine handelt es sich bei diesen Bestandteilen um 20 Aminosäuren, ein Alphabet aus 20 Buchstaben, die das Molekül buchstabieren. Einige dieser 20 Arten kann eine Zelle durch das Recycling alter Teile gewinnen, andere durch die Herstellung neuer Teile. Einige wenige können jedoch nur aus der Nahrung gewonnen werden.

Eine Person, die bewegungsunfähig ist und nicht essen kann, wird ohne Hilfe hungern. Geschieht das, tun die Zellen alles, um an Aminosäuren zu kommen – auch sich gegenseitig kannibalisieren.

Um gesund zu bleiben, müssen unsere Zellen und Organsysteme sich normalerweise anständig verhalten, aber bei Hunger verstößt der Körper gegen die guten Sitten. Eine hungrige Zelle ist von großen, fetten Nahrungsvorräten umgeben, die lediglich in anderen Zellen eingeschlossen sind. Einer der größten Vorräte ist das Muskelgewebe, das unglaublich reich an Proteinen ist. Man müsste nur in die Muskelfasern eindringen und einige der Zellen zerstückeln. Das würde reichlich Aminosäuren liefern, die zumindest kurzfristig an andere Zelltypen abgegeben werden können, die sie dringender benötigen. Das ist der Grund, warum Unterernährung zum Muskelschwund führt.

Auch Winterschlaf haltende Bären sind unterernährt, aber aus irgendeinem Grund bauen sie nicht so stark Muskeln ab. Sie haben eine andere Quelle für Aminosäuren aufgetan: Müll.

Auf ihren sommerlichen Streifzügen in die Stadt durchwühlen Bären gerne mal die Mülltonnen hinterm Schuppen menschlicher Siedlungen, wie jeder feststellen wird, der in Bärengebieten lebt und diese mal unverschlossen gelassen hat. Im Winter ist es eine andere Form von Müll, die von ihren Zellen an den Bordstein gestellt wird.

Ohne Stickstoff können wir nicht leben: Er ist in der Luft, die wir atmen, und in allem, das wir essen; er nährt Pflanzen und ist eines der Atome, aus denen DNA, RNA und alle Zellproteine bestehen. Doch das Leben ist eine Frage des Nehmens und Gebens. Der Stickstoff, den wir aufnehmen, ist eine Leihgabe.

Jede Tätigkeit der Zelle produziert Abfall. Einiges davon kann an Ort und Stelle recycelt werden, und zwar von Zellmaschinen, die Proteine, Fette und altes, totes Material zerlegen und die Einzelteile dann zur Herstellung neuen Materials verwenden. Andere Abfälle werden zur Verarbeitung an die Leber weitergeleitet, wo sie in Behälter sortiert und zum Abtransport verpackt werden.

Währenddessen wird der von uns angesammelte Stickstoff in die Ökosphäre zurückgeführt, wo er zu einem der reichhaltigsten Düngemittel für Pflanzen wird. Am Ende der Kette, wenn Bakterien uns schließlich zersetzen, wird alles in unseren Körpern Zurückgebliebene wieder in die Atmosphäre freigesetzt und zu etwas anderem.

Eine Möglichkeit, die Biologie einzelner Individuen, Arten und ganzer Ökosphären zu betrachten, ist anhand unserer Position in diesem Kreislauf von Stickstoffaufnahme und -abgabe. Die Evolution hat all dies fein abgestimmt, aber nicht nur *unsere eigene* Evolution; wir fressen oder sterben alle gemeinsam.

Eine Möglichkeit zur Erreichung dieses Gleichgewichts ist die Bindung von Stickstoff an andere Stoffe, wie z.B. *Harnstoff*, und dessen Abgabe über den Urin. Selbst Bären im Winterschlaf urinieren. Sie pinkeln auf ihre Lager. Als Ergebnis haben sich in den Höhlen, dank der Millionen von Bären, die dort geschlafen haben, riesige Mengen Stickstoff angesammelt. Irgendwann fanden Bauern das heraus und nahmen sich aus den Höhlen den Boden, der reichlich Stickstoff aus dem Urin und Phosphate aus dem Kot der Bären enthielt.

Dazu kommt dann noch, was die Fledermäuse dort hinterlassen.

Über die Zeit kostet der Winterschlaf Ressourcen. Warum sollte ein Tier etwas loswerden, das es noch gebrauchen kann? Warum sollte man die eigenen Muskeln angreifen, wenn es eine andere Quelle für Rohstoffe gibt?

»Genau dort, in der Blutbahn, fließt Harnstoff vorbei«, sagt Mitch Gotthardt. »Er enthält Stickstoff, der aus dem Abbau von Aminosäuren stammt. Bären haben eine Methode zur Speicherung von Stickstoff durch die Resorption von Harnstoff entwickelt.« Dies sei möglich, sagt er, weil die Zellen ihres Darms und ihrer Blase Transportermoleküle enthielten, die den Harnstoff aufnehmen könnten, so dass sie den Stickstoff zum Aufbau neuer Aminosäuren und Muskelproteine verwenden könnten.

Das geschehe jedoch nur im Winterschlaf, sagt er. Hungert ein Tier im Sommer, funktioniert diese Methode nicht und der Bär verliert Muskelmasse, genau wie der Mensch.

»Wir haben das, was in den Muskelzellen der Bären im Winterschlaf vor sich geht, mit verschiedenen Arten von Muskelschwund verglichen, einschließlich dessen, was man bei alternden menschlichen Patienten sieht, die an Muskelmasse verlieren«, sagt Mitch Gotthardt. »Besitzen Grizzlybären etwas, was wir nicht haben? Vielleicht können uns die Bärenzellen zeigen, was der menschliche Muskel braucht, damit er nicht verkümmert, wenn es mal eng wird.«

Heute gibt es Instrumente, um das herauszufinden – fantastische Technologie, die in Zellen hineinschaut und alle ihre Proteine katalogisiert. Das verrät zwar nicht immer genau, was vor sich geht, aber es vermittelt einen ziemlich guten Eindruck davon. In etwa so, als würde man sich die Zutaten in einer Küche und das Kochgeschirr ansehen, um herauszufinden, was an einem bestimmten Abend auf dem Speiseplan steht.

Hat man die menschliche Liste und die Bärenliste, vergleicht man sie und versucht dann, die Ergebnisse in das große Rätsel der Zellchemie und des Stoffwechsels einzupassen. Mitch und seine Kollegen Wei Chen, Stefan Kempa und Mitglieder ihres Labors haben einige Unterschiede in der Art und Weise gefunden, wie Zellen Energie erzeugen oder aus Glukose gewinnen.

Sie haben auch spezifische Proteine und zelluläre Signale entdeckt, die die Muskelzellen vergrößern. Wenn es darum geht, während eines langen Schlafs Material aus den Muskeln zu gewinnen, ist es hilfreich, von vornherein größere Zellen herzustellen. Wie wenn man Geld auf einem Konto deponiert, wenn man weiß, dass man später davon abheben will.

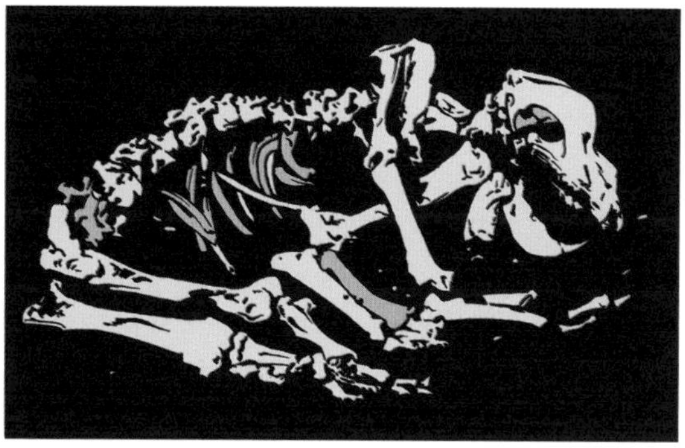

In prähistorischen Höhlen, in denen die Vorfahren der heutigen Bären überwinterten, fand man Tausende von Bärenskeletten.

Beide Strategien geben einem Tier die nötige Ausdauer zum Überstehen des Winters, auch wenn es auf Diät ist. Ein weiteres Ergebnis: Bärengewebe produziert höhere Mengen sechs spezifischer Aminosäuren, die das Muskelwachstum fördern.

In ihrer Gesamtheit zeigen die Ergebnisse, dass

die Evolution an mehreren Systemen im Bären herumgebastelt hat, die auf Wachstum, Stoffwechsel und die Versorgung mit Aminosäuren Auswirkungen haben. »Alle Veränderungen gehen in die gleiche Richtung«, sagt Mitch. »Das ist auf koordinierte Weise geschehen und erklärt, warum Bären Winterschlaf halten können und wir nicht.«

Oder jedenfalls noch nicht. Eines Tages möchten wir das vielleicht – denkt man an all die Science-Fiction-Filme, in denen Menschen für lange Weltraumflüge in einen Winterschlaf versetzt werden. Oder in Bezug auf das Altern, wenn die Muskeln auf natürliche Weise schwächer werden und verkümmern.

In vielerlei Hinsicht sind wir den Grizzlybären sehr ähnlich. Tief in unserem Gewebe haben wir vielleicht die notwendigen Werkzeuge, um zu recyceln, statt zu verschwenden; wir müssen uns ihre Nutzung bloß aneignen. »Die Studien, die wir bisher durchgeführt haben, sind ein erster Schritt in die richtige Richtung«, sagt Mitch. »Wir müssen weitere Experimente durchführen, sie auf mehr Bären ausdehnen und Fragen wie die nach den Unterschieden zwischen den Geschlechtern klären.«

Einige der Projekte, bei denen die Grizzlybären der WSU mitmischen, sind etwas abstrakter – so auch eine Debatte, die seit etwa 80 Jahren geführt wird.

Mutationen führen zur Evolution und zu Erbkrankheiten, aber woher kommen sie? Und warum scheinen Männer mehr davon an ihre Kinder weiterzugeben als Frauen?

Die Debatte geht auf die sogenannte *faulty male hypothesis* (Hypothese der fehlerhaften Männlichkeit) zurück, die von John Burdon Sanderson Haldane im Jahr 1947 aufgestellt wurde. Haldane war – wie so viele Genies – eine echte Persönlichkeit. Da er 1892 in Großbritannien geboren wurde, war er im richtigen Alter, um für den Ersten Weltkrieg eingezogen zu werden. Er diente an der Front, in den Schützengräben, baute Bomben und warf sie furchtlos (manche sagen: leichtsinnig) auf den Feind. Einmal schwang er sich auf sein Rad und fuhr vor aller Augen damit über die Schützengräben – weil er sich ausgerechnet hatte, dass die Deutschen erst mit Verzögerung reagieren und auf ihn schießen würden.

Später unterzog er sich gefährlichen Experimenten, um Auswirkungen des Tauchens und von Gasen auf den Körper zu erforschen, wobei er sich einige Wirbel zertrümmerte. In einer Druckkammer rissen ihm die Trommelfelle. Dazu schrieb er: »Das Trommelfell heilt im Allgemeinen; und sollte doch ein Loch verbleiben, so kann man, auch wenn man etwas taub bleibt, Tabakrauch aus dem Ohr blasen ... was im geselligen Beisammensein gut ankommt.«

1957 zog Haldane nach Indien, aus Protest gegen die britische Politik und die seiner Meinung nach mangelnde Unterstützung der Wissenschaft. Von diesem Tag an weigerte er sich, etwas anderes als traditionelle indische Kleidung zu tragen.

Die Geschichte mit dem Rauch aus seinem Ohr kannte Matthew Hahn nicht. Mit Haldanes Gedanken zur Vererbung ist er jedoch bestens vertraut. Er hat viel Zeit damit verbracht, über die Hypothese der fehlerhaften Männlichkeit und alle anderen Fragen im Zusammenhang mit Mutationen, Populationen und der Evolution nachzudenken.

Matthew leitet ein Biocomputing-Labor an der Indiana University in Bloomington, das halb im Fachbereich Informatik und halb im Fachbereich Biologie angesiedelt ist. Er hat kurzes lockiges Haar, einen üppigen Bart und trägt eine Hornbrille. Auf dem Schreibtisch neben ihm steht ein sehr hoher – aber ordentlicher – Stapel von etwa 20 Büchern. An der Wand hinter ihm hängt ein Gemälde mit primitiven Figuren in Grün, Blau und Schwarz, die auf drei Skateboards abgebildet sind. Es handelt sich um die Reproduktion von einem Werk des Künstlers Jean-Michel Basquiat, eines Wegbegleiters von Andy Warhol, der in den 1980er Jahren ein rasantes, intensives Leben führte und im Alter von 27 Jahren viel zu früh verstarb. Basquiat selbst hat nie auf Skateboards gemalt, sagt

Matthew, »aber es ist eine coole Inszenierung seines Werks«.

Eines seiner Hauptinteressen ist die Mutationsrate bei Tierarten, von Katzen über Opossums bis hin zu Affen. Er war in Gedanken gerade bei der fehlerhaften Männlichkeit, als er zufällig Joanna Kelley begegnete, einer Wissenschaftlerin der Washington State University. Sie kamen ins Gespräch über die Grizzlybär-Kolonie, und sie erzählte ihm, dass die Bären eine Großfamilie mit Männchen, Weibchen und Jungtieren bildeten.

»Wie stehen die Chancen, Blut von den Eltern und von den Nachkommen zu bekommen?«, fragte er.

»Das machen wir ständig«, antwortete sie.

Er dachte darüber nach. Die Hypothese der fehlerhaften Männlichkeit bestand aus zwei Teilen: zum einen aus der Beobachtung, dass Väter anscheinend mehr Mutationen an ihre Kinder weitergeben als Mütter. Der zweite Teil war eine mögliche Erklärung dafür, warum dies geschah, und das hatte mit Ei- und Samenzellen zu tun.

Um die Hypothese überprüfen zu können, müssen bestimmte Bedingungen erfüllt sein, und die Grizzlybären der WSU schienen diese zu erfüllen: Junge von denselben Eltern, die über mehrere Jahre hinweg geboren wurden. Jemand führte zudem ein Projekt zur Untersuchung des Spermas der Bären durch.

Und das Beste daran: Sie hielten Winterschlaf.

1947 ging J. B. S. Haldane von zwei Beobachtungen aus: Je älter ein Vater, desto größer die Wahrscheinlichkeit, dass seine Kinder an einer genetischen Krankheit leiden. Das bedeutete im Umkehrschluss mehr Mutationen. Die Mutter spielt auch eine Rolle – nur eben nicht so stark. Die Anzahl der von ihr weitergegebenen Fehler ist zu klein, um sie zu zählen.

Einen Zusammenhang zwischen Alter und Mutationen könnte es geben, weil Menschen mit der Zeit mehr Defekte in ihren Genen ansammeln. Männer könnten besonders betroffen sein, weil sie auch im Alter noch zeugungsfähig sind. Aber selbst wenn man das berücksichtigt, scheinen Männer mehr Mutationen weiterzugeben.

Um dies zu erklären, muss man sich die Art und Weise ansehen, in der Männer und Frauen Fortpflanzungszellen herstellen, was sich auch auf Mutationen auswirken könnte. Männer erzeugen ständig neue Generationen neuer Samenzellen. Frauen hingegen werden schon mit allen Eizellen geboren, die sie jemals produzieren werden – bis ein weiblicher Embryo etwa 20 Wochen alt ist, hat er bereits einige Millionen und stellt die Produktion neuer Zellen ein. Eine Frau wird ihre Eizellen nie alle verbrauchen; im Laufe ihres Lebens wird sie ein paar Hundert von ihnen ovulieren; der Rest verfällt.

Fehler können sich zu jedem Zeitpunkt des Menschenlebens in die DNA einschleichen. Am unwahrscheinlichsten ist es, dass sie in Eizellen und Spermien auftreten. Laut Matthew Hahn sind diese etwa zehnmal sicherer als andere Zelltypen, entweder weil sie über bessere Abwehrmechanismen verfügen oder weil sie auftretende Schäden besser reparieren können.

Am empfindlichsten sind sie jedoch im Moment ihrer Entstehung. Neue Spermien werden aus Stammzellen hergestellt, die sich immer wieder replizieren, und dabei können sich jedes Mal Fehler einschleichen. Je älter ein Mann ist, desto öfter geschieht das. Je älter der Mann also ist, desto mehr genetische Defekte gibt es. Das machte so viel Sinn, dass jahrzehntelang Lehrbuch um Lehrbuch die ›fehlerhafte Männlichkeit‹ damit erklärte.

»Es war eine schöne Theorie«, sagt Matthew Hahn, »aber stimmte das überhaupt? Zuerst galt es herauszufinden, ob sich Haldanes grobe Beobachtung über Krankheiten wirklich in den Genen widerspiegelte. Stimmt es, dass Kinder mehr Mutationen von ihren Vätern erben? Uns standen jetzt ja viele, viele Genome und viele DNA-Sequenzen von Menschen und anderen Arten zur Verfügung. Somit konnten wir diesen Teil der Frage beantworten.«

Sein Labor und andere zeigten, dass es tatsächlich eine klare Korrelation gab. Je älter der Vater, desto mehr Mutationen. Seit etwa 15 Jahren sind Matthew und sein Labor in der Lage, dies anhand konkreter Zahlen zu belegen: Jeder von uns besitzt im Durchschnitt zwischen 35 und 70 neue Mutationen. Wie viele es genau sind, hängt sehr zuverlässig vom Alter der Eltern ab, vor allem vom Alter des Vaters.

»Sag mir, wie viele Mutationen du hast«, sagt Matthew, »und ich kann dir ziemlich genau sagen, wie alt dein Vater zum Zeitpunkt deiner Zeugung war.« Die Korrelation ist stark: 30 Mutationen deuten in der Regel darauf hin, dass der Vater ein Teenager war; bei 70 Mutationen ist er wahrscheinlich 60 oder älter. Aber Zahlen allein sagten nichts über den zweiten Teil der Hypothese aus: ob der Grund ›älteres Sperma‹ war.

Dies könnte man prüfen, wenn es gelänge, das Alter eines Mannes vom Spermienzyklus zu entkoppeln. Wenn sich die Reproduktion von Spermien »pausieren« ließe, während der Mann alterte.

Hier kamen die Grizzlybären ins Spiel. Während des Winterschlafs produzierten sie vermutlich keine Spermien.

Man muss sich darüber natürlich vergewissern – ein anderes Labor führte ein Projekt zu diesem Thema durch. Sie maßen die Größe der Hoden von überwinternden Bären und konnten so abschätzen, ob Spermien produziert wurden.

»Bei Tieren können die Hoden enorm wachsen und schrumpfen«, sagt Matthew. »Selbst wenn man den Winterschlaf nicht berücksichtigt. Bei einigen Arten können sie sich bis auf das Hundertfache vergrößern.« Vögel zum Beispiel tragen ihre Hoden im Inneren ihres Körpers; in der Paarungszeit können sie so stark anschwellen, dass sie ein Viertel der gesamten Körperhöhle einnehmen. Zu anderen Zeiten kann es schwierig sein, sie überhaupt zu finden.

In einem anderen Test sammelten WSU-Wissenschaftler Samenflüssigkeit überwinternder Bären. Sie fanden keine Spermien. Mit anderen Worten: Während des Winters war der Spermienzyklus auf Eis gelegt.

Die Ergebnisse gaben dem Labor die Möglichkeit, ihr Modell zu testen. Richard Wang, ein Postdoc in Matthews Labor, der das Projekt leitete, sagt, der Bär verbringe etwa 30 Prozent seiner Zeit im Winterschlaf.

»Wenn die Zunahme der Mutationen auf all diese Runden der Spermienproduktion zurückzuführen ist, sollte ein Jungtier, das nach einem Jahr Winterschlaf geboren wird, weniger Mutationen aufweisen«, sagt Richard. »Weniger, als man vorhersagen würde, wenn man nur das absolute Alter des Vaters zugrunde legt, ohne eine Pause zu berücksichtigen. Und die Jungtiere, die danach jedes Jahr geboren werden, sollten relativ gesehen immer weniger Mutationen haben. Die Kluft zwischen der Zahl und der Vorhersage würde immer größer.«

Aber das ist nicht der Fall. Man kann die Anzahl der Mutationen bei einem Jungtier auf Grundlage des Objektalters des Vaters berechnen – als ob der Winterschlaf nie stattgefunden hätte.

Richard und Matthew denken, dass das Spermamodell deshalb wahrscheinlich verworfen werden muss. »Es gibt Möglichkeiten, es zu retten, wenn man das wirklich will«, sagt Richard. »Wir tendieren eher zu einem Szenario, bei dem sich Mutationen bei beiden Geschlechtern nach und nach in die Fortpflanzungszellen einschleichen – der eigentliche Unterschied besteht darin, dass die Weibchen bessere Abwehrmechanismen oder bessere Reparaturmechanismen haben, um Mutationen zu reparieren.«

Richard Wang ist jung, hat kurzes dunkles Haar und eine dunkle Hornbrille. Er trägt ein blau kariertes Hemd über einem weißen T-Shirt. Wie er mir berichtet, gehört er zur ersten Generation in seiner Familie, die ein College besucht hat. Für die Wissenschaft hat er sich interessiert, seit er neun oder zehn Jahre alt war.

»Als Kind hatte ich die Vorstellung, dass die

Wissenschaft alle Fragen beantworten könne«, sagt er. »Ich dachte, die Gesellschaft würde hauptsächlich davon gebremst, dass wir nicht alles verstünden. Mit zunehmendem Alter bin ich etwas weiser geworden und denke, dass die Wissenschaft nicht alles lösen oder uns in eine Utopie führen wird. Unsere größten Probleme haben mit der Gesellschaft zu tun – und mit den Menschen.« Er sagt, er fühle sich, als versuchte er, einen Rückstand aufzuholen. »Ich habe so viel Zeit in rein naturwissenschaftlichen Kursen verbracht, dass ich zurückwill und Dinge lesen, die meine Kommilitonen damals in den Philosophiekursen gelesen haben.«

Richard machte seinen Bachelor-Abschluss in Berkeley und ging dann nach Madison, Wisconsin, wo er in Genetik über die »Evolution der Rekombinationsraten« promovierte. Rekombination ist etwas, das im Allgemeinen passiert, wenn ein Organismus reproduktive Zellen bildet: Organismen teilen ihre Chromosomenpaare in zwei Sätze auf. Dabei kann vieles geschehen: Buchstaben des genetischen Codes können gelöscht oder eingefügt werden; längere Buchstabenfolgen können dupliziert, an der falschen Stelle eingefügt oder sogar umgedreht werden.

Er kannte Matthew Hahn von Konferenzen und Vorträgen. Sie hatten ein gemeinsames Interesse an langfristig in Arten auftretenden Mutationen; weniger an ihrer Rolle bei Krankheiten.

»Ich bin eher evolutionär als klinisch veranlagt«, sagt Richard. »Rekombination ist etwas, das in jeder Generation stattfindet, aber bei verschiedenen Arten und sogar in verschiedenen Populationen derselben Art in unterschiedlichem Maße. Ich hatte hauptsächlich mit Mäusen gearbeitet, um herauszufinden, ob diese Unterschiede mit bestimmten Regionen des Genoms zusammenhängen.«

Matthew sagte, er habe Mittel, um die Mutationsraten bei verschiedenen Primatenarten zu untersuchen; sei das eventuell etwas, an dem er arbeiten mochte? Richard verließ Wisconsin und ging nach Bloomington, Indiana, um sich dem Labor als Postdoc anzuschließen.

Das Grizzlybären-Projekt ist nur eines von vielen, die Richard Wang und Matthew Hahn verfolgt haben. Der gemeinsame Nenner: die Arten von Mutationen, die Individuen erfahren, und wie sich diese über lange Zeiträume hinweg auswirken. Kürzlich führten diese Fragen die beiden unerwartet in eine völlig andere Richtung.

Ein Großteil der Unterschiede zwischen Individuen und ihren Eltern betrifft einzelne Basen der DNA, wenn einer der vier chemischen ›Buchstaben‹ des Codes durch einen anderen ersetzt wird. Die Abkürzung für diese Buchstaben ist A, T, C und G. Eine Mutation kann dazu führen, dass ein A durch einen der anderen drei Buchstaben ersetzt wird. Das ist ein natürlicher, ständiger Prozess, der bei jedem von uns zwischen 35- und 70-mal stattgefunden hat; diese Zahlen kennen wir bereits.

Das Labor von Matthew Hahn hatte dazu eine Langzeitbeobachtung bei Katzen durchgeführt, bei der es die Eltern, das Alter, in dem sie sich fortpflanzten, und die spezifischen Mutationen, die sich in ihre Kätzchen einschlichen, aufzeichnete. Vor zwei Jahren veröffentlichte die Gruppe eine Arbeit zu ihren Ergebnissen. Die Arbeit enthält viel Mathematik, weshalb sie mir die Ergebnisse – sehr geduldig – mehrmals erklären musste.

Zusammengefasst: Ja, man kann das Alter der Eltern vorhersagen, indem man die Mutationen bei den Nachkommen zählt. Es bestätigte jedoch auch ein weiteres Muster, das sie bei Primaten beobachtet hatten.

»Die meisten Veränderungen in Basen bestehen entweder aus einem C, das zu einem T wird, oder aus einem A, das zu einem G wird«, sagt Richard. »Die anderen treten auch auf, aber das Interessante ist, dass nicht jede Veränderung gleich wahrscheinlich ist. Bestimmte Veränderungen treten im Vergleich häufiger auf. Und diese Häufigkeiten ändern sich mit dem Alter einer Person. Im Laufe der Zeit sind die *Häufigkeiten* im Verhältnis zueinander unterschiedlich.«

Man nennt dies ein Mutations*spektrum*. Schon

früher hatte man sich damit beschäftigt, in der Hoffnung, einige der Regeln für Mutationen zwischen den Generationen herauszufinden. Richard und Matthew sagten, dass man mehr als nur die einzelnen Veränderungen betrachten müsse, wenn man das herausfinden wolle. Man müsse auch das Alter der Eltern berücksichtigen.

»Ja, man kann die Anzahl der Mutationen nutzen, um das Alter der Eltern vorherzusagen«, sagt Matthew. »Aber wir hatten mehr Informationen: die relativen Häufigkeiten der Veränderungen waren ebenfalls aussagekräftig.«

Diese Feststellung sei für ihn ein Aha-Erlebnis gewesen, sagt Mathew Hahn. Das habe damit zu tun gehabt, dass er sich lange Zeit damit begnügt hatte, Studien an Katzen und Opossums, Primaten und Bären durchzuführen. Und natürlich an Menschen. Die Arbeit an menschlichen Themen erfordere jedoch »spitzere Ellenbogen«, sagt er – egal, welches Projekt man macht, man konkurriert dabei wahrscheinlich mit zehn anderen Labors.

»Wir arbeiteten an Katzen, und dann kam ein Kollege auf mich zu und sagte: ›Weißt du ... Was würde wohl passieren, wenn man das auf Menschen anwendet, und zwar über einen wirklich langen Zeitraum hinweg?‹« Eine völlig offensichtliche Überlegung, sagt er – bloß habe er einfach nicht daran gedacht.

Angenommen, man hätte gute Daten über eine Bevölkerung – wer mit wem verwandt ist, das Alter der Eltern bei der Geburt ihrer Kinder, welche Mutationen aufgetreten sind. Hätte man diese Daten, könnte man sie in das Modell eingeben und sehen, ob das Mutationsspektrum nicht nur über ein paar Generationen, sondern über viele, viele Generationen hinweg funktioniert und weit in die Vergangenheit zurückreicht.

»Einen solchen Datensatz gibt es«, sagt Matthew. »Er stammt aus Island, wo seit etwa tausend Jahren sehr verlässlich Aufzeichnungen zu Geburten und Familien geführt werden. Vor einigen Jahren wurde das Genom erhältlich, und es wurde allmählich möglich, viele einzelne Menschen zu sequenzieren. In Island kam ein Unternehmen namens deCODE daher und sagte: ›Hey, wir können diese genealogischen Daten für die biomedizinische Forschung nutzen.‹ Sie haben diese Informationen und ihre Sequenzierungsdaten für alle möglichen interessanten Dinge genutzt. Das alles ist öffentlich zugänglich, so dass wir es in unser Modell einbauen und testen konnten.«

Die Analyse zeigte, dass man von der aktuellen Population aus rückwärts arbeiten und eine sehr gute Vermutung darüber anstellen konnte, wann bestimmte Variationen (Mutationen) aufgetreten waren. Dann konnte man viele verschiedene Mutationen nehmen, die im gleichen Zeitraum aufgetreten waren, und sie statistisch auswerten. Man konnte sie in das Modell des Mutationsspektrums einzeichnen, und das würde eine sehr zuverlässige Vorhersage des Alters von Vätern und Müttern ergeben. Nicht für einzelne Eltern, sondern für die Gesamtbevölkerung.

Und man konnte weit, weit in der Zeit zurückgehen. Deshalb veröffentlichten Richard und Matthew und ihre Kollegen im Jahr 2023 eine Arbeit mit dem Titel »Human generation times across the past 250000 years« (Menschliche Generationszeiten in den letzten 250000 Jahren).

Dies beruht alles auf der Fähigkeit der Wissenschaftler, bestimmte Mutationen auf einer Zeitachse zu verorten. Man könne dies nicht mit einer wirklich hohen Genauigkeit tun, sagt Richard – man kann nicht sagen, dass eine Mutation in einem bestimmten Jahr stattfand. Aber man kann sagen, dass sie sehr wahrscheinlich zwischen 1000 und 1200 Generationen zurückliegt.

Man kann die Geschichte in »große Scheiben« unterteilen, sagt Richard, und genau das taten sie: Sie unterteilten 250000 Jahre Menschheitsgeschichte in 100 Scheiben. Sie zeichneten die Mutationen einzelner Basen auf, die in jedem Zeitraum auftraten, und analysierten ihre relativen Häufigkeiten. Entspricht das Spektrum dem konstanten Muster des Modells, sollte man in der Lage sein, das Durchschnittsalter der Väter und das Durchschnittsalter der Mütter in jedem Abschnitt zu ermitteln.

Und das gelang ihnen.

»Das Diagramm, das wir erstellt haben, ist nicht ganz leicht zu verstehen«, gibt Matthew zu. »Es sagt nichts darüber aus, wie viele Kinder die Leute hatten oder wie alt sie waren, als sie das erste oder letzte Kind bekamen. Man erhält lediglich das durchschnittliche Alter, in dem die Eltern ihr ›durchschnittliches‹ Kind bekamen.«

Selbst mit diesen Einschränkungen ist es immer noch interessant. Über 250000 Jahre betrug die durchschnittliche Zeitspanne *zwischen* den Generationen 26,9 Jahre. Im Alter der Empfängnis sind die Väter mit 30,7 Jahren durchweg älter als die Mütter, die zum Zeitpunkt der durchschnittlichen Geburt 23,2 Jahre alt sind.

Bei den Frauen ist diese Zahl relativ konstant geblieben. Bei den Männern schwankte sie auf und ab – zeitweise sank sie auf etwa 25 Jahre. Vor etwa 1000 Generationen lag das durchschnittliche Reproduktionsalter eines Mannes aber bei etwa 33 Jahren.

Und auch der Ort, an dem die Menschen geboren werden, ist wichtig. In Afrika beträgt die durchschnittliche Zeitspanne zwischen den Generationen 27 Jahre, anderswo liegt sie zwischen 20 und 21 Jahren.

Sucht man nach Faktoren, die das Lebensalter der Menschen im Laufe der Geschichte geprägt haben, kann man die Bären getrost übergehen. Heutzutage gibt es in Nordamerika nur noch ein oder zwei tödliche Zwischenfälle pro Jahr, und in den meisten anderen Teilen der Welt sind es noch weniger. Früher, als moderne Menschen und Höhlenbären in Europa 20000 Jahre nebeneinanderher lebten, waren es wahrscheinlich mehr.

Die meisten Bären sind jedoch Pflanzenfresser, und es gibt wenig archäologische Nachweise. Aus den wenigen Hinweisen, die wir haben, geht hervor, dass die Menschen den Bären wahrscheinlich mehr schadeten als andersherum.

Hätten sich die frühen Hominiden in Höhlen zurückgezogen und die Winterzeit weniger aktiv verbracht, hätten wir uns über die Jahre den Winterschlaf vielleicht angeeignet. Wir sollten aber wahrscheinlich froh sein, dass wir keinen Winterschlaf halten müssen. Als Neandertaler und moderne Menschen den kühlen Norden erreichten, war es gut, dass sie nicht wie die Bären in Höhlen wohnen mussten. Es hätte vielleicht nicht genug Platz für beide gegeben.

3

Weiblich, männlich, alles dazwischen, alles andere

Wir wissen, dass sie dort unten sind. Zwischen den Tulpenknollen und den Wurzeln des Eukalyptusbaumes und der Blaubeersträucher treiben sie unter unserem Garten ihre Tunnel voran. Dabei ist meine Frau sehr bemüht, ihnen das naturbelassene Feld nebenan schmackhaft zu machen. Wie viel wir in entsprechende Technik investiert haben, um die Maulwürfe davon abzubringen, unsere Blumen- und Gemüsebeete umzugraben? Ich kann es nicht beziffern. Es dürfte sich um eine nicht unerhebliche Summe handeln. Weil gewisse Schallfrequenzen sie vergraulen sollen, wurde der Garten mit strategisch platzierten Pfählen ausgestattet. Die im Boden steckenden Signalgeber strahlen Anti-Maulwurf-UKW aus. Für eine Weile scheint das sogar zu funktionieren. Dann wachst du eines Morgens auf und entdeckst wieder einen dieser Erdhügel. Und zwar genau dort, wo du ihn am allerwenigsten haben möchtest.

Ich weiß, dass die Maulwürfe davon ausgehen, der Garten sei ihrer. Wir sind es, die die Dinge verkehrt herum sehen. Sie graben nach oben und wir graben nach unten. Wir stochern unaufhörlich in ihrer Sphäre herum. Sie gehen dort ihrem Alltag nach, fressen und sammeln Würmer. Und dann pflanzt meine Frau einen japanischen Fächer-Ahorn und bricht damit in ihre Speisekammer ein. Maulwürfe können Würmer lähmen, indem sie sie bespucken. Sie legen sie sich für später zurück. Kämen sie eines Nachts hoch und räumten unsere Tiefkühltruhe leer, wären wir auch nicht gerade glücklich.

Wir täten gut daran, besser mit den Maulwürfen auszukommen. Grundsätzlich sind sie ja gut für den Garten. Sie fressen Schnecken und allerlei Getier, das die Wurzeln der Obstbäume und Gemüse anknabbern würde. Sogar die Erde, die sie aufwerfen, ist nützlich. Meine Frau schaufelt die Erde auf und bringt sie hinüber zu dem jeweiligen Loch, in dem sie gerade die nächsten Dinge anpflanzt. Auch unter die Blumenerde mischt sie sie. Die Kartoffeln, die Blumen, der Lavendel – alle scheinen es zu goutieren.

Als nützlich erweist sich diese Erde gelegentlich sogar über die Gartenarbeit hinaus.

Bei der englischen Stadt Alston an der Grenze zu Schottland befindet sich ein Hof, der auf einem Kastell aus dem zweiten Jahrhundert errichtet wurde. Viel weiter nördlich haben die Römer damals nicht gebaut. Aus der Luft sind die Umrisse klar erkennbar: ein schiefes, nicht ganz rautenförmiges Vieleck, leicht angehoben, von Gras überwachsen. Umgebende Böschungen bildeten in der Antike einen Ringwall, der Angriffe abbremsen sollte, bevor sie die eigentlichen Mauern erreichten. Von oben betrachtet wirken sie wie massive Bremsschwellen. Heute verlaufen quer zu ihnen die Grenzen zwischen dem Land mehrerer Höfe. Diese sind markiert durch Steinmauern, die an- und absteigen, als ritten sie auf Wellen.

Das Kastell steht bei den Archäologen momentan nicht weit oben auf der Liste der zu priorisierenden Stätten. Eines Tages werden sie sich mit ihm befassen. Denkmalgeschützt ist es, eine Ausgrabung kann dort also ohne Genehmigung nicht durchgeführt werden.

Bei Tieren greifen solche Regularien jedoch nicht. Alles, was etwa Maulwürfe an die Oberfläche schieben, darf also aufgesammelt werden. Eine Organisation namens Altogether Archaeology suchte sich 50 (menschliche) Freiwillige, um die von Alstons Maulwürfen aufgeworfene Erde

zu durchkämmen. Sie erhofften sich Artefakte aus dem Kastell. Man fand einiges: Scherben römischer Keramik, Perlen und ein aus Bronze gegossener Delfin.

Maulwürfe sind so übellaunig, brutal und überhaupt unsozial, dass sie nicht im Labor gehalten werden können. Bis mal jemand dahinterkam, wie man sie überhaupt zu fassen kriegen konnte, verging viel Zeit. Dann entwickelte vor dreißig Jahren der spanische Wissenschaftler Rafael Jiménez aus Granada eine Leidenschaft für den Iberischen Maulwurf. Seitdem hat er viele Studenten mit seinem Enthusiasmus angesteckt. Zahlreiche von ihnen gründeten später eigene Labore und führten das Thema weiter. Die Maulwürfe selbst lassen sich allerdings immer noch nicht im Labor halten. Brauchen die Wissenschaftler Tiere, müssen sie nach Spanien zurück.

Rafael hat volles graues Haar, eine schwarz gerahmte Brille, einen ausgeprägten Sinn für Humor und endlos Geduld. Gleich zu Beginn unseres Gesprächs beugt er sich fast entschuldigend vor: »Könntest du bitte etwas langsamer sprechen? Mein Englisch …«

Mit meinem durch Kansas geprägten Akzent kommt nicht jeder klar. Ich bitte um Verzeihung und wiederhole – nun langsamer – meine Frage zu den Schwierigkeiten bei der Erforschung von Maulwürfen im Labor.

»Ich habe es viele, viele Male versucht, auch andere haben es viele Male versucht«, sagt Rafael. »In Gefangenschaft vermehren sie sich nicht. Ihre Lebensbedingungen lassen sich nicht nachbilden. Sie gehen zu aggressiv miteinander um, als dass man sie in einem Raum gleich welcher Größe gemeinsam halten könnte. Wir haben große Terrarien voller Erde gebaut, 30 Zentimeter tief. Wir hofften, dass sie dort gebären würden, alles Weitere würde dann schon klappen. Wir mussten feststellen, dass ein in solch einem Raum gebärendes Maulwurfweibchen seinen Wurf drei oder vier Tage lang säugt. Man sieht das. Die Haut der Jungen ist so dünn, dass man durch sie hindurch erkennen kann, dass sie gesäugt wurden. Aber dann kommst du eines Tages rein und die Jungen sind weg.« Er zuckt mit den Schultern. »Sie frisst sie.«

Sein Erklärungsversuch dafür ist interessant. »In irgendeiner Form wertet das Weibchen seine Lage aus. Es schätzt die Überlebenschancen des Wurfes ab und entscheidet, dass der keine Zukunft hat.«

In der freien Natur verhalten sich Maulwürfe streng territorial. Einzelne Männchen und Weibchen erheben Anspruch auf ein Stück Land und kämpfen dann erbittert darum. Die einzige Ausnahme bildet die von ungefähr November bis März reichende Paarungszeit. Die Maulwürfe tolerieren einander gerade lange genug, um sich zu paaren. Dann geht es direkt wieder los mit den Kämpfen.

Während seines Studiums arbeitete Rafael an einem Projekt zur *Karyotypisierung* neuer Organismen mit, zur Untersuchung der Struktur ihres Genoms. Es ging um die Zahl ihrer Chromosomen und darum, ob diese wie beim Menschen paarweise angeordnet sind. Das ist ein wichtiges Detail unserer Geschichte, mehr dazu später.

Zu den einzigartigen Bewohnern der Region Granada gehörte der Iberische Maulwurf. Deshalb nahmen sich die Wissenschaftler den Karyotyp auch dieser Spezies vor. »Sie haben 34 Chromosomen, zu 17 Paaren angeordnet«, sagt Rafael. »Macht man eine solche Untersuchung, sollte man die Chromosomen auch während der *Meiose* betrachten. Das ist der Prozess, durch den Sperma und Eizellen entstehen.«

Die Meiose trennt Chromosomenpaare in einzelnen Kopien. Den Spermien verbleibt die Hälfte eines Paares, dasselbe passiert bei den Eiern der Weibchen. Wenn ein Spermium ein Ei befruchtet, fügen sich diese Hälften zu neuen, nun wieder vollständigen Paaren.

»Die Untersuchung der Meiose ließ sich am einfachsten an den Männchen vornehmen, da diese ihr Leben lang Spermien produzieren«, sagt

Rafael. »Beim Maulwurfweibchen, dachten wir, sei wie beim Menschen jedes Ei schon im Embryo, also vor der Geburt, angelegt. Als wir dann loslegten, zeigte sich etwas Seltsames. Wir mussten feststellen, dass es gar nicht so einfach war, zwischen Männchen und Weibchen zu unterscheiden. Bei einer Sezierung erwies sich, dass einige der von uns als männlich eingeordneten Maulwürfe weibliche Chromosomen besaßen. Das war also der Ausgangspunkt dieser Geschichte.«

Warum war es so schwer, die Geschlechter zu unterscheiden? Rafael stellte fest, dass Maulwurfmännchen normale Fortpflanzungsorgane haben, mit Hoden und Penis. Weibchen sind jedoch – verglichen mit Menschen und den meisten anderen Säugetieren – ungewöhnlich. Ihre Genitalien sehen denen der Männchen ähnlich, einzigartig an ihnen sind jedoch die *Ovotestes*: Fortpflanzungsorgane, die Eierstock und Hoden vereinen.

Die meisten anderen Wirbeltiere weisen in aller Regel entweder das eine oder das andere auf. Allgemeingültig ist daran jedoch nichts. Das Geschlecht ist nicht binär.

Im gesamten Tierreich prägt das Geschlecht nicht bloß die Physiologie, sondern auch viele andere Aspekte des Lebens: in Bezug auf Entwicklung, Verhalten und Sozialverhalten. Beim Menschen kommen all diese Dimensionen in der Geschlechtsorientierung und -identität zum Ausdruck. Endlich können wir das Entweder-oder-Denken überwinden, das vielen das Leben so lange schwergemacht hat.

Lassen wir für einen Moment die kulturellen Debatten und die Angst hinter uns, die moderne Gesellschaften durchziehen. Betrachten wir ein Tier, dem dies alles kein Thema ist. Richten wir unser Augenmerk auf die Biologie des Geschlechts. Sehen wir uns die Maulwürfe genauer an.

Da Maulwürfe sich nicht im Labor halten ließen, musste man sie zur Erforschung in freier Wildbahn fangen. Und das auf sanfte Weise. Es gab Verkaufsstellen für gewerbliche Fallen – natürlich für Bauern. Für Bauern sind Maulwürfe jedoch Schädlinge, diese Fallen sollten also töten.

Rafael brauchte lebendige Tiere. Er brauchte einen ›Maulwurffänger‹.

Er hörte sich um. Die Bauern auf dem Land um Granada hatten viel über Maulwürfe zu sagen. Ein Erzfeind bildet immer ein gutes Gesprächsthema. Sie schickten ihn zu einem alten Mann in Churriana.

»Zu der Zeit war er schon ein sehr alter Mann. Er trug sehr schlichte Kleidung und lebte sehr genügsam«, sagt Rafael. »Ja, er wusste, wie man Maulwürfe fängt; er bestritt damit seinen Lebensunterhalt. Er hatte Tausende gefangen. Die Bauern bezahlten ihn für jeden Einzelnen davon. Wahrscheinlich nicht besonders viel.«

Der alte Mann erzählte ihm eine interessante Geschichte. Er habe immer schwarze Maulwürfe gefangen. Einmal, bloß ein einziges Mal, habe er jedoch einen weißen gefangen: einen Maulwurf-Albino.

Was der alte Mann mit den Maulwürfen unter anderem anstellte, war, sie zu häuten. Aus ihren Pelzen ließen sich wunderbare Mäntel schneidern, ihr dichtes Fell war vollständig wasserabweisend. »Wenn du einen Maulwurf in Wasser tauchst«, sagt Rafael, »kommt er völlig trocken wieder raus. Das Wasser dringt gar nicht erst zur Haut des Maulwurfs durch.«

Die Haut des weißen Maulwurfs nutzte der alte Mann zur Fertigung eines Damenhuts.

Der Maulwurffänger weihte Rafael in die Kunst des Maulwurffangens ein. Im ersten Schritt muss ein Haupttunnel ausfindig gemacht werden, den der Maulwurf mehrmals am Tag nutzt. Solche Tunnel verlaufen etwa 12 Zentimeter unter der Erdoberfläche. Findet man einen, bringt man ihn mit der Schaufel zum Einsturz, und zwar über eine Strecke von mehreren Metern. Jetzt die eigentliche Kunst: Kurz vor der zum Einsturz gebrachten Stelle steckte der alte Mann einen langen Stock so tief in die Erde, dass das Ende in den Tunnel hineinragte. Dann platzierte er einen anderen Stock ebenso ans andere Ende des Einsturzbereichs.

»Was also geschieht, ist, dass der Maulwurf den Tunnel entlanggeeilt kommt«, sagt Rafael. »Sobald er die eingestürzte Stelle entdeckt, macht er sich sofort daran, den Tunnel neu zu graben. Indem er das macht, stößt er an dem Ende, an dem er startet, den Stock um. Du siehst also einen umgestoßenen Stock und einen, der noch steht. Dadurch weißt du jetzt, wo der Maulwurf sich befindet: Er ist irgendwo dazwischen und gräbt sich gerade durch diesen mittleren Bereich. Du musst dich sehr, sehr vorsichtig nähern, ohne auch nur ein Geräusch zu machen. Wo der Maulwurf sich gerade befindet, wirst du die Erde sich erheben sehen. Dann trittst du kräftig auf den Boden dahinter, so dass der Tunnel hinter ihm wieder einstürzt. Du hast ihn festgesetzt.«

Die Methode funktioniert, ist jedoch sehr aufwendig. Man muss die Stöcke genau zum richtigen Zeitpunkt überprüfen, denn sonst würde das Tier sich längst an ihnen vorbeigearbeitet haben. Maulwürfe sind vor allem früh morgens und spät nachts aktiv. Man muss deshalb viel Zeit vor Ort verbringen.

Rafael ging mit seinen Studenten raus aufs Land, zu den üppigen Pappelpflanzungen, in denen sich viele Maulwürfe finden ließen. Die von ihnen auserkorene Stelle lag nahe der Stadt Santa Fe. »Santa Fe ist der Ort, an dem Christopher Columbus mit den katholischen Herrschern Spaniens, Isabella und Ferdinand, die Details der Finanzierung seiner Reise nach ›Amerika‹ ausarbeitete«, sagt Rafael. »Ich nannte das früher das bedeutendste wissenschaftliche Unterfangen der Geschichte. Es wurde von Spanien finanziert.«

Das Fangen der Tiere nach der simplen Methode des Maulwurffängers würde Tausende und Abertausende Arbeitsstunden vor Ort erfordern. Gab es nicht doch eine bessere Methode? Diese Frage ließ Rafael keine Ruhe. Er machte sich an die Entwicklung einer neuen Falle.

Falls Sie aus irgendeinem Grund mal einen modernen Maulwurffänger und Fallenbauer brauchen, ist Rafael Ihr Mann. Neben seinem wissenschaftlichen Interesse besitzt er verblüffendes technisches Talent. Das beweisen die Modellflugzeuge, die er baut. Sie sind so gut, dass er in Spanien erste Preise bei nationalen Modellflugzeugwettbewerben bekam. Schon fünfmal.

Zur Entwicklung der Maulwurffalle baute er zahlreiche Prototypen. »Es dauerte viele Jahre. Ich nahm mir eine PVC-Röhre, mit Türchen an den Enden. Diese funktionieren wie die Stöcke des Maulwurffängers, von denen ich dir erzählt habe. Du suchst einen Tunnel, legst ihn frei und platzierst die Röhre im freigelegten Tunnel. Sobald der Maulwurf herbeieilt, fallen die Türchen zu und er steckt in der Falle.«

Das löste ein Problem – man musste nicht mehr in dem Moment vor Ort sein, an dem der Maulwurf diesen Teil des Tunnels betrat. Es ergab sich jedoch ein anderes. Ging ein Maulwurf nachts in die Falle, war er bis zum Morgen häufig gestorben. »Maulwürfe urinieren viel«, sagt Rafael. »Der Boden der Röhre wird nass, bei winterlicher Kälte somit tödlich für den Maulwurf.«

Er löste das Problem, indem er der Falle eine Abzweigung hinzufügte und der Röhre die Form des Buchstabens T gab. An irgendeinem Punkt würde der Maulwurf in das Zweigrohr abbiegen, eine weitere Tür würde hinter ihm zufallen. Der Maulwurf würde ein künstliches, von Rafael eingerichtetes Nest vorfinden, eine mit trockenen Blättern gepolsterte Tasche, die den Urin aufnahm. So konnte das Tier überleben.

Die Entwicklung der Fallen dauerte Jahre – »Jedes Jahr kam mir eine neue Verbesserung«, sagt Rafael – aber es zahlte sich aus. »Wir wollten die Maulwürfe vorrangig im Winter sammeln, weil das ihre Paarungszeit ist«, sagt Rafael. »Wir wollten vor allem herausfinden, wie Maulwürfe sich paaren.«

Vielleicht sollte er seine zwei Interessen kombinieren, schlug ich vor. Die Falle könnte ein Wifi-Signal aussenden, wenn sie zufiel. Er könnte eine Drohne entwickeln, die den gefangenen Maulwurf selbsttätig einsammeln und zum Labor bringen würde.

Er lachte. »Das Problem mit Drohnen ist, dass sie sehr laut sind. Bei Maulwürfen muss man wirklich leise sein.«

Es müssten also Tarnkappendrohnen sein. Ich bin mir sicher, dass er das schaffen wird.

»Rafa weiß so viel über Maulwürfe. Ich glaube, er kann sich in sie *hineinversetzen*«, so Darío Lupiáñez, einer seiner ehemaligen Studenten. Er gehört zu jenen, die inzwischen ihr eigenes Labor gegründet haben. Dario fand Rafaels wissenschaftlichen Enthusiasmus damals so ansteckend, das er anbot, unbezahlt in seinem Labor zu arbeiten. Das musste er am Ende nicht. Rafael konnte ihm eine Promotionsstelle in der Gruppe verschaffen.

Und dort blieb Darío, bis er vor ungefähr elf Jahren nach Berlin kam. Hier war er zunächst als Postdoc am Max-Planck-Institut für molekulare Genetik tätig. Später gründete er am Max-Delbrück-Centrum sein eigenes Labor. Dann musste er sich entscheiden. »Es gab so viele Dinge, die man mit Maulwürfen *nicht* tun konnte«, sagte er. »Aber viele davon konnte man mit der Maus tun. Dann ging man zurück und überlegte sich, was sich daraus ableiten und ob sich das Herausgefundene auf Maulwürfe übertragen ließ.«

Darío kannte ich schon eine ganze Weile. Ein paar Jahre vorher hatte ich ausgeholfen, als ein Graduiertenkolleg, für das er tätig war, ein Gutachten brauchte. Damals wusste ich nichts von seinem Interesse an Maulwürfen, wir sprachen nicht über sie.

Jetzt saßen wir in seinem Büro und taten genau das. Aber auch bloß, weil ich mich in die wissenschaftliche Literatur über Maulwürfe eingearbeitet hatte. Rafael Jiménezs Name tauchte ständig auf, entweder als Hauptautor eines Großteils der wissenschaftlichen Artikel zu Maulwürfen oder als Mitwirkender. Ab etwa 2005 tauchte auch Darío Lupiáñezs Name auf diesen Artikeln auf. Und da saß er nun, im selben Gebäude wie ich, in einem Büro auf der anderen Seite des Flurs.

Der junge Spanier Darío mit kurzen dunklen Haaren erzählt nur zu gerne von Maulwürfen. An der Wand in seinem Büro hängt das Foto eines aus einem Tunnel hervorkommenden Iberischen Maulwurfs, seine dunkle, staubige Schnauze von riesigen Schaufelhänden gerahmt. Daneben ein populärwissenschaftlicher Bericht über Daríos Arbeit aus *Der Spiegel*. Auf dem Schreibtisch stehen Fotos seiner zwei Kinder: eine sechsjährige Tochter und ein zweijähriger Sohn.

Das ist wohl noch ein wenig jung, um Maulwürfen nachzustellen. Es wird aber sicher nicht mehr lange dauern, denn es ist ihnen gewissermaßen in die Wiege gelegt. In Rafaels Labor lernte Darío seine zukünftige Frau kennen, Francisca Martinez Real, die in der Geschichte über Fledermäuse schon eine Rolle spielt.

Mit dem Umzug der Familie nach Berlin trat Francisca eine Stelle am Max-Planck-Institut für Genetik im Süden der Stadt an. In ihrem ersten Projekt in der Gruppe von Stefan Mundlos ging es um die Arbeit am Maulwurfgenom. Nach erfolgreichem Abschluss richtete sie ihren Fokus auf andere Arten, unter anderem Fledermäuse.

Heute trug Darío eine offen stehende schwarze Joggingjacke. Darunter ein T-Shirt mit leuchtend grünem MTV-Logo, in der Version mit dem Totenkopf. Dieser lugte regelmäßig hervor, wenn er sich auf seinem Bürostuhl zurücklehnte und gestenreich seine eigene Geschichte erzählte. Die Gesten waren wichtig.

Ungefähr fünf Monate im Jahre würden Darío und seine Laborkollegen morgens um sechs oder sieben hinausgehen und Fallen legen. Nach einer Mittagspause würden sie in den Fallen nachsehen. Wenn sie einen Maulwurf gefangen hatten, würden sie einen Radiosender an seinem Schwanz anbringen und ihn wieder freilassen. So konnten sie dann mit Sensoren die Erdoberfläche ablaufen und die unterirdischen Signale des Maulwurfs empfangen. Hielt er sich bewegungslos in einer Nische auf, hatten sie wahrscheinlich ein Nest entdeckt.

Nach und nach, erzählte Darío, wurde den Wissenschaftlern klar, dass die Maulwürfe ihre Nester meist direkt unter der Oberfläche der aufgeschütteten Dämme für die Pappelpflanzungen bauten. »Man konnte sie sogar dort auf der Erdoberfläche erkennen, wenn man wusste, wonach man Ausschau halten musste«, sagte er.

Nester waren wichtig, weil Rafael, Darío und ihre Kollegen besonderes Interesse an Weibchen, Embryos und Babys hatten. Zum Verständnis von Organen wie den Ovotestes oder anderen ungewöhnlichen Merkmalen wie den in keinem Verhältnis zu den Füßen stehenden riesigen Händen musste man die frühesten Stadien ihrer Entwicklung betrachten.

Rafael lernte die Maulwurfanatomie so gut kennen, dass er durch Abtasten des Bauches – sehr vorsichtig, mit einem dickgepolsterten Handschuh über der linken Hand – erkennen konnte, ob er ein trächtiges Weibchen vor sich hatte. Was er dabei eigentlich feststellen wollte, war, in welchem Entwicklungsstadium die Föten sich befanden. Im Laufe der Jahre wurde er so geschickt darin, dass er die Trächtigkeitsdauer fast bis auf den Tag genau einschätzen konnte.

Bei einem seiner frühen Versuche tastete Darío den Bauch ab, erfühlte etwas und brachte den Maulwurf ins Labor.

»Es war ein Männchen«, lacht er. »Was ich erfühlt hatte, waren die Hoden.«

Übung macht den Meister. Später konnte er es dann.

Wenn man sich am Stammbaum weit genug entlanghangelt, stellt man fest, dass Schnecken und Würmer, einige Fische und die meisten Pflanzen *Hermaphroditen*, also Zwitter, sind: Sie haben die Fortpflanzungsorgane sowohl von Männchen als auch von Weibchen und können entweder die eine oder die andere Rolle einnehmen oder sogar beide. Auch anderswo in der Natur kann nicht immer klar unterschieden werden: Menschen und Tiere werden zuweilen mit den Sexualorganen beider Geschlechter geboren. Mediziner nannten diese Menschen früher *intersexuell*. Dieser Begriff wird von manchen gesellschaftlichen Gruppen inzwischen aber als missverständlich oder sogar beleidigend eingeordnet. Heutzutage lautet die akzeptablere Beschreibung ›Varianten der Geschlechtsentwicklung‹.

Besteht man auf Kategorien, passen weibliche Maulwürfe da nicht gut hinein. Sie sind keine Hermaphroditen. Man mag sie als intersexuell einordnen, den Maulwürfen selbst sind solche Kategorien aber wohl eher schnuppe. Letztlich agieren sie als Weibchen, obwohl die Ovotestes eben gleichermaßen Eierstöcken als auch Hoden ähneln. Der hodenartige Teil stellt kein Sperma her. Er enthält jedoch Zelltypen, die sich normalerweise in Hoden finden. Zu diesen gehören die *Leydig*-Zellen, die viele »männliche« Hormone wie etwa auch Testosteron produzieren.

Hier ist die Abgrenzung zwischen den Geschlechtern wieder nicht klar. Auch Frauen produzieren Testosteron. Ihre Eierstöcke stellen es her, nur eben viel weniger als Männer. Die Leydig-Zellen sondern bei weiblichen Maulwürfen vergleichsweise viel mehr davon ab, zumindest bis sie trächtig werden.

Was sagt die Tatsache, dass Maulwürfe Ovotestes besitzen, über die Prozesse aus, die das Geschlecht überhaupt erst entstehen lassen? Dafür müssen wir die grundlegende Biologie des Geschlechts auf verschiedenen physiologischen Ebenen des Tieres betrachten. Angefangen bei den Zellen.

In den Lehrbüchern der ersten Hälfte des 20. Jahrhunderts hieß es, dass das Geschlecht aus einem einzigen Chromosomen-Paar hervorgehe. Beobachtet wurde das erstmals bei Käfern, passenderweise durch eine Frau und einen Mann.

Im Jahre 1905 entwickelten Nettie Stevens und Edmund Beecher Wilson unabhängig voneinander das Feld der Karyotypisierung. Sie stellten fest, dass Insektenchromosomen immer paarweise und zueinander passend auftraten. Mit einer einzigen Ausnahme: dem, was wir heutzutage als XX- oder XY-Chromosomen kennen. Die Käfer, die Stevens untersuchte, hatten fünf Chromosomenpaare. Vier davon waren zusammengehörige Kopien. Die Weibchen hatten ein fünftes passendes Paar (XX). Bei Männchen passte das Paar jedoch nicht zusammen: Einhergehend mit einem X besaßen sie einen unterentwickelten Partner, das »Y«.

Ei- und Spermienzellen enthielten jedoch bloß eine Kopie jeden Chromosoms. Die Eier des Weibchens enthielten als fünftes Chromosom stets die X-Version, ein Spermium entweder das X oder das Y. Daraus ließ sich folgern, dass das Spermium für das Geschlecht des neuen Organismus bestimmend war. Dasselbe Prinzip wies Stevens an 15 weiteren Insektenarten nach. Diese ungeheuer wichtige Entdeckung führte schließlich zur wissenschaftlichen Anerkennung der DNA als Grundlage der Vererbung.

Das geschah leider nicht mehr zu Stevens' Lebzeiten. Sie legte zwar einen kometenhaften Aufstieg hin, promovierte am Bryn Mawr College in Pennsylvania, veröffentlichte in elf Jahren 38 Manuskripte und erhielt Stipendien für Forschungsaufenthalte in Italien und Deutschland. Im Jahre 1910 wurde sie (mit 17 weiteren **Frauen**) zu den *»Top 1000* ***Männern*** *der Wissenschaft«* gezählt. Schließlich erreichte sie sogar das fast Undenkbare, als ihre Alma Mater sie auf eine Professur berief.

Leider konnte sie den Posten nicht mehr antreten. 1912, im Alter von 50 Jahren, starb sie an Brustkrebs.

Es dauerte weitere acht Jahre, bis ein amerikanischer Wissenschaftler namens Theophilus Painter ihre Leistung am Menschen wiederholte und bewies, dass auch Menschen ein XX/XY-Chromosomenpaar haben. In den Lehrbüchern hieß es, das große Rätsel sei gelöst: XX macht weiblich, und XY ist männlich. In Anbetracht der kulturellen Situation des frühen 20. Jahrhunderts ist es wahrscheinlich nicht verwunderlich, dass dieselben Bücher Männlichkeit als den »Normalfall« darstellten. Irgendetwas am Doppel-X, so behaupteten sie, mache eine befruchtete Eizelle weiblich.

Das war vierzig Jahre lang der Stand der Dinge.

Im Jahre 1959 wurde die Wissenschaft des menschlichen Geschlechts dann plötzlich deutlich komplexer. In diesem Jahr entdeckte der Arzt Charles Ford aus dem englischen Harwell ein 14-jähriges Mädchen mit nur einem X-Chromosom. Es besaß überhaupt keine zweite Kopie. Bei dem Mädchen war das »Turner-Syndrom« diagnostiziert worden. Wie sich herausstellte, besitzen alle Frauen mit dieser Diagnose bloß ein X-Chromosom.

Und sie können von Glück reden, dass sie überhaupt geboren wurden. Eine Studie aus dem Jahr 2009 ergab, dass 99 % der Embryonen mit nur einem X-Chromosom zu Spontanabtreibungen führen.

Die an der Universität Edinburgh in Schottland tätigen Patricia Jacobs und John Anderson Strong machten im selben Jahr Menschen mit XXY-Chromosom ausfindig. Dies verursacht das sogenannte »Klinefelter-Syndrom«. Die meisten dieser Personen werden als männlich eingeordnet. Sie haben männliche Genitalien, produzieren aber weniger Testosteron. Mitunter entwickeln sie Brüste oder andere sekundäre Merkmale, die mit dem weiblichen Geschlecht assoziiert werden.

Diese Fälle zeigten also, dass die Lehrbücher falschlagen: Man brauchte kein zweites X, um weiblich zu sein. Es gab da etwas am Y-Chromosom, das die Embryos männlich machte.

Bis das gefunden wurde, vergingen weitere 31 Jahre.

Die Entdeckung neuer Gene erlebte in den 1990er Jahren ihre Hochzeit, obgleich dies vor der vollständigen Sequenzierung des menschlichen Genoms ein reichlich mühsames Verfahren erforderte. Allein die Suche nach einem spezifischen Molekül konnte Jahre in Anspruch nehmen. Im Jahr 1990 sollte sich das Verfahren für Andrew Sinclair und das Team um Peter Goodfellow am Imperial Cancer Research Centre in London dennoch auszahlen. Ihre Suche nach der Region des menschlichen Y-Chromosoms, die als Schalter der »Männlichkeit« fungierte, wurde endlich von Erfolg gekrönt.

Sinclair und Kollegen tauften das gefundene Gen »SRY« (»Sex-determining Region Y«, d.h. »geschlechtsbestimmende Region Y«). Ist das Gen in dieser Region aktiviert, sendet es Befehle an das Gewebe, aus dem die Keimzellen entstehen. Bis zu diesem Punkt kann sich das Gewebe in beide Richtungen entwickeln, also entweder zu Eierstöcken oder Hoden werden. Die Aktivierung von SRY löst ein genetisches Programm aus, das den Embryo zum Männchen werden lässt.

Dank der Turner- und Klinefelter-Syndrome wusste Sinclair, dass er das »Männlichkeitsgen« auf dem Y zu suchen hatte. Das umfasste aber immer noch einen riesigen Bereich, ungefähr 58 Millionen Basenpaare. Hunderte Gene konnten sich hier verbergen. Über die Jahre kamen jedoch einige weitere ungewöhnliche Fälle hinzu, die die Suche eingrenzen halfen.

G.I.M. Swyer, ein britischer Endokrinologe, entdeckte Personen mit einem XY-Chromosomenpaar, aber den körperlichen Merkmalen einer Frau. Und ein finnischer Wissenschaftler namens Albert de la Chapelle stieß auf Personen mit eindeutig männlichen Geschlechtsorganen, aber mit einem XX-Chromosomenpaar.

Weil ihr jeweiliger Zustand ein Stück zur Lösung des Rätsels beitrug, spielten diese bemerkenswerten Personen eine wichtige Rolle bei der Entdeckung von SRY. Wenn etwa eine Person ein XY-Paar besaß, dies jedoch irgendwo im SRY-Gen einen »Schreibfehler« aufwies. Das konnte das Resultat einer natürlichen Mutation sein, wie sie ständig und nach dem Zufallsprinzip passieren. Hin und wieder, in einer sehr kleinen Zahl von Fällen, musste zwangsläufig eine dieser Mutationen in dieser spezifischen Region des Y-Chromosoms auftreten. Das konnte wiederum Zellen daran hindern, eine funktionierende Version des SRY-Proteins herzustellen. Infolgedessen würde der Embryo nie den Befehl erhalten, männlich zu werden. Sinclair musste also bei Swyers XY-Frauen eine Region des Y-Chromosoms mit einer Mutation ausfindig machen. Diese Strategie nannte sich »Deletion Mapping«.

Männliche Körper mit zwei XX-Chromosomen legten eine andere Suchstrategie nahe. Es konnte tatsächlich sein, dass ein X sich eine SRY-Kopie angeeignet hatte. Das konnte geschehen, weil im Rahmen der frühen Meiose ein Teil eines Chromosoms zuweilen versehentlich in ein anderes übernommen wird. Dieser Prozess wird als Rekombination bezeichnet. Er kann in sehr seltenen Fällen dazu führen, dass die SRY-Region auf das X-Chromosom verlagert wird. So entsteht ein Embryo mit XX, aber auch einer Kopie des SRY-Proteins, was es männlich macht.

Deshalb musste Sinclair in einem X-Chromosom nach etwas Ausschau halten, das sich normalerweise im Y fand.

Andrew Sinclair entdeckte schließlich eine Sequenz, die die Kriterien für jeden dieser Fälle der Geschlechtsumkehr erfüllte – XXY, männliche XX, und weibliche XY. Frauen mit normalem XX oder solche mit Turner-Syndrom besaßen diese Sequenz nicht. Dies lieferte den notwendigen Beweis zur eindeutigen Identifizierung der SRY-Sequenz und für ihre Funktion als Schalter für den Bau männlicher Fortpflanzungsorgane.

Interessanterweise hatte kurz vor dieser großen Entdeckung Rafael Jiménez dem Sinclair-Lab einen Besuch abgestattet. »Ich wollte herausfinden, ob weibliche Maulwürfe in ihrem Genom einen Teil des Y-Chromosoms besaßen, das ihre männlichen Merkmale erklären könnte.«

Womit wir wieder bei Maulwürfen wären.

Rafael stellte fest, dass sich der Unterschied nicht durch die Chromosomenstruktur der Maulwürfe an sich erklären ließ: Männchen besitzen ein klassisches XY-Paar, Weibchen ein XX-Paar. Sollten sie etwa den von Albert de la Chapelle gefundenen XX-Männern entsprechen? Das jedoch war nicht der Fall. Die Wissenschaftler wiesen nach, dass, genau wie beim Menschen, das Maulwurf-Gen mit der SRY-Sequenz auf dem Y-Chromosom liegt. Und dass keines der weiblichen X-Chromosomen eine versehentliche Kopie davon erhalten hat.

Damit blieb ein Rätsel, dessen Lösung einer weiteren Dekade bedurfte, jedenfalls teilweise. Es erforderte eine akribische Untersuchung von Gewebe unter dem Mikroskop, um die Entwicklung der Fortpflanzungsorgane bis zu ihren frühesten Ausgangsstadien im Embryo zurückzuverfolgen. Männliche Organe gehen aus einem früheren embryonalen Gewebe namens Wolff-Gang hervor. Auch weibliche Maulwürfe besitzen diese Gewebe, die jedoch kurz vor der Geburt der Tiere anfangen, sich abzubauen. Nach der Geburt beginnen die Wolff-Gänge, sich erneut zu entwickeln, wodurch die Weibchen große Genitalien erhalten. Ihre Eierstöcke hinken jedoch hinterher. Sie erreichen ihren vollen Entwicklungsstand erst nach der Geburt, viel später als bei anderen Tieren.

Rafael und Kollegen zeigten, dass diese stotternde Entwicklung der Sexualorgane mit der Menge an Testosteron zusammenhing, die der weibliche Körper zu jeder beliebigen Zeit herstellte. Ein hoher Testosteronspiegel gibt dem ungeborenen Maulwurf einen Schubs Richtung Männlichkeit. Sobald diese Werte endlich nachlassen, erlangt die weibliche Seite wieder die Oberhand.

Rafael sagt: »Für die Geschlechtsfestlegung ist es notwendig, dass das Gleichgewicht zwischen hoden- und eierstockfreundlichen Genen zur einen oder anderen Seite kippt.«

Hier wird ein allgemeineres Prinzip wirksam, das die Aussagen älterer Fachbücher auf den Kopf stellt. Alleingelassen würden Tiere generell zu Weibchen. Um ein Männchen hervorzubringen, muss dieser Plan durch Prozesse unterlaufen werden, die die weibliche Entwicklung aktiv unterdrücken.

Bei den meisten Tieren hängt der hodenfreundliche Plan mit einem Protein namens SOX9 zusammen. Das »S« im Namen steht hier für »SRY-artig«. Das Gen für SOX9 gehört zu jenen, die aktiviert werden, nachdem das Tier mit der SRY-Produktion beginnt. Sobald das geschieht, triggert SOX9 die Entwicklung eines komplett neuen Zelltyps, der sogenannten *Sertoli*-Zelle. (Es gibt zu diesem Namen eine gute Geschichte, auf die ich hier nicht eingehen kann. Nachlesen lohnt!) Sertoli-Zellen sind für die Männlichkeit unabdingbar, da ohne sie keine Hoden entstehen und der Körper somit kein Sperma produziert.

Es war natürlich Rafael Jiménezs Labor in Granada, das den Wichtigkeitsnachweis der Sertoli-Zellen auch bei Maulwürfen erbrachte. Weibliche Maulwürfe, stellten sie fest, haben Zellen, die diesen sehr ähnlich sehen, aber nicht alle Bedingungen für vollwertige Sertoli-Zellen erfüllen. Zum einen produzieren sie kein SOX9, was letztendlich der Grund sein mag, warum die Weibchen keine vollentwickelten Hoden besitzen.

»Selbst wenn sie welche hätten, wären diese SOX9-ausdrückenden Hoden steril«, sagt Raphael. »Aus XX-Fortpflanzungszellen kann sich kein funktionelles Sperma entwickeln.«

Weitere Antworten dazu haben sich kürzlich ergeben. Im Jahre 2020 konnte eine Zusammenarbeit zwischen Rafaels Labor und Wissenschaftlern aus verschiedenen Teilen Deutschlands endlich das gesamte Genom des Iberischen Maulwurfs vorlegen. Geleitet wurde dieses Vorhaben von Francisca Martinez Real – in Stefan Mundlos' Labor am Max-Planck-Institut für Molekulare Genetik – und ihrem Ehemann Dario Lupiáñez.

Im Maulwurfgenom fanden sie drei Kopien eines Gens, von dem die meisten Säugetiere, so auch Menschen und Mäuse, bloß eines besitzen. Dorthin gelangt waren diese vor langer Zeit durch einen jener besagten natürlichen Fehler. So wie DNA-Sequenzen mutieren oder vom einen zum anderen Chromosom springen, so spuckt der Kopierer manchmal Duplikate aus oder sogar Dreifachausfertigungen. Das ist deshalb interessant, weil das besagte Gen mit dem Geschlecht zu tun hat. Es hat einen einschüchternden Namen, CYP17A1 – signifikant ist, dass es bei der Produktion der Geschlechtshormone hilft.

»Der Besitz dreier Kopien könnte bedeuten, dass Tiere eine größere Dosis Hormone abkriegen, vielleicht eine Dreifachdosis«, sagt Darío. »Tatsächlich ist die Sache aber ein wenig komplexer. Zur Aktivierung eines Gens braucht es andere DNA-Regionen, die seine Aktivität ›verstärken‹. Über die Zeit wurde ein solches Verstärkerelement zu einem der CYP17A1-Gene transferiert. Das hat seine Aktivität deutlich erhöht. Später mutierten die zusätzlichen zwei CYP17A1-Kopien und wurden inaktiv. Die eine noch funktionierende Kopie produzierte jedoch viel mehr Hormone.«

Deshalb bauen weibliche Maulwürfe zusätzliche Muskelmasse auf und produzieren mehr Testosteron. Beides zusammen trägt zu ihrem Ruf als aggressive Kämpfer bei.

Das Genom offenbarte einen weiteren interessanten »Fehler«, der sich in die Vererbung der Maulwürfe eingeschrieben hatte: Ein großer Brocken des Chromosoms war spiegelverkehrt. Geschehen war das vor langer Zeit bei einem Urahn der Maulwürfe, und diese Inversion ist seitdem stets weitergegeben worden. Das Ergebnis wirkt sich auf die Aktivierung eines Gens namens FGF9 aus. Relevant ist das, weil das FGF9-Protein eines der »Domino-Gene« darstellt in der Kette, die zu SRY zurückführt – SRY aktiviert SOX9, was wiederum FGF9 aktiviert.

Säugetiere brauchen das FGF9-Protein, um männlich zu werden. Seine ungewöhnliche Aktivierung bei weiblichen Maulwürfen könnte erklären, warum ihre Eierstöcke hodenartiges Gewebe enthalten.

Und was hat es nun mit den sechs Fingern auf sich? Bei den meisten Arten hört die Natur üblicherweise bei fünf auf. Ausnahmen rutschen zuweilen durch: Sogar Menschen werden manchmal mit zusätzlichen Fingern geboren. Bei Maulwürfen sind sechs der Normalfall. Ihre Hände sind riesig, viel größer als ihre Füße. Sie wirken fast, als würden sie auf den Händen Baseballhandschuhe tragen – wenn Baseballhandschuhe Krallen hätten. Das ist nützlich, wenn man viel Zeit mit Graben verbringt. Es gibt dir eine größere Schaufel.

»Das sind höchstinteressante Merkmale an Maulwürfen«, sagt Rafael. »Die Hinterbeine entsprechen einem ›normalen‹ Entwicklungsmuster, ähnlich dem von Mäusen oder Menschen. Die ›Hände‹ eignen sich aber besonders fürs Graben. Wieso stellen sie also eine Ausnahme dar?«

Was macht die Fünf als Zahl so bedeutsam? Die Fünf verbindet die Flügel von Fledermäusen mit unseren eigenen Fingern und mit den Flossen von Delfinen und Walen. Sie findet sich auch bei den Pfoten der Spitzmäuse, den nächsten Verwandten der Maulwürfe. Betrachtet man all diese Hände, Pfoten und Flossen, stellt man fest, dass sich die Knochen – mal in gestreckter, mal in geschrumpfter Form – eins zu eins entsprechen. Sie haben von einem weit zurückliegenden, gemeinsamen Ahnen alle dasselbe Grundmuster geerbt.

Und die Maulwürfe? Nennen wir ihren sechsten Finger einen Daumen, wie Christian Mitgutsch und Marcelo Sánchez-Villagra das in einem Artikel vor zwölf Jahren taten. (Wenig überraschend, dass Rafael Jiménez auch hier dabei war.) Bei Iberischen Maulwürfen und ihren nahen Verwandten ist dies ein sonderbarer Finger: Er besitzt keine Gelenke. Das stellt sich als enorm nützlich heraus fürs Graben. Nicht nur wird die Reichweite ihrer Pfoten erweitert und somit die ›Schaufel‹ vergrößert – sie können den Finger auch zur Seite ausfahren und sich auf ihn stützen, während die restlichen Finger graben. Es entspricht dem Unterschied zwischen einem Heckbagger und einer Person, die sich mit einer Schaufel abmüht: Der Bagger ist bei seiner Arbeit stabil verankert.

Es stellt sich heraus, dass vielleicht eine Verbindung zwischen dem Besitz des ungewöhnlichen Zusatzfingers und den Sexualhormonen der Maulwürfe besteht.

Die Verbindung ergibt sich aus einer von James Hall vom University College London im Jahre 1997 aufgestellten Hypothese. Es gab zahlreiche Hinweise, dass die *Polydaktylie* bei Menschen – also zusätzliche Finger – mit dem Testosteronspiegel verbunden ist. Zum einen, stellte Hall fest, sind jene mit zusätzlichen Fingern Geborenen meist Männer. Zweitens, betrachtete man die Frauen, hatten schwarze Mütter eine stärkere Tendenz zu polydaktylischen Kindern – zehnmal so häufig wie weiße Mütter. Zudem wiesen schwarze Frauen in aller Regel einen signifikant höheren Testosteronspiegel als andere Ethnien auf.

Nach Halls Hypothese sind es die von der Mutter hergestellten Hormone, die das Los des Kindes bestimmen. Bei Maulwürfen müsste das dann genauso sein. Testosteron wird in den weiblichen Ovotestes hergestellt. Die Embryos der Maulwürfe haben keines, da diese Organe sich erst nach der Geburt bilden. Wenn es also irgendwo herrührt, dann von der Mutter.

Die Antwort auf die Frage nach der Größe der Maulwurfshände und ihren sechs Fingern hat mit Genen zu tun, von denen wir schon gehört haben – SOX9 und FGF. Sie waren uns im Zusammenhang mit ihrer Rolle für das Geschlecht schon begegnet. Diese Moleküle haben aber auch mit der Konstruktion der Hände und Füße zu tun.

Christian Mitgutsch und Kollegen richteten ihr Augenmerk auf die Maulwurfshände und -füße und verfolgten deren Entwicklung bei Maulwurfsembryos. Ihnen ging es besonders darum, wann und wo diese beiden Proteine in den wachsenden Fingern und Zehen aktiviert werden. Dafür entwickelten sie fluoreszierende Sonden, die sich an die RNA-Form der Moleküle anlagern würden. Unter einem Lasermikroskop würden sie aufleuchten und die Zellen erkennen lassen, die die Moleküle produzierten.

Die Ergebnisse bestätigten, was sie vermutet hatten. »SOX9 tritt mit Beginn des Wachstums an den Fingerspitzen auf, und das geschieht auf koordinierte Weise bei vier der Finger«, schreibt Christian. »Man sieht es auch beim fünften – der tatsächlich dem menschlichen Daumen entspricht. Bei diesem geschieht es aber unabhängig und später.«

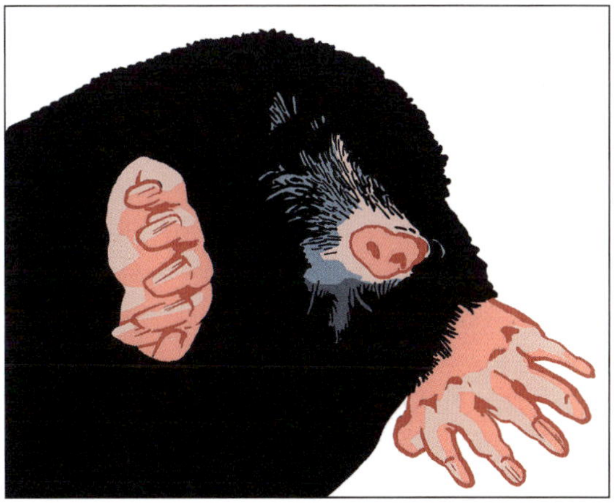

Die Maulwürfe graben mit ihren riesigen Schaufelhänden, die viel größer sind als ihre Füße. Sowohl Hände als auch Füße haben sechs Finger – einen Daumen oder großen Zeh mehr als Menschen.

SOX9 stellt den Wachstumstrigger dar, und das Ungewöhnliche an den Fingern ist, dass es bei diesen viel länger aktiviert bleibt als an den Füßen des Maulwurfs. Sie wachsen und wachsen, bis sie viel länger sind als die Füße, auch als die anderer kleiner Nager. An irgendeinem Punkt wird SOX9 dann wieder deaktiviert.

Das erklärte jedoch nicht den sechsten Finger – bis den Forschern ein weiteres Signal von SOX9 auffiel. Dies trat weit unterhalb des gewöhnlichen Daumens auf. Und zwar nicht auf einem Finger, sondern auf einem Knochen, der bei Menschen und anderen Tieren zum Handgelenk gehört.

»Daher kommt also dieser Extradaumen«, sagt Christian. »Dieser kleine Fleck SOX9 auf dem

Handgelenksknochen befiehlt ihm, zur Seite hin abzuzweigen und eine große Länge zu erreichen. Das geschieht später und unabhängig davon, was sich in den anderen Fingern tut. An diesem Punkt bleibt SOX9 aktiviert, bis der Finger sehr lang ist. In den Füßen gibt es einen solchen Fleck auf dem Fußknöchel, der ebenso aktiviert wird, wenn auch für einen viel kürzeren Zeitraum. Deshalb haben die Füße sechs Zehen, die alle viel kürzer sind als die Finger und Daumen.«

Die Liste der ungewöhnlichen Maulwurfseigenschaften wird immer länger. Auch wenn sie wenig Sauerstoff haben oder gar keinen, können sie unterirdisch lange überleben. Dafür haben die Maulwürfe nicht dieselbe Lösung wie Nacktmulle gewählt. Die afrikanischen Nagetiere besitzen quasi ein Notstromaggregat, sie können auf eine andere Art Stoffwechsel umschalten. Die Lösung der Maulwürfe sieht anders aus: Die Evolution hat ihnen eine einzigartige Form des Hämoglobinmoleküls verschafft.

In unseren Körpern ist es das Hämoglobin, das die roten Blutkörperchen rot macht. Sie sind voll davon. Hämoglobin macht etwa 96 % der Gesamtmasse jedes roten Blutkörperchens aus. Bei Maulwürfen liege dieser Anteil sogar noch höher, sagt Rafael Jiménez. Dadurch ist die Farbe ihres Blutes viel dunkler – fast braun. Hämoglobin arbeitet mit Eisenatomen zusammen, die mit Sauerstoff beladen werden können.

Hämoglobin agiert als eine Art Liefersystem für Sauerstoff. Es holt es in der Lunge ab und bewegt sich mit ihm durch den Blutkreislauf. Das Hämoglobin agiert dabei wie ein Magnet für Sauerstoff. Rote Blutkörperchen bewegen sich durch den Körper und geben es frei. Sie verteilen den Reichtum an Energie auf all unsere Zellen, Gewebe und Organe.

»Maulwürfe besitzen eine spezielle Form des Hämoglobins, das sich noch stärker an Sauerstoff bindet«, sagt Rafael. »Wir wissen nicht genau, warum. Es wird daran geforscht.«

Auch interessant: Iberische Maulwürfe haben Augen. Man sieht sie jedoch nie, denn sie sind von einer Hautschicht bedeckt. Der Iberische Maulwurf kann seine Augenlider nicht öffnen.

Rafael beteiligte sich auch an zwei Studien über die Entwicklung und Funktion der Linse und Retina des Maulwurfsauges. Diese Studien wiesen nach, dass Maulwurfsaugen größtenteils weiter funktionieren, obwohl ihr Hinterbereich abgebaut hat. Die geschlossenen Augenlider verhindern wohl, dass die Augen echte Bilder einfangen. Zwischen Dunkelheit und hellem Licht können die Tiere jedoch unterscheiden.

Unterschiede zwischen Maulwurfmännchen und -weibchen zeigen sich auch jenseits des Körperlichen und Sozialen. Ihre Nester bringen Rafael zum Lachen. »Die Weibchen haben sehr ordentliche Nester«, sagt er. »Bevor sie werfen, richten sie sich liebevoll-ordentlich ein. Die Nester der Männchen dagegen sind Sauhaufen.«

»Behauptest du etwa, Maulwürfe hätten so was wie Junggesellenbuden?«, frage ich.

Rafael lacht.

Wieder einmal verbinden sich einzigartige Merkmale und charakterisieren ein bemerkenswertes Tier, das nur dann eigentümlich erscheint, wenn wir erwarten, in ihm ein Abbild unser selbst zu erkennen.

Und selbst wenn man es so sehen will: Wie eigentümlich sind Maulwürfe schon wirklich? Menschen werden manchmal mit sechs Fingern geboren oder als intersexuell, manchmal als Ergebnis der natürlichen Andersschreibung eines einzigen Buchstabens im Gencode. Geschieht das, bauen die Gene dieser Person den Körper, so gut sie es eben können. So wie sie es auch beim Rest von uns tun.

Dass das bei Menschen nicht öfter vorkommt, ist eine reine Laune der Natur.

Mit genug Zeit, wer weiß? Außergewöhnliche Merkmale sind manchmal genau das, was eine Art braucht, um eine unvorhersehbare Gefahr in der Zukunft zu überwinden. Allen Widrigkeiten zum Trotz können sie sich ausbreiten und zum Normalfall werden. Diversität ist die Mutter des Überlebens.

Womöglich können uns Maulwürfe Toleranz lehren. Sowohl in Bezug auf ihr hilfreiches Dasein in unseren Gärten als auch auf gelegentlich auftretende evolutionäre Experimente wie Ovotestes. Man kann nie wissen, wann ein seltenes Merkmal sich durchsetzt und Teil unserer eigenen Natur wird.

Die Maulwürfe Granadas sind verschwunden.

Ein paar Jahre ist es nun her, dass die Bauern ihre Pappelpflanzungen anders bearbeiten. Neue, lasergesteuerte Technologie erlaubt es ihnen, die Felder komplett einzuebnen. Sie müssen nicht mehr Dämme aufschichten, um einen tragfähigen Boden für die Bäume zu schaffen. Dadurch ist der Anbau zwar effizienter, die Flächen sind jedoch weniger tierfreundlich geworden. Irgendwann machten sich die Maulwürfe davon. Wohin, weiß Rafael nicht.

Falls er jedoch mal wieder welche braucht, kann ich ihm sagen, wo er sie findet – unser Garten ist voll davon.

Der zusätzliche Daumen der Maulwurfhand ist eigentlich ein Knochen, der aus der Seite des Handgelenks wächst; die Länge der Finger wird von Genen bestimmt, die die Dauer des Wachstums kontrollieren.

4

Eine Welt aus Klang, kopfüber

Diese Geschichte führt uns weit in den Osten, in das Hochland von Sibirien, an einen Fluss namens Birjussa, dessen Schönheit in russischen Liedern besungen wird. Mehr als tausend Kilometer schlängelt er sich durch die Ebenen und üppigen Wälder, die bis ans Ufer heranreichen, dann durchschneidet er steile, schroffe Felsen und eine Landschaft aus Kalkstein. Hier dringt das Wasser immer tiefer in das weiche Gestein ein, löst es von innen heraus auf und arbeitet Versinkungen und sonderbare Grotten heraus. Solche Höhlen werden *Karst* genannt, und der russische Geologe A.A. Wasiliew beschrieb ihre Entstehung einmal als »die Summe aller versenkten Reliefs«. Er meinte das wohl wissenschaftlich, aber es klingt nach dem Titel eines Romans oder Gedichts, und ich beanspruche diesen hiermit für mich.

Ich war den sibirischen Fledermäusen auf der Spur, die in Karsthöhlen zu Hause sind. Manchmal eröffnet ein einfacher Satz in der Literatur jedoch das Tor zu einer erfüllenden und unerwarteten Reise – diesmal aus den Tiefen der Höhlen in die Kultur der Wissenschaft und schließlich in die Luft und eine andere, tiefere Form der Dunkelheit. Wasiliew wird in einem wunderschön geschriebenen Artikel von einer Person namens ›M.B. Shelley‹ in der Zeitschrift *The American Caver* zitiert. Kurioserweise ist M.B. unter all den Autoren, die im Inhaltsverzeichnis aufgeführt sind, unter all den Williams und Georges und Prestons und Orvilles, der einzige Name, der sich hinter Initialen versteckt. Schlägt man die Seite 40 auf, findet man den vollständigen Namen: Es ist die Geologin *Maryann B. Shelley*.

Die Wissenschaft war lange Zeit durch *männliche* Netzwerke geprägt, durch Netzwerke *weißer* Männer. War dies eine Entscheidung der Herausgeber – aus Angst, die Leser könnten einen von einer Frau geschriebenen wissenschaftlichen Artikel übergehen? Wer das getan hätte, hätte wirklich etwas verpasst; Maryanns Prosa ist so lyrisch, dass man nach den ersten beiden Sätzen wie gefesselt ist:

»Der Karst mit seinem negativen Relief steht für das Phänomenon der Auflösung des Gesteins von innen heraus. Es ist unterirdische Architektur, die ganz eigenen Regeln der geologischen Prozesse folgt.« Der Text hat regelrechte Sogwirkung.

Drei Jahre später schrieb sie ein ganzes Buch zum Thema Karst. Dieser Text beginnt noch literarischer: »Der Untergrund birgt, im besten Falle, eine Übung in Chiaroscuro, Exzentrizität, Disziplin und Irrationalität. Er ködert, erzwingt und macht Angst ... Wenn Leben in den Felsen ist und der Körper des Menschen sich zu neunzig Prozent in anderen Aspekten der Natur wiederfindet, dann mag der Karst die Erinnerung an das Urmeer bergen, schlummernd und doch latent mit der Libido und der Macht des Unbewussten.«

Diese Autorin hätte ich nur zu gerne kennengelernt.

Die nächste Spur zu Maryann findet sich in einem Artikel über ihre Aufnahme in die 99 s, eine in den Vereinigten Staaten gegründete Vereinigung weiblicher Piloten. Im Jahre 1957 erfahren wir: »Maryann ist Mitglied der AOPA, NAA, NPA, SSA, des American Institute of Aeronautics and Astronautics, der American Geophysical Union und der Ortsgruppe Washington D.C. der 99 s.« Die Gruppe organisierte jährliche Wettflüge über die ganzen Staaten; Maryann nahm an mindestens zwei davon teil.

In dem Artikel wird darauf hingewiesen, dass 1957 ein wichtiges Jahr in den Annalen der Flie-

gerei darstelle, der die Welt endlich davon überzeugte, dass Frauen in der Luft alles können, was auch Männer tun – sich in Abenteuer stürzen und Tragödien erleben. Es waren genau zwanzig Jahre vergangen, seit eine Frau namens Amelia Earhart zu einem epochalen Alleinflug um die Welt aufgebrochen war. Ihr Ziel erreichte sie nicht, ihr Verschwinden zählt zu den großen Rätseln der Geschichte.

Ich bin nur 60 Kilometer von Atchison entfernt aufgewachsen, der Heimatstadt von Amelia Earhart in Kansas. Unser Staat hatte nicht viele Helden, aber sie war einer davon, und zwar nicht nur für Mädchen und Frauen.

Der Newsletter der 99 s enthält eines der wenigen Bilder, die ich von Maryann finden konnte: eine schlanke Frau mit langen weißen Haaren, in dunklem Kleid oder Jacke, eine Halskette mit kleinen, möglicherweise echten weißen Perlen tragend. Oder auch nicht, als Geologin mag sie vielleicht etwas Exotischeres gewählt haben.

Dann verliert sich ihre Spur, ich fand erst wieder Hinweise auf sie, als ich entdeckte, dass sie geheiratet und den Namen ihres Mannes, Jessup, zu ihrem eigenen hinzugefügt hatte. Als ihr erster Mann starb, fügte sie auch noch den des nächsten Mannes hinzu. Die Tatsache, dass sie alle fünf Namen trug, verlieh der Figur der Maryann B. Shelley Jessup MacConochie eine weitere Dimension.

Irgendwann in ihrem Leben hatte sie Russisch und Französisch gelernt. Irgendwo hatte ich mitgenommen, dass sie im Zweiten Weltkrieg für das Außenministerium tätig gewesen war – wohl als Übersetzerin. Jedenfalls ist ihr Name auf einer Liste dort vermerkt. Als die Army im Jahre 1946 eine Übersetzerin brauchte, suchten sie sie auf und schon saß sie in einem Flug nach Europa. Einen Tag später fand sie sich in einer Gefängniszelle Rudolph Hess gegenüber, dem Stellvertreter Adolf Hitlers zu Beginn des Zweiten Weltkriegs. Im Jahre 1941 war er in Schottland festgesetzt worden. Maryann sollte bei einem Nachkriegsverhör unterstützen.

Danach entsandte man sie mit einem General namens Leo Alexander nach Polen. Er durchkämmte das Land nach Kriegsverbrechern, die in den Konzentrationslagern medizinische Gräueltaten begangen hatten. Den Army-Akten zufolge war Maryann äußerst geschickt darin, Zeugen zur Aussage zu bewegen, und trug zur Sammlung von Beweismitteln bei, die in den Nürnberger Prozessen Verwendung finden sollten. Sie verpasste nicht einen einzigen Tag der Prozesse, sie sollten ihr Leben nachhaltig prägen.

Der letzte Hinweis auf Maryann stammt aus dem Jahr 1998, als sie 89 war. Ihr Nachruf enthüllt noch weitere Dimensionen eines außergewöhnlichen Lebens: Sie hatte einen Abschluss in Musik von der University, »war mehrere Jahre als Klavierinterpretin und in den 1930ern in New York als Model tätig«.

Maryanns Verbindung zu Fledermäusen ist völlig nebensächlich. Manche Geschichten sind aber einfach zu schön, um sie unerwähnt zu lassen.

Wasser auf seinem Weg durch weiches Gestein tut eigenartige Dinge. Genau hier am Ufer der Birjussa hat es vertikale Öffnungen geschaffen, die wie Bilderrahmen wirken und dem darübergleitenden Blick ein Walddiorama auf der anderen Seite zeigen. Andere Öffnungen bergen Eingänge zu Höhlen, in denen das Wasser die leuchtende Farbe von Smaragden annimmt. Karst ist für Höhlenforscher interessant, aber man muss athletisch und beweglich genug sein, um enge, seltsam gewundene Passagen und Hohlräume zu bewältigen, die so merkwürdig geformt sind, dass die Geometrie keinen Namen dafür kennt.

Wer drinnen seine Stirnlampe nach oben richtet, muss sich auf etwas gefasst machen. Die, die sich hier heruntertrauen, wissen meist, was sie erwartet. Sie sind nicht auf der Suche nach Bären oder prähistorischer Kunst – es sind die Massen an Fledermäusen, die dort kopfüber hängen. Denn es sind nicht irgendwelche Fledermäuse; es handelt sich um sibirische Fledermäuse, Weltrekordträger.

Maryann B. Shelley war eine
bewundernswerte Frau:
eine Geologin und Pilotin, die
über Karst schrieb und dabei half,
Nazi-Kriegsverbrecher zu jagen.

Bereits Anfang der 1960er Jahre begab sich eine Gruppe von Wissenschaftlern in die winterlichen Birjussa-Höhlen und pflückte vorsichtig 1544 Winterschlaf haltende Fledermäuse von der Decke, um ihnen kodierte Bändchen an den Beinen zu befestigen. Fand man eine beringte Fledermaus wieder, konnte man nachvollziehen, wo sie hingeflogen war, was sie gemacht hatte, und andere Dinge über ihr Leben erfahren. Über die Jahre kehrten die Forscher immer wieder zurück, und 2002 fanden sie eine Fledermaus, die immer noch eines dieser Bänder trug, nachdem sie es 38 Jahre lang mit sich herumgeschleppt hatte. Ein Rekord für die Lebensspanne einer Fledermaus, der aber nur drei Jahre hielt. Als die Wissenschaftler 2005 zurückkehrten, war dieselbe Fledermaus immer noch da.

Eine 41-jährige Fledermaus war so bemerkenswert, dass sie es nicht nur auf die Seiten des *Journal of Gerontology*, sondern sogar ins *Guinness-Buch der Rekorde* schaffte.

Die sibirische Fledermaus ist eigentlich zu klein, um so lange leben zu können. Es gibt da eine Formel, einen Langlebigkeitsquotienten, der vermeintlich prognostiziert, welche Lebenserwartung ein Tier aufgrund seiner Größe hat. Für Säugetiere funktioniert der recht gut. Bei anderen Arten funktioniert er nicht so gut; bei Schildkröten oder 400-jährigen Muscheln oder riesigen Schwammkolonien. Aber bei Säugetieren ist er recht zuverlässig. Das sieht man etwa dem oberen Ende des Spektrums an, wo enorme Größe normalerweise mit langem Leben einhergeht: Grönlandwale erreichen eine Länge von bis zu 17 Metern und können über 200 Jahre alt werden.

Die Fledermaus aus Sibirien ist da ein solcher Ausreißer, dass sie kaum ins Diagramm passt. Sie ist nur vier oder fünf Zentimeter lang und wiegt vielleicht 6 Gramm – etwa so viel wie ein Bleistift. Und zwar vor dem Winterschlaf. Danach müsste man den Bleistift noch mal um 20 Prozent kürzen.

Andererseits haben Säugetiere sonst keine Flügel. Sie navigieren auch nicht per Sonar.

Natürlich wird nicht *jede* sibirische Fledermaus 40 Jahre alt. Von einem Weltrekordhalter sollte man nichts ableiten. Die Zeit, die Eliud Kipchoge beim Berliner Marathon 2022 (2:01:09) erzielte, sagt nicht viel darüber aus, wie schnell ein durchschnittlicher Mensch läuft. Dennoch lebt die typische sibirische Fledermaus 9,8-mal länger, als der Langlebigkeitsquotient vorhersagen würde, und länger als andere, deutlich größere Fledermäuse.

Es ist auffällig, dass die ältesten Fledermäuse alle Männchen sind, aber bis jetzt hat noch niemand herausgefunden, warum das so ist. Es gibt einige Ideen dazu – vielleicht macht Trächtigkeit die Weibchen langsamer und so zu einer leichteren Beute für Falken, Eulen oder Katzen. Eine andere Möglichkeit hat damit zu tun, dass die Männchen tendenziell einen etwas längeren Winterschlaf haben, was darauf hindeutet, dass ihr Stoffwechsel ein wenig anders funktioniert.

Fledermäuse, die lange und gedeihlich leben wollen, sollten besser aus der Stadt raus, und zwar schon in jungen Jahren. Eine eng verwandte, in der Nähe von St. Petersburg lebende Art, die Große Bartfledermaus, hat offenbar eine viel geringere Lebenserwartung, nämlich durchschnittlich 8,5 Jahre. (Die beiden Arten sind sich so ähnlich, dass sie bis vor wenigen Jahren als dieselbe angesehen wurden.) Der Unterschied könnte auf das etwas wärmere Klima zurückzuführen sein, das mit einem kürzeren Winterschlaf einhergeht. Oder es gibt in dem Gebiet andere Raubtiere, die geschickter im Jagen von Fledermäusen sind.

Vielleicht liegt die Ursache aber auch bei uns: Wenn in der Nähe viele Menschen leben, gibt es Ausstrahlungseffekte – Lärm, Müll, Verschmutzung. Was auch immer es sei, bloß weg da. Das Leben auf dem Land ist nicht nur länger, sondern in vielen Dingen wahrscheinlich auch besser.

Für ein jahrzehntelanges Leben haben Fledermäuse eine nachhaltige Biologie entwickelt, die ein Gleichgewicht zwischen Nahrung und Energieaufwand herstellt, und das in einem Lebensraum, der nicht immer besonders lebensfreundlich ist. Jahr um Jahr, Nacht um Nacht muss sich jedes einzelne Tier ins Freie und auf die Jagd nach seinem Insektenmahl begeben, ohne dabei selbst gefressen zu werden.

Ein Großteil des Erfolgs hat mit einzigartigen Eigenschaften zu tun, die sich bei dem gemeinsamen Vorfahren der meisten heute lebenden Fledermausarten entwickelt haben. Die erste davon ist die Flugfähigkeit. Die kam nicht aus dem Nichts. Bevor wir Flugzeuge bauen konnten, bauten wir Segelflieger, und das Säugetier, aus dem die Fledermäuse hervorgingen, konnte wahrscheinlich gleiten, bevor es fliegen konnte, wahrscheinlich mit einem Körper, der unserem heutigen *Wingsuit* ähnelte. Abfliegen musste es irgendwo hoch oben, zum Beispiel oben aus einem Baum. Den konnte es besteigen, weil es scharfe Krallen an Händen und Füßen hatte.

»Die Fledermaus ist das einzige Säugetier, das die Fähigkeit zum selbstmächtigen Flug erlangt hat«, so Francisca Martinez Real. »Das geschah bloß einmal, aber danach entwickelte sich die erste Fledermaus weiter und diversifizierte sich stark. Letztendlich hat das 1400 Arten hervorgebracht, und heute machen sie bis zu 20 Prozent aller Säugetiere auf der Erde aus.«

Ich traf Francisca (Fany) in Berlin, gerade noch rechtzeitig. Nachdem sie neun Jahre lang in Berlin geforscht hatte, erst über Maulwürfe und dann zunehmend über Fledermäuse, war sie gerade im Begriff, mit ihrer Familie nach Spanien umzuziehen. Sie saß in ihrem Büro mit einer Kollegin, Magdalena Schindler, und beide erzählten freimütig von Fledermäusen und Maulwürfen und anderen Tieren, über die sie geforscht hatten.

»Will man mit Fledermäusen arbeiten, muss man sich einigen Problemen stellen«, sagte Fany. »Ursprünglich bekamen wir Zugang zu den Tieren über einen Bekannten in einem Schweizer Zoo, jemanden, der mit Maulwürfen arbeitete. Und der wiederum kannte jemanden, der mit Igeln arbeitete, und diese Person hatte einen Kollegen, der mit Fledermäusen arbeitete.«

Der Zoo hatte eine Kolonie, die in einer künstlichen Höhle gehalten wurde. Um Tiere oder Proben zu bekommen, musste man hinein – es gab keinen Weg daran vorbei.

»Wir waren beide in dieser künstlichen Höhle und dann später in einem Käfig«, erzählte Fany. »Es ist warm, die Luft feucht, der Schweiß tropft, es stinkt. Wenn man zur Kolonie in die Höhle geht, zieht man eine Jacke über, einen Hut, Stiefel und so weiter. In den Zookäfig gingen wir aber einfach in unserer normalen Straßenkleidung. Dreihundert Fledermäuse sind da oben drin eingepfercht. Sie fliegen nicht in einen hinein, aber sie pinkeln und kacken die ganze Zeit.« Sie lacht. »Manchmal hatte ich das Gefühl, sie machen das mit Absicht.«

Zur Frage, woher die Flügel einer Fledermaus kommen, gibt es zwei mögliche Ansätze. Die interessantere ist wahrscheinlich die Frage, wie ein nicht flugfähiges Urtier die für den Flug notwendigen Eigenschaften erworben hat – mit anderen Worten, wie sich das Fliegen überhaupt entwickelt hat. Die andere Frage ist, wie sich im Laufe der Entwicklung eines Embryos die Flügel aus einfacheren Geweben herausbilden.

Die beiden Fragen sind miteinander verbunden. Als die Instrumentenbauer im 19. Jahrhundert begannen, leistungsfähigere Mikroskope zu bauen, richteten die Wissenschaftler ihre Aufmerksamkeit unter anderem auf Embryonen. Schnell stellten sie fest, dass einige der althergebrachten Vorstellungen über das frühe Wachstum von Tieren falsch waren: Die sich entwickelnden Organismen entfalteten sich nicht einfach aus einem vorgeformten, stark komprimierten kleineren Selbst. Stattdessen bildeten sich aus einfachen Zellen komplexe Zellen, Gewebe und Organe. Die Entwicklung begann von einer einzigen befruchteten Eizelle aus, die sich teilte, eine Kugel mit Schichten bildete und dann alle möglichen Formen annahm.

Alle Strukturen, die ein Tier aufbauen muss, beginnen als einfachere Strukturen, und diese ähneln sich häufig bei verschiedenen Arten. Der Grund, warum sich die Hände, Füße und Pfoten so vieler Säugetiere ähneln und eine sehr ähnliche Knochenstruktur aufweisen, liegt darin, dass diese Arten gemeinsame Gene haben, die sie von einem gemeinsamen Vorfahren übernommen haben, und diese Gene bilden im Allgemeinen sehr ähnliche Körperstrukturen.

Irgendwann in der Entwicklung weichen ihre Körper voneinander ab, so dass sie die einzigartigen Merkmale ihrer Art annehmen. Ein mögliches Vorgehen wäre hier der Erwerb neuer Gene, aber das ist normalerweise nicht der Fall. Stattdessen nimmt sich die Natur fast immer das Vorhandene und nutzt es für neue Zwecke um. Will man etwas länger machen, dann schaltet man das Wachstumsgen länger ein. Wenn man sich ein bestimmtes Merkmal genauer ansehen will, dann ist es immer eine gute Idee, seinen Entwicklungsprozess zurückzuverfolgen. Man muss herausfinden, aus welchen Zelltypen es stammt und welche Gene in diesen Zellen aktiv sind.

Für Flügel braucht man zunächst lange Streben, und die Evolution nimmt sich dazu immer etwas, das schon vorhanden ist. Bei Fledermäusen waren das die Finger. Genau wie beim Menschen wachsen bei embryonalen Fledermäusen zunächst kleine Höcker, wo später die Gliedmaßen sitzen werden, und die Finger kommen erst später. Bei den Fledermausfingern hört die Entwicklung nicht bei einer Länge auf, die für jedes andere Tier angemessen wäre, sondern sie werden immer weiter verlängert. Letztendlich werden die Finger allein sogar länger als die Beine der Fledermaus.

Das ist nur bei vier Fingern jeder Hand der Fall; Fledermäuse haben auch einen Daumen, aber der bleibt klein, wie auch die Zehen. Das ist biologisch knifflig, denn bei den meisten Tieren wird das Wachstum von Händen und Füßen oder Pfoten durch die gleichen Prozesse gesteuert.

Ist das Gerüst des Flügels aufgespannt, muss etwas darüber gespannt werden. Die langen Flügel der Fledermaus sind durch eine robuste Haut miteinander verwebt. Auch die Finger des Menschen sind miteinander verwebt, wenn sie im Embryo zum ersten Mal sichtbar werden. Bis wir geboren werden, ist das Gewebe dazwischen aber abgebaut. Fledermäuse überspringen diesen Schritt.

Diese Eigenschaften bilden die Grundstruktur eines Flugapparats; für den selbstmächtigen Flug, für den Motor, waren weitere Änderungen notwendig. Die Knochen des Brustkorbs wurden verstärkt und eine Menge Muskeln angebracht. Dann brauchte es nur noch die Kraft, um wie verrückt zu flattern.

Es bleiben viele weitere Fragen zu Flügeln und anderen Merkmalen von Fledermäusen. Um ihre Entwicklung zu betrachten, muss man Fledermausembryonen in die Hände bekommen. Dafür braucht man Weibchen, die in einem bestimmten Stadium trächtig sind – aber woher soll man das wissen? Das war eines der Probleme, die Fany Martinez Real und Magdalena Schindler zu lösen hatten.

»Es ist eine echte Herausforderung, weil sich Fledermäuse nur zweimal im Jahr fortpflanzen«, so Fany. »Die Trächtigkeiten der Weibchen in einer Kolonie sind normalerweise synchronisiert, aber man muss genau zum richtigen Zeitpunkt im Zoo sein. Die frühen Phasen der Entwicklung dauern nicht lange. Eine weitere Schwierigkeit besteht darin, dass Fledermausweibchen in der Regel nur einen Embryo pro Trächtigkeit zur Welt bringen, was das Material gleichermaßen selten und kostbar macht.«

Bislang muss das Team weiterhin mit Embryonen arbeiten, die man zufällig bekommt, wenn Zoos im Rahmen der Regulierung der Fledermauspopulation Weibchen aus ihren Kolonien entfernen. Sie suchen noch nach kreativen Lösungen, um Embryonen zu spezifischeren Zeitpunkten zur Verfügung zu haben. Herausgefunden werden soll, aus welchen Zelltypen genau Flügel entstehen – bis zu den langen Streben und der dazwischengespannten Haut. Können sie diese Zellen identifizieren, können sie Experimente zur Beobachtung der genetischen Programme durchführen, die an ihrem Wachstum beteiligt sind. Antworten sollten sich aus dem Vergleich dieser Programme mit denen eines eng verwandten Tieres ergeben – der Maus.

Fany und ihre Kollegen arbeiten damit an den Details eines größeren Zusammenhangs, der sich über die letzten Jahrzehnte entwickelt hat. Vor zehn Jahren zeichnete das Labor von Shuyi Zhang an der East China Normal University in Schanghai den groben Umriss eines genetischen Werkzeugkastens, der im gesamten Tierreich weit verbreitet ist.

Sieht man sich Säugetiere und viele andere Arten an, findet sich häufig eine fast perfekte Übereinstimmung bei den Knochen der Arme und Beine. Jeder menschliche Knochen entspricht einem Knochen im Flügel einer Fledermaus – und der Flosse eines Wals. Ihre Größen und Formen unterscheiden sich etwas, aber sie sind in der gleichen Struktur angeordnet. Die Ähnlichkeit rührt daher, dass wir alle einen gemeinsamen Vorfahren haben, der vor etwa 550 Millionen Jahren lebte.

In unseren Chromosomen befinden sich Code-Stücke, die sogenannten *Hox*-Gene, die eine große Rolle bei der Strukturierung des Körpers spielen. Hox-Gene werden in diesem Buch immer wieder auftauchen, denn die Feinabstimmung dieser Gene erklärt viele Unterschiede zwischen den Arten. Sie fungieren als eine Art Bauplan, der festlegt, dass es an einem Ende einen Kopf und am anderen Ende einen Schwanz gibt. Sie legen auch die Reihenfolge der dazwischenliegenden Teile fest. Bilden die Zellen einen Körper, bestimmen die Hox-Gene, wo der Hals und der Rumpf gebaut werden, wo Arme und Beine angebracht werden und wie die Knochen in der richtigen Reihenfolge zusammengesetzt werden. Sie sorgen dafür, dass die Teile zur richtigen Zeit an den richtigen Stellen wachsen, und beenden das Wachstum, wenn sie die richtige Größe erreicht haben.

Die Tatsache, dass Mäuse und Menschen, Fledermäuse und Giraffen fast alle die gleichen Körperteile haben, spricht dafür, dass sie eine fast identische Sammlung an Hox-Genen haben. Die einzelnen Komponenten mögen unterschiedlich groß und geformt sein, aber das ist nur eine Frage des Timings und der Abstimmung. In einer sorgfältig orchestrierten Abfolge wird die Information in diesen Genen Schritt für Schritt extrahiert und in RNAs und Proteine umgewandelt. Die Proteine werden zu Werkzeugen, die andere Moleküle zur richtigen Zeit und an den richtigen Stellen an- oder abschalten. Sie sagen den Zellen, welche Form sie annehmen und wie sie miteinander verbunden sein sollen.

Die Flügel der Fledermäuse entwickelten sich aus Strukturen, die als Stummel bei früheren Vorfahren begannen und bei Menschen zu Fingern wurden.

Shuyi Zhang und seine Kollegen fanden heraus, dass sich einige Hox-Gene in den Gliedmaßen von Fledermäusen anders verhalten als bei Mäusen. Ganz am Anfang der Flügel- und Pfotenentwicklung, wenn sich Finger und Zehen zu bilden beginnen, enthalten sie hohe Konzentrationen fünf spezifischer Hox-Moleküle. Von diesen wusste man bereits, dass sie die Gliedmaßen zum Wachsen bringen. Auch ein sechstes Protein namens TBX3, das eine ähnliche Funktion hat, war in hohen Konzentrationen vorhanden. In Knochen, die kurz bleiben müssen, werden diese Werkzeuge schon bald darauf weggepackt – etwa in den Füßen der Fledermäuse und den Pfoten der Mäuse. In den langen Fingern der Fledermäuse sind sie aber viel länger aktiv, bis die Flügel ihre volle Länge erreicht haben.

Fanys Labor hat einen Beitrag geleistet zum Verständnis der Haut, die sich zwischen diesen Fingern spannt. Dieses Phänomen ist sogar bei unserer eigenen Spezies zu beobachten: Bilden sich beim frühen menschlichen Embryo die Finger, sind sie noch durch ein Netzgewebe verbunden. Mit dem Wachstum des ungeborenen Kindes löst sich dieses Gewebe auf, die Zellen sterben ab und es verschwindet.

»Das Gleiche geschieht bei Mäusen, deren Pfoten keine Schwimmhäute haben«, sagt Fany. »Aber bei Fledermäusen bleibt das Gewebe in den Händen, und es streckt sich mit dem Wachstum der Finger. Man könnte also meinen, dass bei Fledermäusen etwas Besonderes, Eigenes geschieht, aber das ist nicht wirklich der Fall. Es sind dieselben Zelltypen, sie produzieren nur eine andere Art von Struktur. Vielleicht ist es also nur eine Frage des Timings und ob bestimmte Programme aktiv oder inaktiv sind.«

Als die Fledermäuse die Lüfte eroberten, drangen sie in eine neue ökologische Nische mit einem reichen Nahrungsangebot ein: all den umherschwirrenden Insekten. Gleichzeitig machte die Evolution jedoch Dinosaurier zu Vögeln, die nicht nur Nahrungskonkurrenten, sondern in einigen Fällen auch grausame Raubtiere wurden. Neue Arten von Vögeln und Fledermäusen konkurrierten wahrscheinlich eine Zeit lang bei Tageslicht gegeneinander, bis irgendwann die meisten Fledermäuse zur Nachtschicht übergingen.

Es ist nicht so, dass ein Ausschuss von Fledermäusen zusammenkam und neue Arbeitszeiten durchsetzte. Stattdessen hatte die Evolution sie bereits in diese Richtung gelenkt, indem sie andere biologische Merkmale bearbeitete: ihre Stimmen, Ohren und ihr Gehirn. Diese Eigenschaften machten es ihnen wahrscheinlich möglich, länger aufzubleiben als die Vögel, bis in die Dämmerung hinein, länger als es ihnen von zu Hause aus erlaubt war, und schließlich ganz auf die dunkle Seite zu wechseln. Zu diesem Zeitpunkt konnten sie bereits Nahrung fangen, ohne sie zu sehen.

Menschen, die ohne Augenlicht geboren werden, entwickeln oft einen sehr scharfen Gehörsinn; nachtaktive Fledermausarten haben zwar Augen, aber sie brauchen sie wahrscheinlich nicht sehr oft. Stattdessen verlassen sie sich auf die Echoortung, eine Art Sonar, indem sie Rufe ausstoßen und auf die Echos hören. Die Tonhöhe ihrer Rufe ist zu hoch, als dass Menschen sie hören könnten, und sie werden mit einer unglaublichen Geschwindigkeit von bis zu 190 Rufen pro Sekunde ausgestoßen. Das ist möglich, weil sie die Muskeln ihres Kehlkopfes mit der Geschwindigkeit von Maschinengewehrfeuer zusammenziehen können.

Dabei wird der Schall in alle Richtungen projiziert. Jedes Objekt, auf das er trifft, bricht die Form der Welle, ändert manchmal ihre Tonhöhe und verändert sie auf andere Weise. Eine Fledermaus taucht also in eine Klangwelt ein, aus der sie so etwas wie ein Bild der sie umgebenden Welt konstruiert. Mehr als ein Bild: Man stelle sich ein Fluglotsenpult vor, das in drei Dimensionen alles erfasst, was sich dort befindet, seine Größe, seine Geschwindigkeit, die Richtung, in die es sich bewegt, ob es sich um Nahrung oder Feind handelt. Und das mit einer unglaublich hohen Auflösung: Eine Fledermaus kann per Echo ein Objekt von der Größe eines menschlichen Haares orten.

Dank ihrer erstaunlichen Beweglichkeit in der Luft kann die Fledermaus so eine Mücke erwischen; Motten und Schmetterlinge sind ein Kinderspiel.

Wenn eine ganze Kolonie aufgeschreckt wird, fallen sie von ihren Sitzen und verwandeln sich in eine Wolke, wobei jeder Einzelne von ihnen die Höhle mit Geräuschen überzieht. Irgendwie muss man in all diesem Lärm dann die Architektur der eigenen Geräusche ausmachen, damit man weiß, wo man ist, und gleichzeitig Tausende von anderen im Auge behalten; es wäre unhöflich, jemand anzurempeln, eventuell sogar gefährlich.

Eine meiner Arbeitskolleginnen, Sanja Drakulic, war in einer Höhle, als das geschah. Sie war dort, weil sie an der Universität in ihrem Heimatland Kroatien einer Studentenvereinigung beigetreten war, die sich mit Fledermäusen beschäftigte. Sie krempelt den rechten Ärmel hoch, um mir die Fledermäuse zu zeigen, die oberhalb ihres Handgelenks tätowiert sind. Sie erzählt mir von einem Projekt, an dem sie beteiligt war, um blinde Menschen in Höhlen zu führen.

»Wenn alle Fledermäuse gleichzeitig losfliegen, ist das ein sehr beeindruckendes Erlebnis«, sagt sie. »Sie schwärmen um dich herum, aber ihre Echoortung ist so exakt, dass sie dich nie berühren. Ihre Flügel wirbeln die Luft auf, und du spürst, wie sie über dein Gesicht streicht.« Sie fährt sich mit den Fingern flüchtig über die Wangen, um das Gefühl wieder aufzurufen.

Wir können versuchen, uns in die Klangwelt einer Fledermaus hineinzudenken, aber das geht nur, indem wir sie in unser Sehvermögen oder einen anderen Sinn zu übersetzen versuchen oder durch Metaphern. In einem berühmten Aufsatz hat der Philosoph Thomas Nagel argumentiert, dass dies nie wirklich funktionieren kann. Die innere Welt, die der Mensch konstruiert, ist auf eine bestimmte Art und Weise geformt, und unser Verstand funktioniert auf bestimmte Weise, weil wir die Sinne haben, die wir haben; das Aufeinandertreffen unserer Biologie und der Umwelt hat uns nicht in die Lage versetzt, ein Fledermausgerüst aufzubauen.

Die Echoortung erfordert eine enorme Rechenleistung des Gehirns. Wie haben Fledermäuse die kognitive ›Rechen‹-Infrastruktur entwickelt, die das ermöglicht? Vielleicht haben sie sie von einem Gehirnnetzwerk erhalten, das sie nicht mehr so häufig nutzen – die Zentren, die früher für die visuelle Verarbeitung zuständig waren. Fledermäuse, die die Echoortung nutzen, verfügen über zwei vergrößerte Hirnregionen, die am Empfang und an der Verarbeitung von Geräuschen beteiligt sind: den auditiven Kortex und eine Struktur namens Colliculi inferiores, die Daten von diesem empfängt. Bei einem Zweig der Fledermausfamilie, den sogenannten Flughunden, die nie nachtaktiv wurden, ist dies nicht der Fall. Sie jagen tagsüber und verlassen sich stark auf Seh- und Geruchssinn, so dass die Bereiche, die für diese Sinne zuständig sind, in ihren Gehirnen größer sind.

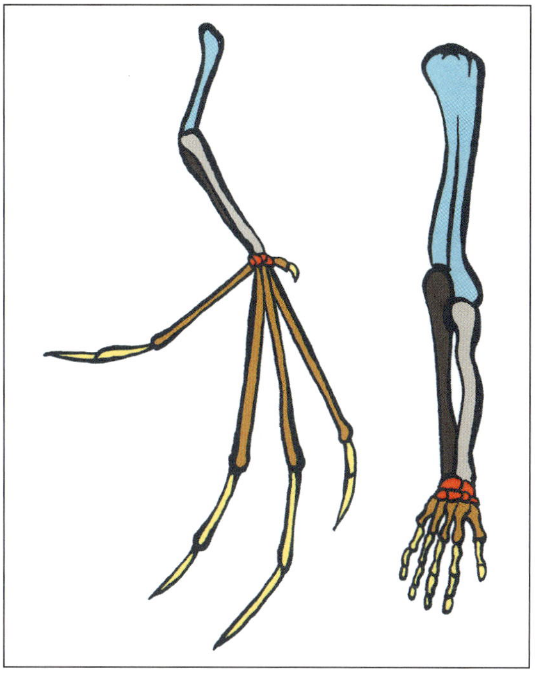

Die Knochen menschlicher Arme und die der Flügel von Fledermäusen entsprechen sich eins zu eins, es gibt Arme, Handgelenke und Finger. Die Unterschiede in Größe und Form entstanden durch die unterschiedlich lange Aktivierung spezifischer Gene.

Oft in der Evolution folgen die Eigenschaften von Tieren dem Prinzip »Benutze es oder du verlierst es«. Die Fledermäuse, die die Echoortung nutzen, sind kaum auf ihre Augen angewiesen, so dass es nicht überraschend wäre, wenn sie einige der für das Sehen erforderlichen Komponenten verloren hätten.

Genau das hat eine Studie vor etwa zehn Jahren ergeben, erneut von Shuyi Zhangs Gruppe in Schanghai. Nachtaktive Fledermäuse haben zwei Gene verloren, die bei anderen Arten eine wichtige Rolle beim Sehen spielen. Das eine, GJA10, kodiert normalerweise ein Protein, das dazu beiträgt, die Zellen in der Netzhaut zusammenzuhalten. Wenn das Protein nicht gebildet wird, schrumpft der

Bereich der Netzhaut, der visuelle Signale empfangen kann. Das andere Gen heißt RBP3, und sein Protein trägt zum Schutz der Stäbchen und Zapfen bei, die das Licht einfangen. Ohne dieses Gen degenerieren diese Zellen, und die Augen werden größer, als sie sein sollten. Die Augen würden wohl noch funktionieren, aber es wäre wahrscheinlich so, als würde man bei schwachem Licht durch die Sonnenbrille einer Person schauen, die eine andere Sehstärke hat.

Echoortende Fledermäuse verfügen noch über Teile des Codes für die Gene GJA10 und RBp3, aber entscheidende Teile der Rezepte sind verloren gegangen, so dass die Informationen nicht mehr in Proteine umgesetzt werden können. Fledermäuse sind also einen Kompromiss eingegangen: Entweder ihr Gehör ist sehr gut oder sie behalten ihr Augenlicht. Vielleicht ist ein Gehirn nicht groß genug, um beides zu tun.

Das Sehvermögen stellt enorme Anforderungen an das menschliche Gehirn – wofür werden all diese Ressourcen bei blinden Menschen genutzt? Oliver Sacks fragte sich, ob sie diese vielleicht für andere Sinne nutzen, eine Art funktionales Äquivalent zu dem, was in der Fledermausevolution geschah. Sein Buch *The Island of the Colorblind* (Die Insel der Farbenblinden) berichtet vom Besuch eines winzigen Ortes namens Pingelap, einem Atoll in Mikronesien, das weniger als 2 km² Land umfasst. Von den 250 Menschen, die dort leben, leidet fast ein Zehntel an einer Erbkrankheit namens Achromatopsie. Ihnen fehlt ein Molekül, das für die Funktion der Zapfenzellen, die die Farben in der Netzhaut einfangen, von entscheidender Bedeutung ist, so dass nur die Stäbchen übrigbleiben, die die Intensität des Lichts melden. Dadurch sind sie völlig farbenblind; sie sehen die Welt schlecht und in matten Grautönen.

Anderswo ist nur einer von 33000 Menschen betroffen. Die hohe Zahl auf Pingelap ist auf einen Taifun zurückzuführen, der die Insel 1775 heimsuchte und alle bis auf 20 Personen auslöschte. Einer davon war ihr Herrscher, und er besaß das Achromatopsie-Gen. Diese 20 begannen sich fortzupflanzen und bauten schließlich die Bevölkerung wieder auf; dabei hatten genügend nahe Verwandte Kinder bekommen, dass viele Kopien des defekten Gens in der Bevölkerung verstreut waren. Es handelt sich um eine rezessive Veranlagung, die Farbenblindheit tritt also nur dann auf, wenn eine Person eine Kopie der Genvariante von beiden Eltern erbt. So viele Inselbewohner haben mindestens eine Kopie der Variante, dass ein Zehntel ihrer Kinder zwei davon haben wird.

The Island of the Colorblind ist eine tiefgründige Reflexion über das menschliche Sehen und die Bedeutung der Farbe in unserem Leben. Die meisten von uns würden Achromatopsie als eine belastende Einschränkung und eine Verarmung der Lebensqualität betrachten. Aber genau wie die Fledermäuse haben sich die Bewohner von Pingelap angepasst, und zwar nicht nur die Träger des Gens. Ihre Gesellschaft hat für die Farbenblinden einen Platz in ihrer Mitte gefunden. Die Erben jener einzigartigen Gene können mit ein wenig Hilfe von Familienmitgliedern recht gut leben, ihre Gene werden also nicht durch Selektion aus der Population ausgemerzt und es hat wahrscheinlich keine Veränderungen in der Struktur ihrer Gehirne gegeben. Diese Eigenschaft könnte sie sogar gerettet haben. Wahrscheinlich ist dies der Grund dafür, warum ihr Herrscher während des Taifuns, der fast alle anderen das Leben kostete, im Haus blieb.

Manchmal ist das, was ein Handicap ist, in einer Krise genau das, was man braucht.

Oliver Sacks schreibt über einen Inselbewohner, der seine ungewöhnliche Sehkraft zum Beruf gemacht hat, indem er nachts zum Fischen hinausfährt – denn Menschen mit Achromatopsie sehen im Dunkeln besser. Das lässt mich an die Fledermausvorfahren denken, die erstmals den Sprung in die Nacht gewagt haben. Sie waren in fast jeder Hinsicht wie ihre Verwandten, der Unterschied war nicht groß. Er reichte jedoch aus, dass sie ihren Abend verlängerten und nach Einbruch der Dunkelheit unterwegs waren.

IM WASSER

5
Der Kleine Rochen und die großen Übergänge

Die Welt besteht aus Elektromagnetismus. Um uns herum fließt überall Strom, hinter Wänden, durch Wasser, in jedem Lichtstrahl, jeder Radiowelle und in jedem WLAN-Signal. Elektromagnetische Wellen breiten sich über Tausende Kilometer vom Erdkern bis in den Weltraum aus, wo sie ein Schutzschild bilden, der die Sonnenstrahlung beugt und die Atmosphäre zusammenhält. In unserem Körper bilden elektromagnetische Signale die Grundlage jeden Gedankens und jeder Muskelbewegung.

Bloß ein winziger Teil dieser Energie ist für den Menschen sichtbar – ein schmaler Abschnitt des elektromagnetischen Spektrums. Das Licht, das in unsere Augen eintritt, landet auf den Zapfenzellen unserer Netzhaut und trifft dort auf Abermillionen über ihre Oberfläche verteilte Fotorezeptormoleküle. Aktiviert werden diese nur durch Wellenlängen im Bereich von 380 bis 700 Nanometern, es werden neuroelektrische Signale ausgelöst. Ein Typ dieser Fotorezeptoren nimmt das auf, was wir als Rot wahrnehmen, ein anderer das Grün, ein weiterer das Blau. Das menschliche Sehvermögen basiert auf dem RGB-Farbraum.

Einige Tierarten besitzen eine viel breitere Palette: Motten und Schmetterlinge haben sechs Typen von Fotorezeptoren, darunter zwei, die den ultravioletten Bereich abdecken. Den Rekord hält hier womöglich der Kolibrifalter, der bis zu 15 besitzt. Wie mag die Welt für ihn bloß aussehen?

Stellen wir uns einen Moment vor, wir könnten alles wahrnehmen: Radio- und Mikrowellen, Infrarot-, Röntgen- und Gammastrahlung. Stellen wir uns vor, wir könnten alles davon sehen, über und um uns herum. Um den bekannten Buchtitel leicht anzupassen: »Alles wäre erleuchtet.«

Wir können die elektromagnetischen Signaturen der anderen nicht sehen, manche Tiere können das jedoch.

Eines dieser Wesen liegt gerne auf dem Meeresgrund, bis es nach oben stößt und in einem langen Gleitflug dahinsegelt. Der Kleine Rochen ist eine ganz entzückende, lichtdurchlässige Erscheinung. Sieht man ihm beim Schwimmen zu, ist es, als würde man das Innenleben einer Uhr betrachten, nur eben in einem flachen, dreieckigen Körper mit einem langen Schwanz. Manchmal dreht sich der Kleine Rochen auf den Rücken und gleitet eine Weile dahin, wobei er seine Beckenflossen nach oben zur Wasseroberfläche richtet und weiterpaddelt. Für eine Kursänderung genügt ein einziger Flossenschlag: Der Kleine Rochen dreht sich auf den Bauch, scheint für einen Moment zu schweben, dann dreht er in eine andere Richtung ab.

Ein junger japanischer Wissenschaftler namens Tetsuya Nakamura studiert den Kleinen Rochen seit Jahren. »Wir wissen nicht, warum er manchmal kopfüber schwimmt«, sagt er. »Oder ob es überhaupt seinem Verhalten in freier Wildbahn entspricht. Vielleicht geschieht das bloß im Aquarium.«

Vielleicht tut er es auch bloß, weil er es eben kann, aus Spaß an der Freude.

Tetsuya hat einen schwarzen Haarschopf, trägt einen schmalen Schnurrbart und ein wenig Bart am Kinn. Das Wunder des Elektromagnetismus macht es mir möglich, ein Gespräch mit ihm zu führen, während er in seinem Büro in den Vereinigten Staaten sitzt; er trägt an diesem Tag ein grün kariertes Hemd über einem dunkelgrünen T-Shirt. Während wir uns unterhalten, nimmt er gelegentlich einen Schluck aus einer schwarzen Thermoskanne, und wenn er sich ab und an auf ein Buch bezieht, weiß er genau, wo im Regal es steht, und greift es sich.

Was führt einen japanischen Wissenschaftler in die USA und zu diesem bemerkenswerten Tier, dem Kleinen Rochen? Tetsuya kam vor elf Jahren in die USA als junger Forscher, der sich dafür interessierte, wie Embryonen zu Tierkörpern werden. Zur Wissenschaft gebracht worden war er durch seine Angelleidenschaft. »Als ich ein Kind war, nahm mich mein Vater immer auf kleine Seen mit, um Barsche zu angeln«, sagt er. »Als Schüler hatte ich die Vorstellung, dass ich vielleicht mal für ein entsprechendes Unternehmen arbeiten könnte, nicht als Angler, sondern als jemand, der neue Angelruten oder Köder entwickelt.«

Da haben wir etwas gemeinsam. Ich stamme aus einer Familie von Anglern; meine Großeltern lebten im winzigen Ort Amsterdam in Missouri, dessen einziger Prominenter ein Angler namens Virgil Ward und der einzige Arbeitgeber die von ihm gegründete Fischköderfabrik war. Seine Sendung lief sonntagnachmittags, ich sah sie im Fernseher im Haus meiner Großeltern. Angelsendungen im Fernsehen, ja, so was gibt es.

Schon früh war Tetsuya klar, dass er sein Leben nicht als kleines Rädchen in einem großen Unternehmen verbringen mochte; lieber wollte er etwas Interessantes und Einzigartiges machen. »Meine Eltern verstanden das nicht recht, sie sagten: ›Wieso magst du nicht Arzt werden? Warum Fischforscher?‹ Sie begriffen es erst, als *Nature* einen wichtigen Artikel von uns veröffentlichte und sie davon in der Zeitung lasen.«

Kürzlich ist er von Chicago nach New Jersey an die Atlantikküste gezogen, an ein größeres Gewässer, wo er sich mit den Besitzern eines größeren Bootes angefreundet hat. Sie nehmen Tetsuya mit, um den viel größeren Streifenbarschen nachzustellen. Wenn sie rausfahren, befinden sie sich in den Gewässern des Kleinen Rochens, und es gibt ein Foto von Tetsuya auf dem Boot mit einem Kleinen Rochen in den Händen.

Die meiste Zeit verbringt der Kleine Rochen verborgen unter einer Schicht Sand, an den Meeresboden gepresst, und nur seine hervorstehenden Augen verraten ihn. Wenn er sich bewegen will, stößt er sich mit den Brustflossen vom Meeresboden ab und nimmt mit den breiten, flügelartigen Flossen Schwung auf, was ihn in einen anmutigen Gleitflug versetzt. Man nennt diese Art der Fortbewegung »Staken«. Es ist kein Gehen; es ist, als wäre man an einen riesigen Drachen geschnallt und würde den Boden entlanghopsen. Man wird vorübergehend in die Luft gehoben, um dann zu landen und erneut abspringen zu müssen. Genau das also unter Wasser.

Vorne hat das Tier die Form einer breiten Pfeilspitze; nach hinten befindet sich ein langer Schwanz, der eine elektrische Ladung erzeugen kann. Dieses Merkmal findet sich auch bei seinem Verwandten, dem Teufelsrochen, und einigen anderen Fischarten. Es ist eine schwache Ladung, nicht die gewaltige eines großen Rochens oder gar die einer im Amazonas lebenden Aal-Art, die in dieser Hinsicht den Rekord hält. Der Aal erzeugt eine Ladung von bis zu 860 Volt, tödlich für Raub- und Beutetiere gleichermaßen.

Die Ladung des Kleinen Rochens ist viel schwächer; elektrische Signale lassen sich aber auch für Zwecke einsetzen, die sich vielleicht gar nicht so sehr von den von uns selbst genutzten Möglichkeiten unterscheiden. Etwa zur elektronischen Identifizierung oder als Bluetooth-Signal, das nur von anderen Kleinen Rochen erkannt wird. Denn drückt man sich flach auf den Meeresboden, um sich vor Raubtieren zu verstecken und auf Beute zu lauern, muss man trotzdem noch jemanden zur Paarung finden. Das Aussen-

den einer unverwechselbaren elektromagnetischen Signatur könnte da nützlich sein. Wie in einer Dating-App.

Die Erkennung der Signale beruht auf Sensoren, die in die Haut eingebettet sind und um Mund und Gesicht verstreut liegen. Heute sind diese Strukturen als *Lorenzinische Ampullen* bekannt – nach dem italienischen Arzt, der sie im 17. Jahrhundert beschrieb. Neben seiner medizinischen Ausbildung interessierte sich Stefano Lorenzini für Fische und führte eine bahnbrechende Studie zu Haien durch. Er entdeckte dabei winzige, mit Gelee gefüllte Poren um das Gesicht und den Kiefer der Haie. Was er davon halten sollte, wusste er nicht – es würde weitere drei Jahrhunderte dauern, bis ihre Funktion endlich ergründet wurde.

Dies geschah 1960, als Royce Murray, ein Chemiker an der University of North Carolina at Chapel Hill, sich der Frage widmete. Royce kam aus einem ›elektrischen‹ Milieu – sein Vater hatte für die Alabama Power Company gearbeitet. Die Struktur der Poren brachte ihn auf die Idee, dass sie auf elektrische Ladungen reagieren könnten – sie könnten sogar empfindlich genug sein, um winzige Schwankungen in elektromagnetischen Feldern wahrzunehmen, die das Wasser durchdringen.

Beobachtet man einen Fisch in einem Aquarium, sieht man ihn sein Maul und seine Kiemen öffnen und schließen. Das Wasser im Ozean enthält Salz, ein geladenes Teilchen, das als Ion bezeichnet wird. Kommt es mit den Schleimhäuten in Berührung, erzeugt es eine winzige elektrische Ladung. Schließt der Fisch das Maul wieder, verursacht dies ein Flackern im elektromagnetischen Feld des Wassers. Auch Nervenimpulse und Muskelanspannungen bauen auf Ionen auf, und diese verhalten sich im Körper eines Tieres anders als im umgebenden Wasser.

Das Leben unterbricht den Fluss. Auf eine Art und Weise, die von Rochen, Haien und anderen erkannt werden kann, die über einen entsprechend empfindlichen Detektor verfügen.

Der Kleine Rochen läuft zwar nicht, aber er stakt so, wie das ein echtes Wassertier eben hinbekommt, und er benutzt dazu seine Flossen.

Irgendwo in unserem alten Stammbaum gab es ein Meerestier, das sich an Land schob. Zu der Zeit besaß es zwei Flossenpaare, ein Paar vorne und eines hinten, die Brust- und die Beckenflossen. Diese Flossen sind die Urgroßeltern der Gliedmaßen; zusammen mit anderen Merkmalen ermöglichten sie den Tieren den Übergang von einem Leben im Wasser zu einem Leben an Land. Tetsuya Nakamura zählt zu einer langen Reihe von Wissenschaftlern, die herausfinden wollten, wie das geschah.

Möchte man das erste Tier identifizieren, das an Land ging, und die evolutionären Schritte verstehen, die es dorthin brachten, ist Neil Shubin von der Universität Chicago der richtige Ansprechpartner. Neil Shubin ist als einer der Entdecker von *Tiktaalik roseae* bekannt, einem fossilen Fisch, der als Bindeglied zwischen den Urfischen und ihren frühesten landlebenden Verwandten gilt. Neil ist nicht nur Paläontologe von Weltrang, sondern auch Experte auf dem Gebiet der Molekularbiologie und ein fantastischer Autor und Redner.

Sein kombiniertes Fachwissen ist das Ergebnis einer Leidenschaft für Wissenschaft und Museen, die bei Neil schon als Kind geweckt wurde. »Ich hasste den Unterricht. Ich schwänzte ihn, um mir Dinosaurier und Käfer anzusehen.« In seiner Studienzeit stellte sich ihm die ganz große Frage, die seine Karriere seither bestimmt hat. »Ich wollte Paläontologe werden, genauer gesagt, die Evolution der Säugetiere untersuchen. Woher kommen wir? Wir stammen von Fischen ab.«

Der Wechsel ans Land und die Entwicklung zu Säugetieren repräsentiert einen der ›großen Übergänge‹ in der Geschichte des Lebens. Das ist das Leitthema von Neils Bestseller *Your Inner Fish: a Journey into the 3.5-Billion-Year History of the Human Body* (Der Fisch in uns. Eine Reise durch die 3,5 Milliarden Jahre alte Geschichte unseres Körpers).

An dem Tag, an dem ich mit ihm sprach, saß Neil in seinem Büro in Chicago. Er hat kurzes weißes Haar und einen Bart, und seine Wangen waren gerötet – er war gerade ins Büro gekommen. Draußen herrschten 4 Grad Celsius, vom Lake Michigan wehte ein kalter Wind.

Im Studium habe er Fragen zunächst auf evolutionärer Ebene betrachtet, sagt er. Formveränderungen finden jedoch auch bei Einzeltieren statt, und zwar bei der Bildung der Körper von Embryonen. »Wenn man also die Entwicklung eines Embryos unter dem Mikroskop beobachtet, wird man auch Zeuge ›großer Übergänge‹«, sagt er. »Es gibt eine lange wissenschaftliche Tradition, die diese beiden Bereiche miteinander verbindet, und so habe ich meine Interessen schnell von der Paläontologie auf die Embryologie ausgedehnt. Ich wollte mich mit den Grundlagen des Körperbaus von Wirbeltieren, einschließlich unseres eigenen, befassen.«

Die 1980er Jahre waren die perfekte Zeit, um diese Themen zusammenzuführen. Das Verständnis der Wissenschaft für den Körperbau von Tieren war im Begriff, einen großen Sprung voran zu machen, und zwar durch die Entdeckung einer Reihe entscheidender Gene, eine Muster-Architektur, die in einem Urtier angelegt wurde und seither in jedem seiner Nachkommen erhalten geblieben ist.

Diesen Genen sind wir schon mal begegnet, nämlich bei den Händen von Maulwürfen und den Flügeln von Fledermäusen. Sie heißen Hox-Gene und jedes Tier besitzt sie in irgendeiner Form in einer bestimmten Reihenfolge auf den Chromosomen angeordnet. Das Einschalten dieser Gene im Embryo, eines nach dem anderen, definiert die Architektur unseres Körpers.

»Die Hox-Gene erklären, warum wir auf der einen Seite einen Kopf, auf der anderen einen Schwanz und dazwischen Arme und Beine oder Flossen haben, ebenso wie deren Positionen«, sagt Neil. »Plötzlich entdeckten wir eine Einheitlichkeit in den Genomen, die ich schon aus der Paläontologie kannte. All diese Merkmale findet man auch bei Fischen. Das grundlegende Skelettmuster und die grundlegende Architektur sind den Fischen schon eingeschrieben.«

Die Entdeckung der Hox-Gene lieferte den Molekularbiologen eine Blaupause für die vergleichende Anatomie, mit deren Hilfe der Plan aufgedeckt werden konnte, der für die Ähnlichkeiten zwischen den Körperplänen der Tiere verantwortlich war. Die Wissenschaftler wussten bereits, dass man durch das Studium von Tieren viel über den Menschen lernen konnte; nun hatten sie Zugang zu einem Teil der Kodierung, die viele der Ähnlichkeiten und Unterschiede bestimmte.

Während diese Entdeckungen gemacht wurden, erweiterte sich parallel das Instrumentarium zum Lesen und Schreiben in der Sprache der Gene; es hatte sich wesentlich verfeinert. Fische hatten keine Merkmale wie Hände, Arme oder Beine. Diese Stellen am Körper wurden von etwas anderem eingenommen: den Flossen.

Möglicherweise wurden aus Flossen Beine. Vielleicht hatten sie das Potenzial, zu Armen und Fingern zu werden.

Der große Übergang zu den Säugetieren muss mit einem Fisch begonnen haben, der sich ins seichte Wasser wagte und dann immer weiter ans Ufer vordrang. In den späten 1990er Jahren beschloss Neil, die Suche nach diesem Tier strategisch anzugehen.

»Wenn man über den Zeitraum nachdenkt, der für die strukturelle Entwicklung relevant ist, dann ist es wohl das mittlere bis obere Devon«, sagt Neil. Ich musste das nachschlagen: Das Devon begann vor etwa 420 Millionen Jahren und endete vor etwa 359 Millionen. Vor seinem Beginn gab es Fische. Am Ende hatten einige von ihnen das Land besiedelt.

Aufgrund früherer Arbeiten hatten die Wissenschaftler bereits eine recht klare Vorstellung davon, wonach sie suchten: einen Fisch, der in vorzeitlichen Flüssen und Bächen, in Wattenmeeren und Deltasystemen lebte. »Man nehme dieses geologische Umfeld und kombiniere es mit Gesteinen des richtigen Alters«, sagt Neil. »Das ist das obere Devon, bei anderen Fischarten auch früher. Sucht man in dieser geologischen Schicht, wird man am ehesten etwas finden.« Es gab weitere Kriterien. Gesteine des richtigen Alters mussten zugänglich sein – nahe der Oberfläche – und in einer Region liegen, in der man wochen- und monatelang forschen konnte.

Auf der geologischen Weltkarte gab es einige Regionen, in denen devonische Schichten zugänglich waren, aber die einzige, alle Kriterien erfüllende war ein langer Landstrich, der sich oberhalb des Polarkreises über Nordkanada erstreckte. Ein gefährlicher Ort, an dem man nur ein paar Monate im Jahr arbeiten konnte.

(Er ist immer noch gefährlich; als ich Neil das erste Mal kontaktierte, stand er vor der Abreise zu einer weiteren Expedition. Sie hatten Ottawa erreicht, als sie erfuhren, dass der Hubschrauber abgestürzt war, der sie abholen sollte.)

»Dies war kein Forschungsprogramm, das sich in ein paar Monaten auszahlen würde, sondern erst Jahre später«, sagt Neil. Ab 1999 begann das Team mit dem mühsamen Abwandern des Landes in der westlichen Arktis. Lange Tage, in denen man sich zentimeterweise voranarbeitete, auf den Boden starrend und nach einer Verfärbung oder nach Fremdkörpern Ausschau haltend. »Das erwies sich als nicht besonders erfolgreich, also zogen wir nach Osten«, sagt Neil. »An diesem Punkt stießen wir auf Fleischflosser. Wir wussten, dass wir uns im richtigen Gebiet befanden, in einer alten Deltaregion. Was wir brauchten, war sehr feinkörniges Gestein, das sich in Flüssen und Bächen abgelagert und die Ufer überspült hatte.«

Es dauerte ein paar Jahre, bis sie eine wirklich gute Schicht fanden. Sie arbeiteten ein oder zwei weitere Jahre daran. Eines Tages brachen sie einen Felsen auf und stießen auf Schuppen eines Tieres, die sich von allem unterschieden, was sie bis dahin gesehen hatten. Es war eines der Merkmale, nach denen sie gesucht hatten.

»Wir wussten aus anderen Entdeckungen, dass es eine Art Fisch mit flachem Kopf gab, der sehr landwirbeltierähnlich war und einige Merkmale eines vierbeinigen Tieres aufwies«, sagt Neil. »Wir vermuteten, dass dieses Übergangstier wohl Schuppen und einen flachen Kopf hatte, und wir wussten ziemlich sicher, dass sein Kiefer eine bestimmte Form hatte. Der Knochen sollte eine bestimmte Textur haben. Natürlich hätten wir uns auch irren können. Wir hatten die Schuppen gefunden. Im Jahr 2004 brach ein Kollege einen Felsen auf, und wir sahen die Schnauze eines Fisches mit flachem Kopf, eine Schnauze, die aus dem Felsen ragte. Wir hofften, dass sich der Rest des Tieres dahinter im Felsen befand, im Ufer, also sägten wir das ganze Ding heraus und brachten es ins Labor.«

Was folgte, war die quälend langsame Freilegung des Tieres, bei der der Rest des Felsens Brösel für Brösel abgetragen wurde. Dieser Prozess dauerte zwei Jahre. »Wir hatten die Schnauze, der Kopf kam zum Vorschein, dann der Hals und der Rest des Körpers. Das war *Tiktaalik roseae*, und wir hatten ein ganzes Tier, dem nur ein Stück des Schwanzes fehlte.«

Neil und seine Kollegen hatten es auf mehr als bloß auf das Tier abgesehen; sie wollten die gesamte Ökosphäre erfassen, in der es gelebt hatte. Die Schicht, in der sich Tiktaalik befunden hatte, und die daran anschließenden Schichten erwiesen sich als außerordentlich ergiebig. Sie fanden nicht nur Teile von fast 20 Individuen seiner Art, sondern auch 17 andere Fischarten, einige etwas älter, andere jünger.

Tiktaalik roseae stellt einen der großen Übergänge dar, nach deren Suche Neil seine Laufbahn verbracht hat. Solche Übergänge haben eine tiefere Dimension: Sie beruhen auf einer Grundlage von Geweben, Organen und anderen Merkmalen, die vorhanden sein müssen, bevor eine Art sich in eine neue Umgebung begeben kann. Das ist das Thema von Neils neuestem Buch *Some Assembly Required* (Die Geschichte des Lebens. Vier Milliarden Jahre Evolution entschlüsselt).

»Wenn du denkst, dass die Lungen entstanden sind, als die Lebewesen im Begriff waren, an Land zu gehen, oder dass sich die Federn entwickelten, als die Lebewesen zu fliegen begannen, befindest du dich in guter Gesellschaft. Du würdest aber auch zu 100 Prozent falschliegen«, sagt er. »Die Lungen entstanden bei Fischen, die in einem aquatischen Ökosystem lebten. *Tiktaalik roseae* beweist, dass Handgelenke und Arme bei im Wasser lebenden Fischen entstanden sind. Viele der für ein Leben an Land notwendigen Innovationen waren also bereits im Wasser aufgekommen. So lagen zum Beispiel ihre Augen oben auf dem Kopf – und sie blinzelten sogar. »Sie passten sich bereits im Wasser an neue Umgebungen an und das gab ihnen die notwendigen Erfindungen mit, als sie das Wasser in Richtung Land verließen.«

Das sei ein Aspekt, sagt er, der oft unterginge. »Wenn man schließlich zu einem dieser großen Übergänge kommt, muss nicht mehr viel passieren. Man nutzt alte Strukturen und bestehende Systeme auf eine andere Weise. Denk nur an Federn: Ursprünglich dienten sie der Regulierung der Körpertemperatur und der Balz um Partner. Es bedurfte nur geringfügiger Veränderungen, um sie für das Fliegen nutzbar zu machen. Dasselbe geschah mit der Lunge.«

Es geht also darum, die Abstammung eines bestimmten Tieres oder einer gewissen Tiergruppe genauer zu untersuchen. Und die Fragen über Fossilien hinaus auf moderne Arten auszudehnen, die alte Merkmale beibehalten haben. Das ist es, was Fossilien, Gene und bemerkenswerte lebende Arten verbindet: Es gibt eine Beziehung zwischen dem, was geschah, um Tiktaalik Proto-Arme und -Schultern zu geben, und dem, was bei der Entwicklung eines Fischembryos geschieht.

So weit die Theorie. Um sie zu belegen, musste man über die Knochenstruktur hinausgehen und tiefer blicken. Hatte das Muster einer Fischflosse bereits das Potenzial, zu Armen, Handgelenken und Fingern zu werden?

Neils vorheriges Buch *Your Inner Fish* verwendet diese Metapher, um sich von unserem Körper zu seinen Vorläufern in der alten Architektur der Fische zurückzuarbeiten. Und darüber hinaus. »In jedem Teil unseres Körpers, in jedem Organ, jedem Gewebe, in jeder Zelle und in jedem Gen stecken über dreieinhalb Milliarden Jahre Lebensgeschichte«, sagt Neil. »Das bedeutet, dass das Verständnis der menschlichen Geschichte – warum wir so aussehen, wie wir aussehen, und warum wir so zusammengesetzt sind – das Verständnis der Körper, der Embryonen, der DNA und der Fossilien anderer Lebewesen voraussetzt.«

Eines der Tiere, zu denen die Frage Neil führte, waren der Kleine Rochen und das Projekt, an dem Tetsuya Nakamura arbeitete.

Neil Shubin und seine Kollegen haben die ersten Fossilien von *Tiktaalik roseae* gefunden, das wohl eine Übergangform von im Wasser und auf dem Land lebenden Wesen darstellt.

»Landtiere haben Finger, und Fische haben Flossen«, sagt Tetsuya. »Die Frage ist: Haben Fische Finger? Und Handgelenke? Und Arme?«

Andere Meerestiere schon. Unter der dicken Haut der Flossen eines Delfins befinden sich

Knochen, die denen der menschlichen Hände, Handgelenke und Arme entsprechen, bloß mit anderen Proportionen. Die Ähnlichkeit mit der Struktur von Landtieren ist kein Wunder: Delfine, Wale und Robben sind nicht Fische, sondern Säugetiere. Sie stammen von Tieren ab, die an Land lebten und schließlich ins Meer zurückkehrten. Das geschah Hunderte Millionen Jahre nachdem Tiktaalik an Land gekommen war. Sie ähneln zu einem gewissen Grad den Fischen, weil sie in der gleichen Umgebung leben, in der die gleichen physikalischen Kräfte herrschen, und sich ihre Körper auf ähnliche Weise angepasst haben. Das Leben im Wasser erforderte eine Anpassung an die Strömungsverhältnisse – was bedeutete, dass sie ihre Gliedmaßen wieder verloren, verkleinerten oder neu formten.

Die Flossen der Delphine sind also Nachfahren von Tieren mit Armen und Handgelenken und Händen, Beinen und Knöcheln und Füßen. Tetsuya und Neil waren auf der Suche nach den weit zurückliegenden Vorfahren dieser Strukturen, noch vor dem Tiktaalik. Falls sich Schultern und gliedmaßenähnliche Anhängsel aus Flossen entwickelt hatten, könnte es möglich sein, Spuren dieser Vorfahren in Kleinen Rochen und anderen Fischarten zu finden. Dazu musste man den Evolutionsbaum hoch hinaufsteigen, den genetischen Werkzeugkasten öffnen, aus dem Fischembryonen entstehen, und nach Genen suchen, die sowohl Flossen als auch Gliedmaßen formen.

»Die Flossen von Fischen bestehen aus langen ›Strahlen‹ aus Knochen oder Knorpeln«, sagt Tetsuya. »Es war nicht klar, ob für die Bildung von Flossen und Fingern dasselbe genetische Instrumentarium verwendet wurde, aber man konnte das herauszufinden.«

Hier wandten sich Tetsuya und seine Kollegen einem der am häufigsten verwendeten Labortiere zu, einem winzigen Fisch namens Zebrabärbling, der in seiner Embryonalphase durchsichtig ist. Über die letzten Jahrzehnte hatten die Forscher sich zuverlässige Methoden zum Ausschalten seiner Gene erarbeitet – sie zu entfernen oder ihre genetische Schreibweise so zu verändern, dass die Tierzellen ein bestimmtes Molekül nicht mehr produzierten.

Das Gen, für das sich Tetsuya, Neil und ein weiteres Mitglied des Labors namens Andrew Gehrke interessierten, war eines der von Neil beschriebenen Hox-Gene, ein körperbildendes Gen namens Hox13. Andere Gruppen hatten entdeckt, dass die Entfernung dieses Gens bei Mäusen eine ganz bestimmte Wirkung hatte: Die Mäuse entwickelten keine Handgelenke oder ›Finger‹.

Auch der Zebrabärbling hatte eine Form von Hox13 – was würde passieren, wenn die Wissenschaftler hier eingriffen?

Während seiner Zeit als Postdoc bei Neil schalteten Tetsuya und Andrew das Gen im Zebrabärbling aus. »Wenn Fische ›Finger‹ hätten, dann wären das nur winzige Knochen in der Mitte der Flossen«, sagt Tetsuya. »Also haben wir das Experiment durchgeführt. Die Ergebnisse erhielten wir am 31. Dezember. Ich war an diesem Abend im Labor und sah mir die Fische an, und die Flossenstrahlen waren bei dieser Mutante völlig verschwunden. Ich dachte: ›Oh mein Gott, sie sind tatsächlich Finger!‹«

Neil war gerade woanders, vielleicht feierte er ins neue Jahr hinein, aber Tetsuya schickte ihm trotzdem eine E-Mail. Neil antwortete sofort, und die beiden schickten den Rest der Nacht E-Mails hin und her.

»Wir merkten nicht mal, als es Mitternacht schlug«, lacht Tetsuya. »Wir vergaßen völlig, uns ›Frohes Neues‹ zu wünschen!«

Die genetischen Werkzeuge, die Tetsuya und sein Labor benutzten, um Genfunktionen im Zebrabärbling herauszufinden, können beim Kleinen Rochen nicht verwendet werden – oder noch nicht. Man müsste sich Zugang zu einer Eizelle des Rochens verschaffen, aber den erhält man nicht; die Kleinen Rochen schützen ihre Eier in einer kleinen Kapsel, die auf Englisch auch *Mermaid's Purse*, also ›Meerjungfrauen-Handtasche‹ genannt wird. Das ist durchaus poetisch: Die Struktur sieht aus wie eine kleine braune Tasche mit Henkeln.

Eine passendere Metapher wäre wohl der Tresor einer Meerjungfrau: Man kommt nicht hinein, ohne den Inhalt zu zerstören. »Öffnet man sie in einem sehr jungen Stadium, sterben die Embryonen einfach ab«, sagt Tetsuya. »Wir haben vieles versucht, sogar ein kleines Fenster in die Eischale gemacht und es danach wieder versiegelt. Ich weiß nicht, ob sie auf den veränderten Druck reagiert haben oder ob sie sich vielleicht infiziert haben ... Sie sind jedenfalls gestorben.«

Es gab aber noch andere Dinge, die man mit dem Tier machen konnte. Man konnte eine Art Fluoreszenzsonde einführen, die ein bestimmtes Molekül in den Zellen und im Gewebe aufspürt und sich daran anheftet. Dann konnte man sehen, wo im Körper dieses Molekül gebildet wurde, einfach indem man einen Laser in den Körper richtete.

Dies erwies sich als Schlüssel zum Verständnis einer weiteren Besonderheit der Anatomie des Kleinen Rochens: der riesigen, flügelartigen Flossen. Und warum sie anders als Flügel an den Seiten des Kopfes angewachsen sind.

Diese Flossen entsprechen den Armen. Sie bestehen aus Knorpel, dem weicheren Vorläufer des Knochens, und setzen beiderseits der Körpermitte an. Im Laufe des Wachstums spreizen sie sich weit nach vorne und hinten, wie ein großer Handfächer. Die Vorderseite des Fächers erstreckt sich bis zum Kopf und verschmilzt mit ihm – als ob Schultern, Arme und Finger sich an die Seite des Gesichtes geheftet hätten.

Wie kam es dazu? Wächst eine Körperstruktur, folgt sie oft molekularen Signalen – wie ein Jagdhund auf der Fährte –, die ihr sagen, in welche Richtung sie wachsen soll. Die Flossen wachsen zum Körper heraus, dann nimmt die hintere Hälfte ein Signal von weiter hinten auf und beginnt, sich in diese Richtung auszubreiten. Die vordere Hälfte hingegen nimmt ein Signal von vorne wahr und wächst in diese Richtung. Sobald die Flosse den Kopf erreicht, verschmelzen die beiden.

Das Ergebnis dieses Wachstums in zwei Richtungen ist ein Unterbau aus Knorpel, der die flügelartige Form des Körpers stützt. »Eine wirkliche einzigartige Struktur«, sagt Tetsuya. »Sie befähigt den Rochen zu einer sehr kraftvollen Vorwärtsbewegung und der wellenförmigen Schwimmweise, die ihm die Besiedelung des Meeresbodens ermöglichte.«

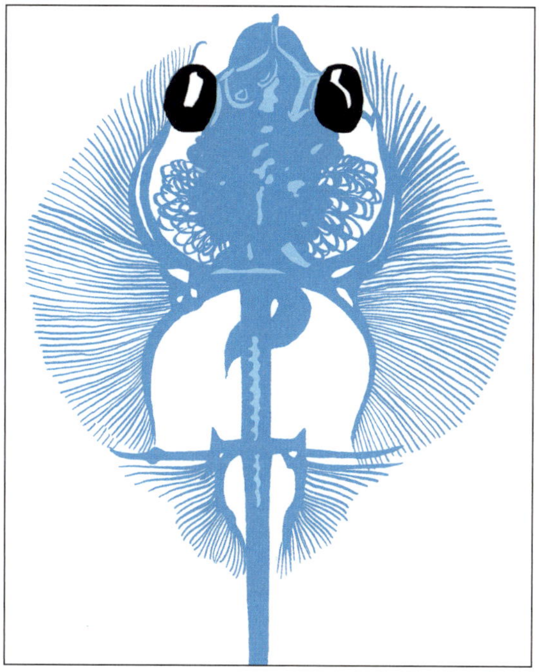

Ein Blick auf das Skelett des Kleinen Rochen zeigt, dass seine Brustflossen sowohl nach vorn wie nach hinten beweglich sind. Das vordere Ende verschmilzt mit der Seite des Kopfs.

Was Tetsuyas Karriere betrifft, geht es voran. Nach Jahren der Arbeit im Labor von Neil Shubin in Chicago wurde er kürzlich zum Associate Professor an der University of Rutgers im Bundesstaat New Jersey ernannt, eine Stelle mit unbefristetem Vertrag, ein großer Schritt vorwärts in einer wissenschaftlichen Karriere. Ich wünsche ihm viel Erfolg.

Im Büro von Darío Lupiáñez, meinem Kollegen in Berlin, der sich mit Iberischen Maulwürfen beschäftigt, konnte ich einen Kleinen Rochen sehen. Wie praktisch jeder Wissenschaftler, der sich mit bemerkenswerten Tieren beschäftigt, hat Darío weitere Eisen im Feuer.

Vor einigen Jahren wurde er aufgrund eines traurigen Vorfalls in ein Projekt zur Sequenzierung des Genoms des Kleinen Rochens hineingezogen. »Es handelte sich um einen Kollegen und Freund«, sagt Darío. »José Luis Gómez-Skarmeta war der Vordenker des Rochengenomprojekts und brachte uns alle miteinander in Kontakt. Leider starb er auf halbem Weg, und wir taten uns zusammen, um es zu Ende zu bringen. Es fiel uns nicht leicht, aber wir haben es geschafft, die Ergebnisse in einer Form zu veröffentlichen, die ihm gefallen hätte – die Arbeit ist eine Hommage an ihn.«

Darío schloss sich mit einem Team internationaler Wissenschaftler zusammen, zu dem auch Neil Shubin und Tetsuya Nakamura gehörten, um das Rochengenom im Jahr 2023 fertigzustellen. Als Andenken bewahrt Darío eines der Tiere in einem mit Flüssigkeit gefüllten Gefäß in seinem Büro auf.

Das Genom unterstützt, was Tetsuya und Neil sich zu den Flossen zusammengereimt hatten. Wir kennen das schon: Damit Gene ihre Aufgabe erfüllen können, müssen sie in den richtigen Zellarten und -geweben zur richtigen Zeit an- und ausgeschaltet werden. Die Information, die dies steuert, liegt nicht im Gen selbst bereit, sondern in nahegelegenen Bereichen der DNA. Es ist ein bisschen wie mit den Anleitungen zum Zusammenbau eines Möbelstücks von IKEA: Die Anweisungen sind nicht direkt auf die Werkzeuge oder das Holz oder andere Teile gedruckt. Sie werden separat beigelegt, aber sie sollten zumindest in der Nähe zu finden sein, im selben Paket.

Ein typisches Gen hat in der Regel 10 oder 20 Steuerelemente, die sich ebenfalls nahebei befinden müssen, auf DNA-Sequenzen in der Nähe des Gens. »Das menschliche Genom besteht aus etwas mehr als 20000 Genen und wahrscheinlich Millionen von Steuerungselementen«, sagt Darío Lupiáñez. »All das muss geordnet werden, und das Genom tut dies, indem es die Gene und die Steuerungselemente in sogenannten *topologisch assoziierten Domänen* (TAD) beieinanderhält.«

TADs enthalten sowohl die Anweisungen als auch die Teile, und Darío ist ein Experte darin geworden, sie zu entpacken und ihre Bewegungen durch die Evolution zu verfolgen. Über lange Zeiträume hinweg wird die Information in Genomen durch Mutationen in einzelnen Buchstaben des Codes gestört, vergleichbar mit einzelnen Rechtschreibfehlern. Schwerwiegendere Fehler entstehen, wenn Wörter oder sogar ganze Sätze gelöscht werden oder wenn ihre Reihenfolge durcheinandergerät.

Auch innerhalb von TADs können DNA-Sequenzen verloren gehen oder vertauscht werden. Noch schlimmer ist es, einen Satz Anweisungen ganz zu verlegen oder einen Satz mit dem falschen Paket an Werkzeugen und Teilen zu versenden. Dies kann dazu führen, dass Gene von ihren regulatorischen Elementen getrennt werden oder an die falschen Elemente angehängt werden.

Ähnlich wie bei den Einzelteilen von Möbeln sind die meisten DNA-Sequenzen generisch und sehen sich ziemlich ähnlich, so dass man vielleicht eine ganze Weile braucht, bis man merkt, dass da etwas nicht stimmt. Allerdings hätte man am Ende ein paar komisch aussehende Regale und Schränke.

Hinter scheinbar großen Unterschieden zwischen den Körpern von Tieren kann sich eine tiefere Ähnlichkeit verbergen. Tetsuya und Neil hatten gezeigt, dass die Flossen von Fischen und unsere Finger und Hände auf eine gemeinsame Reihe von Genen zurückgeführt werden können, die aktiv werden, wenn sich diese Körperteile im Embryo bilden. Ändert man Zeitpunkt und Ort einiger der sie aktivierenden Signale, strecken sie sich und bewegen sich in ungewöhnliche Richtungen.

Das würde vermutlich nicht geschehen, wenn dieselben Gene an dieselben regulatorischen Elemente gebunden blieben. Werden aber die Grenzen zwischen den TADs verwischt oder gehen verloren, können die Gene einer TAD unter die Kontrolle einer anderen geraten. Ein Gen, das erst spät in der Entwicklung aktiviert werden sollte, könnte früher aktiv werden. Ein Gen, das eigentlich im hinteren Bereich eingeschaltet werden sollte, könnte im Kopfbereich aktiviert werden.

Als Darío Lupiáñez einsprang, um das von José Luis Gómez-Skarmeta begonnene Genomprojekt zu Ende zu führen, brachte er seine einzigartige Erfahrung bei der Kartierung und Untersuchung von TADs ein. Vielleicht könnte das erklären, was Tetsuya und Neil gefunden hatten.

»Wir verglichen das Genom des Rochens mit dem von Haien oder anderen Arten, die nicht vergrößerte Flossen entwickeln«, sagt Darío, »und entdeckten viele Veränderungen in den TADs. Wir machten über 80 Fälle ausfindig, in denen die Evolution sie auf eine Art und Weise aufgebrochen hatte, die sich auf Gene auswirken könnte. Als wir uns die Gene in diesen TADs ansahen, fanden wir 180, die gute Kandidaten für den Aufbau der einzigartigen Vorderflosse des Rochens waren. Insbesondere ein Gen, *Prickle1*, ist dafür bekannt, dass es den Zeitpunkt und die Richtung des Gewebewachstums bei anderen Arten steuert, was für den Fall des Rochens fast schon eine Art Corpus Delicti darstellte.«

Aber könnte eine Veränderung in der *Prickle1*-TAD wirklich am Auftreten eines solch einzigartigen Merkmals beteiligt sein? Eine Möglichkeit, dies herauszufinden, bestand darin, das Auftreten von *Prickle1* bei Rochen, deren Flossen ein enormes Wachstum aufweisen, mit einer eng verwandten Art zu vergleichen, deren Flossen sich nicht auf diese Weise verhalten: dem Katzenhai.

»Wir stellten fest, dass *Prickle1* bei der Entwicklung von Rochen an der vorderen Seite der Flosse exprimiert wird, bei Katzenhaien aber nicht«, sagt Dario. »Dies hängt mit Veränderungen in der TAD zusammen, die die Umgebung von *Prickle1* umgestalten, indem sie neue regulatorische Elemente in die Nähe bringen. Diese regulatorischen Elemente senden wahrscheinlich neue Anweisungen an *Prickle1*, damit es in einem unerwarteten anatomischen Bereich zu einem bestimmten Entwicklungszeitpunkt exprimiert wird und das Flossenwachstum in Richtung Kopf fördert.«

Bei dem Tier, das Darío in einem Glas auf seinem Regal aufbewahrt, sieht man nur das Ergebnis: die breite, pfeilförmige Gestalt des Rochenkörpers. Der Prozess, der all dies möglich gemacht hat, ist unsichtbar: Die DNA liegt weit unterhalb unseres normalen Sehvermögens, und selbst wenn man sie sehen könnte, würde sie immer gleich aussehen. Für das bloße Auge ist ein Strang ein Strang. Die Chemie, die die Gene, die Steuerelemente oder die TADs definiert, ist nicht zu sehen.

Im Inneren des Gefäßes befindet sich der Kleine Rochen, winzig und drachenähnlich. Als Darío das Gefäß anhebt, fällt Licht aus dem Fenster hindurch und lässt das Tier plötzlich in einem kräftigen Türkis erleuchten. Die Bewegung lässt es kurz aufschwimmen, dann sinkt es wieder zu Boden wie ein tänzelndes Blatt auf einem lauen Lüftchen.

6

Die Geschichten und Träume der Haut

Auf einer Dorfstraße in Kenia sitzt eine Frau, den Kopf in ein buntes Tuch gehüllt, ihr Kleid ein Feld aus leuchtend bunten Blumen. Sie ist von Dampf umgeben, und von dem kleinen Grill zu ihren Füßen steigt der Duft von Fisch auf. Mit einem kleinen Messer schneidet sie geschickt einen kleinen Tintenfisch auf, brät die Stücke und verkauft sie an die Passanten. Sie ist eine *Mama Karanga* (Kisuaheli für ›Bratfrau‹) und Teil der ›Lieferkette‹, die früh am Morgen draußen auf dem Meer beginnt.

Bei Eintritt der Ebbe fahren die Fischer mit allem, was schwimmt, aufs Wasser hinaus: in Holzbooten oder manchmal guten Fiberglasbooten oder auf Surfbrettern. Viele Frauen waten einfach bis zu den Knien ins Meer, mit langen spitzen Stöcken ausgestattet, um ihre Beute aufzuspießen und davonzutragen. Zum Schutz vor der Sonne tragen sie bunte Kopfbedeckungen. Wie Blütenblätter, die vom Meer hereintreiben, bewegen sie sich durch das seichte Wasser.

Bei Ebbe, wenn die Tintenfische an Land krabbeln, um selbst nach Beute zu suchen, kann man sie direkt am Strand fangen. Das zurückweichende Wasser lässt alle möglichen Leckerbissen in den Pfützen zurück, reife Beute für einen achtbeinigen Räuber.

Aus einem Boot steigt ein Mann mit sieben oder acht Tintenfischen, die von Haken an einem Stock baumeln. Am Ufer hat jemand eine Wäscheleine zwischen zwei Ästen aufgespannt und die kleinsten darüber drapiert und sie mit bunten Wäscheklammern festgeklemmt, wie eine Reihe von Socken, wenn Socken Tentakel hätten.

Für einige ist der Tintenfischfang zu einer Vollzeitbeschäftigung geworden, insbesondere für die Frauen der Insel Lamu. Sie fischen, verkaufen ihren Fang, und die Reste bringen sie zum Abendessen nach Hause.

Mama Karangas finden sich in Städten wie Kenyatta, Msanakani und Mombasa. Sie kaufen Fisch auf dem Markt oder direkt von den Fischern an den Docks oder fangen sogar selbst Tintenfische, die sie dann auf den Straßen der Stadt braten. Aneignen kann sich das jede, auch wenn sie die Grundschule nicht abgeschlossen hat, und zur Ernährung der Kinder kann es notwendig sein.

Aziza ist eine von ihnen; heute trägt sie ein langes Kleid in Rosa und Grün, einen Mantel in mattem Braun unter einem orangefarbenen Schal und die traditionelle Kopfbedeckung, *Lesos*, mit dem fast schon obligatorischen Blumenmuster. Ganz oben sitzt in leuchtendem Rosa eine Kappe, die einer auf den Kopf gestellten Kuchenform ähnelt.

Seit einiger Zeit tut sie sich mit anderen Mama Karangas zusammen, um sich gegenseitig auszuhelfen. Es ist mehr als ein Treff, eine Art informeller Zusammenschluss von Fischbraterinnen. In letzter Zeit haben sie sich etwas Geld dazuverdient und, wie sie es selbst nennen, ein ›Karussell‹ eingerichtet, also das Prinzip ›Table Banking‹ genutzt, um ihr Geschäft auszubauen und sich gegenseitig zu unterstützen, wenn eine mal eine Durststrecke durchmacht. Einen Catering-Service für Partys und Veranstaltungen haben sie auch ins Leben gerufen; sie kommen, stellen Zelte auf und verkaufen Essen.

Heute stellen sie sich Plastikstühle in den Schatten einer *Kibanda*, eines Strohdachs mit offenen Seiten, und unterhalten sich. Über Geschäfte, über Fischfang und natürlich über ihre Familien. Diese Frauen spielen eine entscheidende Rolle für

die Wirtschaft ihrer Familien, ihrer Dörfer und ihres Landes. Alles, was sie brauchten, war eine Lockerung der alten gesellschaftlichen Regeln, die sie kleinhielten. Sobald das geschah, konnten sie in der Fischereiindustrie in Rollen schlüpfen, die traditionell den Männern vorbehalten waren.

Dieser kulturelle Wandel blieb fast unbemerkt, bis eine Gruppe von Sozialwissenschaftlern ihn vor kurzem erstmals untersuchte. Im Jahre 2014 begann die Gruppe um Lucy Garrett von der University of East Anglia, einige Daten und Fakten zusammenzutragen. Zu dieser Zeit waren einige wenige Mama Karangas junge, unverheiratete Frauen. Etwa die Hälfte war verheiratet. Die übrigen waren wieder alleinstehend, nachdem ihre Männer sich davongemacht hatten oder gestorben waren. Etwa die Hälfte waren Christen, die andere Hälfte Muslime. Im Durchschnitt hat eine Mama Karanga sechs Kinder. In einer Gruppe von 40 Frauen hatten nur sechs von ihnen ein einziges Kind oder gar keins. Sechs hatten mehr als zehn Kinder.

Katina Roumbedakis ist eine der Personen, die zur Erforschung dieser Geschichte beigetragen haben. Es ist nicht der Berufsweg, den sie ursprünglich eingeschlagen hatte. Nachdem sie jedoch mehrere Jahre lang traditionelle Forschung über nicht traditionelle Tiere betrieben hatte, widmete sich Katina Roumbedakis den Menschen, die in der ›Tintenfisch-Lieferkette‹ mit ihnen zu tun haben.

Es fühlt sich an, als schließe sich da ein Kreis für sie, entbehrt aber auch nicht einer gewissen Ironie. Während ihrer Schulzeit in Brasilien hatte sie Eignungstests gemacht, deren Ergebnisse darauf hindeuteten, dass sie für eine ›Tätigkeit mit Menschen‹ gut geeignet sei. Ihre Eltern hatten beide solche Berufe: Ihre Mutter war Sozialarbeiterin und ihr Vater, ein Emigrant aus Griechenland, Rechtsanwalt. Damals meinte Katina: »Ich doch nicht!« Es brauchte viele Jahre und drei Uniabschlüsse, bis sie ihre Meinung änderte.

Katina stammt aus Curitiba, einer Großstadt mit etwa 2 Millionen Einwohnern auf einem Hochplateau im Süden Brasiliens. Curitiba liegt nur siebzig Kilometer westlich der Atlantikküste, aber das war ihr zu weit. Schon früh wusste sie, dass sie am Meer leben wollte. »Ich brauche das«, sagt sie. »Wenn ich einen stressigen Tag habe, gehe ich an den Strand und stecke meine Füße in den Sand.«

Katina hat große blaue Augen und langes hellbraunes Haar, das sie immer wieder hinter die Ohren schiebt; es löst sich, wenn sie gestikuliert und den Kopf dreht. Sie lacht gerne, trägt Ringe an jeder Hand und ein kleines Piercing in der Nase. An ihrer Halskette hängt ein Anhänger in Form eines Tintenfisches. Ihre Erzählung hat einen unangestrengt-ausführlichen Fluss.

Den Bachelor-Abschluss machte sie in ihrer Heimatstadt und zog dann nach Florianópolis, 300 km weiter südlich, an der Küste. Es ist die Hauptstadt und zweitgrößte Stadt des Bundesstaates Santa Caterina, am Fuße der Maciambú-Gipfel liegend. Florianópolis teilt sich zwischen dem Festland und der ›Ilha da magia‹, der magischen Insel: einem langen, schmalen Streifen Land, der parallel zur Küste verläuft. Zwei Brücken dienen als Verkehrsadern zwischen den beiden Hälften. Nachts werden sie zu leuchtenden Juwelen, mit warmen Lichtern, die sich wie Perlen an der Wasserkante aufreihen, vor üppigen Wäldern und Hügeln, die ins Innere des Festlands aufsteigen.

An der dortigen Universität schrieb Katina eine Masterarbeit zu Parasiten in Fischen. Dann hatte sie im Labor ihre erste Begegnung mit einem Tintenfisch. »Ich fand das wahnsinnig toll und wollte meine Doktorarbeit über dieses Tier schreiben«, sagt sie. »Mein Betreuer sagte: ›Bist du dir sicher? Wo willst du Tintenfische herkriegen?‹« Ihre Antwort: »Keine Sorge, das kriege ich hin!«

Ganz so einfach war das dann doch nicht. Neben dem normalen Stress, den eine Promotion mit sich bringt, kamen auch andere Probleme. »Ich hatte auf gewisse Art eine existenzielle Krise mit dem, was ich tat«, sagt Katina. »Ich liebte das Meer und arbeitete gerne mit Fischen. Ich wollte sie schützen lernen. Ich forschte an Parasiten. Das war wichtig für die Industrie und das Verständnis der Ökosphäre dieser Tiere.«

Dies geschah zu einer Zeit, als die Europäer vor dem Hintergrund einer allgemeinen Debatte über den Tierschutz und die Forschung strengere Gesetze zum Schutz von Tintenfischen verabschiedeten. Niemand war sich sicher, was die Gesetze genau bedeuten sollten; es war eines der Themen, die auf einer internationalen Tagung, der alle drei Jahre stattfindenden Konferenz des Internationalen Beirats für Kopffüßer, behandelt werden sollten. Der Zufall wollte es, dass sie in Florianópolis stattfand – genau dort, wo Katina gerade ihre Promotion begann. »Es war Schicksal«, lacht sie.

Auf der Konferenz kam sie mit zwei Wissenschaftlern aus Mexiko ins Gespräch, einem Meeresökologen und einem Immunologen – ihre beiden Hauptinteressen. Sie fragte, ob sie ein Praktikum machen könne, und erhielt eine Zusage. Also machte sie sich auf den Weg nach Norden, um drei Monate in Mexiko zu verbringen.

Es war das erste von vielen Malen, dass sie Brasilien verließ, um etwas zu tun, das sie liebte. Ihr Heimatland zieht sie immer wieder zurück, und zwar nach einem Muster, das fast wie ein Wanderverhalten anmutet.

Und sie liebte es, bis die drei Monate vorüber waren und sie nach Brasilien zurückkehren musste. Zu Hause sah es mit der Förderung nicht gut aus. »Ich hatte kein Geld, um Tintenfische für die Universität zu kaufen. Ich habe trotzdem welche gekauft.«

Die Uhr für ihre Promotion tickte; sie hatte keine Ergebnisse, die für eine Dissertation verwertbar waren. Also bewarb sie sich um ein Stipendium für die Rückkehr nach Mexiko. Eigentlich wollte sie sechs Monate bleiben, aber ihr Berater schlug neun vor. Die Zeit würde wie im Fluge vergehen, sagte er ihr.

Gesagt, getan. Als Katina diesmal nach Mexiko kam, hatte sie finanzielle Unterstützung. Sie schloss sich einem Labor in einer abgelegenen Region von Yucatán an, einer Halbinsel im Südosten Mexikos, die sich in die Richtung Kubas erstreckt. Es liegt im Kernland der Maya-Kultur und ganz in der Nähe des Chixculub-Kraters, des Ortes, an dem vor 66 Millionen Jahren ein riesiger Meteor einschlug und ein Massenaussterben verursachte – das der Dinosaurier und vieler anderer Arten.

Heutzutage hat die Gegend den Ruf eines ›magischen Pueblo‹ und zieht viele Touristen an. Damals gab es vor allem Studenten und die Fischergemeinde.

»Man muss sich anpassen, und das tat ich«, sagt sie. »Es gab kein heißes Wasser und ich musste in einer Hängematte schlafen, weil überall Skorpione waren. Aber ich liebte das Dorf – es war klein, mit vielleicht 2000 Einwohnern. Die Menschen waren äußerst gastfreundlich, und ich schloss mit vielen von ihnen Freundschaft. Ich erinnere mich daran, dass dies ein ganz besonderer Lebensabschnitt war, in dem ich die Wissenschaft betrieb, die ich wollte, und der mir viele Türen für die Zukunft öffnete.«

Sie schrieb eine Arbeit zum Tierwohl am Beispiel der Tintenfische: Methoden zur Betäubung des *Octopus maya*; niemand hatte Verfahren für diese Art entwickelt.

Ein Grund, warum bis dahin niemand zufriedenstellende Experimente durchgeführt hatte, war, dass es schwierig war, mit lebenden Tintenfischen zu arbeiten. Zunächst einmal musste man sie in einem Becken halten.

Fast jeder, der an Tintenfischen arbeitet, kann von schlauen Fluchtversuchen erzählen. Die Geschichten reichen mindestens bis ins Jahr 1873 zurück, nach Brighton in England. Immer wieder verschwanden Fische aus einem Aquarium. Sie waren nicht etwa im Aquarium von anderen Fischen gefressen worden oder gestorben – es gab keine Überreste. Schließlich entdeckten die Mitarbeiter, dass ein Tintenfisch aus einer nahegelegenen Anlage herausgekrochen war, an Felsen hochgeklettert und über die Wand in das nächste Becken gelangt war. Dort labte er sich in aller

Ruhe an den Fischen, bevor er am nächsten Morgen in sein eigenes Becken zurückkehrte.

Ertappt wurde der Tintenfisch nur, weil er eines Tages so viel gefressen hatte, dass er zu müde war, um den Rückweg anzutreten. Man fand ihn schlummernd im Becken – das wieder leer war. Die ganze Geschichte wurde in einem Gedicht mit dem Titel »The Straying Octopus« (Der Streunende Tintenfisch) festgehalten, das von Tom Hood, dem Herausgeber einer satirischen Zeitschrift namens *Fun*, verfasst wurde und sich über viele Strophen zog.

Katinas Tintenfische setzten diese Tradition fort. Einmal verschwand ein Tintenfisch, und Katina und ihre Kollegen suchten alles ab, auch das Reservoir unter dem Tank, wo sich eine Pumpe befand. Sie sagt, sie habe dort mindestens dreimal nachgesehen. »Schließlich griff ich hinunter, um die Pumpe zu entfernen, und der Tintenfisch packte meinen Arm.«

Zum Abschluss ihrer Promotion musste sie erneut mehrere Monate nach Brasilien. Sie erhielt ihr nächstes Stipendium für eine Stelle im italienischen Neapel, das für seine über ein Jahrhundert währende Tintenfischforschung berühmt war. Der Vertrag endete und es ging zurück nach Brasilien.

Dann hörte sie von einem Fischereiprojekt namens ›Cephs and Chefs‹ (Tintenfische und Köche). Gesucht wurde eine Person, die Portugiesisch, Englisch und Spanisch sprach und mit Tintenfischen gearbeitet hatte. Katina lacht. »Als ob sie genau nach mir suchten.« Das war der Punkt, sagt sie, ab dem sie sich weniger als Biologin und mehr als Sozialwissenschaftlerin fühlte.

Ziel des Projekts war es, neue Märkte und Produkte auf der Grundlage von Kopffüßern (Kalmare, Tintenfisch, Sepien) zu entwickeln. Sie wollten die Wertschöpfungskette steigern und dazu beitragen, die Wettbewerbsfähigkeit der Fischer im Atlantikgebiet zu verbessern. Es wurden öffentliche Verkostungen, Rezepte und Proben von geräuchertem Tintenfisch angeboten. Bei einer Veranstaltung auf der Insel Madeira vor der portugiesischen Küste lud ein Chefkoch in sein schickes Restaurant ein, um verschiedene Tintenfischrezepte und eine Reihe von Meeresfrüchten vorzuführen, die normalerweise nicht als wertvoll gelten.

Dabei lernte sie ihren nächsten Betreuer kennen, einen Wirtschaftswissenschaftler und Sozialwissenschaftler, der derzeit ein Projekt zu sozialer Gerechtigkeit und Nachhaltigkeit mit einem Fokus auf der Fischerei leitet. Dies führte zu einem zweijährigen Aufenthalt in Santiago de Compostela in Spanien.

Von dort aus reiste sie nach Kenia, um mit Gruppen vor Ort zu sprechen und alle Schritte vom Meer bis auf den Teller nachzuvollziehen. Sie sprach mit Fischern und Menschen auf den Märkten, Partnern aus der Industrie, Naturschützern. Und mit Mama Karangas. Immer befragte sie mehrere Personen, meist auf Suaheli, so dass sie einen Übersetzer brauchte.

»Die Frauen werden vergessen«, sagt sie. »Wenn die Leute an Fischerei denken, denken sie vor allem an Männer in Booten, aber das spiegelt nicht die volle Realität wider. Frauen spielen in diesem Prozess an diversen Stellen eine Rolle.« Sie befragte auch Tauchfischer. »Es gibt Kleidungsvorschriften und viele andere Hindernisse für Frauen: niedriges Bildungsniveau, begrenzter Zugang zu Geld und Ressourcen, strukturelle Ungleichheiten, Geschlechternormen und so weiter.«

Sie sagt, dass sie viele bewundernswerte Frauen getroffen habe, die diese Hindernisse überwunden hatten: obwohl sie häufig zahlreiche Kinder haben, sind sie an mehreren Schritten in der Lieferkette beteiligt: dem Fang, der Verarbeitung und dem Verkauf der Tintenfische sowie der Entscheidungsfindung. Darüber hinaus engagieren sich einige in Frauenverbänden. Als Beispiel: Eine Frau tauchte selbst, hatte sechs Kinder und betrieb ein Restaurant und schickte Tintenfische nach Nairobi.

Trotz der Sprachbarriere kam sie den befragten Frauen sehr nahe. Bevor sie ging, flochten sie ihr noch das Haar. Sie kaufte sich ein leuchtend violettes Kleid – eine *Dera* – und den Lesos-Schal. Ihr wurde ein Henna-Tattoo aus Blumen auf die Hand gemalt.

Sie versprach ihnen, dass sie wiederkommen würde.

Für den Moment ist sie erneut auf dem Weg nach Yucatán, mit Hilfe eines weiteren, wirklich guten Stipendiums, das es ihr ermöglichen wird, ihre Tätigkeit mit besserer Unterstützung und mehr Unabhängigkeit weiterzuführen. Ich will nicht einmal spekulieren, wo es sie danach hinziehen mag.

Auf der ganzen Welt, in Afrika, Italien und Mexiko, sind auch andere den Tintenfischen auf den Fersen. In Okinawa in Japan geht Sam Reiter, ein amerikanischer Wissenschaftler, mit seinen Studenten nachts an die Gezeitentümpel. Sie keschern Tiere ein und bringen sie ins Labor. Neuankömmlinge können diese oft gar nicht sehen; um einen Tintenfisch zu entdecken, braucht man ein geschultes Auge.

Die Tiere sind nicht nur Ausbrecherkönige, sondern auch Meister der Tarnung. »Sie können sich an fast jeden natürlichen Hintergrund angleichen – ob sandig oder felsig, hell oder dunkel«, sagt Sam. Tintenfische oder Sepien passen sich nicht nur der Farbe, sondern auch der Beschaffenheit des Untergrunds an, auf dem sie liegen. Manche Sepien verbergen sich, indem sie Dinge in ihrer Umgebung nachahmen: Seegras oder einen Felsen.

Vor etwa 500 Millionen Jahren, so vermuten Wissenschaftler, entwickelten sich sowohl Tintenfische als auch Sepien aus einem Weichtier, das wahrscheinlich eine einzige, kappenartige Schale hatte. Sepien haben eine Art Schale behalten, sie aber als Sepiaschale verinnerlicht: eine zungenförmige Platte, die das Tier mit Gas füllen kann. Sie steuern damit den Auftrieb, das tierische Äquivalent zu den Ballasttanks in einem U-Boot. Man findet sie am Strand: farblos, flach, schaufelartig. Die Tintenfische haben die Schale und die Knochen ganz aufgegeben; was übrigbleibt, ist eine gallertartige Masse, die sie so weit verformen und zusammenpressen können, dass sie durch winzige Öffnungen hindurchpassen.

Ein Mitglied des Labors, Keishu Asada, taucht seit vielen Jahren fast täglich. Er sehe beim Tauchen ständig Tintenfische und Sepien, sagt Sam. Bei einem seiner ersten ›Riffspaziergänge‹ konnte Sam Tiere, die für Keishu offensichtlich waren, nicht erkennen. »Wir standen nebeneinander, und er zeigte vor unsere Füße«, sagt Sam, »und sagte: ›Da‹, und ich konnte einfach nichts erkennen. Das Tier sah zu sehr wie der Fels aus.«

Ein paar Jahre später ist er besser darin geworden. »Es gibt eine Methode zu ihrer Erkennung, die man sich aneignen muss. Für den unbedarften Menschen oder vermutlich das unbedarfte Raubtier sind sie einfach unsichtbar. Sie nutzen irgendeine Eigenschaft unseres Sehvermögens aus, um diese Illusionen zu erzeugen.«

Tintenfischen gelingt das, obwohl sie farbenblind sind. Michael Kuba vom ozeanografischen Institut der Universität Neapel in Italien erklärt das so: »Früher, als jeder einen Schwarz-Weiß-Fernseher hatte, gab es immer einige Leute, die die Farben erraten konnten«, sagt er. »So ähnlich muss es hier sein – der Tintenfisch bekommt genug visuelle Informationen, um zu wissen, wann er richtigliegt.«

Das große Rätsel ist, wie ein durch die Augen aufgenommenes Bild fast augenblicklich in ein hochkomplexes Muster übersetzt und über die Haut gelegt wird. Ein Nadelöhr, an dem sich erforschen ließ, wie Tintenfische dies schafften, war die Geschwindigkeit. Bisher waren die Tiere mit Kameras gefilmt worden, die an das menschliche Sehvermögen angepasst waren – und die zu langsam waren.

»Kollegen von uns arbeiteten an Karibischen Riffkalmaren«, sagt Michael Kuba. »Eines Tages kamen dann Mitarbeiter von *National Geographic* vorbei. Die hatten aus irgendeinem Grund eine Hochgeschwindigkeitskamera dabei, mit der sie eigentlich etwas anderes filmen wollten. Das wurde ihnen langweilig und so beschlossen sie, die Kalmare zu filmen. Als wir die Tiere plötzlich mit 250 Bildern pro Sekunde sahen, wurde uns klar: Einige der farbigen Muster, die sie bei der Paarung machen, ändern sich in einer Frequenz, die wir nicht wahrnehmen. Bei einer Auflösung ab hundert Bildern pro Sekunde aufwärts flackern die Muster. Für uns sind sie unsichtbar; sie verschmelzen zu einer einzigen Farbe.«

Aber Tintenfische können die Muster sehen, sagt er. Sie sprechen miteinander.

Sam Reiter war im Institut für Wissenschaft und Technologie in Okinawa, als er sich mit mir unterhielt, einem hochmodernen Komplex aus mehrstöckigen Gebäuden in Hanglage.

Sam ist jung, sein dunkles, an den Seiten kurz geschnittenes Haar wird schon etwas schütter. Er trägt ein schlichtes schwarzes T-Shirt und eine Brille mit dunklem Gestell. Er kommt aus Rhode Island in den Vereinigten Staaten. An der Universität begann er zunächst ein Medizinstudium und arbeitete dann einige Zeit in einer Alzheimer-Klinik. »Da wurde mir klar, dass wir nicht viel über das Gehirn wissen, und das hat mich zur Forschung gebracht«, sagt er. Als Neurowissenschaftler hat er an verschiedenen Tierarten gearbeitet.

Er war eines dieser Kinder, die gerne in den Zoo gingen und sich im Fernsehen Tierfilme ansahen, vor allem David Attenboroughs Dokumentationen über die Tierwelt. Seine Geschichten über die Tiere zogen ihn in ihren Bann. Er liebte sie – aber er fand die Geschichten ein wenig subjektiv. Hatte Attenborough das wirklich richtig verstanden? Konnte man die Dinge in diesen Geschichten messen?

Das sollte für seine spätere Karriere bestimmend sein: »Ich neige zu quantitativen Ansätzen im Verhalten, mit denen man die Dinge objektiver machen kann. Wo man Dinge untersuchen kann, die mit bloßem Auge schwer zu erkennen sind – sie sind zu schnell oder zu langsam, zu klein, zu lang oder zu groß.«

Nach seiner Promotion war er als Postdoc im Labor von Gilles Laurent am Max-Planck-Institut für Hirnforschung in Frankfurt tätig. Seine Projekte befassten sich mit dem Geruchssinn bei Reptilien. Mit seinen Kollegen machte er Aufzeichnungen von elektrischen Mustern aus dem Reptiliengehirn. Sie untersuchten damals die Streifenköpfige Bartagame, ein Tier aus den Trockengebieten Australiens, das über einen halben Meter lang werden kann und in den Ästen der Bäume hockt.

In der australischen Wüste sollte man also vielleicht lieber nach oben schauen, bevor man sich unter einen Baum stellt. Allerdings sind die Bartagamen nicht gefährlich für den Menschen; sie werden auch als Haustiere gehalten.

Reptilien haben einen dreischichtigen Kortex, der einer Urform unseres eigenen Gehirns ähnelt. »Wir hofften, dass uns die Aufzeichnungen aus dem Kortex der Echsen etwas über seinen ursprünglichen Zweck und seine Funktion zeigen würden«, sagt Sam. »Bei einer unserer Aufzeichnungen wurde eine etwas tiefer liegende Region des Gehirns angezapft als geplant. Eine andere Postdoktorandin im Labor, Janie Ondracek, forschte am Schlaf – mit ihren Aufnahmen hatte sie jedoch kein Glück gehabt. Also beschloss sie, sich unsere Aufnahmen der Echse anzuschauen. Mark Shein-Idelson, ein weiterer Postdoc, übernahm die Datenanalyse.«

Das Ergebnis war die Entdeckung, dass die Tiere einen menschenähnlichen Schlaf haben, der in zwei Phasen unterteilt ist. Lange Perioden des Tiefschlafs werden von aktiveren REM-Phasen mit ›schnellen Augenbewegungen‹ unterbrochen, von denen man annimmt, dass sie die Phasen sind, in denen Träume auftreten.

Wenn Sam die anspruchsvolle Arbeit manchmal zu viel wurde, ging er in den Keller des Instituts hinunter. Dort konnte er die Sepien beobachten, die von Michael Kuba – der gerade einen Forschungsaufenthalt im Labor von Gilles Laurent absolvierte – ins Labor gebracht und in Aquarien gepflegt wurden. Es war der erste von vielen

Momenten, in denen sich ihre Laufbahnen überschneiden würden.

Sam sagt, die Sepien seien sehr interaktiv gewesen. »Man betrachtete sie, und sie schauten einen dabei an. Das war so fesselnd, dass ich aus Spaß ein kleines Nebenprojekt mit ihnen startete.« Er lacht. »Irgendwann kam das Nebenprojekt schneller voran als die Arbeit an den Echsen. Also begann ich langsam, aber sicher, mich auf Kopffüßer zu fokussieren.«

Vor etwa zehn Jahren begann Sam Reiter mit der Entschlüsselung der Biologie hinter den geradezu magischen Tarnfähigkeiten der Sepien und Tintenfische. Es ist Teil eines umfassenderen Ziels: zu verstehen, wie Informationen durch die Sinne eines Tieres aufgenommen, im Gehirn verarbeitet und in Verhalten umgesetzt werden. Dies ist das Thema eines ganzen Forschungsgebiets – der *Neuroethologie* – und hier ist den Kopffüßern viel Aufmerksamkeit geschenkt worden.

Neuroethologen denken oft in Begriffen wie Berechnung und Verarbeitung, und sie greifen auf viele Metaphern aus der Informatik zurück.

»Stell dir vor, du schließt eine Kamera an einen Computer an und machst ein paar Bilder einer Oberfläche«, sagt Sam. »Man möchte, dass der Computer die Farben und die Textur analysiert und ein Bild erzeugt, das die Aufgabe der Tarnung erfüllt – und zwar so gut, dass Raubtiere getäuscht werden. Rechnerisch wäre das eine riesige Aufgabe. Aber Tintenfische oder Sepien schaffen das nach einem Blick auf ihre Umgebung, und zwar in Sekunden.«

Die Muster ändern sich fast augenblicklich und in Echtzeit, während die Tiere über Hintergründe mit wechselnden Farben und Texturen gleiten. Niemand glaubt, dass sie dies bewusst tun; sie müssen über eine angeborene und äußerst ausgeklügelte Rechen-Hardware verfügen, die in ihr Nervensystem eingebaut ist. Sams Ziel ist es, zu einem Modell beizutragen, das den gesamten Weg vom visuellen Input bis zur Haut abdeckt.

Tintenfische haben wie Menschen kameraähnliche Augen, die das Licht auf die Netzhaut fokussieren. »Die Informationen werden an einen Bereich des Gehirns weitergeleitet, der Sehnervenkopf genannt wird und von außen wie unsere Netzhaut aussieht«, sagt Sam. »Hinter diesem Punkt, im Inneren, wird es jedoch sehr fremdartig – was man dort findet, sieht unserem Gehirn überhaupt nicht ähnlich. Es ist ein sehr merkwürdiges visuelles System. Irgendwie extrahieren diese Strukturen und das, was dahinterliegt, nach und nach komplexere Merkmale der visuellen Welt. So etwas wie eine visuelle Textur, eine visuelle Statistik der Welt. Dann wird diese Darstellung auf eine Entscheidung übertragen. Welches Muster passt am besten?«

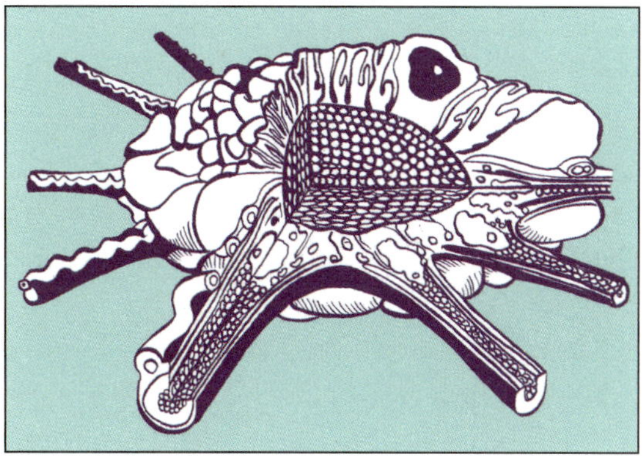

Kopffüßer haben eine erstaunliche Fähigkeit zur Mimikry. Hautzellen, die man *Chromatophoren* nennt, machen es möglich. Jede einzelne von ihnen enthält ein Gefäß, das mit einem Pigment einer bestimmten Farbe gefüllt ist.

Das Muster wird auf die Haut ›gerendert‹ – wie der Druck von Farbpunkten auf einer dreidimensionalen Seite. Die Pixel sind Zellen, und es muss eine Entscheidung darüber getroffen werden, was mit jeder einzelnen Zelle geschieht. Die wichtigste Art von Zelle wird *Chromatophor* genannt. »In ihrem Inneren befindet sich hauptsächlich ein großer Sack mit kleinen Körnchen, Pigmentmolekülen«, sagt Sam. »Die Membran der Zelle ist zusammengefaltet und mit einer ringförmigen Struktur aus Muskeln verbunden. Diese wiederum sind mit Motoneuronen verbunden, die die Muskeln kontrahieren, indem sie am Ring und an der Membran ziehen. Dadurch dehnt sich der Pigmentsack aus und vergrößert den Fleck, egal welches Farbpigment die Zelle enthält. Sobald sich die Muskeln entspannen, schrumpft der Sack wieder.«

Die Muskeln um jede Zelle herum sind mit mehreren Neuronen verbunden, was bedeutet, dass sie Befehle aus verschiedenen Richtungen erhalten können. Umgekehrt verzweigen sich einzelne Neuronen und verbinden sich mit mehreren Muskelzellen und Chromatophoren. So kann sich ein von oben kommender Befehl ausbreiten und ein größeres Muster beeinflussen.

Chromatophoren gibt es in Gelb, Rot, Ocker und Braun. Neugeborene haben nur gelbe Zellen, aber mit der Zeit verändert sich der Farbton jeder Zelle, wird dunkler und schließlich schwarz. Die Farbe der Chromatophoren spiegelt das Alter wider – nicht das des Tieres, sondern das einer Zelle.

»Man muss sich vorstellen, dass die Sepie ihr ganzes Leben lang wächst und sich die Oberfläche ihrer Haut ausdehnt«, sagt Sam. »Dabei bilden sich ständig neue Zellen unter der Oberfläche, die reifen und nach oben wandern. Diejenigen, die bereits vorhanden sind, werden dunkler und breiten sich mit der Ausdehnung der Haut aus. Gleichzeitig wandern jüngere Chromatophoren nach oben, um die Lücken zu füllen. Auf diese Weise entsteht schließlich eine Palette mit vielen Farben.«

Es ist eine erstaunliche Koordinationsleistung, die über die gesamte Lebensspanne des Tieres anhält. Das Verhältnis zwischen hellen und dunklen Zellen bleibt zu jeder Zeit bei etwa fünfzig zu fünfzig. Zellen, die unter der Haut produziert, an die Oberfläche gebracht, in das Netzwerk des Nervensystems eingeflochten und auf die blinden Flecken anderer Lebewesen auf der Pirsch abgestimmt werden.

Die Tarnung beginnt mit dem Auge, nimmt das Gehirn in Anspruch und endet auf der Haut. Alle Glieder einer solchen Kette herausgearbeitet zu haben, gilt als der Heilige Gral der Neuroethologie. Sam geht die Sache vom Ende her an und versucht, sich von der Haut aus rückwärts zu arbeiten.

Ein wichtiger Schritt ist dabei, das Musterrepertoire eines Kopffüßers zu ergründen. Entwickeln Tintenfische oder Sepien für jede Gelegenheit ein neues Muster? Produzieren sie gleich beim ersten Versuch ein ganzes Muster, sofort und korrekt? Oder probieren sie eines aus und verbessern es schrittweise? Können sie egal welche Muster nachbilden – ein Schachbrett oder ein Gemälde von Van Gogh? Oder nur Muster aus ihrem natürlichen Lebensraum?

Die letzten Fragen konnten beantwortet werden, indem man verschiedene Hintergründe aufstellte und die Tiere beobachtete. »In ihrer natürlichen Umgebung ist ihr Repertoire sehr gut auf ihre Umgebung abgestimmt«, sagt Sam. »Bei künstlichen Mustern wie einem Schachbrettmuster, dem sie normalerweise nicht begegnen würden, sind sie nicht so gut.«

Um den Rest anzugehen, unterstützte Sam das Labor von Gilles Laurent bei der Entwicklung einer extrem ausgeklügelten Kamera-Anordnung, die ein ganzes Tier verfolgen kann. Die Auflösung musste hoch genug sein, um einzelne Pigmentzellen zu erkennen. Außerdem musste das System schnell sein, da Kopffüßer ihre Muster schneller wechseln können als die Bilder, die auf einem Flachbildfernseher vorbeifliegen. Dies war nur möglich, wenn mehrere Kameras eingesetzt, deren Bilder kombiniert und die Filme rekonstruiert wurden. Jede Änderung des Musters beinhaltete eine riesige Datenmenge.

Als das Team den Film rekonstruiert und aufgeschlüsselt hatte, stellte es fest, dass die Zellen zu Teilbereichen organisiert waren, die sich auf koordinierte Weise veränderten. Der Aufbau eines Musters erfolgt in einer Abfolge von Sprüngen. Einige Phasen laufen sehr schnell ab, gefolgt von anderen, langsameren Phasen. »Wenn sich das Tier dem Endmuster nähert, nimmt die Häufigkeit der Sprünge zu, und die Zeit bis zum nächsten Sprung wird länger«, sagt Sam. »Das entspricht dem, was man erwarten würde, wenn das Tier in einem gewissen Sinne einen Vergleich anstellt zwischen dem, was es im Hintergrund sieht, und wie es möglicherweise seine eigene Haut sieht.«

Insgesamt scheinen die Tiere einen ›Satz‹ stereotyper Muster durchzugehen. Das Repertoire sei vermutlich riesig, sagt er – eine riesige ›Wolke‹ an Mustern, aus der ein Tier wählen kann. Unendlich ist es aber nicht: Künstliche Muster liegen außerhalb dieser Wolke.

Ursprünglich, so sagt er, habe er erwartet, dass die Veränderungen wie Reflexe ablaufen würden – er würde einen Hintergrund vorgeben, ihn schnell ändern und eine fast sofortige Reaktion beobachten. Aber verschiedene Tiere verändern sich unterschiedlich schnell, und auch die einzelnen Tiere verhalten sich nicht immer so, wie man es denken würde. »Es scheint, als ob das Verhalten viel mehr vom Tier bestimmt wird«, sagt Sam. »Je nach Ziel und Stimmung ... tut es unterschiedliche Dinge.«

Er fragte sich, was geschehen würde, wenn sich der Hintergrund immer wieder in der gleichen Reihenfolge änderte. Man könnte erwarten, dass sich einzelne Chromatophoren immer wieder auf die gleiche Weise verhielten. Das war aber nicht der Fall: Auf mikroskopischer Ebene nehmen die einzelnen Zellen unterschiedliche Wege von einem gemeinsamen Ausgangspunkt zu einem gemeinsamen Ergebnis. Dennoch erzeugen sie am Ende das gleiche Gesamtmuster.

Viele verschiedene mikroskopische Bewegungen erzielten denselben makroskopischen Effekt, sagt er. Er vergleicht es mit dem Griff nach einer Kaffeetasse auf seinem Schreibtisch. Auf der Ebene der Nerven und Muskelzellen gibt es Unterschiede zwischen den einzelnen Teilbewegungen. Trotzdem funktioniert die Gesamtbewegung am Ende.

»Die Art und Weise, wie wir uns das verständlich machen, ist interessant«, sagt er. »Man hat eine abstrakte Vorstellung von dem Ziel, einen Kaffee zu trinken. Aber die Details werden an untergeordnete Körpersysteme ausgelagert, die das Ziel auf unterschiedliche Weise erreichen können. So ähnlich könnte das bei Sepien sein.«

Mit dem Träumen schließt sich der Kreis – von Sams Messungen der Gehirnaktivität von Reptilien zur Haut von Kopffüßern. Fast alle Wirbeltiere haben einen REM-Schlaf, der beim Menschen die Zeit ist, in der wir am lebhaftesten träumen – während unser Gehirn paradoxerweise ein Verhalten an den Tag legt, das dem Wachsein entspricht. Träumen auch Tintenfische? Warum sollten sie? Andererseits, warum nicht?

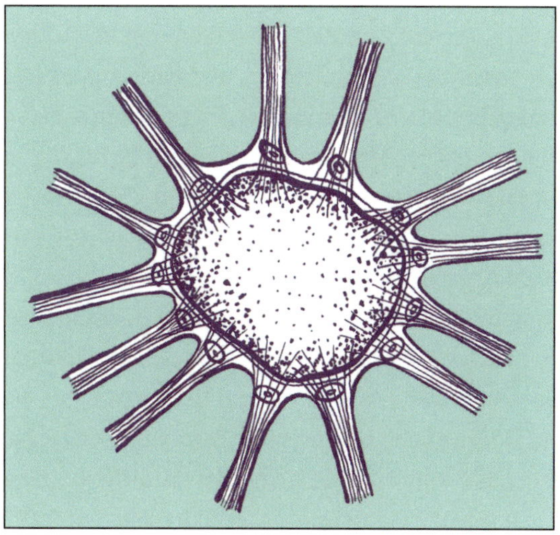

Die Größe der Pigementgefäße wird von ringartigen Nerven bestimmt, die ringförmig um die Zelle verteilt sind. Eine einzelne Zelle kann von vielen Nerven beeinflusst werden, während ein einziger Nerv mit mehreren Zellen verbunden sein kann. Das erlaubt dem Tier, in großer Geschwindigkeit hochkomplexe Muster zu bilden.

Sam beschloss zu messen, ob die Tiere auch den zweiphasigen Schlaf hatten, den er bei Reptilien gefunden hatte und der von fast allen Wirbeltieren bekannt ist. Sein Team entwickelte einen geschickten Ansatz, um die Gehirnaktivität der Tiere aufzuzeichnen und sie dabei während des gesamten Schlafzyklus zu filmen.

Sie bestätigten etwas, das bereits zuvor von einer brasilianischen Wissenschaftlerin namens

Sylvia Medeiros beobachtet worden war. Einen zweiphasigen Schlaf fanden sie bei der nachtaktiven Art *Octopus laqueus*, die vor 20 Jahren vor der Küste von Okinawa entdeckt wurde, direkt unterhalb Sams Institut auf dem Hügel. Tagsüber drückt sich das Tier flach auf den Boden des Aquariums, seine Haut ist weiß und leer. Ein Grund für den Schlaf der Kopffüßer ist das Vermeiden von Raubtieren. Trotz aller Tarnungsfähigkeiten dieser Spezies mag sie den scharfen Augen eines Raubtieres vielleicht am besten entgehen, indem sie sich in ihr Versteck zurückzuzieht und stillhält. Das tun die Tiere auch, wenn sie wach sind.

Etwa einmal pro Stunde wird der schlafende Tintenfisch jedoch unruhig, und Farbmuster blitzen schnell über seine Haut. Er zeigt auch die Art von schnellen Augenbewegungen (REMs), die von Menschen und anderen Arten beim Träumen bekannt sind. Sams Team nahm die Bilder auf, um nachzuweisen, dass Tintenfische tatsächlich alle Anzeichen von Träumen zeigen. Die Geschichte war so faszinierend – und die Bilder so schön –, dass weltweit darüber berichtet wurde.

Tintenfische haben große, komplexe Gehirne wie der Mensch, aber sie haben sie auf einem völlig anderen Weg erworben. Wirbellose und Wirbeltiere beschritten ab einer Zeit vor wahrscheinlich etwa 550 Millionen Jahren unterschiedliche Entwicklungswege. Das war die Zeit unseres gemeinsamen Vorfahren. Er lebte im Meer, ein einfaches, wurmartiges Wesen mit einem Kopfansatz und einem Schwanz.

Der Gedanke eines träumenden Wurms erscheint absurd, aber wenn man davon ausginge, dass er es nicht tat, müsste sich das Träumen unabhängig voneinander bei verschiedenen Arten entwickelt haben. Das stellt an sich schon ein Rätsel dar. Wenn dieses Muster der Hirnaktivität bei Tieren so weit verbreitet ist, muss es von enormer Bedeutung sein – niemand weiß, warum.

»Diese Gemeinsamkeiten über so große Abstände hinweg zu finden, ist ziemlich cool, sehr tiefgreifend«, sagt Sam.

Ist Träumen notwendig? Schlaf ist es auf jeden Fall: Ein Mensch, der über einen längeren Zeitraum nicht schläft, wird fast zwangsläufig unter extremen kognitiven und körperlichen Auswirkungen leiden, und die große Mehrheit der psychischen Störungen geht mit Störungen des Schlafverhaltens einher.

Entsprechen Tintenfischträume unseren eigenen? Normalerweise denken wir an die subjektive Erfahrung des Schlafs – Phasen der Bewusstlosigkeit, an die wir uns nicht erinnern können, unterbrochen von den lebhaften inneren Erfahrungen der Träume. Durchleben auch Tintenfische Erinnerungen? Sam weiß es nicht. Aber er hofft, ein bisschen mehr dazu herauszufinden. Die Muster in der Haut könnten Geschichten erzählen – alte wiedergeben oder neue erfinden.

Die Kopffüßer, auf die Sam Reiter vor einem Jahrzehnt in einem Frankfurter Keller stieß, hatte Michael Kuba – Kollegen und Freunde nennen ihn Miki – mitgebracht. Damals war Miki schon ein paar Jahre älter und im Begriff, das Land zu verlassen. Von Frankfurt aus ging es für ihn nach Okinawa, wiederum ein paar Jahre vor Sam, und inzwischen ist er nach Neapel in Italien gezogen.

Wir tauschen ein paar Namen aus, um herauszufinden, ob wir gemeinsame Freunde haben. »Ich kenne wahrscheinlich einige von ihnen, aber ich habe kein gutes Gedächtnis für menschliche Namen«, lacht Miki. »Die Tintenfische, mit denen ich gearbeitet habe, kann ich mir allerdings alle merken.«

Wir unterhielten uns an einem Dezembernachmittag per Zoom. In Berlin wurde es draußen schon dunkel, weit im Süden, in Neapel, schien noch die Sonne. Miki ist Wiener, hat eine tiefe Baritonstimme und dunkles, lockiges Haar. Er trug eine Brille mit braunem Gestell und ein gestreiftes, kurzärmeliges Hemd – auch das in Berlin zu dieser Jahreszeit undenkbar.

Sein Interesse am Tintenfisch hatten vor langer Zeit die Fernsehsendungen von Jacques Cousteau erweckt. In einer dieser Sendungen wird Joanne – eine Taucherin – beim Umgang mit einem Tintenfisch gezeigt. Wenn man ihn fest am Kopf packt und ihn von allem löst, woran er sich festhält, wird er gefügig, faltet seine Tentakel wie eine Blume nach oben und lässt sich tragen.

Gary, ein weiterer Taucher in der Sendung, gerät in ein echtes Gerangel mit einem Tier. Die Tentakel schlängeln sich über seinen Neoprenanzug, machen sich an seiner Sauerstoffflasche zu schaffen und reißen ihm fast die Maske herunter. Dann stößt der Tintenfisch eine dicke Tintenwolke direkt in das Gesicht des Tauchers aus und düst davon – dank seines Antriebssystems, das auf dem Ausstoßen starker Wasserströme basiert.

So können die Tiere ihre Betreuer im Labor oder im Aquarium ärgern. »Ein Tintenfisch kann sehr genau zielen, und er kann eine große Menge Wasser verspritzen«, sagt Miki. »Direkt in dein Gesicht. Oder auf alles andere, was ihn irritiert. Einmal kam ein Fernsehteam aus Deutschland zum Filmen und stellte eine Menge Lichter um das Aquarium. Der Tintenfisch mochte das nicht und spuckte Wasser auf die Kameras. Es zerstörte die gesamte Elektrik.«

Als Miki sein Studium begann, wurde er »in das Feld der Morphologie hineingeschleift«: wie die physischen Strukturen der Organe, Gewebe und Tierkörper ihre Funktionen ermöglichen. Das Thema seines Master-Abschlusses behandelte die Struktur der Nieren von Reptilien. (Irgendjemand musste da ja ran.) Er arbeitete auch an der Ökologie von Süßwasserkörpern, was einige Feldarbeit in Westafrika und Mittelamerika mit sich brachte. »Damals war ich noch jung und wagemutig«, lacht er, »nicht alt und fürsorglich!«

Nach Abschluss des Studiums war er etwas entmutigt. Dann sah ein Freund auf dem Campus ein Plakat, auf dem Wissenschaftler für ein Tintenfischlabor gesucht wurden. »Wir drehten sofort eine Runde über den gesamten Campus und hängten alle Plakate ab, damit niemand anderer sie sehen und die Stelle bekommen würde«, sagt Miki. »Ich bewarb mich direkt.«

Das Plakat stammte von Jennifer Mather, einer Psychologin aus Kanada. Sie hatte Mittel zur Einrichtung eines Tintenfischlabors in einem Privathaus, das einst Konrad Lorenz gehört hatte, einem berühmten österreichischen Naturforscher. Das Haus befand sich im österreichischen Altenberg, einem kleinen Dorf an der Donau, etwa zehn Kilometer nordwestlich von Wien. Nach Lorenz' Tod im Jahre 1989 wurde auf dem Grundstück seines Hauses ein Institut zur Erforschung von Seidenäffchen, Axolotl und anderer Tiere geschaffen. Jetzt waren die Tintenfische dran.

Miki brachte Erfahrung mit; er wusste, wie man Aquarien baut. Einer seiner besten Freunde war Leiter des Aquariums in Wien. Es waren drei Stellen zu besetzen in Mathers Labor; Miki erhielt eine davon.

»Jennifer war weit weg in Kanada«, sagt er. »Das machte uns zuerst Angst – stellte sich später aber als gute Sache heraus. Wir hatten keine direkte Betreuung, so dass wir uns alles selbst aneignen mussten. Sei es das Aufstellen der Aquarien oder die Entwicklung der Experimente.«

Im Laufe dessen lernten sie auch die Tiere kennen. Eines der Ziele bei der Erforschung bemerkenswerter Tiere war immer, das in Erfahrung Gebrachte auf den Menschen zu übertragen. Ein paar Jahrzehnte Forschung an Tintenfischen haben Miki jedoch vorsichtig werden lassen, was die Interpretation ihres Verhaltens angeht.

»Der Mensch kommuniziert sehr visuell«, sagt er. »Wir sehen uns in die Augen, und das ist für unsere Kommunikation sehr wichtig. Wenn ich mir eine Hündin zulege, sehe ich sie an, führe ein Gespräch mit ihr, und sie lässt mich dabei nicht aus dem Blick. Das Einzige, was sie wirklich interessiert, und da bin ich mir ziemlich sicher, ist die Frage: ›Wo bleibt mein Futter?‹ Während ich ihr erzähle, wovon ich geträumt habe, wie mein Tag war und so weiter.«

Tintenfische beobachten einen auch, sagt er, und damit unterscheidet sich die Arbeit mit ihnen von denen mit Fischen. »Fängst du in freier Wildbahn einen Fisch, dauert es Wochen und Monate, bis er dich anschaut, falls er es überhaupt je tut. Wenn man sich einen Tintenfisch aus dem Mittelmeer ins Haus holt, klebt er schon am nächsten Morgen an der Scheibe des Aquariums und schaut einen an. Und sie haben niedliche Augen. Als Mensch denkt man: ›Das Tier sucht meine Nähe und sieht mich an; es hat ein großes Gehirn – es muss sich wohl für mich interessieren.‹ Wir projizieren automatisch mehr hinein, als da ist.«

Das große Gehirn, der weiche Körper und die acht Tentakeln der Tiere haben einige Mythen hervorgebracht. Dazu gehörte unter anderem die Idee, dass Tintenfische acht voneinander unabhängige Hirne hätten, eines pro Arm. Das ist nicht der Fall, sagt Miki. Die Leute konnten einfach nicht begreifen, wie all die Informationen von acht Tentakeln, einer riesigen Hautoberfläche und Hunderten von Saugnäpfen vom Gehirn zusammengebracht werden konnten. Die Tentakel ertasten nicht bloß Dinge – sie können die Umgebung auch schmecken. Die Saugnäpfe haben Moleküle, die Chemikalien erkennen.

Miki und Tamar Gutnick – seine Partnerin innerhalb und außerhalb des Labors – entwickelten Experimente, mit denen sie die Unabhängigkeit der Tentakel untersuchen konnten. Eine Möglichkeit bestünde darin zu beobachten, wie der Tintenfisch einen Tentakel bewegt, den er sehen kann, im Vergleich zu einem, den er nicht im Blick hat.

Sie bauten ein Labyrinth aus durchsichtigem Plexiglas, das oben auf dem Becken eines Tintenfischs montiert wurde. Das Tier konnte von unten in eine Röhre hineingreifen, deren oberes Ende sich oberhalb der Wasseroberfläche befand. Es teilte sich in drei Richtungen und führte zu drei Behältern. In einem davon befand sich Futter. Um an das Futter zu gelangen, musste der Tintenfisch einen Tentakel in die Röhre stecken, damit das Wasser verlassen und den richtigen Behälter auswählen. Durch das Verlassen des Wassers wurde sichergestellt, dass der Tintenfisch das Futter nicht über einen chemischen Geruch aufspüren konnte.

Das Experiment zeigte, dass das Sehen wichtig war: Tintenfische beobachteten, was sie taten, und indem sie das taten, lernten sie, sich im Labyrinth zurechtzufinden. Wenn man ihnen jedoch die Sicht versperrte, bewegte sich das Tentakel nicht mehr gezielt, sondern erkundete eher zufällig verschiedene Richtungen.

Dies widerlegte die Idee, dass die Tentakel eigenständig und ohne zentrale Kontrolle agierten. Viele Menschen hatten das gedacht, seit der britische Forscher Martin Wells diese Idee in die Welt gesetzt hatte. Der Enkel des Science-Fiction-Autors H.G. Wells hatte in Neapel Jahrzehnte vor der Ankunft von Miki und Tamar Pionierarbeit über den Tintenfisch geleistet.

»Als meine Frau und ich frisch verheiratet waren«, schrieb Wells, »hatte ich einen Job in der Zoologischen Station Neapels in Italien, und wir waren sehr arm. Also ernährten wir uns natürlich von unseren Versuchstieren … Wir aßen Calamari, bis sie uns zu den Ohren heraushingen.«

Miki nennt ein weiteres Zitat – »Ich hoffe, ich gebe das richtig wieder«, sagt er. »Wells sagte so etwas wie: ›Ein Tintenfisch ist wie ein sturzbetrunkener Mensch, der falsch herum sitzend ein Kamel reitet.‹ Ein sehr britischer Blick auf die Welt. Ich erkläre meinen Studenten immer wieder, dass ein Tintenfisch 200 Millionen Neuronen im Gehirn hat. Diese Zellen benötigen eine Menge Energie und der Tintenfisch verschwendet sie nicht auf die Entscheidung, welchen Tee er am Nachmittag nehmen möchte.«

Stattdessen sei die neurale Verarbeitung auf die Nahrungssammlung ausgerichtet und darauf, nicht gefressen zu werden. Lange Zeit ging man davon aus, dass dies durch den gesamten Körper und nicht nur durch das Gehirn geschehe. Die Experimente wurden also konzipiert, um zu zeigen, dass die Dinge vom Gehirn gesteuert werden und nicht von einem Tentakel, der wahllos umherdrischt.

Miki vergleicht es mit etwas, das ihm einer seiner Freunde kürzlich zur Entwicklung der Informationstechnologie und Programmierung erzählt hat. In den Anfängen, so der Freund, habe man IT-Systeme nach einem ›wirbeltierartigen‹ Prinzip gedacht: Man habe immer komplexere Teile und extrem komplexe Lösungen aufgebaut. Heutzutage sei die Strategie eine andere geworden: Die meiste ›intelligente‹ IT basiere jetzt auf möglichst einfachen Systemen, die vielfach multipliziert würden.

»Der Tintenfisch ist genau das«, sagt Miki. »Sein Gehirn ist zentralisiert, und es ist viel komplexer als das etwa einer Schnecke. Aber um Lösungen zu finden, nimmt das Tier einfach eine riesige Menge an Informationen auf und verarbeitet sie auf eine Weise, die nicht so ganz zielgerichtet ist.«

Aufgrund der Fortpflanzungsweise der Tintenfische – einmal vermehren und dann sterben – könnte man meinen, dass sie asozial seien. Aber ist dem wirklich so? Es hängt davon ab, wen man fragt und von welcher Art genau man spricht. Es wurden einige seltsame Experimente durchgeführt, um das herauszufinden.

Nehmen wir die beiden amerikanischen Wissenschaftler, die dem Wasser eines Tintenfischaquariums MDMA – Ecstasy – zusetzten. Tintenfische sind normalerweise ungesellig, aber während der Paarung kommen sie vorübergehend miteinander aus ... Warum? Die Wissenschaftler hatten entdeckt, dass Tintenfische ein Molekül namens SERT besitzen, das sich auch bei Menschen findet. Unser SERT nimmt Serotonin auf, einen stimmungsverändernden Neurotransmitter, und ist auch für die Wirkung von Ecstasy verantwortlich.

Können Tintenfische also high werden? Und wenn ja, würden sie sich dann in eine Art aquatischen Rave stürzen? Welche Dosis würde man einem Tintenfisch verabreichen? Die Wissenschaftler stützten ihre Berechnung auf die Körpermasse – sie versuchten eine Menge zu finden, die ihrer Meinung nach dem »unteren Ende des beim Menschen wirksamen Dosisbereichs« entsprechen würde.

Was auch immer ›wirksam‹ da bedeuten mag.

Sie fügten dem Wasser MDMA hinzu und wendeten einen üblichen Verhaltenstest an, um die Geselligkeit zu messen: ob ein Tier es vorzog, in einer Kammer mit einem interessanten Objekt zu sein oder mit einem anderen Tier. Nach der Dosis verbrachten die Tiere mehr Zeit miteinander.

Die meisten Menschen, mit denen ich darüber sprach, hatten einen skeptischen Blick auf die Ergebnisse, ja, auf den gesamten Vorgang.

Haben Tintenfische individuelle Persönlichkeiten? Wie viel Bewusstsein steckt in ihnen? Welche Experimente würde man durchführen? Noch mal, sagt Miki, es besteht die Gefahr der Projektion.

»Ein großer Teil der heutigen Literatur über Empfindungsvermögen und Bewusstsein und solche Dinge besteht eigentlich nur aus Arbeiten, die andere Arbeiten zitieren«, sagt Miki Kuba. »Das wird zu einer sich selbst erfüllenden Prophezeiung. Ich denke, es ist wichtig, Experimente mit Tintenfischen und anderen Kopffüßern durchzuführen, wie sie auch mit Vögeln und Fischen gemacht wurden. Wir müssen das einfach tun, um zu zeigen, wie hoch ihre Intelligenz wirklich ist. Das ist jetzt schwierig, vor allem in Europa, weil sie zusammen mit Hummern und Krebsen und anderen Arten rigiden Tierschutzbestimmungen unterliegen. Aber das sind absolut notwendige Experimente, die unbedingt durchgeführt werden müssen. Selbst wenn man sie nur als Nahrungsquelle betrachten will, muss man herausfinden, wie man sie am besten fängt und tötet. Bei Hummern geschieht dies bereits, bei Kopffüßern geht es da sehr langsam voran.«

Es sei schon paradox, dass die Leute ein Wurstbrot zum Mittagessen essen und sich dann empören, dass die Tintenfischzucht so schrecklich sei. Natürlich ist sie in gewisser Weise furchtbar, sagt er. »Aber das macht den Tintenfisch nicht zu einer ›magischen Kreatur‹. Das Problem ist, dass es kein Interesse daran gibt, dieses Problem allgemein anzugehen. Die Arbeit an Tintenfischen und anderen Arten ist auch deshalb wichtig, weil sie uns unsere Haltung zu anderen Tieren überdenken lässt. Wenn wir glauben, dass es für einen Tintenfisch eine Qual ist, unglücklich in Gefangenschaft zu leben, warum sollte dann mein Huhn oder mein Schwein oder meine Kuh glücklich sein?«

Tatsächlich sei die Forschung sogar unerlässlich, sagt er, wenn die Menschen weiterhin Kopffüßer essen wollten; wir sollten wirklich darüber nachdenken, wie die Aquakultur aussehen sollte. In den Ozeanen baut der Mensch etwas nach, das vor 10000 Jahren an Land erfunden wurde. Jetzt könnte es hoffentlich mit dem Wissen geschehen, den Tieren eine bessere Umgebung zu verschaffen, einen natürlicheren, steuerbaren Mikrolebensraum.

Miki erzählt von einer Arbeit aus den 1970er Jahren, in der Wissenschaftler untersuchten, wie die Tiere sich neue Beutearten aneigneten. Tintenfische essen grundsätzlich viele Dinge, und sie haben spezielle Werkzeuge, um Tiere wie Schnecken aufzubrechen. Sie haben Schnäbel und eine lamellenartige Zunge namens Radula – eine Kombination aus Bohrer und Säge. Damit bohren sie sich durch die Schalen und kommen an das Fleisch.

»Die Schnecke hat eine ganz bestimmte Stelle, an der der Muskel am Gehäuse befestigt ist«, sagt Miki. »Dieser Muskel ist dafür da, damit eine Schnecke, die draußen ist, sich wieder zurückziehen kann. Ein Tintenfisch lernt, genau diese Stelle anzubohren. Er injiziert ein Gift, das die Proteine im Muskel auflöst und zu verdauen beginnt, so dass der Tintenfisch das ganze Tier herausziehen kann.«

Die Wissenschaftler gaben Schnecken an Tintenfische, die solche nie zuvor gesehen hatten. Sie wollten herausfinden, wie lange die Tiere brauchten, bis sie verstanden, wo genau sie den Bohrer ansetzen mussten. »Es dauerte so lange, dass ihnen die Schnecken ausgingen«, sagt Miki. »Irgendwann haben die Tiere es dann doch begriffen. Es geht vielleicht nicht sehr schnell, aber sie lernen es.«

Und sie sind gut darin, Dinge auseinanderzunehmen. Im Jahr 2009 demontierte ein Tier im Santa Monica Pier Aquarium das Ventil der Recyclinganlage seines Beckens und ließ dabei fast 900 Liter Wasser in den öffentlichen Bereich abfließen. Sie sind sogar so gut darin, dass Miki, Tamar und ihre Kollegen einen ganzen Artikel über den Bau eines ausbruchsicheren Beckens für den Großen Blauen Kraken geschrieben haben.

Eine der großen Fragen bei der Erforschung von Tieren ist, inwieweit ihr Verhalten im Labor das Verhalten in der freien Natur widerspiegelt. Dies ist ein wichtiges Thema in der Arbeit von C.E. O'Brien, einer wissenschaftlich tätigen Person aus Philadelphia.

Die Stadt liegt nah am Meer, und als Kind ging C.E. oft an die Küste. »Zum einen das, und die Liebe zum Meer wurde bei mir schon früh durch Naturdokus des *National Geographic* und der *BBC* – natürlich David Attenborough und ›The Blue Planet‹ – geweckt.«

C.E. las über das Meer und stieß auf die klassische Geschichte von Fischen, die aus einem Aquarium verschwinden. Nicht die Geschichte aus Brighton oder die Version aus Neapel; in diesem Fall hatten die Aquarianer eine Kamera aufgestellt und den Schurken auf frischer Tat ertappt. »Ich war damals etwa 15 Jahre alt und konnte es kaum fassen, dass ein Tier die Voraussicht und die kognitiven Fähigkeiten haben könnte, so etwas zu tun und seine menschlichen Pfleger zu überlisten.«

Das College von C.E. in Ohio war zwar weit vom Meer, aber die geologische Fakultät dort hatte einen Fokus auf ozeanische Lebenswelten und Wirbeltiere. Das bot zumindest die Möglichkeit, auf paläontologischen Exkursionen den Vorfahren des Meereslebens auf den Grund zu gehen. C. E. verbrachte die Sommer und Winter im

Rahmen von Praktika oder Auslandsstudien in der Nähe des Meeres, zum Beispiel an der School for Field Studies (SFS) auf den Turks- und Caicosinseln. Diese liegt an weißen Sandstränden, inmitten von Palmen und Gestrüpp, auf einem gewundenen Landstreifen im Ozean, 200 km direkt nördlich von Haiti und der Dominikanischen Republik.

Im zweiten Studienjahr absolvierte C.E. ein Praktikum im Aquarium von Baltimore, Maryland, und half bei der Pflege von zwei Pazifischen Riesenkraken, die aus irgendeinem Grund ›Loki‹ und ›Channing‹ hießen. Das war eine weitere prägende Erfahrung. Die Hauptaufgabe damals bestand in der Fütterung der Tiere und der Reinigung der Becken. Außerdem sollte C.E. die Tintenfische unterhalten und kleine Vorrichtungen für sie bauen – Futter enthaltende Spielzeuge, die die Tiere öffnen mussten. Dies war der erste Schritt zu den Verhaltensexperimenten, die zu einem wiederkehrenden Thema in der Karriere von C.E. wurden.

»Ich war wirklich beeindruckt von ihren Persönlichkeiten«, sagt C.E. »Sie sind wie entspannte Hunde. Oder wie psychotische Katzen. Irgendwann ahnt man, warum sie etwas tun, aber dann wieder – warum müssen sie bloß solche Arschlöcher sein? Steckt man die Hand in das Becken, würden die meisten wilden Tiere sich entfernen. Tintenfische tun das auch. Der im vorderen Becken ausgestellte war eine ziemliche Schlaftablette, hing bloß herum. Aber der im hinteren Becken schnappte nach deiner Hand, saugte daran und hinterließ Knutschflecken.«

Von diesem Moment an gab es kein Zurück mehr. C. E. fand ein Programm, das sich mit Mollusken befasste, und bewarb sich dann »an gefühlt jedem Kopffüßer-Labor, das es gibt. Ich wurde von Ludovic Dickel von der Universität Caen in der Normandie in Frankreich kontaktiert. Ich sagte ihm, dass ich kein Französisch spreche – wäre das in Ordnung? ›Oui‹, sagte er, und der Rest ist Geschichte.«

Auf die Promotion in Caen folgte ein Postdoc in Neapel und nun der Umzug auf die Turks- und Caicosinseln – »Es ist wirklich weit von allem! Nach Europa vermisse ich hier so einiges, vor allem das Essen und die Architektur.« Aber die SFS liegt direkt an der Küste, es gibt also viele Tintenfische zu untersuchen.

Ein wichtiges Thema der Arbeit von C.E. ist das Studium von Tieren in ihren natürlichen Lebensräumen. Die erste Begegnung mit einem Tintenfisch in freier Wildbahn ergab sich beim Tauchen; es gab da eine Menge Einsiedlerkrebse, die sich in einem großen Haufen durcheinanderbewegten, und C.E. fragte sich, was da wohl los sei. Die Krebse umgaben eine Felsspalte; darin war das Auge eines Tintenfisches zu sehen. Es war ihre erste Sichtung einer ›Einsiedlerkrebs-Party‹ vor einer Tintenfischhöhle.

C.E. möchte wissen, warum Kopffüßer tun, was sie tun, wie sich ihre erstaunliche Bandbreite an Verhaltensweisen gebildet hat – die letztlich alle durch die Evolution feinjustiert wurden. Die Basics sind klar: fressen, nicht gefressen werden, einen Partner finden, den Nachwuchs schützen. Um die Details herauszuarbeiten, muss man aber in die Wildnis gehen und die Tiere in ihrem natürlichen Lebensraum beobachten.

Ein Beispiel dafür sind die sehr unterschiedlichen Muster, die die Tiere auf ihre Haut projizieren können. Die Wissenschaftler haben Hypothesen zu einigen ihrer Funktionen. »Bei der ›vorüberziehenden Wolke‹, zum Beispiel, zieht eine Welle dunkler Farbe über den Körper, die wie der Schatten einer vor der Sonne vorbeiziehenden Wolke aussieht. Bei einigen Tieren haben wir eine Vorstellung davon, wozu das dienen könnte. Sieht man es aber nicht im realen Kontext, in dem es in freier Wildbahn zur Anwendung kommt, fehlen einem vielleicht einige der notwendigen Informationen, um es nachzuvollziehen.«

Das dunkle Muster könnte bei jeder Art eine andere Rolle spielen. C. E. nennt als Beispiel eine Szene in The Blue Planet 2, in der eine Sepie ihre Beute damit zu ›hypnotisieren‹ scheint. Ist das wirklich, was da geschieht? C.E. hat die Tiere jedenfalls noch nicht dabei erwischt, wie sie das tun.

Experimente müssen kontrolliert stattfinden, damit sie repliziert und validiert werden können – in der freien Natur ist das schwierig.

»Führe ich in freier Wildbahn Experimente zur Persönlichkeit von Tieren durch, habe ich eine Reihe von Objekten, die ich dem Tintenfisch vorsetze«, sagt C.E. »Die Umgebung kann ich jedoch nicht kontrollieren. Das ist so tatsächlich geschehen: Wenn ich einem Tintenfisch eine Krabbenattrappe hinlege, kann ein Lippfisch ins Bild platzen, das Bein des Spielzeugs abreißen und sich damit davonmachen. Das hat natürlich eine gewisse Wirkung auf den Tintenfisch.«

Andere Fische sind ein ständiges Ärgernis, und die Kopffüßer reagieren darauf.

»In den Gewässern der Turks- und Caicosinseln gibt es den Zweistreifen-Lippfisch, der auf Englisch – du wirst es nicht glauben – *Slippery Dick* genannt wird.« (Ja, das lässt sich bei Wikipedia nachlesen.) »Der ist überall. Wann immer am Meeresboden etwas Sand aufgewirbelt wird, stürzen sich diese Fische darauf – ›Da ist etwas Essbares!‹ Sie halten sich auch oft vor Tintenfischhöhlen auf. Wenn ein Tintenfisch etwas erbeutet und zum Fressen in die Höhle zurückgebracht hat, hängt der Zweistreifen-Lippfisch vorm Eingang herum und versucht, ein paar Stücke von der Beute des Tintenfischs zu ergattern – er nervt ihn damit im Grunde nur.«

Wird einer lästig genug, kommt es vor, dass der Tintenfisch ihm eine scheuert – was von einem anderen Forscher, Eduardo Sampaio, erstmals beobachtet wurde. C. E. hat es inzwischen auch gesehen: Ein Lippfisch oder ein Riffbarsch kommt dahergeschwommen, stört oder zwickt sogar einen Tentakel, und der Tintenfisch vertreibt ihn mit einem kräftigen Schlag.

Die Zufälligkeit von Ereignissen in der Natur macht es schwer, das Verhalten eines Tieres in einen Zusammenhang zu bringen. Man kann sich nicht mal sicher sein, dass man es an jedem Tag mit demselben Tintenfisch zu tun hat. »Man kann sie nicht markieren«, sagt C.E. »Wann immer man etwas an ihrer Haut befestigt, reißen sie es einfach ab.«

Manchmal, sagt C.E. O'Brien, kehren die Tiere in der Nähe der Station für mehrere Tage, Wochen oder sogar Monate in dieselbe Höhle zurück. Dann kann man sich fast sicher sein, mit welchem Tintenfisch man es zu tun hat.

Man kann Kameras aufstellen, um sie zu filmen, und C.E. hat entsprechende Geräte gebaut. Ein verwendetes Modell basiert auf einem Entwurf einer weiteren Forscherin, Chelsea Bennice, von der Florida Atlantic University. »Man steckt eine GoPro in ein PVC-Rohr, mit einer großen Batterie und einer großen SD-Karte«, sagt C.E. »Man stellt sie vor eine Höhle, tauscht sie innerhalb von 21,3 Stunden (dem Limit der GoPro) gegen eine andere aus, und schon hat man einen kompletten Aktivitätszyklus gefilmt.«

Durch das Observieren von Höhlen erhielten C.E. und Kollegen einen Überblick über die Fluktuation in den Tintenfisch-Motels. Die durchschnittliche Aufenthaltsdauer in einer einzelnen Höhle betrug für alle Individuen vier Tage, aber die Tiere hatten ihre jeweiligen Vorlieben; einige blieben nur einen Tag, andere bis zu zwei Monate. Die Tiere waren in der Regel von 7 bis 10 Uhr unterwegs, kehrten dann für eine Siesta zurück und wagten sich ab etwa 16 Uhr erneut für ein paar Stunden hinaus. Um 20 Uhr gingen sie in der Regel wieder schlafen.

Es sah aus, als ob Tintenfische einen Tageszyklus haben – sie quetschen zwei Tage in einen. Auch hier unterschieden sich die genauen Zeiten und Perioden von Tier zu Tier, aber wenn ein Tintenfisch seinen Rhythmus gefunden hatte, blieb er in der Regel für etwa eine Woche dabei.

»Dieser Rhythmus und diese Aktivität machen aus evolutionärer Sicht Sinn«, sagte C.E. »Vor langer Zeit machten Kopffüßer den Schritt von harten Schalen zu überwiegend weichen Körpern. Sie blieben Nomaden, mussten aber neue Methoden finden, um sich zu schützen – wozu das Verstecken in felsigen Höhlen und die Entwicklung komplexerer sensorischer Systeme und komplexerer Formen der Intelligenz gehört.«

Mit dem derzeitigen Kamerasystem entsprechen 24 Stunden Film etwa 170 Gigabyte an Daten. Auf dem größten Teil dieses Filmmaterials ist der Tintenfisch nicht besonders aktiv – viel digitaler Speicherplatz für nicht viel Information. Um dies zu umgehen, plant C.E., Berechnungen in den Prozess zu integrieren.

»Mein Vater ist ein technikinteressierter Tüftler und hilft mir dabei. Die Idee ist, etwas zu verwenden, das ›Frame Differencing‹ genannt wird, das im Grunde immer dann Bilder aufnimmt, wenn sich etwas bewegt. Wir arbeiten daran, aber ich vermute, dass es eine Weile dauern wird. Unter Wasser gibt es viele Lichtveränderungen, Fische schwimmen vor die Linse, Wolken und Wellen. Wir müssen eine Software entwickeln, mit der wir das Interessante aufnehmen können und den Rest herausfiltern.«

Ihre Zusammenarbeit hat bereits zu einigen interessanten Ergebnissen geführt. Über einen Zeitraum von fast zwei Jahren, von Anfang 2020 bis Ende 2021, haben C.E. und Sydney O'Brien (nicht verwandt) mit Hilfe von Studenten und Mitarbeitern des Zentrums für Meeresressourcenstudien der SFS das bemerkenswerte Verhalten einer Spezies namens *Callistoctopus furvus* – auch bekannt als Goulds Flugkalmar – aufgezeichnet.

Der Name stammt von der ersten Person, die das Tier in den 1850er Jahren beschrieb: Augustus Gould, ein amerikanischer Naturforscher, der auf einem Fischmarkt in Rio de Janeiro einen erwarb. 160 Jahre lang wurde kein weiterer dokumentiert; dann begannen Fischer, das Auftauchen eines ungewöhnlichen Tintenfischs in den flachen Gewässern vor der Küste Brasiliens zu melden. Die Fischer schickten die Tiere an Manuella Dultra, eine Doktorandin an der Staatlichen Universität von Brasilien. Gemeinsam mit Studenten und Fischern versuchte sie, die Identität des Tieres festzustellen. Eine DNA-Analyse ergab, dass es sich um den selten gesehenen Gould-Kalmar handelte.

Jetzt hatten C.E. und ihr Vater einen gefilmt. »Was unsere Filme zeigten, war, dass diese Art manchmal zwei ihrer Tentakel – die kurzen Tentakel – wie Beine benutzt, um auf dem Sand im seichten Wasser umherzulaufen«, sagt C.E. »Einige andere Tintenfischarten waren für diese Art der zweibeinigen Fortbewegung bekannt. Aber es ist das erste Mal, dass wir sie bei *C. furvus* gesehen haben, was uns vermuten lässt, dass sie häufiger vorkommt, als wir bisher dachten.«

Tintenfische sind so außergewöhnlich, dass es sich nicht richtig anfühlt, sie zu essen, aber alles auf diesem Planeten frisst und wird gefressen. Wir essen einen Tintenfisch, oder ein Fisch frisst ihn, und wir essen den Fisch, und wenn unsere Zeit gekommen ist, werden auch wir selbst wieder Teil dieser Kette. Für einen Tintenfisch Mitleid zu haben, scheint ein wenig übertrieben, wenn man an all die Beute denkt, die er gefangen, mit seinem Schnabel aufgebohrt, verschlungen und verzehrt hat. Und doch fühlen wir mit ihm.

Die meisten Tintenfische sterben im Alter von gerade mal 18 Monaten oder kurz darauf. Uns erscheint eine solche Lebensspanne kurz. Man kann es aber auch so sehen, dass sie mehr Leben in eine kürzere Zeitspanne packen: Der Tintenfisch sieht schneller, denkt schneller, hat mehr Minuten in jede Stunde und mehr Stunden in jeden Tag gequetscht. Wie es ein Kopffüßler-Forscher vor 50 Jahren in Anlehnung an einen Song über die Hells Angels formulierte: »Live fast and die hard« (Lebe schnell und stirb langsam).

Sobald sich Männchen und Weibchen fortgepflanzt haben, beginnen sie zu sterben. Aus evolutionärer Sicht haben sie dann ihre Hauptfunktion erfüllt. Das mag etwas nüchtern wirken, aber die Evolution erklärt nicht, wie Lebewesen ihr Leben erleben. Sie erklärt nur die biologischen Regeln, nach denen die Lebenswelt so geworden ist, wie sie ist. Die Selektion prägt einen Organismus nicht mehr, wenn er sich nicht mehr fortpflanzt, es sei denn, er vermehrt sich viele Male oder muss in der Nähe bleiben, um seine Jungen aufzuziehen.

Einige Arten legen bis zu einer halben Million Eier, andere nur 50 oder 100. Die Mutter opfert alles, um die Eier zu schützen – sie stellt die Nahrungsaufnahme ein und verlässt ihren Bau nur selten, wenn überhaupt. Mit ihren Tentakeln säubert sie ständig die Eier und versorgt sie mit Sauerstoff. Sobald sie geschlüpft sind, hat sie ihnen jedoch nichts mehr beizubringen. Ihr Nachwuchs ist bereit für die Welt, voll ausgerüstet für sein Überleben.

In der Zeit zwischen dem Ablaichen von *Octopus maya* und dem Schlüpfen ihrer Eier hört die Mutter auf zu essen, verliert an Gewicht und ihr Immunsystem verändert sich. Doch sie hält durch. »Trotz des Hungerns«, so Katina Roumbedakis, »sind die Weibchen in der Lage, ihren Körper in einer der kritischsten Phasen ihres Lebenszyklus in einem Gesundheitszustand zu erhalten, der es ihnen ermöglicht, ihren Laich zu versorgen.«

»Die Frage, die bei meiner Karriere über allem steht«, sagt C.E., »ist, wie die Kopffüßer auf eine völlig andere Weise als wir eine hochentwickelte Kognition entwickelt haben. Uns trennen 500 Millionen Jahre der Evolution von ihnen. Was können wir uns von ihnen abschauen? Sehr viel, meine ich.«

»Wir sind es gewohnt, uns als die höchstentwickelten Wesen des Universums zu betrachten. ›Sieh uns an, wir haben eine Sprache, wir benutzen Werkzeuge, wir denken vorausschauend und planen.‹ Ich würde behaupten, dass wir jahrhundertelang dachten, wir seien die Einzigen, die das können. Je genauer wir uns andere Tiergruppen ansehen, desto häufiger stellen wir fest: ›Oh, Vögel können tatsächlich vorausplanen. Spinnen träumen vielleicht!‹ All die Dinge, die wir als Zeichen unserer Einzigartigkeit, Individualität und Überlegenheit angesehen haben – sobald wir richtig hinschauen, stellen wir fest, dass es sie auch in anderen Gruppen gibt. Sie mögen subtiler sein, aber wir können sie als weitere Beispiele für bemerkenswerte, von der Evolution hervorgebrachte Eigenschaften sehen und auch als Kontext für unsere eigenen Fähigkeiten schätzen lernen – so besonders sind wir dann eben doch nicht.«

7

Weißes Blut am Schmelzpunkt

Neun Tage lang hatten sie das Eis mit allem bearbeitet, was ihnen zur Verfügung stand: mit Äxten, Sägen, Sprengstoff und roher Gewalt. Es schien wie eine Ewigkeit; in der endlos weißen Landschaft war ihnen jegliches Zeitgefühl abhandengekommen. Genug, sagte der Kapitän schließlich. Die Männer brachen zusammen, wo sie standen, inmitten von Kisten und Werkzeugen; obwohl es –20 °C kalt war. Die *Gauß* saß 80 Kilometer vor der Küste der Antarktis fest. Es war der 2. März 1902.

Erich von Drygalski ging etwa fünfzig Meter vor dem Bug über fest wirkenden, aber vielleicht noch tückischen Boden. Doch die zerklüfteten Schollen, die das Schiff umschlossen hatten, waren längst miteinander verschmolzen und alles war von Schnee bedeckt. Das Schiff war bis zu den Masten darin begraben. In der dritten Februarwoche hatte Drygalski die *Gauß* in eine enge Passage gelenkt, um einen letzten Anlauf auf die Insel zu nehmen; der Sturm hatte sie erreicht und sie waren wie in einen Schraubstock eingezwängt.

Es hätte viel schlimmer kommen können. Fast genau vier Jahre zuvor war eine belgische Expedition auf die gleiche Weise in eine Falle geraten. Der Kapitän und die Hälfte der Besatzung wurden todkrank und der Rest wurde vom Skorbut in den Wahnsinn getrieben. Unterwegs hatten sie glücklicherweise den Amerikaner Frederick Cook aufgelesen. Er war ein schwieriger Typ, im Grunde ein Hochstapler – aber wie man Menschen in der Kälte am Leben erhält, das wusste er. Er jagte Robben und Pinguine und zwang die Besatzung, das Fleisch zu essen. Viel Vitamin C enthielt es nicht, aber es brachte die Besatzung wieder auf die Beine. Die Belgier saßen 13 Monate lang fest, bis sie sich endlich befreien konnten.

Drygalskis *Gauß*-Expedition war ein deutsches Vorhaben zur Kartierung der antarktischen Küste und zum Vorstoß auf den Kontinent. Zur gleichen Zeit waren zwei weitere Expeditionen unterwegs. Im Januar war eine britische Gruppe unter der Leitung von Robert Falcon Scott in der Nähe des McMurdo-Sund gelandet – Scott sollte dort ein Jahrzehnt später auf dem Rückweg vom Südpol sterben. Eine schwedische Expedition unter der Leitung von Otto Nordenskjöld war gerade auf einer Insel im Weddellmeer gelandet. Die drei Gruppen waren Tausende Kilometer voneinander entfernt, zu weit, um sich gegenseitig helfen zu können.

Drygalski, befehlshabender Offizier und Professor aus Berlin, betrachtete die Expedition in erster Linie als wissenschaftliche Mission. Auf der Reise in die Antarktis und während der dort verbrachten Monate kartierte die Besatzung 600 Meilen der Küstenlinie und sammelte Proben von 1440 lebenden Arten. Die Erkenntnisse waren so umfangreich, dass Drygalski 20 Bände – und mehr als 25 Jahre – brauchte, um sie auszuwerten.

Ende März pumpten sie den mitgebrachten Wasserstoffballon auf und ließen Drygalski damit emporsteigen, gehalten wurde der Ballon von einer Leine. Drygalski hatte gehofft, der erste Mensch zu sein, der die Antarktis aus der Luft sehen würde. Tatsächlich war ihm Robert Scott zuvorgekommen, in einem Fesselballon, den die Briten einige Wochen zuvor aufsteigen hatten lassen. Scott begnügte sich mit 250 Metern, Drygalski stieg viel höher – 1600 Meter, eine ganze Meile. Man muss schon ein Mann der Wissenschaft sein, um einer so langen Leine zu trauen. Würde sie einfrieren und reißen, gäbe es keine Möglichkeit, den

Ballon zu steuern oder zu landen; er würde davongeweht und wohl nie gefunden werden.

Entlang der Leine verlief ein Kabel; Drygalski hatte ein Telefon im Korb, mit dem er Berichte durchgab. Auch eine Kamera, mit der er die weiße Unendlichkeit des Horizonts einfing, die nur von den schwarzen Felsen eines Vulkans unterbrochen wurde. Um ein Bild des Schiffes einzufangen, schwenkte er sie auch nach unten. Von oben wirkte das Schiff wie ein ramponiertes Kinderspielzeug, das auf einem Feld aus zerkratztem und zersplittertem Glas liegengeblieben war.

Sechs Jahrzehnte nachdem Drygalski und seine Mannschaft sich aus dem Eis befreit hatten und nach Deutschland zurückgekehrt waren, galt eine Reise in die Antarktis nicht mehr als ein Unterfangen, bei dem es um Leben und Tod ging. »Für den, der es sich aneignen möchte, ist das Leben und Arbeiten in der Antarktis keineswegs unmöglich«, schrieb Paul Siple im Jahr 1962. »Den größten Teil der Zeit mag es sogar angenehm sein. Es gilt jedoch vieles zu bewältigen.« Dazu gehört der durch die Kälte verursachte Schmerz, den er beschreibt als »Warnung der Natur an das Bewusstsein, dass wir ohne Korrektur der Situation in Schwierigkeiten geraten könnten«.

Die Wissenschaftler, mit denen ich gesprochen habe, waren dorthin gereist, um das Überleben und Gedeihen der Fische und anderen Tiere unter diesen eisigen Bedingungen zu untersuchen. Auffällig war jedoch, dass ihre persönlichen Erfahrungen mit der Kälte kaum zur Sprache kamen. Stattdessen sprachen sie von der Wissenschaft als großes Abenteuer und davon, dass in einer lebensfeindlichen Umgebung alle gemeinsam an einem Strang ziehen müssen, was man anderswo so nicht häufig erlebt.

Ihre Eindrücke erinnern mich an Drygalskis Blick aus seinem Ballon auf eine Landschaft, die er als großartig, überwältigend und ehrfurchtgebietend beschrieb. »Wenn man über dem Eis aufsteigt, spürt man ein tiefes Gefühl der Isolation und gleichzeitig eine außergewöhnliche Verbindung mit der unberührten Schönheit dieses unerforschten Gebiets.«

Alle sagen, es sei wie in einem Traum.

Menschen begegnen der Kälte durch Technologie und Meideverhalten: durch Kleidung aus hochentwickelten Materialien, Generatoren zum Beheizen ihrer Forschungsstationen und durch Schulungen darin, sich nicht unnötig der Kälte auszusetzen.

Diese Möglichkeiten standen den Tieren nicht zur Verfügung, als die Temperaturen in der Antarktis zu sinken begannen. Dieser Prozess setzte vor etwa 35 Millionen Jahren ein, als tektonische Verschiebungen die Trennung der Antarktis von Südamerika und Australien vollzogen. Dadurch öffneten sich die Drake-Passage und die Tasmanische Passage und es entstand der Antarktische Zirkumpolarstrom, eine Barriere, die den Kontinent isolierte und seine Vergletscherung einleitete.

Um die Antarktis herum wurde das Wasser so kalt, dass es den Gefrierpunkt erreichte. Nördlich waren die Strömungen wärmer. Aufeinander trafen sie in einer mittleren Zone mit ständigen Temperaturschwankungen, heftigen Winden und der stärksten Strömung der Erde.

Aus der klimatischen Barriere wurde eine biologische Barriere, die die Tiere südlich davon auf einen einzigartigen evolutionären Kurs brachte. Die Temperatur ist ein grundlegender, streng kontrollierender Parameter des Lebens, und die Tatsache, dass Tiere überhaupt zu einem Überleben an den Polen in der Lage sind, muss eine tiefere Bedeutung für uns bergen.

Eine der bemerkenswertesten Arten der Antarktis zog 1927 ein norwegischer Wissenschaftler namens Ditlef Rustad aus einem Netz. Rustad war Zoologe an Bord der *Norvegía*, die zur Prüfung der Einrichtung eines Außenpostens für Walfänger im äußersten Süden ausgesandt worden war. Er sollte hauptsächlich Wale beobachten, ging aber mit dem Schleppnetz auch auf Fisch- und Planktonsuche. Am Tag nach Weihnachten machte ihm

eines seiner Netze ein ungewöhnliches Geschenk: ein Tier, das er ›Krokodilfisch‹ nannte und das später als antarktischer Scotia-See-Eisfisch bekannt wurde.

Die Assoziation mit dem Krokodil lag nicht allzu fern: Der Fisch hatte lange, klaffende Kiefer mit vielen entblößten kleinen Zähnen. Später erhielt er den Namen *Chaenocephalus*, was ›gähnender Kopf‹ bedeutet. Seltsam blass war er auch, und als Rustad einen aufschnitt, wurde klar, warum: Sein Blut war weiß.

Rustad brachte Fotos mit nach Hause, aber kein Exemplar des Tieres. Sein Kollege Johan Ruud, der ebenfalls in der Antarktis gewesen war, fand seinen Bericht spannend, blieb aber erst mal skeptisch. In jedem Biologie-Lehrbuch kann man nachlesen, dass Fische Wirbeltiere sind und dass alle Wirbeltiere Sauerstoff benötigen, den sie in Zellen, den *Erythrozyten*, speichern. Diese sind vollgepackt mit Hämoglobinmolekülen. Man nennt sie auch rote Blutkörperchen, und das aus gutem Grund: Hämoglobin enthält Eisen, und fügt man Sauerstoff zu Eisen hinzu, erhält man diese Farbe.

20 Jahre lang hatte Ruud die Sache als eine dieser seltsamen Geschichten abgetan, die man eben so hört. Dann brachte aus der Antarktis einer seiner Studenten einen echten Eisfisch mit und er konnte ihn endlich mit eigenen Augen betrachten. Nicht lange danach machte sich Ruud wieder auf den Weg in den Süden, um selbst einen zu fangen. Als er die Fische sezierte, stellte er fest, dass sie tatsächlich weißes Blut haben. Sie schienen auch keine Erythrozyten zu haben.

Thomas Desvignes ist einer, der sich zum Süden und zu seinen Fischen hingezogen fühlt. »Ich habe immer gerne die Welt erkundet«, sagt er. »Aber ich hätte mir nie vorstellen können, in die Antarktis zu gehen, dort tätig zu sein – und dafür auch noch bezahlt zu werden.«

Weiter als in die Antarktis ist es von seiner Heimatstadt Clermont-Ferrand in Zentralfrankreich so ziemlich nirgendwohin. »Als ich ein Kind war, fuhr meine Familie im Sommer immer für ein paar Wochen nach Südfrankreich ans Meer«, erzählt er. »Mein Großvater besorgte mir eine Schwimmbrille und einen Schnorchel. Ich verbrachte meine Tage dort im Wasser, und den Rest des Jahres las ich Bücher über die Fische, die ich gesehen hatte.«

Als er sein Studium aufnahm, musste er nicht lange über die Wahl des Fachs nachdenken. Thomas schrieb sich für Aquakultur- und Fischereiwissenschaft an einer Ingenieurschule für Agrarwissenschaften in Rennes ein, der einzigen Ingenieurschule in Frankreich, die in irgendeiner Form einen meereswissenschaftlichen Studiengang anbot. Diesen Ansatz empfand er als zu technisch, zu sehr auf die ›klempnerischen‹ Aspekte von Fischen und dem gesamten Aquakulturprozess fokussiert. Lieber wollte er sich dem Gesamtzusammenhang einer nachhaltigen Aquakultur widmen, was ein tieferes Verständnis der Fortpflanzung und des Lebenszyklus der einzelnen Fischarten erforderte. Dabei erkannte er, dass jede Fischart anders war und dass das, was bei einer Art funktionierte, sich nicht zwangsläufig auf andere übertragen ließ. Er verlegte seinen Fokus mehr auf die Biologie und begann, sich mit der Genetik und Evolution zu beschäftigen.

Gegen Ende seines Doktorats lernte er John Postlethwait kennen, einen Professor der University of Oregon, der sich mit der Evolution von Fischgenomen beschäftigte. Postlethwait bot ihm einen Kurzzeitvertrag in seinem Labor an, und so machte sich Thomas nach der Promotion auf den Weg in die USA.

John ist eine echte Persönlichkeit: Wissenschaftler, Marathonläufer – im Juni 2008 lief er auch in der Antarktis einen Marathon; sein Ziel, auf jedem Kontinent einen zu laufen, hat er inzwischen erreicht.

Postlethwaits Labor hat eine langjährige Beziehung zur Antarktis. Ein frühes Projekt war die Untersuchung der Gräten von Eisfischen. Seit Jahren hatten Wissenschaftler berichtet, dass ihre Gräten im Vergleich zu Fischarten in wärmeren

Gewässern ›reduziert‹ waren. Das machte Sinn: Die meisten Fische besitzen Schwimmblasen, also innere Organe, die sie zur Regulierung ihres Auftriebs mit Gas füllen oder es ablassen. Ohne diese Blase kostet es viel Energie, aufwärts oder abwärts zu schwimmen. Eisfische haben keine Schwimmblasen; vielleicht verbrauchen sie nicht so viel Energie, weil ihre Gräten leichter oder weniger dicht sind. Das könnte interessant sein, weil die Anpassungen Aufschluss darüber geben könnten, warum beim Menschen Veränderungen der Knochenmasse auftreten – zum Beispiel, wenn sich die Knochen nicht richtig entwickeln, wenn sie an Osteoporose oder rheumatoider Arthritis leiden oder einfach älter werden.

»Beim Menschen gibt es eine Krankheit namens *Osteogenesis imperfecta* oder Glasknochenkrankheit, bei der sich die Knochen nicht vollständig entwickeln«, sagt Thomas. »Das passiert auch bei Eisfischen. Ihre Gräten degenerieren nicht, wie wir es von der Osteoporose, Alterung und so weiter kennen – und zwar einfach, weil sie gar nicht erst zu harten Gräten werden.«

Es ist nicht leicht, Erkenntnisse von einer Fischart auf eine andere zu übertragen, und noch schwieriger ist es normalerweise, Rückschlüsse auf den Menschen zu ziehen. Die Zusammenarbeit zwischen John Postlethwait und Thomas Desvignes und einem Labor an der University of Saskatchewan in Kanada hat gezeigt, dass nur einige Gräten der Fische wirklich weniger dicht zu sein scheinen und dass der Unterschied nicht so groß ist wie gedacht. Vielleicht haben sie bloß weniger Gräten oder etwas kleinere oder dünnere.

Die Idee, Eisfische für die Osteoporose-Forschung zu verwenden, wurde mit dieser Studie ziemlich schnell ad acta gelegt. Die Tiere waren jedoch aus vielen anderen Gründen interessant: Wie können sie bei Temperaturen überleben, bei denen andere erfrieren würden? Und irgendwie fehlt ihnen das Hämoglobin, während alle anderen Wirbeltierarten – mehr als 65000 – es zum Überleben brauchen? Wie kann ihr Gewebe mit genügend Sauerstoff zum Überleben versorgt werden?

Zur Beantwortung all dieser Fragen muss man Fische fangen gehen.

Thomas Desvignes hat langes, glattes braunes Haar, verblüffend klare blaue Augen und einen kurz gestutzten Bart mit ein paar grauen Strähnen. Heute ist er im Labor und trägt einen knallroten Pullover. Auf seinen Bildern aus der Antarktis trägt er immer Mütze – ob drinnen oder draußen. Auf dem Boot sieht man sie manchmal nicht; da ist sie von einer Kapuze bedeckt. Zu Hause, im Labor in Oregon, verzichtet er auf die Mütze.

Er war etwa acht Monate in Oregon gewesen, als John Postlethwait einen Freiwilligen für ein Projekt in der Antarktis suchte. »Natürlich bin ich hin, unbedingt«, sagt Thomas.

»Als John mir von dem Projekt erzählte, wusste ich, das ist genau mein Ding. Die meisten der beteiligten Personen, auch die im Feld, waren Entwicklungsbiologen, Zellbiologen oder reine Molekularbiologen ... Was sie brauchten, war jemand, der die gefangenen Fische betreuen und sie zur Fortpflanzung bringen würde. Genau darum war es bei meinem Ingenieurstudium gegangen. Außerdem brauchten sie jemanden, der tatsächlich Zeit auf Fischerbooten verbracht hatte, und das hatte ich. Und die molekularbiologische Arbeit war durch meine Promotion und meine Postdoc-Tätigkeit abgedeckt.«

Er machte sich also auf den Weg zur Palmer Station, einer der drei ständigen, von den USA betriebenen Stationen in der Antarktis. Sie befindet sich auf der Anvers-Insel an der Westseite der antarktischen Halbinsel, nicht weit von der Stelle entfernt, an der die belgische Expedition 1898 gestrandet war. Eine genaue Position wurde nie ermittelt, Thomas dürfte jedoch schon einige Male ungefähr in diesem Bereich geschippert sein.

Die Station befindet sich in einem sehr unberührten Gebiet am Fuße eines Gletschers, in der Nähe von Pinguinkolonien und an einem regelmäßig von Buckelwalen aufgesuchten Ort. Sie liegt fünf Grad nördlich des Polarkreises, erlebt also nie die vollständige, 24-stündige Dunkelheit, die weiter südlich herrscht. Das ist wichtig für die Fische, und da zahlte sich Thomas' praktische Erfahrung zum ersten Mal aus. Er beobachtete die Wissenschaftler dabei, wie sie Fische in das hell erleuchtete Labor brachten, und sagte sofort: »Wir brauchen etwas, um die Becken abzudecken – wir müssen das Licht ausschalten!«

Von April bis Juli, dem Zeitraum, den sie in der Station verbrachten, gab es nur wenige Stunden Tageslicht. Die Fische lebten zwar in einer Tiefe von etwa 100 Metern, das Wasser war jedoch so klar, dass auch dort die Veränderungen des Lichts wahrnehmbar waren. Wollte man, dass die Tiere sich fortpflanzen, das wusste Thomas, konnte man sie nicht 18 Stunden lang dem Licht aussetzen – das würde ihren Rhythmus völlig durcheinanderbringen.

»Selbst zum Zeitpunkt der Tagundnachtgleiche werden die Tage jeden Tag um neun Minuten kürzer«, sagt Thomas. »Zur Sonnenwende verlangsamt sich dies, bevor die Tage wieder länger werden; aber zur Tagundnachtgleiche verliert man über die Woche hinweg eine ganze Stunde Sonnenlicht.« Er führte ein System ein, nach dem die Beleuchtung in den Fischräumen täglich so angepasst wurde, dass sie dem Rhythmus draußen entsprach. Mussten die Wissenschaftler während der Dunkelheit hineingehen, verwendeten sie rotes Licht, denn das löst bei Fischen nicht die Reaktion wie auf Tageslicht aus.

Er investierte täglich viele Stunden. Es war eine dankbare Tätigkeit, und die Forschung lief gut. Die erwachsenen Fische pflanzten sich fort und erzeugten die Embryonen, die das Labor für seine Forschung benötigte. Thomas war dem Team ganz klar nützlich. Sein ursprünglich 18-monatiger Vertrag wurde verlängert. Als auch dieser Vertrag auslief, verlängerte John ihn erneut.

Thomas verbrachte verteilt auf zwei Saisons etwa sechs Monate in der Antarktis, und dann stand eine Entscheidung an. Der normale Karriereweg sah vor, eine zweite Postdoc-Stelle in einem anderen Labor anzunehmen oder nach Frankreich zurückzukehren und seine eigene Gruppe zu gründen. Manchmal ist die Karriere jedoch nicht das Wichtigste im Leben. Thomas lernte eine Frau kennen, die gerade aus Sambia zurückgekehrt war, wo sie als Mitglied des Peace Corps Fischzucht unterrichtet hatte. Nun begann sie ein Master-Studium der Internationalen Beziehungen an der University of Oregon. Die beiden verstanden sich auf Anhieb, und die Beziehung überzeugte ihn zum Verbleib. Also schrieben John und Thomas einige Anträge, um seine Förderung zu verlängern. Und später noch mehr.

Zwölf Jahre nach seinem Eintritt in das Labor lebt er noch immer in Oregon, er ist mit der ehemaligen Freiwilligen des Peace Corps verheiratet. »Es war also eine gute Entscheidung«, lächelt er.

Von dem Moment an, als die erste Expedition Südamerika verließ, gab es immer etwas zu sehen: Albatrosse, die sich vom Wind tragen ließen und mit ihren Flügelspitzen die Wellen streiften, Delfine, Wale. Die Überfahrt über eines der rauesten Meere der Welt dauerte fünf Tage. Einige der Wissenschaftler wurden seekrank. Thomas fühlte sich auf dem Schiff jedoch ganz zu Hause.

»Ich kam mir vor wie Jacques Cousteau, wie ein echter Entdecker. Wenn wir dorthin fahren, dann mit einem großen Eisbrecher, einem Forschungsschiff, nicht mit einem Touristenboot. Die Dinge glänzen nicht, es gibt Rost, die Türen sind schwer und werden durch Drehen an einem Rad geöffnet. Ich hatte das Gefühl, Teil von etwas zu sein, jemand zu sein, der die Antarktis zu einem Ort der Forschung und Entdeckung macht. Ich fing richtig Feuer für diesen Ort und seine Menschen.«

Er nennt Fakten zur Station: Palmer kann maximal 44 Personen aufnehmen, von denen mindestens 22 Hilfskräfte sind. Während seines Aufenthalts waren in der Regel nur fünf Wissenschaftler anwesend. Akademiker waren in der Minderheit: Der Rest waren Techniker, ein Arzt, Schreiner, Mechaniker, ein Koch, ein Logistiker und andere Dienstleister: Klempner, Stationsmanager, Elektriker, Kommunikationsspezialisten und IT-Leute. Alle kamen aus verschiedenen Ländern und hatten unterschiedliche Hintergründe. Thomas gefielen diese Vielfalt und die Tatsache, dass sie ein gemeinsames Ziel hatten: erfolgreich Forschung zu betreiben.

»Es war wie ein Ferienlager für Erwachsene«, sagt er. »Man wohnt in einem Zimmer mit Stockbett, mit einem Mitbewohner, und teilt sich nach Geschlechtern getrennte Badezimmer. Die Labors befinden sich im Erdgeschoss, darüber liegen die Büros, die Kombüse und die Küche. Darüber schließt sich eine Flucht von etwa zehn oder zwölf Zimmern an. Dahinter liegt ein weiteres großes Gebäude mit einer Garage für die schweren Geräte, die Raupen und Kleinbagger sowie ein Raum mit allen Freizeitutensilien wie Skiern und Schneeschuhen. Darüber befindet sich der Aufenthaltsraum mit dem Großbildschirm, einer großen Auswahl an Musik und Filmen sowie der Bar mit Darts, Tischtennisplatten, einem Pokertisch und Cribbage-Brettern. Das Kartenspiel Cribbage ist eine große Sache dort.«

Er hält inne. »Getränke sind selbst mitzubringen.« In einem kleinen Laden, der zweimal in der Woche geöffnet hat, kann man Alkohol kaufen, aber auch Süßigkeiten, Zahnpasta, Dinge des täglichen Bedarfs und anderen ›Kram‹.

Zur Erholung kann man sich ein motorbetriebenes Schlauchboot ausleihen und eine der nahegelegenen Inseln besuchen. »Bei einigen ist das Betreten wegen der Pinguinkolonien verboten, nur die Pinguinforscher dürfen auf diese Inseln. Andere kann man aber besuchen und die See-Elefanten und andere Wildtiere beobachten.«

Auch Schneeschuhe oder Langlaufskier kann man bekommen. Thomas hat sich damit aber nie weit von der Station entfernt – und das liegt an der globalen Erwärmung.

»Als Palmer in den späten sechziger und frühen siebziger Jahren gebaut wurde, lag der Gletscher noch direkt hinter der Station, vielleicht 30 bis 50 Meter entfernt«, sagt er. »Jetzt sind es 600 bis 700 Meter. Die Oberfläche des Gletschers besteht nicht mehr aus Schnee, sondern aus purem Eis. Man hört, wie das Schmelzwasser durch die Spalten läuft, und es wird jedes Jahr mehr. Leute, die ich gut kenne und die in den siebziger oder achtziger Jahren in Palmer waren, konnten mit Schneeschuhen oder Langlaufskiern zu den nahegelegenen Inseln. Man konnte einfach auf dem Gletscher hinübergehen. Es war ihnen nicht mal klar, dass es sich um Inseln handelte.«

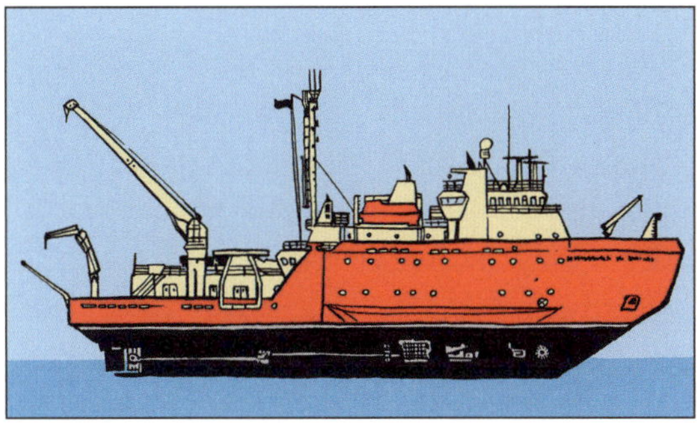

Das Laurence-M.-Gould-Forschungsschiff, unterstützt von Thomas Desvignes und seinen Kollegen auf Expedition in der Antarktis.

Der größte Teil der wissenschaftlichen Arbeit im Laufe von Thomas Desvignes' Aufenthalt auf der Station war der Biologie der Eisfische gewidmet: ihrer Entwicklung, ihrem seltsamen weißen Blut, ihrer Evolution. Dafür musste man sie fangen. Thomas und einige der anderen Wissenschaftler fuhren drei Tage am Stück mit dem Boot hinaus – manchmal auch vier, wenn sie sich in weiter von der Station entfernte Gewässer wagten.

Am Ende hatten sie immer genug Fische, und es war wichtig, die Tiere vom Schiff zu holen. Die Aquarien schwankten mit den Bewegungen des Schiffs, und das konnte die Biologie der Tiere ebenso stören wie ungewohnte Beleuchtungszeiten. Nach jeder Reise kehrten sie nach Palmer zurück und verbrachten vier oder fünf Tage mit der Eingewöhnung der Tiere, mit der Pflege von denen, die sich fortpflanzten, und mit der Durchführung ihrer Experimente.

Es waren nicht nur Wissenschaftler, die fischen

gingen. »Wir gaben jedem die Möglichkeit rauszufahren«, sagt Thomas. »Jedem, der nicht seekrank wurde und der Lust dazu hatte! Sogar anderen Wissenschaftlern, wie den Physikern der Station oder Leuten, die gerade ein paar Tage lang nichts zu tun hatten.«

Nach den ersten beiden Saisons begann Thomas, Sicherheitsschulungen für einige der Wissenschaftler anzubieten, die hinausfahren wollten. Am Abend vor jeder Fahrt gab der Kapitän einen Lagebericht ab, und dann war Thomas dran. »Manche hatten wirklich nie einen Fuß auf ein Schiff gesetzt«, sagt er. »Unfälle passieren schnell mal, vor allem wenn es kalt, eisig, dunkel und windig ist und bei Seegang. Wir wollten die Fische lebend haben, aber viel wichtiger war, dass niemand sich verletzte. Jeder kann jederzeit ›Stopp!‹ rufen, und wir erkennen das Problem und lösen es. Die Leute mussten üben, sich an der Reling festzuhalten – und nicht zu rennen. Unter Stress neigt man dazu, hektisch zu werden. Hier ist genau das Gegenteil notwendig.«

Die kleinste Unachtsamkeit kann selbst für jemanden mit Erfahrung zu einem Unfall führen. Thomas wäre das selbst fast passiert. Auf dem Weg über die vereiste Gangway von einem Stationsgebäude zu einem anderen rutschte er in Gedanken versunken auf einer Stufe aus. Er konnte sich zwar fangen und wiederaufrichten, es hätte jedoch schlimm ausgehen können – bloß, weil er nicht auf jeden einzelnen Schritt geachtet hatte.

Das weckt andere Erinnerungen an die Kälte: »Manchmal waren meine Finger so klamm und die Handschuhe so nass, dass ich mich kaum an den Seilen des Schlauchboots festhalten konnte, wenn wir bei aufziehendem Sturm schnell zurückfuhren.«

Ein anderes Mal kniete er bei schlechtem Wetter auf dem Deck, um Fische aus dem Netz zu sortieren. »Eine Welle spülte übers Deck, das Wasser lief uns durch die Gummihosen und in die Stiefel«, erzählt er. »Aber wir mussten noch mindestens 20 Minuten weitermachen, bevor wir trockene Kleidung überziehen konnten.«

Die meisten auf dem Schiff waren Seeleute, die nicht über die Gefahren der Arbeit in der Antarktis aufgeklärt werden mussten. »Viele von ihnen waren Fischer, die in Alaska gearbeitet hatten, einige von ihnen waren 20 Jahre dort oben gewesen«, sagt Thomas. »Wenn die Lachsfangsaison durch ist, kommen sie in die Antarktis.« Es gibt einen großen Unterschied zwischen der Fischerei für den Handel und für die Wissenschaft: »Wir brauchen den Fisch lebend. Ein toter Fisch hat für uns 99 Prozent seines Werts verloren.«

Ansonsten war die Ausrüstung so ziemlich dieselbe: Schleppnetze und Fallen, nur eben im Kleinformat. Laut Thomas haben kommerzielle Schleppnetzfischer in der Regel ein Netz mit einer Breite von 25 Metern oder mehr. Das größte von den Wissenschaftlern verwendete Netz war bloß etwa sechs Meter breit.

Sie fischten von Sonnenuntergang bis Sonnenaufgang, während sich die Eisfische an ihren Ruheplätzen aufhielten. Tagsüber waren sie weniger berechenbar; sie stiegen mit der Wassersäule auf, um den garnelenartigen Krill und andere Fische zu jagen. In diesen Stunden schliefen die Wissenschaftler. Sobald es Nacht wurde, ließen sie das Netz auf eine Tiefe von etwa 100 bis 150 Metern hinab, ein Vorgang, der etwa 20 Minuten dauerte. Sie schleppten das Netz etwa 20 Minuten lang hinter sich her, schalteten die Winde ein und zogen es hoch – weitere 15 Minuten.

Dieser Zyklus stellte sicher, dass die meisten Fische nicht zu lange im Netz blieben und noch am Leben waren, wenn sie die Oberfläche erreichten. Das Problem war nicht der Druck: Da sie keine Schwimmblasen haben, können sie sich anpassen. »Trotzdem ist es sehr stressig für sie; wenn sie auftauchen, stehen sie unter Schock und sind sehr empfindlich. An Bord müssen wir sie sofort in provisorische Wannen einsortieren und dann schnell in den Aquarienraum des Schiffes bringen, wo wir Luft ins Wasser pumpen, damit sie viel Sauerstoff bekommen.«

Ab und zu, vor allem von weiter unten, brachte das Netz ungewöhnliche Dinge zum Vorschein. Seegurken etwa – die Thomas als »sehr lustig«

beschreibt. Einige riesige Asselspinnen und einen gigantischen Seestern. Einmal auch einen großen, glibberigen Scheibenfisch. »Der hat sehr schleimige Haut«, sagt Thomas. »Als ich ihn im Netz fand, dachte ich erst, ich hätte da einen riesigen Klecks Glibber vor mir.«

Die Tiefe der Schleppnetze richtet sich nach den Fischen, die sie fangen wollen. Die meiste Zeit lassen Thomas und seine Kollegen die Netze auf etwa 100 Meter Tiefe hinunter. Damit befinden sie sich auf dem Schelf, das die antarktische Küste umgibt, dem Lebensbereich der Eisfische und ihrer nahen Verwandten, der *Antarktisfische*.

All diese Arten produzieren das, was Ende der 1960er Jahre von Arthur DeVries entdeckt wurde und in der Forschung als Anti-Frost-Glykoprotein (AFGP) bezeichnet wird. Die Wissenschaftler wussten, dass die Fische im hohen Norden einen biologischen Schutz zum Überleben der eisigen Temperaturen haben mussten. Die von Ditlef Rustad und Johan Ruud entdeckten, so bemerkenswerten Eisfische lebten unter solch extremen Bedingungen, dass sie ebenfalls über einen derartigen Schutz verfügen mussten.

DeVries kam wie die meisten anderen Wissenschaftler in die Antarktis: Er hörte von einer Gruppe, die jemanden suchte, der dorthin gehen würde. Er hatte gerade seinen Bachelor-Abschluss an der University of Montana gemacht und war auf der Suche nach der nächsten Herausforderung. DeVries bewarb sich auf das Programm aus Stanford, ging als Masterstudent zur McMurdo-Station und blieb dort 14 Monate lang. Eine seiner Aufgaben bestand darin, mit einer Kettensäge Löcher in das Eis zu schneiden und dann Fischreusen an Leinen hinabzulassen. Er liebte es.

Es folgten mehrere Reisen in die Antarktis, wo er teilweise über ein Jahr lang blieb. Zwischendurch kehrte er zur Promotion nach Stanford zurück und nahm eine langjährige Karriere an der University of Illinois in Urbana-Champaign auf. Es zieht ihn jedoch immer wieder in die Antarktis. In einem in diesem Jahr veröffentlichten Buch wird er als Autor eines Kapitels über Methoden zur »Identifizierung von eisbindenden Proteinen in der Natur« aufgeführt.

Auf seiner zweiten Reise in die Antarktis begann Arthur DeVries mit der Erforschung von Anti-Frost-Molekülen. Er stellte fest, dass einige der von ihm gefangenen Fische in den auf −1,9 °C gehalten Aquarien der Station gut zurechtkamen, während andere Fischarten aus tieferen Gewässern sich verletzten, wenn sie mit der das Wasser im Tank kühlenden Spule in Berührung kamen. Manche starben sogar.

Meerwasser gefriert bei −1,8 °C. Die Meeresoberfläche um die Antarktis ist am kältesten; sie erreicht häufig diese Temperatur. Fische würden an der Oberfläche unweigerlich winzige Eiskristalle in ihrer Nahrung und ihrem Wasser aufnehmen. Bei jeder anderen Spezies würde dies zu einer tödlichen Ansammlung von Eiskristallen und zum Tod durch Erfrieren führen. Die Fische in der Antarktis mussten also irgendwie dagegen geschützt sein.

Andere Gruppen hatten mit Arten aus dem hohen Norden gearbeitet, die ebenfalls mit Temperaturen nahe dem Gefrierpunkt lebten. Sie nahmen an, dass eine Verbindung im Körper der Tiere den Gefrierpunkt ihres Blutes und Gewebes herabsenkte. So funktioniert auch chemisches Frostschutzmittel, mit dem man im Winter Autos schützt. Zunächst gingen sie davon aus, dass dies etwas mit Salzen zu tun haben müsse, die die Gefriertemperatur des Meerwassers um fast 2 °C senken. Da dieser Verdacht zu nichts führte, machten sie sich auf die Suche nach Zuckern, Fetten oder anderen chemischen Verbindungen in den Tieren. Sie fanden jedoch keine Besonderheit an den in der Kälte lebenden Fischen.

Die südlichen Gewässer waren noch kälter und DeVries damit an der Quelle. Die Arbeit musste in der Antarktis durchgeführt werden; es würde noch einige Jahre dauern, bis Institute anderswo Aquarien für Eisfische einrichten konnten. DeVries stellte sich dem Anti-Frost-Problem ohne vorgefasste Meinung und ging lediglich die Isolierung der Verbindung an – was sich als der richtige Ansatz erwies.

Für seine Experimente fror er eine Menge Eisfischblut ein und taute es dann wieder auf. Er stellte fest, dass es bei −1,9 °C noch flüssig blieb, aber schon ein Tick kälter war zu viel. Bei −2 °C gefror das Blut, und die Fische starben.

Der Schmelzpunkt erweist sich als ebenso wichtig. Oft gefriert und schmilzt eine Flüssigkeit bei derselben Temperatur: Bei Leitungswasser liegt diese bei 0 °C, bei menschlichem Blut bei etwa −0,5 °C, bedingt durch die Salze und andere Verbindungen in unserem Serum. Bei antarktischen Fischen unterscheiden sich die beiden Werte jedoch. Ihr Blut muss −1 °C erreichen, um wieder zu schmelzen. Glücklicherweise muss die Temperatur nicht auf 0 °C steigen, denn das Wasser dort wird vielleicht nie so warm.

Gleichzeitig warf die Diskrepanz zwischen dem Gefrier- und dem Schmelzpunkt ein potenzielles Problem auf, das erst später entdeckt werden sollte.

Die erste Hürde bestand jedoch darin, den Schutzmechanismus der Fische zu finden. De Vries entnahm den Fischen Serum und machte sich an die Abtrennung der Proteine – er zog also nach und nach verschiedene Bestandteile des Blutes ab. In einigen Fällen änderte sich dadurch der Gefrierpunkt, in anderen nicht. Am Ende hatte er die Sache auf ein einziges Protein eingegrenzt.

Im Rahmen seiner Doktorarbeit in der Antarktis gelang es Arthur DeVries, das Molekül in einer groben Form zu isolieren. Der nächste Schritt bestand in der Ergründung seiner Funktionsweise. Das dauerte eine Weile; Arthur fing in Stanford damit an und arbeitete als Postdoc in einem Labor für Proteinchemie an der University of California in Davis daran weiter. Dort wies er nach, dass es sich bei dem Molekül um ein Glykoprotein handelt. Und das bedeutete, dass die Zellen nicht nur das Protein herstellen, sondern auch Zuckermoleküle anhängen müssen, damit es seine Funktionen erfüllen kann.

Spätere Arbeiten haben die molekulare Struktur des Anti-Frost-Glykoproteins näher untersucht, um seine Funktion zu erklären: Sie basiert auf einem Muster von sich immer und immer wieder wiederholenden Motiven, so dass sie Eiskristalle festhalten und ihre Oberfläche verbiegen können. Damit wird verhindert, dass sie sich an andere Kristalle anlagern, sich zusammenballen und ausbreiten und ganze Gewebe einfrieren. Die AFGPs wickeln sich um die Kristalle herum und verpacken sie so, dass die Fische sie mit ihrem Kot ausscheiden können.

Das System ist jedoch nicht perfekt – manchmal bilden sich winzige, eingewickelte Eiskristalle im Inneren des Tieres und bleiben dort auch noch, wenn es draußen wärmer wird.

Hier wird es mit dem unterschiedlichen Gefrier- und Schmelzpunkt kompliziert. Die Biologie der Fische ist auf ihre Umgebung abgestimmt – auf die Lichtmenge, darauf, dass sie nicht auf einem schaukelnden Boot sitzen (!), und auf die Temperatur. Würde ein Tier mit Anti-Frost-Proteinen mit dem Klimawandel gut zurechtkommen?

Möglicherweise nicht. Vor zehn Jahren half Arthur DeVries Paul Cziko und Chi-Heng Cheng von der University of Illinois Urbana-Champaign, ein Paradoxon aufzuzeigen. Sind die Temperaturen sehr niedrig, binden sich AFGPs an Eiskristalle und sammeln sich im Körper an. Theoretisch müsste das Eis wieder schmelzen, wenn es wärmer wird – aber tat es das wirklich? Vielleicht hatten Fische andere Systeme, die dies verhinderten. Das war unklar.

Die Studie zeigte, dass die Meerwassertemperaturen im Zeitraum von 1999 bis 2012 regelmäßig die Grenze überschritten, an der ein Gleichgewicht zwischen Gefrier- und Schmelzpunkt besteht. Dennoch verblieb Eis in den Fischen; um es zu schmelzen, mussten die Temperaturen um einiges höher liegen. Selbst bei einem ganzen Grad über dem Schmelzpunkt konnte das Eis mindestens einen Tag lang bestehen bleiben. Die Fische sammelten das an, was die Wissenschaftler »überhitztes Eis« nannten. Die positiven Effekte des Anti-Frost-Mittels gingen also mit Nachteilen einher: Die Fische vermeiden das Einfrieren, blockieren damit aber auch das Schmelzen. Im Laufe ihres Lebens kann sich das Eis ansammeln. Die Fische brauchen warme Sommer, um es loszuwerden, aber das reicht eventuell nicht.

Für einen Fisch kann eine bestimmte Temperatur auf dem Weg nach unten das eine und auf dem Weg nach oben das andere bedeuten. Fällt die Wassertemperatur auf den ›Gefrierpunkt‹, nimmt ein Fisch Mikrokristalle aus Eis auf und hüllt sie in Anti-Frost-Proteine ein. Steigt die Temperatur, sind die Eiskristalle möglicherweise immer noch im Inneren des Fisches und er wird sie nicht mehr los.

Alle Antarktisfische, mindestens 100 Arten, besitzen Anti-Frost-Glykoproteine. Viele haben rotes Blut. Nur die etwa 16 Eisfisch-Arten haben weißes Blut – handelt es sich dabei auch um eine Anpassung an die Kälte? Es scheint fast, als müsse das so sein. »Warum sie ihr Hämoglobin verloren haben, ist uns aber immer noch ein völliges Rätsel«, sagt Thomas Desvignes.

Der beste Ansatz zur Lösung dieses Problems, so dachte er, wäre ein gründlicher Blick auf die Evolution der Antarktisfische und weit zurück in die Embryonalgeschichte der Fische. Im Jahr 2023 vereinte er diese beiden Themen in einer Studie, die er zusammen mit anderen Mitgliedern des Labors von John Postlethwait durchführte.

Dafür stellten sie die Genome von 36 Fischarten zusammen. Thomas war an mehreren Projekten beteiligt gewesen, bei denen diese Genome erarbeitet wurden, darunter auch das Genom des Scotia-See-Eisfisches.

»Das waren alle Genom-Zusammenstellungen von Antarktisfischen, die wir damals hatten, von Eisfischen, Schwesterarten und ihren nahen Verwandten«, sagt Thomas. »Wir wollten unter anderem ein klareres Bild von der Bandbreite der Hämoglobinarten bekommen, die in all diesen Arten vorkommen, und wann und wie die Eisfische sie verloren hatten. Und dann wollten wir untersuchen, was im Laufe der Entwicklung geschehen war.«

Es gibt nicht bloß eine Art von Hämoglobin. Der Mensch hat acht davon, die durch verschiedene Gene kodiert werden. Unter verschiedenen physiologischen Bedingungen und in verschiedenen Lebensabschnitten nutzen die roten Blutkörperchen bestimmte Kombinationen dieser Gene zur Produktion von Proteinen, die dann zu größeren Einheiten mit vier Molekülen zusammengesetzt werden. Durch die Verbindung der Moleküle entsteht eine Struktur, die Sauerstoff aufnimmt und transportiert.

Jede Hämoglobinart hat eine bestimmte Funktion, eine bestimmte Affinität zu Sauerstoff sowie physiologische Bedingungen und Zeiten, zu denen er auftritt. Die uns typischerweise bekannte Form – die häufigste und den Blutkreislauf rot färbende – wird Hämoglobin A oder HbA genannt.

Einige Antarktisfische haben weniger Hämoglobinarten. Die Eisfische haben die ihrer Vorfahren alle verloren. Das Gesamtmuster aus Zuwachs und Verlust zeigt, dass die Evolution im Allgemeinen gerne daran herumgebastelt hat, insbesondere in kalten Klimazonen. Durch Datierung des Auftretens der verschiedenen Formen wiesen Thomas und seine Kollegen nach, dass viele Veränderungen mit der Abkühlung der Antarktis einhergingen, jedoch bevor der gesamte Kontinent wirklich kalt geworden war.

Die Kälte schien in einigen Zweigen der Fische zusätzliche Hämoglobinarten hervorzubringen, während sie die Zahl der anderen reduzierte. Zumindest einem der Zweige blieb irgendwann nur noch eine einzige Hämoglobinart. Das scheint geschehen zu sein: Die beiden Schwesterarten, die am engsten mit den Eisfischen verwandt sind – die Antarktisraubfische und die Barten-Drachenfische –, produzieren nur eine einzige Form von Hämoglobin, ihr gemeinsamer Vorfahre dürfte also wohl bereits auf die Verwendung anderer Formen verzichtet haben. Eine heikle Situation: Zufällige Mutationen machen das Molekül angreifbar.

»Wir vermuten, dass diese Arten und die Eisfische sich in ihrem Hämoglobinsystem übermäßig spezialisiert haben«, sagt Thomas. »Sie hatten nur noch zwei Gene, die die ausgewachsenen Fische zur Produktion von Hämoglobin nutzten, und wenn diese eine störende Mutation erfuhren, wäre das Hämoglobin weg.«

Die Dinge ließen sich jedoch nicht einfach nach dem Ausschlussprinzip lösen. Um zu verstehen, was mit dem Hämoglobin geschieht, musste man die gesamte Lebensspanne eines Fisches betrachten. Menschen haben acht Gene, Embryonen bilden aber nicht die erwachsene HbA-Form; sie kombinieren verschiedene Versionen von Hämoglobinarten zu einer Form namens HbF.

Manchmal liegen Defekte vor. Menschen mit einem niedrigen Hämoglobingehalt oder Defekten in den roten Blutkörperchen entwickeln Anämie. Eisfische haben letztendlich so etwas wie eine schwere Anämie – das Verständnis ihrer Biologie könnte also Menschen mit solchen Krankheiten helfen.

»Bei menschlichen Wirbeltieren verändert sich das Hämoglobin im Laufe des Lebens«, sagt Thomas. »Das liegt an den Veränderungen in ihrer Lebensweise und daran, woher sie ihren Sauerstoff bekommen. Die Mutter erhält ihn über die durch die Lungen aufgenommene Luft, der Fötus muss ihn aber aus ihrem Blut beziehen. Das Hämoglobin im Blut des Fötus muss also in der Lage sein, ihn dem mütterlichen Blut zu entziehen. Beim Menschen geschieht dies dadurch, dass der Embryo ein Hämoglobin produziert, das sich stärker an Sauerstoff bindet. Sonst käme es nicht oder nur sehr langsam zu einer Übertragung. Später wird das Hämoglobin der Föten und Neugeborenen durch erwachsene Formen ersetzt.«

Das Leben in der Gebärmutter ist anders als das Leben an der Luft, und die Umstellung erfordert sehr frühe Anpassungen in der Entwicklung eines Tieres. In ähnlicher Weise ist die Umgebung eines Fischeis anders als die des Wassers, was ebenfalls Anpassungen erfordert. Bei einigen Antarktisfischen betrifft dies das Hämoglobin.

Barten-Drachenfische, die Schwestergruppe der Eisfische, weisen ein Muster auf, nach dem sie als Embryo mehrere Hämoglobinarten produzieren und als Erwachsener nur noch eine. Beim Vorfahren der Eisfische könnte es ähnlich gewesen sei: Er produzierte als Embryo vermutlich mehrere Hämoglobinarten, hatte aber im Erwachsenenalter nur noch eine Form. Dann ging ihm beides abhanden.

Hämoglobin und rote Blutkörperchen kann man nur aufgeben, wenn man über Reservesysteme zum Transport des Sauerstoffs in die Gewebe verfügt. »Eisfische gleichen das mit einem sehr umfangreichen Blutgefäßsystem aus«, sagt Thomas. »Ihre Gefäße haben einen sehr großen Durchmesser, und in der Nähe von Organen verzweigen sie sich überall, damit sie näher an die Zellen heranreichen, die Sauerstoff benötigen. Außerdem besitzen die Fische ein großes Herz und ein großes Blutvolumen – ich kann ihnen zwei- bis dreimal so viel Blut abnehmen wie einem rotblütigen Fisch gleicher Größe.«

Eisfische haben außerdem sehr große Kiemen, und kaltes Wasser enthält mehr Sauerstoff. Es gibt da auch die alte Idee, dass Eisfische durch ihre Haut atmen könnten, weil sie keine Schuppen haben. Thomas findet das nicht überzeugend – einige in anderen Labors durchgeführte Arbeiten deuten darauf hin, dass auf diese Weise nur sehr geringe Mengen an Sauerstoff aufgenommen werden können.

Eine andere alte Idee war, dass das Blut der Eisfische weiß ist, weil es keine Erythrozyten enthält: die Zellen, die normalerweise das Hämoglobin in sich tragen und somit das Blut rot erscheinen lassen. Thomas und seine Kollegen sahen sich das unter dem Mikroskop genau an und fanden einige Zellen, die wie Erythrozyten aussahen – nur waren sie eben nicht rot.

»Die Zellen sind vorhanden, aber in sehr geringer Zahl«, sagt Thomas. »Und sie sehen unreif aus. Man kann also sagen: Sie enthalten kein Hämoglobin, aber das ›Programm der roten Blutkörperchen‹ ist nicht komplett abgeblasen worden. Es läuft auf Sparflamme weiter, und die zur Produktion von Erythrozyten nötigen Zellen sind noch vorhanden.«

Andere Labors interessieren sich statt für Anti-Frost-Proteine und Hämoglobin mehr für die Herausforderungen der Fortpflanzung in sehr kaltem Wasser.

Ist man in Neapel, Italien, und will wissen, wie sich Fische in kalten Gewässern vermehren, wie sich psychoaktive Drogen auf Wasserorganismen auswirken oder ob Kunststoffe eines Tages unser aller Tod sein werden, dann ist Chiara Maria Motta die richtige Ansprechpartnerin.

Chiara ist waschechte Italienerin und stammt aus Turin im Norden, aber den größten Teil ihrer Karriere hat sie im sonnigen Süden verbracht. Unter dem kurzen grauen Haar trägt sie eine große hellblaue Brille und ein breites Lächeln im Gesicht. Sie scheint einen sehr gesunden Sinn für Ironie entwickelt zu haben, ohne dabei ins Zynische abzugleiten.

Ihr kleines Büro ist vollgestopft mit Aktenschränken – fünf Schubladen breit und acht oder neun hoch. Die Wand über der Tür ist mit Aufklebern von Delfinen, Walen und Meerestieren verziert. Von der Decke hängt eine Meeresschildkröte, ein 3-D-Puzzle aus Papier. Auf dem Regal stehen ein ausklappbarer Weihnachtsbaum aus Holz sowie ein Dinosaurier aus Plastik, und der ist wichtig.

»Meine Geschichte beginnt mit Dinosauriern und mit einer Enttäuschung«, sagt Chiara. »Mein Traum war anfangs, nach Montana zu gehen und mit meinem Helden Robert Bakker nach Dinosauriern zu suchen.« Bakker diente als Vorbild für eine der Figuren aus *Jurassic Park*. Sie ging noch zur Uni, als er bei einer Ausgrabung in Montana den Schädel eines winzigen *Tyrannosaurus rex* entdeckte, wahrscheinlich eines Jungtiers.

Als sie am Ende ihres ersten Studiums an der Universität stand, ging Chiara zu ihrem Professor für vergleichende Anatomie und sagte, sie wolle Dinosaurier erforschen. »Was ich Ihnen anbieten kann, ist ein Projekt zur Entwicklung von Eizellen bei Eidechsen«, sagte er. Hmm. Nicht gerade das, was sie sich vorgestellt hatte – sie wollte es dennoch versuchen, denn vielleicht würde es ihr ja doch gefallen.

Und das tat es – sogar sehr. Für ihre Doktorarbeit ging sie nach Schottland, um die Fortpflanzung bei Hochlandrindern zu untersuchen. Später gab es ein Projekt zu Meerschweinchen, dann zu Seeigeln. Wann immer eine Gruppe jemanden für ein Projekt brauchte, wurde Chiara gefragt. So kam es, dass sie 1999, zur Jahrtausendwende, in der Antarktis landete.

Das einzige übergreifende Thema ihrer Karriere, wenn es denn eines gibt, sind die Fortpflanzung von Tieren und die Entwicklung ihrer Eier und Embryonen. Eine Zeit lang sagten ihre Kollegen: »Wenn sie ein Tier findet, will sie es immer zur Fortpflanzung bringen!«

Chiara Motta arbeitete gerade an Reptilien, als die Leute anfingen, sich ernsthaft Gedanken über Umweltgifte zu machen.

»Eidechsen leben im Boden, legen ihre Eier im Boden ab und nehmen während ihrer Entwicklung Wasser auf«, sagt Chiara. »Wenn es da also einen Schadstoff gibt, nehmen sie ihn auf. Die Schale ihrer Eier ist sehr durchlässig, so dass sie alles in der Umwelt in sich aufnehmen. Will man wissen, was sich da draußen an Müll ansammelt, sind Eidechsen sehr hilfreich.«

Ein Stoff, über den man sich Sorgen machte, war Cadmium: ein Schwermetall, das in Batterien, Elektronik, Farben, Legierungen und einer Vielzahl anderer Dinge verwendet wird. Als giftig ist es seit langem bekannt, insbesondere wegen seiner schädlichen Auswirkungen auf das Hormonsystem. Chiara Motta veröffentlichte eine Studie nach der anderen über die Auswirkungen von

Cadmium auf Eidechsen, Fische und andere Tierarten. Die Auswirkungen auf Hormone, Gesundheit und Fortpflanzung von Eidechsen, Fischen und Menschen sind noch immer nicht vollständig geklärt. Sie sagt, dass Metallen inzwischen seit mehreren Jahrzehnten viel Aufmerksamkeit geschenkt werde, so dass die Umweltbelastung allmählich zurückgehe. Zumindest Cadmium könnten wir also in den Griff kriegen.

Durch diese Arbeit begann sie jedoch auch, die Auswirkungen vieler anderer Substanzen zu untersuchen: von praktisch allem, was wir in die Umwelt abladen. Eine von Chiaras jüngsten Arbeiten zeigt, dass Benzodiazepine die Prozesse der Befruchtung und der Embryonalentwicklung bei Seeigeln beeinflussen. »Seit der COVID-Pandemie ist die Menge der von Menschen eingenommenen Antidepressiva enorm gestiegen«, sagt sie. »Viel davon fließt zurück in die Umwelt und die Meere.«

Von Benzodiazepinen und anderen psychoaktiven Drogen bis hin zu Koffein, Textilien und Lebensmittelfarben – alle wirken sich auf komplizierte Weise aus, die vom Geschlecht des Tieres, von dem Stress, dem es ausgesetzt ist, der Temperatur und vielen anderen Faktoren abhängt.

Und dann sind da noch die Kunststoffe. Sie sind überall, und ihre Partikel finden sich überall. Ich zeige Chiara das kleine Plastikröhrchen, in dem ich einen Tagesvorrat an löslichem Kaffee mit mir führe. »Gut möglich, dass du daraus eine Menge Mikroplastik aufnimmst«, sagt sie.

Sollte ich mir also Sorgen machen? Vielleicht, sagt Chiara, aber eher nicht, weil sich große Plastikteile in meinem Gewebe ablagern könnten. »Ich habe als Kind einen Knopf meiner Mutter verschluckt. Der ging glatt durch. Alles, was groß genug ist, tut das.«

Viele kleinere Partikel sammeln sich jedoch in Organismen an. Haben sie im mikroskopischen Bereich die richtige Größe und Form, kann ein Organismus sie mit Beute verwechseln und fressen. Chiaras Fischlarven im Labor fressen Plastikkügelchen mit einem Durchmesser von drei Mikrometern – denn das ist genau die Größe ihrer normalen Nahrung. Jedes Tier, das die Larven frisst oder auch nur Wasser zu sich nimmt, kann den Kunststoff aufnehmen und in sich behalten.

»Wenn man sich heute Fische anschaut, ist ganz klar, dass die Menge an Plastik zunimmt«, sagt Chiara. »Es gibt zwei Millionen Veröffentlichungen zu Mikroplastik in Fischen.« Sie ist jedoch der Meinung, dass viele der Forschungsarbeiten am Thema vorbeigehen. »In vielen Arbeiten heißt es, dass sich das Plastik im Darm ansammle und in die Zellen eindringe. Ich vermute, dass das tatsächlich nur auf die sehr winzigen Nanoplastikteile zutrifft. Und ich denke nicht, dass die mechanischen Auswirkungen auf den Darm und das Gewebe dabei das Wichtigste sind.«

Entscheidend ist vielmehr, was der Kunststoff enthält und freisetzt. Polystyrol, das in fast allen Produkten verwendet wird, enthält oft flüchtige organische Verbindungen – die als krebserregend bekannt sind – und eine Vielzahl anderer Giftstoffe. Sie werden freigesetzt, wenn der Kunststoff bricht, sich abbaut oder hohen Temperaturen und Sonnenlicht ausgesetzt wird.

Das im Labor nachzustellen sei kompliziert, sagt sie, weil es Zeit brauche – Kunststoffe können tage-, monate- oder jahrelang in der Umwelt liegen und dabei vielen Einflüssen ausgesetzt sein, bevor sie aufgenommen werden. Ihr Labor versucht es trotzdem. Sie setzen Polystyrol natürlichen Bedingungen aus und beobachten, was es freisetzt und was geschieht, wenn Organismen die Giftstoffe aufnehmen.

»Die Belastung wird sehr hoch, bei Tieren und bei Menschen«, sagt sie. »Wir müssen uns schützen. Wenn Mikroplastik organische Verbindungen freisetzt, können sie Zellmembranen durchdringen, giftig wirken und die DNA beeinträchtigen. Sie können Krebs verursachen, aber das kann man nur langfristig beobachten.«

Irgendwann brauchte ihr Institut einen Meeres-Embryologen, also belegte Chiara Motta einen Kurs an der Woods Hole Oceanographic Institution und erweiterte ihr Fachwissen um das Fortpflanzungsleben von Fischen und wirbellosen Meerestieren. Dies führte 1999 zu ihrer ersten Reise in die Antarktis. »Ich war jung und musste bei meinem Professor ein paar Scheine machen, also schickte man mich in die Antarktis«, sagt sie. »Es war großartig.«

Man schickte sie im November, und so verbrachte sie Weihnachten dort und läutete das neue Jahrtausend ein.

Vor der Reise nahm man ihre Gruppe mit hoch in die italienischen Berge, zu den Gletschern des Mont Blanc, um sie auf das Leben in der Kälte vorzubereiten. Einmal wurde sie in eine Gletscherspalte hinabgelassen – »um zu sehen, wie sich das anfühlt«. Später übten sie das Steuern eines kleinen Bootes auf dem Meer und eigneten sich rudimentäre Erste Hilfe an. Man sollte sich nicht so weit von der Zivilisation entfernen, ohne einige Grundkenntnisse darin zu haben.

Die von Italien betriebene Mario-Zucchelli-Station liegt im Rossmeer, etwa 350 Kilometer nördlich der McMurdo-Station, wo Arthur De Vries tätig gewesen war. Die Station besteht aus einem Komplex knallblauer Container mit roten Dächern, die neben- und übereinandergestapelt sind. Über den antarktischen Winter wird die Station geschlossen. Im September reisen dann Techniker an, um die Geräte einzurichten und wieder in Betrieb zu nehmen. Im November kommen die Biologen und andere Wissenschaftler, und die Station erreicht ihre volle Kapazität von etwa 80 Personen.

»Ein Haufen von 80 Quasi-Teenagern«, sagt Chiara. »Es war, als wäre man wieder in der Schule. Weit weg von den Alltagsproblemen zu Hause. Wir spielten Karten, Tischtennis, Tischfußball – alles ein großer Wettstreit.«

Sie hatte ein Etagenbett in einem winzigen Vier-Personen-Zimmer, aber das war in Ordnung – man hielt sich ohnehin nur zum Schlafen dort auf. Alle trugen zur Erledigung der anfallenden Aufgaben bei: Dazu gehörten die Überprüfung der Ausrüstung, die Essenszubereitung, die Wartung der das Trinkwasser liefernden Entsalzungsanlage und sogar die Mithilfe bei den wissenschaftlichen Projekten der Kollegen. Sie verbrachte einen Tag in einer Pinguinkolonie und einen weiteren Tag im Landesinneren, wo sie nach Bakterien und »seltsamen einzelligen Organismen« suchte.

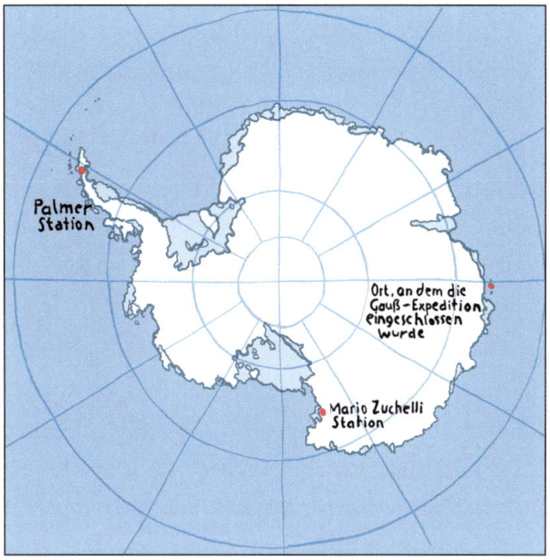

Die Palmer-Station und die Mario-Zucchelli-Station in der Antarktis, und die ungefähre Position an der die *Gauß* 1902 im Eis einfror.

Ein weiteres Abenteuer erlebten sie einige Monate später. Auf ihrer Abreise aus der Antarktis flogen sie quer über den Kontinent eine französische Station auf der anderen Seite an. Das Flugzeug war klein und wurde mit Kerosin betrieben, das wegen seines sehr niedrigen Gefrierpunkts an den Polen gerne verwendet wird.

»Die Reise dauerte Stunden und Landen war unmöglich«, sagt Chiara. »Also mussten wir das Flugzeug im Flug manuell betanken. Ab und zu riefen die Piloten: ›Kommt schon! Pumpen!‹ Wir mussten diese Handpumpen benutzen, um das Kerosin in den Motor zu bekommen.« Das habe alles großen Spaß gemacht, sagt sie. Eine »heldenhafte« Erfahrung.

Auf mich wirkt sie völlig furchtlos.

Sie kamen im November an und mussten auf dem Packeis das Tauwetter des antarktischen Sommers abwarten. Chiara Motta und ein weiterer Wissenschaftler namens Gianfranco Santovito betrieben das Fischlabor. Dafür brauchten sie Fische, und in den ersten Wochen bestand die einzige Möglichkeit zu ihrem Fang darin, ein Loch ins Eis zu schneiden und eine Leine hinunterzulassen.

»Ich habe nichts gefangen, absolut nichts«, sagt sie. »Er schon. Es waren immer dieselben Arten von Eisfischen.«

Als der antarktische Winter nachließ und das Eis zu schmelzen begann, konnten sie in motorbetriebenen Schlauchbooten aufs Wasser. »Der Steuermann war ein italienischer Marinesoldat, der für die Sicherheit auf dem Stützpunkt zuständig war.« Sie lächelt. »Er wurde später mein Ehemann.«

Chiara bereitete die Netze vor, und sie fuhren hinaus. Sie, ihr Kollege und der Steuermann bestiegen morgens das Boot, nachmittags kamen sie zurück. Sie schipperten entlang der Küstenlinie, entfernten sich nie weiter als 50 Meter vom Ufer und schleppten das Netz in der Regel in einer Tiefe von etwa 70 Metern hinter sich her. Manchmal ließen sie es auch tiefer hinab und holten Sedimente herauf. Oft fingen sie 20 bis 30 Fische, eine volle Ladung, die sie dann in die Tanks im Labor umsetzten.

»Wir bekamen jeden Tag so viele Fische, wie wir brauchten«, sagt sie. »Als ich im Februar ging, waren die Becken voller Fische.«

Die Zusammenarbeit in dieser extremen Umgebung habe die Menschen einander nähergebracht, sagt sie. Man lernte die Menschen auf einer sehr tiefen Ebene kennen. Die Arbeit in der Antarktis mit Gianfranco Santovito stellte den Beginn einer Freundschaft dar, die nun schon 25 Jahre andauert. Sie haben immer noch eine ganze Sammlung zu überprüfender Proben und gemeinsam zu veröffentlichender Ergebnisse offen.

Ursprünglich wollte Chiara in der Antarktis die Fortpflanzung von Eisfischen und anderen Antarktisfischen untersuchen. Viele nahmen an, dass die extremen Temperaturen zu einzigartigen Anpassungen im Fortpflanzungsverhalten geführt hatten. Es gab jedoch von Anfang an Probleme. Die Fische wollten sich im Labor nicht fortpflanzen. Das lag zum Teil am Stress, den das Leben im Aquarium mit sich bringt, aber auch daran, dass die Saison schon weit fortgeschritten war.

»Sie haben eine sehr kurze Laichperiode, weil die Larven wachsen müssen«, sagt Chiara. »Nach Februar fallen die Temperaturen sehr schnell. Im Allgemeinen laichen sie also im November und Dezember. Als wir ankamen, war die erste Fortpflanzungswelle bereits vorüber.«

Sie fingen Weibchen voller Eier und fanden andere, die bereits gelaicht hatten. Chiara untersuchte die Eier in Zellkulturen; sie führte Untersuchungen an Fischen voller Eier durch. Sie fanden oft Larven im Eis, aber sie waren immer zu zerbrechlich oder beschädigt, um etwas damit anfangen zu können. Das Labor verfügte nicht immer über die nötige Ausrüstung zur Durchführung der Experimente, die sie hätten machen können.

»Wir mussten das Ganze neu denken und alles nutzen, was wir auftun konnten«, sagt sie. »Mir gingen die Fläschchen aus, mir gingen die Fixiermittel aus, mir gingen viele Dinge aus. Man muss dort eben Lösungen finden. Ich hatte zum Beispiel nicht genug Fixiermittel. Also schnitt ich eine Nylonsocke auf und verknotete sie, um die Proben in einem Fläschchen zu trennen; auf diese Weise konnte ich ein Fläschchen für sechzehn Proben verwenden.«

Ihr Traum, in der Antarktis etwas Neues zu entdecken, erfüllte sich nicht. Insgesamt fingen sie eiertragende Weibchen von neun Arten von Antarktisfischen. Sie verglichen die Eizellen – *Oozyten* genannt – unter dem Lichtmikroskop und dem Elektronenmikroskop und führten auf jede erdenkliche Weise Messungen durch, in der Hoffnung, einen grundlegenden Unterschied zwischen den Eiern von bei eisigen Temperaturen lebenden Fischen und denen von anderswo zu finden.

»Es mag dich überraschen – uns hat es jedenfalls überrascht –, aber was die Fortpflanzung angeht, haben wir wirklich nichts gefunden«, sagt Chiara. »Unsere Oozyten waren genau wie die Eizellen von Forellen oder anderen Arten. Natürlich hatten sie die Anti-Frost-Peptide, die man überall in den Fischen findet – in den adulten Tieren, in den Eizellen, in den Embryonen –, aber das wussten wir schon vorher.«

Das Papier, das sie schließlich veröffentlichten, fasst den Kenntnisstand zusammen: Es gab viele Unterschiede zwischen den neun Arten. Sie alle ergaben einen Sinn, wenn man bedachte, wie sich die antarktischen Fische entwickelt und voneinander abgegrenzt hatten. Es gab jedoch keine besonderen Merkmale, die speziell mit der Kälte zusammenhingen; alles, was sie fanden, konnte auch bei anderen Fischarten beobachtet werden, die irgendwo in gemäßigteren Teilen der Welt lebten.

»Am Ende haben wir es geschafft, ein Papier daraus zu machen. Ehrlich gesagt waren wir nicht sicher, ob wir es schaffen würden, denn in Wirklichkeit hatten wir nicht viel Neues.« Sie lächelt und breitet ihre Hände aus. »Aber da wir es in der Antarktis gefunden haben ...«

Es ist schon eine ganze Weile her, dass Chiara Motta das letzte Mal in der Antarktis war. Das hat sie aber nicht davon abgehalten, sich mit Eisfischen und anderen Antarktisfischen zu beschäftigen.

»Wir hatten viel Blut, wir hatten Leber, wir hatten das Gehirn der Fische«, sagt sie. »Ich habe viele Köpfe mitgebracht.« Einige davon verwendete sie für eine anatomische Studie über winzige verkalkte Objekte in den Fischohren, die sogenannten *Otolithen*.

Die Menschen haben sie auch. Ich hatte noch nie davon gehört, aber ich benutze meine jeden Tag: So weiß ich, ob ich stehe, kopfüber bin oder frei im Weltraum schwebe. Sie sind in unseren Innenohren und denen von Fischen eingebettet, wo sie auf einem Gel sitzen, das Haarzellen enthält. Neigt man den Kopf, biegen sich die Härchen, und das Nervensystem leuchtet auf und sendet ein ›Neigungs‹-Signal an das Gehirn.

»Sie sind ziemlich groß, wie Reiskörner«, sagt Chiara, »und schwer aufzusammeln.« Das kann ich mir vorstellen. »Aber bei einem großen Fisch klappt das ganz gut, und jede Art hat ihre eigene typische Form.«

Das bedeutete, dass man sie unter dem Elektronenmikroskop vergleichen konnte, was sicherlich interessant war, interessant genug für Chiara und sieben andere Wissenschaftler, um einen Artikel darüber im *Journal of Anatomy* veröffentlicht zu kriegen. Sie fanden heraus, dass die Otolithen von weißblütigen Eisfischen denen von rotblütigen antarktischen Fischen so ähnlich sind, dass sie von einem gemeinsamen Vorfahren stammen müssen.

In der Zwischenzeit haben andere Leute das durch den Vergleich der Genome von Antarktisfischen nachgewiesen. Früher musste man das durch den Vergleich von Dingen wie Otolithen tun.

Die Köpfe hat sie noch. Tatsächlich hat sie noch viele, viele Proben, etwa 700, die noch untersucht werden müssen.

»Meine Kollegen und ich sagen, eines Tages kommen wir dazu«, lächelt sie. »Wir haben viel zu tun.«

Vor ein paar Jahren wurde Chiara Motta eine volle Professur angeboten. »Ich habe mich dagegen entschieden«, sagt sie. »Zu viel Bürokratie, man muss sich zu sehr mit langweiligen, nutzlosen, dummen Dingen beschäftigen. Ich möchte lieber ›halbe Professorin‹ bleiben, denn auf diese Weise kann ich tun, was ich will. So begann die beste Forschungsperiode meines Lebens. Wir arbeiten jetzt viel mit Benzodiazepinen. Wir haben dazu viele Kooperationen mit Leuten in Italien und Europa auf den Weg gebracht und viel Spaß dabei.«

Es ist schwer vorstellbar, dass sie jemals langsamer werden könnte. Sie schwenkt die Kamera, damit ich einen besseren Blick auf all die Schubladen in ihrem Aktenschrank werfen kann. Und auf eine Pinnwand, die von fein säuberlich angehefteten Notizen bedeckt ist. »Das ist meine To-do-Liste«, sagt sie. »Irgendwann werde ich das alles erledigt haben.«

120 Jahre nachdem Erich von Drygalski mit einem Ballon abgehoben hatte, um die Antarktis aus 1600 Metern Höhe zu fotografieren, war wieder eine deutsche Expedition unterwegs, um Bilder aufzunehmen, diesmal auf der anderen Seite des Kontinents. Sicherlich hatte sie bessere Kameras, aber das Interessante daran war, dass sie nicht aus der Luft fotografierte, sondern unter der Meeresoberfläche.

Die *Polarstern* fuhr durch das Weddellmeer, das östlich der Antarktischen Halbinsel liegt. Auf der westlichen Seite der Halbinsel liegt die Palmer Station, wo Thomas Desvignes den größten Teil seiner Arbeit in der Antarktis geleistet hat. Das Schiff schleppte ein ausgeklügeltes System von Kameras mit sich, die ins Wasser gelassen wurden, um Bilder vom Meeresboden aufzunehmen.

Plötzlich machten die Lichter und Kameras Nester von Eisfischen aus – und zwar sehr viele. Und noch mehr. Über die nächsten vier Stunden Fahrt sah die Besatzung Nest um Nest. Sie war auf den größten jemals entdeckten Fischnistplatz gestoßen.

Ein Reporter befragte Thomas Desvignes telefonisch zur Bedeutung des Fundes. Er war nicht an Bord gewesen. Tatsächlich war keiner der Leute an Bord der *Polarstern* Fischexperte.

»Das waren alles Umweltwissenschaftler und Ozeanographen«, sagt Thomas. »Sie beschäftigten sich mit Meeresströmungen und damit, wie Nährstoffe in das Ökosystem gelangen. Sie hatten festgestellt, dass es in dem Gebiet interessante Strömungen gab, die irgendwie aufwärtsgerichtet waren und Nährstoffe nach oben brachten. Sie fuhren hinaus, ohne zu wissen, was sie erwartete. Und stießen auf diese Fische.«

Einige Eisfische und andere Antarktisfisch-Arten sind für ihr Nistverhalten bekannt, während andere als Laichfische unterwegs sind. Das Männchen bereitet ein Nest vor, indem es Steine säubert oder Kieselsteine von Schmutz und Sedimenten befreit. Die Weibchen legen Eier ab, die Männchen kommen vorbei und überschütten sie mit Sperma. Entweder Männchen, Weibchen oder beide bewachen die Nester, bis die Eier schlüpfen und der Nachwuchs davonschwimmt.

Bislang waren jedoch nur wenige Nester beobachtet worden; jetzt hatte die *Polarstern* 60 Millionen davon entdeckt. »Völlig irre«, sagt Thomas. »Ein unfassbarer Glücksfall.«

COVID-19 hatte die Forschungsgemeinschaft schwer getroffen und klargemacht, dass die Wissenschaft dafür sorgen musste, dass ihre Ergebnisse nicht bloß die akademische Gemeinschaft erreichten. Was tun? Thomas und John taten sich mit Chloe DaMommio zusammen, einer Studentin an der University of Oregon, die Comics zeichnete. Sie wollten eine Graphic Novel zu einer bevorstehenden wissenschaftlichen Arbeit erstellen.

Das Ergebnis, ein Comic mit dem Titel *A mysterious disease in Antarctic fish* (Eine mysteriöse Krankheit bei Antarktisfischen), erschien zunächst auf Englisch und Französisch sowie in drei weiteren Sprachen. Die zweite Graphic Novel wurde bereits in acht Sprachen übersetzt. Es werden sicher noch mehr folgen.

Das Büchlein ist nicht nur unterhaltsam, schön und lehrreich, sondern vermittelt auch einige Botschaften, die Thomas sehr am Herzen liegen. »Unsere Arbeit geht über die Beschreibung der Evolution der Antarktisfische und der Evolution der Fische hinaus und befasst sich mit der Bedeutung des Klimawandels für die Fische. Was hat der Klimawandel in der Vergangenheit mit den Fischen gemacht, aber auch, was mit diesen Fischen und dem Planeten insgesamt geschehen wird. Wir müssen darüber reden, und es müssen mehr Menschen in die Diskussion einbezogen werden als bloß die Leser wissenschaftlicher Artikel. Wenn ein Comic das möglich macht, warum nicht?«

Dazu muss man tief in die Zellen der Fische eindringen, um zu verstehen, wie die Temperatur die Gene beeinflusst und die genetischen Programme einen Körper mit der richtigen Struktur schaffen, der in seiner Umgebung funktionieren kann. Das hat auch Auswirkungen auf den Lebensstil der Fische – wann sie sich paaren, wie schnell sich ihre Eier entwickeln, wie schnell sie leben und sterben.

Dies geschieht durch das Zusammentreffen der angeborenen Eigenschaften einer Art und der Herausforderungen, die ihre Umwelt stellt. Es gibt da eine weitere, noch höhere Ebene: die Art und Weise, wie Eisfische mit anderen Lebensformen interagieren.

Im großen Maßstab könnten höhere Temperaturen im Süden oder größere Schwankungen die Barriere beseitigen, die vor 15 Millionen Jahren ihre einzigartige Nische schuf, oder sie zumindest absenken, so dass invasive Arten sie überspringen könnten. Dadurch könnten große Arten eingeschleppt werden, die die Antarktisfische fressen. Noch schlimmer könnten jedoch die kleinen Arten sein ... sogar die mikroskopisch kleinen.

2018 fanden Thomas und seine Kollegen einige Fische mit einer seltsamen Krankheit, die sie noch nie zuvor gesehen hatten. Ihre Haut schien Tumore aufzuweisen.

»Wir führten dies auf einen neuen Parasiten zurück, den wir nie zuvor gesehen hatten und der der Wissenschaft völlig neu war. Leute, die im Rossmeer arbeiteten, fingen später Fische mit ähnlichen Hauttumoren und schickten sie mir. Es ist ein beunruhigendes Muster. Wir beobachten einen echten Temperaturanstieg, der die Aktivität von Parasiten begünstigt, die sonst nicht hier wären oder vielleicht hier wären, aber weniger aktiv.«

Eine weitere beunruhigende Entdeckung: Eier, die bei höheren Temperaturen aufgezogen wurden, entwickelten eine Art Pilz, der auf ihnen zu wachsen schien. »Unsere Studenten beschrieben dies als eine Art ›Bart‹ auf dem Ei«, sagt Thomas. »Das ist wirklich beängstigend, ein großes Problem. Wenn es noch wärmer wird, könnte das dramatische Auswirkungen auf die Eier, die Organismen, die Umwelt, die Wechselwirkungen zwischen den Arten und auf das empfindliche Gleichgewicht des antarktischen Ökosystems haben. Alles könnte aus der Balance geraten und einen Punkt überschreiten, an dem es kein Zurück mehr gibt. Das könnte das Ende dieses Ökosystems in seiner jetzigen Form bedeuten, was wahrscheinlich noch schlimmer wäre als die direkten Auswirkungen der Temperatur auf die Organismen.«

Um die globalen Auswirkungen der Temperatur zu verstehen, muss man die Verbindungen zwischen Genen und Zellen, Organen, Individuen, Arten, der Umwelt und dem gesamten Ökosystem verstehen. »Wir müssen das gesamte Ausmaß begreifen«, sagt Thomas. »Irgendwo ist das alles mit der menschlichen Gesundheit und der Gesundheit des Planeten verbunden, vielleicht nicht nur in Bezug darauf, was uns Eisfische über die Biologie in der Kälte, über Knochenkrankheiten oder Anämie sagen können. Vielleicht gibt es da noch viel Tiefgreifenderes, das wir von ihnen lernen müssen.«

8

Peter Pan und die Monstren Alt-Mexikos

Es ist ein Ort verschwimmender Grenzen: zwischen Land und Wasser, Natur und Zivilisation, zwischen Vergangenheit, Gegenwart und Zukunft, zwischen Mythos und Wissenschaft. Was einst eine Reihe sehr alter Seen gewesen war, wurde bebaut, trockengelegt, geteilt, bunt bepflanzt. Farbenfroh bemalte Boote suchen sich ihren Weg zwischen alten Mauern und Gärten hindurch, fahren in enge Kanäle ein und dann wieder auf etwas offenere Wasserflächen. Aus der Luft stellt die Landschaft ein Puzzle aus Braun-, Beige- und Grüntönen dar, die Parzellen sind durch Zypressenbestände und die dunklen Pfade der Wasserwege abgegrenzt. An den Ufern stehen dicht gedrängt die Häuser und Gebäude der Stadt, wie Haufen von Konfetti. Wenn das Wetter und der Smog es zulassen, kann man im Westen und Süden die das Becken von Mexiko begrenzenden Berge als zackige Silhouetten am Horizont erkennen.

Mexico City liegt hoch im Landesinneren Mittelamerikas, inmitten dieses Landes, das den urzeitlichen Seen abgerungen wurde. Unter dem modernen Pflaster liegen Straßen, die von den frühen europäischen Siedlern mit Blut besudelt wurden, und noch weiter darunter befinden sich die Überreste jener älteren Zivilisationen, die sie ausmerzten, der Azteken und Tolteken, und davor von Cuicuilco mit seinen runden Pyramiden.

All diese Kulturen lebten von der um die Gewässer herum gedeihenden Vegetation und Tierwelt. Mit dem Wachstum der Städte musste das Land ergiebiger genutzt werden, und die Menschen begannen, selbst auf den Seen zu bauen. Sie flochten Schilf zu Flößen und verankerten diese mit Pflöcken auf dem Seegrund, schütteten Erde und Pflanzenmaterial auf und schufen künstliche Inseln, die *Chinampas*. Mit der Zeit schlugen die Gärten Wurzeln, die Menschen legten die Gewässer trocken, die Seen wurden zu Ackerland. Die Überreste des Xochimilco, des alten Sees im Süden der Stadt, werden noch immer von Bauern gepflegt, die frühmorgens zu ihren Parzellen paddeln, um Setzlinge, Gemüse, Bienen und Blüten zu hegen.

Einige der Tiere, denen sie begegnen, leben nur hier. In den höheren Lagen, an den Rändern der alten Krater, lebt eine Art, die als Vulkankaninchen bezeichnet wird. Es gibt eine Lyraschlangenart, die nach einem Muster auf ihrem Kopf benannt ist. Und die sumpfigen Ufer stellen den idealen Lebensraum für Salamander dar. Manche der Dutzenden von Arten bewohnen sehr kleine ökologische Nischen. Eine von ihnen ist der Axolotl, der in Xochimilco und einigen nahegelegenen Gewässern beheimatet ist und das Wasser nur verlässt, wenn es nicht anders geht.

Der Axolotl wird alt, aber niemals erwachsen. Andere Salamander-Arten lassen ihr Larvenstadium hinter sich, verlieren ihre Kiemen, bekommen längere Gliedmaßen und klettern an Land. Die Axolotl bleiben Wasserbewohner und vergleichsweise jugendlich. Als Kinderbuchfigur wären sie Peter Pan.

Der Axolotl hat die Fantasie beflügelt, Mythen geschaffen, wurde gar vergöttert. Die Azteken schrieben ihm wundersame Kräfte zu. Die moderne Wissenschaft ging da nicht ganz so weit, aber als eine französische Expedition im 19. Jahrhundert einige Tiere nach Europa brachte, weckte das solch große Neugier, dass sie rasch an Labors auf dem ganzen Kontinent verteilt wurden. Heute sind diese Sammlungen zu riesigen Axolotl-Kolonien angewachsen, es sind Millionen, die in Labors und Aquarien rund um die Welt gezüchtet und als Forschungsobjekte und Haustiere gehalten werden.

Der einzige Ort, an dem sie heutzutage nicht mehr in großer Zahl anzutreffen sind, ist ihr Heimatland. Über einen Zeitraum von zehn Jahren ab Mitte der 1990er sank die Population von Tausenden von Tieren pro Quadratkilometer auf in etwa ein Dutzend. Umweltverschmutzung und die anderen Übel der modernen Zivilisation hatten endlich etwas erreicht, was den spanischen Konquistadoren vor fünf Jahrhunderten nie recht gelingen wollte: eine aztekische Gottheit zu töten.

Tatiana Sandoval Guzmán stammt aus Mexiko, und die Universität, an der sie ihren ersten Abschluss machte, liegt nur wenige Kilometer vom Xochimilco-See entfernt. Wie alle mexikanischen Kinder kannte sie den Axolotl von klein auf. »Er ist Teil unserer Kultur«, sagt sie. »Er wird für ein traditionelles Heilmittel verwendet, zur Herstellung eines Sirups, den Eltern ihren Kindern geben, um Husten und Bronchitis zu behandeln. Der Axolotl ist auf Wandmalereien überall in den Städten abgebildet.« Sie musste jedoch erst weit reisen – nach Dresden in Deutschland –, um im echten Leben einen zu erleben, und diese Begegnung war nicht mal geplant.

Tatiana trägt kurzes schwarzes Haar und eine Brille mit Drahtgestell und sieht zu jung aus, um schon vor zwanzig Jahren ihre erste wissenschaftliche Arbeit veröffentlicht zu haben. Ihre frühen Arbeiten waren einem ganz anderen Thema gewidmet: wie das Gehirn die Produktion von Hormonen steuert, insbesondere von solchen, die am weiblichen Fortpflanzungssystem beteiligt sind.

Ihr Karriereweg hatte sie auf dem Globus immer weiter nach Norden geführt: Sie verließ Mexiko, um an der University of Arizona zu promovieren, und ging dann weit in den Norden nach Schweden, um ein Postdoc-Stipendium am Karolinska-Institut wahrzunehmen. Dort hatten die Wintertage fünf Stunden weniger Tageslicht, als sie es gewohnt war. Diese Winter erwiesen sich als lang, selbst wenn man die meiste Zeit im Labor verbrachte, und selbst wenn man die Stunden im Sommer zurückgewann.

Vor etwa zehn Jahren zog sie mit ihrer Familie nach Dresden und war auf der Suche nach Arbeit. »Ich hatte Vorstellungsgespräche bei mehreren Labors aus meinem Fachgebiet, der Neuroendokrinologie, aber fand nichts. Da schlug mir jemand vor, Elly Tanaka zu kontaktieren, die ein großes Labor am Max-Planck-Institut hatte.«

Elly ist eine Amerikanerin aus Boston, die damals bereits seit fünfzehn Jahren in Dresden lebte. Bis 2016 war sie Direktorin des Zentrums für Regenerative Therapien (CRTD); dann wechselte sie mit ihrer Gruppe an das Institut für Molekulare Biotechnologie in Wien. Vor kurzem wurde sie dort zur Wissenschaftlichen Direktorin ernannt – ein gewichtiger, prestigeträchtiger Posten, der viel Arbeit mit sich bringt.

Ellys Interesse am Axolotl rührte von der bemerkenswerten Fähigkeit dieses Tieres her, verletzte Körperteile nachwachsen zu lassen: Kiemen, Herz, Schwanz, Rückenmark und sogar ganze Gliedmaßen. Ihr Enthusiasmus für das Thema ist überbordend; seine Wirkung auf Tatiana Sandoval Guzmán verfehlte er jedenfalls nicht. Bei ihrem Besuch in Ellys Labor erblickte sie zum ersten Mal eine Axolotl-Kolonie. Sie war unmittelbar fasziniert und stellte viele Fragen. Offensichtlich hinterließ sie trotz ihrer Unerfahrenheit auf dem Gebiet einen guten Eindruck; Elly sagte: »*Well*, wenn du in meinem Labor mitarbeiten möchtest, dann tu das.«

»In diesem Moment richtete ich meine gesamte Karriere neu aus, wechselte das gesamte Thema, an dem ich bis dahin gearbeitet hatte«, sagt Tatiana. »Es ist gut gelaufen für mich.« So gut, dass sie inzwischen ihr eigenes Labor in Dresden hat, in dem sie an Axolotln arbeitet.

Einige der Tiere, die Tatiana Sandoval Guzmán in Elly Tanakas Labor sah, hatten eine rosa-weiße Farbe, fast durchsichtig. Ihre Vorfahren in Mexiko waren typischerweise beige oder sandbraun gefleckt. Hier und da gibt es mal einen Albino, das Ergebnis einer Mutation, aber durch selektive Zucht sind diese seltenen Tiere in Labors und Zoohandlungen inzwischen weit verbreitet. Sie haben eine milchige Haut, die ein wenig lichtdurchlässig ist – praktisch, um die darunter stattfindenden Regenerationsprozesse zu beobachten.

Axolotl kauern normalerweise auf dem Boden ihres Beckens und watscheln gelegentlich umher, wobei sie paddelnde Bewegungen mit ihren stummeligen, seitlich herausragenden Beinen machen. Ihre Köpfe sind von Kiemen umgeben, die sich alle paar Sekunden kurz an die Seiten des Kopfes pressen, um sich dann in einer raschen Bewegung zu fließenden, rosafarbenen Kränzen zu entfalten. Ihre Augen liegen weit auseinander, ihre Münder sind zu einem freundlichen Grinsen nach oben gebogen.

Dieses Lächeln lässt sie entzückend und sanftmütig wirken, bis einer sich einen fetten Wurm schnappt und ihn herunterschlürft wie ein Kind, das sich an einem langen Stück Spaghetti zu schaffen macht. Oder bis ein anderer Axolotl dahergeschwommen kommt und einer sein Bein abreißt und verschlingt. Fleischfresser sind sie, aber nicht wählerisch und greifen gerne mal nach allem, was sich bewegt. Nimmt man ihnen ihre Nahrung oder drängt sie zusammen, werden sie leicht mal zu Kannibalen.

Das Opfer eines Angriffs watschelt in der Regel davon – nach dem Verlust einer Extremität vielleicht etwas schief – und macht weiter wie vorher. Die Heilung beginnt sofort. Die Blutung hört auf, die Wunde wird von einer Gewebeschicht bedeckt. Bei den meisten Wirbeltieren würde dieser Prozess ein Tier für sein Leben prägen und eine dicke Narbe hinterlassen. Die Familie der Salamander ist aber gut darin, verlorene Teile nachwachsen zu lassen, und der Axolotl besonders gut. Ein Jungtier kann innerhalb weniger Wochen oder Monate ein ganzes Glied nachwachsen lassen. Erwachsene Tiere schaffen das auch, wobei ihre Gliedmaßen eine größere Länge erreichen müssen und es somit einiges länger dauert. Im Allgemeinen verlangsame sich der Prozess mit dem Alter etwas.

Ein und dasselbe Glied kann immer wieder nachwachsen. Falls die Wunde an exakt derselben Stelle aufträte, würde die neue Version einige Defekte aufweisen: es könnten Finger fehlen, oder die Knochen könnten etwas kürzer ausfallen. Ansonsten wächst die gesamte Struktur genau an der Stelle nach, an der sie abgetrennt wurde, und baut alle Teile auf, die verloren gegangen sind, und zwar nur diese und so originalgetreu, dass nur ein Experte erkennen könnte, dass es sich nicht um das Original handelt.

Wie schaffen erwachsene Tiere das? Wie erkennen ihre Zellen, was fehlt, und koordinieren die komplizierte Aufgabe, eine ganze Extremität wiederaufzubauen? Und warum können die Menschen und so viele andere Tiere das nicht? Haben wir alle irgendeine uralte Fähigkeit zur Regeneration verloren, oder hat der Axolotl sich da ein neues Kunststück angeeignet? Tatiana Sandoval Guzmán und Elly Tanaka und viele andere suchen nach Antworten auf diese Fragen, damit wir uns diese magische Fähigkeit möglicherweise aneignen können.

»Wenn man mit einem so ungewöhnlichen Tier wie dem Axolotl arbeitet, fragen sich die Leute nach der Anwendbarkeit«, sagt Tatiana. »Sie denken, ›Der Mensch unterscheidet sich so sehr von den Amphibien; wir sind Warmblüter, wir leben in einer gänzlich anderen Umwelt ... Wie könnten wir da etwas Relevantes über uns selbst erfahren?‹«

Viele Wissenschaftler arbeiten mit einer einzigen Tierart, um bestimmte Fragen zu lösen. »Sie glauben, dass es am besten sei, mit Organismen zu arbeiten, die uns möglichst ähnlich sind«, sagt Tatiana. »Wenn du also an etwas wie Regeneration arbeitest, sagen sie dir, du sollst nicht mit Fischen oder Würmern arbeiten, weil diese keine Gliedmaßen haben.«

Das sei eine zu enge Sichtweise, sagt sie, quasi ein Tunnelblick. Sie räumt jedoch ein, dass es schwer sein kann, den Blick öffnen zu wollen, gerade bei Studenten, die Ärzte werden wollen oder die etwas zu entwickeln hoffen, das die Behandlung einer menschlichen Krankheit deutlich voranbringen wird.

Ganz gleich, wie zielgerichtet man vorgeht, es ist ihrer Meinung nach in der Regel ein Fehler, nach einem universellen ›Mechanismus‹ zu suchen, der ein bestimmtes Problem lösen soll. »Wenn man glaubt, es gäbe nur ein Gen, eine Therapie, eine Art, etwas zu tun, was passiert dann, wenn man diese auf Menschen übertragen will und es funktioniert nicht?«, sagt sie. »Was macht man dann? Wenn man sich dagegen in der Natur umschaut, sieht man, dass es bei den verschiedenen Arten unterschiedliche Möglichkeiten gibt, Körperteile zu regenerieren. Das gibt einem eine Rezeptsammlung, mit der man experimentieren kann. Und selbst unser eigener Körper hat da mehr als eine Möglichkeit.«

Seit Wissenschaftler den Axolotl im frühen 19. Jahrhundert erstmals nach Europa brachten, gab er ihnen Rätsel auf. Vergleichende Anatomen betrachteten seine Merkmale und versuchten, ihn in eine der bekannten Kategorien des Tierreichs einzuordnen. Sie wussten nicht, wohin damit. Der Axolotl ähnelte Amphibien, aber andere Mitglieder dieser Kategorie verlassen das Wasser, werden adult und stellen ihre Atmung auf die Lungen um. Diese Kreatur sah nach einem Jungtier aus: Wo war das adulte Tier? Georges Cuvier, ein Wissenschaftler am Nationalen Naturkundemuseum in Paris, konnte sich nicht entscheiden. Er kam zu dem Schluss, dass es sich um die juvenile Form eines Reptils handeln musste – die adulte Form sei wahrscheinlich einfach noch nicht entdeckt worden.

Fünfzig Jahre später brachte eine französische Expedition 34 Axolotl zurück und übergab sechs davon an Cuviers Nachfolger am Museum. Auguste Duméril übernahm ihre Züchtung und entdeckte, dass diese vermeintlichen ›Jungtiere‹ sich nicht nur paarten, sondern auch jede Menge Junge hatten. Die sechs Tiere ergaben über 800 neue, und mit diesen musste etwas getan werden. Er fing an, sie weiterzugeben.

Falls jemand erwartet, dass sie sich zu Salamandern, Eidechsen oder in eine andere Art von Reptilien verwandeln würden: Er wird lange warten müssen. Ganz selten einmal geschah das sogar: Duméril beobachtete ein paar Tiere, die das Wasser verließen und an Land zu leben begannen. Dabei verschwanden die schicken Kiemen, sie begannen Luft zu atmen, und ihre Körper machten weitere Änderungen durch. Sie sahen weniger bemerkenswert und etwas langweilig aus, wie andere adulte Salamander.

Es war die Frühzeit der Evolutionstheorie und niemand hatte von den Experimenten gehört, die Gregor Mendel an Erbsen durchführte, um die Grundprinzipien der Vererbung zu erforschen. Es kursierten noch viele seltsame Ideen darüber, wie sich Tiere entwickeln, was aus ihnen werden kann und wie die Arten miteinander verwandt sind. Axolotl schienen zwischen den Kategorien zu sitzen – nicht ganz Fisch, nicht ganz Amphibie, nicht ganz Larve, nicht ganz adult. Es kam zu einigen kuriosen Experimenten.

Vielleicht konnte man ein Tier dazu bringen, sich weiterzuentwickeln, etwas anderes zu werden. Die Freiburger Forscherin Marie von Chauvin zog die Tiere in einem Aquarium mit geneigtem Boden auf und ließ das Wasser ganz allmählich ablaufen, zwang die Axolotl damit zu einem Leben an Land. Sie fand heraus, dass man viele von ihnen zur Reife und in eine weitere Entwicklungsphase bringen konnte, die sie adulten Salamandern sehr ähnlich werden ließ.

Dieses Experiment lässt sich auch heute wiederholen. Malcolm Maden, ein Wissenschaftler an der University of Florida, der einen Großteil seiner Laufbahn mit dem Studium der Axolotl verbracht hat, beschreibt diese Verwandlung als verblüffend. »Man kann es mit eigenen Augen beobachten, in einem Aquarium. Sie verlieren ihre Schwanzflosse. Ihre Arme, die bisher seitlich heraushingen, schwingen jetzt unter ihnen umher. Sie bauen tonnenweise Muskeln in ihren oberen Gliedmaßen auf; sie werden dünner und verlieren ihre Kiemen. Und dann gehen sie an Land.«

Es dauerte bis Anfang des 20. Jahrhunderts, bis man allmählich verstand, was da mit den Tieren vor sich ging. Ein deutsch-amerikanischer Biologe namens John Friedrich Gudernatsch wies nach, dass sich Kaulquappen schneller zu Fröschen entwickelten, wenn man von der Schilddrüse produzierte Substanzen extrahierte und sie ihnen verabreichte. Bald darauf versuchten zwei Wissenschaftler in Prag, Edward Bab und Vilém Laufberger, dasselbe an den Axolotl. Sie wiesen nach, dass von der Schilddrüse produzierte Hormone die Tiere aus ihrer juvenilen Form stoßen und sie zu ›richtigen‹ Salamandern machen konnten.

Es gibt da eine schräge Geschichte zu diesen Hormonen: Ein anderer Forscher dachte, man könne sie Erwachsenen verabreichen und so den Alterungsprozess umkehren – bitte nicht nachmachen, es funktioniert nicht!

Die Axolotl produzieren die Hormone normalerweise nicht, es sei denn, sie sind irgendeiner Belastung ausgesetzt, zum Beispiel durch Umweltveränderungen wie Überfüllung, Austrocknung – oder eine Operation. Jahrzehnte später entfernte ein Wissenschaftler chirurgisch ihre Kiemen, was sie ebenfalls ›adult‹ werden ließ.

Allerdings könnten die Kiemen eines Axolotl, wenn man sie entfernt, auch wieder nachwachsen. Man wusste bereits, dass die Axolotl etwas Merkwürdiges an sich hatten: Bald nachdem sie in die Labore kamen, stellten Wissenschaftler fest, dass die Tiere verlorene Gliedmaßen nachwachsen lassen konnten. Es dauerte über 150 Jahre, bis man herausfand, wie das geschieht.

Es gibt nicht die eine biologische Lösung für das Nachwachsen von Körperteilen; es gibt nicht das einzige Masterprogramm, das Tiere starten und ausführen können. Tatiana Sandoval Guzmán würde das sagen, und auch Malcolm Maden würde das bestätigen.

Malcolm werde ich später noch ausführlich vorstellen, wenn wir uns der Ägyptischen Stachelmaus widmen. Für den Moment müssen wir bloß wissen, dass er im Vereinigten Königreich geboren und ausgebildet wurde und dann in die USA ging, an die University of Florida, wo er den größten Teil seiner Laufbahn verbracht hat. Er hatte eine lange und äußerst produktive Karriere. Vor mehreren Jahrzehnten – als Elly Tanaka noch zur High School ging und bevor Tatiana Sandoval Guzmán geboren wurde – arbeitete er bereits an den grundlegenden Prinzipien der Gliedmaßenentwicklung, zunächst bei Salamandern und dann beim Axolotl.

Axolotl verharren normalerweise in ihrem Larvenstadium – anders als andere Salamander, die das Wasser verlassen und sich zu adulten Tieren entwickeln. Wenn ein Axolotl Schilddrüsenhormonen ausgesetzt wird, kann er eine Metamorphose durchmachen und ein an Land lebender Salamander werden.

Schon früh konnte Malcolm zur Klärung beitragen, warum wir Vitamin A in unserer Ernährung brauchen. Wir nehmen es auf mit Lebensmitteln wie Eiern und Milchprodukten, Rinderleber sowie mit einigen Früchten und Gemüsen, und unsere Zellen zerlegen es dann in andere Stoffe. Einer davon heißt Retinsäure und fungiert quasi als Ausbilder für die Zellen. Die Retinsäure aktiviert Programme, die für den Aufbau der Knochen, den Erhalt der Haut sowie für die Sicherstellung der Fruchtbarkeit, des Sehvermögens und die Funktionen des Immunsystems zuständig sind. Die Aufnahme von zu viel oder zu wenig Retinsäure – oder ähnlicher Substanzen, die ›Retinoide‹ genannt werden – kann all diese Prozesse beeinträchtigen.

»Wir wissen seit Jahrzehnten, dass falsch dosierte Retinoide an den falschen Stellen zu Defekten bei der Entwicklung der Gliedmaßen, des Nervensystems und des Gesichts führen können«, sagt Malcolm. »Eine ihrer Funktionen ist es, den Zellen mitzuteilen, wo sie sich befinden. Retinoide helfen dabei, eine Art Koordinatensystem einzurichten. Höhere Konzentrationen bedeuten, dass die Zellen näher an der sie produzierenden Quelle sind, niedrigere Konzentrationen bedeuten, dass sie weiter weg sind.«

Nimmt ein Arm oder Bein eines Embryos Gestalt an, sind die Werte in der Nähe des Rumpfes hoch. Die Retinsäure breitet sich in das wachsende Gewebe aus, und je weiter nach unten man sich in der Extremität bewegt, desto geringer werden die Mengen, bis sie schließlich an den Zehen oder Fingerspitzen am niedrigsten sind. Diese Konzentrationsänderungen sind die Zahlen auf einem Lineal, die den Zellen sagen, wie weit sie vom Rumpf entfernt sind und wie sie sich verhalten sollen.

Die Bildung einer Extremität erfordert die Koordination verschiedener Zelltypen, die zu Knochen, Nerven, Haut und so weiter werden. Jede Zelle reagiert, indem sie sich in der richtigen Weise entwickelt, sich in der korrekten Geschwindigkeit teilt und untereinander kommuniziert, um hochorganisierte Strukturen herzustellen. Die Retinoide erreichen das unter anderem durch Triggern von Hox-Genen – die Moleküle, die wir von Maulwürfen und Fledermäusen kennen –, die Körperpläne aufstellen, Strukturen vom Kopf bis zum Hinterteil anordnen und ihnen sagen, wie weit sie wachsen sollen.

Retinoide arbeiten auch mit anderen Signalen, denn die Zellen brauchen noch weitere Informationen, etwa ob sie sich auf der Handfläche oder auf dem Handrücken befinden. Sie müssen sich auch etwas einfallen lassen, um all diese Strukturen miteinander zu verbinden, so dass Knochen und Muskeln, Nerven und Blutgefäße korrekt miteinander verknüpft sind.

»Bei jungen Embryos sind die Mengen an Retinsäure in der Nähe des Rumpfes hoch und sorgen dafür, dass man ein ganzes Körperglied mit all seinen Strukturen erhält«, sagt Malcolm. »Wir haben festgestellt, dass bei Fröschen, Salamandern oder Axolotl, die eine Extremität verloren haben, die einfache Zugabe von Retinoiden zum Wasser eine kuriose Wirkung hat. Verlorene Gliedmaßen können diese Tiere ohnehin wieder nachwachsen lassen, aber jetzt erscheinen an der Stelle, an der sie verloren wurden, doppelte Gliedmaßen oder welche mit zusätzlichen Segmenten.«

Ein Überschuss an Retinsäure kann also die Biologie eines Tieres von der genetischen Programmierung wegbewegen, die normalerweise am Aufbau der Gewebe und Strukturen des Körpers beteiligt ist. Ein Zuwenig an Retinsäure oder eine Beeinträchtigung ihrer normalen Aktivität im Körper kann ebenso störend wirken.

Eine Substanz, die sich darauf auswirkt, ist das Medikament Thalidomid, das in den 1950ern entwickelt und als Contergan vermarktet wurde. Ursprünglich wurde es als Schlafmittel und als Medikament zur Linderung morgendlicher Übelkeit bei Frauen beworben. Es hatte aber völlig unerwartete Nebenwirkungen. Zellen reagieren auf Retinoide, weil sie deren Signale empfangen und interpretieren können. Dazu braucht es ›Rezeptoren‹, und diese werden von Thalidomid blockiert.

Bei einem Erwachsenen mit voll ausgebildetem Körper mag dies keinen großen Unterschied machen, aber eine schwangere Frau trägt einen Fötus in sich, der Retinoide zu seiner Entwicklung benötigt. Bei vielen Embryonen traten Probleme mit dem Herz, den Augen und der Struktur der Gliedmaßen auf. Knochen von Armen oder Beinen, Handgelenken oder Händen waren verkürzt oder verschmolzen, Segmente fehlten oder nahmen andere Formen an. Im Jahre 1961 wurde Contergan schließlich als Verursacher identifiziert und in Europa verboten.

Andere Substanzen und Ereignisse können ähnliche Auswirkungen haben wie Thalidomid. Der Kontext ist hier wichtig: der Zeitpunkt, die Menge und der Ort der Substanzen und ob die Zellen die notwendigen Informationen erhalten.

Was ist der Unterschied zwischen einem Tier, dessen Wunden heilen, einem, das Gewebe regenerieren kann, und einem, das Gewebe zu unpassenden Zeiten und an unpassenden Orten wachsen lässt – was zu einem Tumor führt? Diese drei Prozesse sind insofern miteinander verbunden, als das Gewebe möglicherweise eine Wahl treffen muss. Die Durchführung eines Prozesses bedeutet in der Regel die Verhinderung der anderen.

All dies erfordert Koordination zwischen Immunzellen, dem Nervensystem und anderen Komponenten. »An einem bestimmten Punkt gibt es einen Schalter«, sagt Malcolm Maden. »Dazu gehört eine Kombination von Dingen, die die Entscheidung beeinflussen: ›Wir werden die Wunde nicht einfach schließen, sondern das Fehlende nachwachsen lassen.‹ Das ist also der Schalter. Und die andere große Frage betrifft die Tatsache, dass die Zellen wachsen, sich teilen und differenzieren. Sie müssen wissen, wann sie damit aufhören sollen.«

Heilung ist oft eine Notreparatur: das Flicken eines dringenden Problems, damit ein Wesen sein Leben weiterführen kann. Im Idealfall kann es jedoch um mehr gehen: einen Teil des Körpers in seinen ursprünglichen Zustand zurückversetzen. Dazu sind Prozesse erforderlich, die die Vorgänge in den frühen Stadien des Lebens nachbilden.

»Man muss all diese embryonalen Moleküle neu stimulieren«, sagt Malcolm, »die Retinsäuren und die Fibroblasten-Wachstumsfaktoren und all die anderen Abläufe, die die Dinge überhaupt erst aufgebaut haben. Das wirkt erst mal kompliziert – viele denken, dass das zu komplex ist, um nur bei einer bestimmten Spezies aufzutauchen. Sie denken, dass es bei allen Tieren ein grundlegendes Programm geben muss, das Regeneration ermöglicht, dass die meisten Arten es aber verloren haben. Ich sehe das anders. Ich glaube, dass diese Fähigkeit manchmal durch eine sehr einfache Veränderung entstehen kann.«

In sehr frühen Entwicklungsstadien, im Embryo, sind sogar Wesen wie Mäuse oder Menschen gut darin, Schäden zu reparieren und sogar Körperteile wiederaufzubauen. Das ist sinnvoll, weil die genetischen Programme, die diese Prozesse steuern, noch nicht lange abgeschaltet sind; das meiste, das man braucht, ist noch vorhanden. Später geht diese Fähigkeit zwar verloren, aber nicht überall im Körper gleichermaßen. Der Mensch ersetzt sein ganzes Leben lang ständig Blut, Haut, Muskeln, die Darmschleimhaut und viele andere Gewebe. Für die großen Körperteile gilt das aber nicht.

»Das hat viele zu der Annahme verleitet, dass die Regeneration nur im Larvenstadium der Amphibien stattfindet«, sagt Malcolm. »Das ist nicht richtig. Wenn Salamander ausgewachsen sind und an Land gehen, können sie sich immer noch regenerieren. Es dauert bloß etwas länger, wenn sie älter sind. Das Gleiche gilt für Axolotl, auch wenn sie nicht adult werden.«

Irgendwann geht das System in die Brüche. »Axolotl werden alt, zeigen Alterungserscheinungen und sterben«, sagt Tatiana Sandoval Guzmán. »Wir hatten schon Tiere, die bis zu 20 Jahre alt waren, und man sieht ihnen das an. Die Skelette haben Defekte – arthritische Knochen, ähnlich wie bei einem alten Säugetier. Manchmal haben sie auch ›Wucherungen‹.«

Wenn ein Axolotl eine Extremität verliert, müssen die alten Programme neu aktiviert werden. Immunzellen sind daran beteiligt, und auch das Nervensystem spielt eine Rolle. Blockiert man etwa die Entwicklung von Nerven, wächst das Körperglied eines Axolotls nicht nach.

Malcolm erklärt mir den Prozess. »Das Erste, was bei der Regeneration geschieht, ist, dass sich an der Stelle, an der die Extremität verloren gegangen ist, eine ›Knospe‹ bildet«, sagt er. »Die Zellen in dieser Knospe sind möglicherweise in der Lage, ihre eigene Retinsäure zu erzeugen. Dies reaktiviert wahrscheinlich die Zelltypen, die im Embryo das Gewebe aufgebaut haben, und veranlasst sie, das Gewebe in ähnlicher Weise neu zu strukturieren.«

Werden embryonale Programme bei Erwachsenen neu gestartet, stellt sich jedoch die Frage der Kontrolle. Der Rest des Körpers ist bereits geformt; nun müssen die Wachstumsprozesse in einer bestimmten Region stattfinden und auf diese beschränkt bleiben. Die Strukturen müssen nicht nur an der richtigen Stelle, sondern auch in der richtigen Größe neu aufgebaut werden: Einem Erwachsenen sollten keine Gliedmaßen in Kindergröße wachsen. Das erfordert einen enormen Energieaufwand, denn einen ganzen Arm aufzubauen braucht viel mehr, als eine Narbe über eine Wunde zu legen. Ein Erwachsener würde diese Ressourcen normalerweise ganz anders einsetzen.

Ist der Prozess erst einmal in Gang gekommen, ist es genauso wichtig, dass er wieder gestoppt wird. Andernfalls könnte es zu übermäßigem Wachstum kommen, im falschen Zusammenhang – wie bei einem Tumor.

»Der Zusammenhang zwischen Regeneration und Krebs ist faszinierend und wird schon seit langem erforscht«, sagt Malcolm. »Man hat unter anderem versucht, bei einem Axolotl Tumore zu erzeugen. Das erwies sich als schwierig oder sogar unmöglich. Nehmen wir einen Fall beim Menschen: Bekäme ein Mensch einen Kristall aus Steinkohlenteer unter die Haut, wäre das furchtbar und würde die Bildung eines Tumors auslösen. Macht man das Gleiche mit einem Axolotl oder einem Molch, erhält man stattdessen ein zusätzliches Körperglied.«

Der erwähnte Steinkohlenteer ist das Zeug, mit dem Straßen gepflastert werden. Heute wird er als Bestandteil von Schuppenshampoos verwendet, und seit 150 Jahren wird er in einem breiten Spektrum von medizinischen Anwendungen eingesetzt. Laut Schätzungen eines deutschen Chemieingenieurs enthält er wahrscheinlich 10000 chemische Verbindungen, von denen die meisten unbekannt sind. Kein Wunder also, dass Steinkohlenteer seit etwa 50 Jahren auch als krebserregend eingestuft wird.

Jedenfalls müssen regenerationsfähige Tiere über leistungsfähige Abwehrsysteme gegen Krebs verfügen. Man kann nicht beides tun – oder sollte es zumindest nicht.

Während wir uns unterhalten, fällt mir ein merkwürdiges, abstraktes Bild an der Wand hinter Malcolm auf. Ich spreche ihn darauf an, woraufhin er es abnimmt und in die Kamera hält, damit ich es mir besser ansehen kann. Es ist ein Bild eines Froschschwanzes aus einer alten Zeitung. Jemand in seinem Labor hatte ihn mit Retinsäure behandelt. Dann wuchsen aus dem Schwanz mehrere Gliedmaßen, voll ausgebildet, mit Armen und Ellbogen, Handgelenken und Fingern.

In Elly Tanakas Labor und jetzt mit ihrer eigenen Gruppe ist Tatiana Sandoval Guzmán den Schaltern des Axolotl auf den Fersen, die Heilung in Regeneration verwandeln.

Wenn man sich eine fiese Schürfwunde auf der Haut holt, blutet die Wunde eine Weile und es bildet sich ein verkrusteter Schorf. Dabei handelt es sich um abgestorbenes Gewebe, eine Art vorübergehender Panzer, der den darunterliegenden Teil der Wunde während ihrer Heilung schützt. Wenn der Schorf abfällt, ist die Haut darunter dünn, rot und sehr empfindlich. Mehrere Tage lang sieht sie nicht normal aus. Bei älteren Menschen hält das länger an, und wenn die Verletzung schwerwiegend ist, kann es Wochen oder gar Monate dauern und eine Narbe fürs Leben hinterlassen. Die meisten von uns haben ein paar davon.

»Selbst wenn der Axolotl eine ganze Extremität verloren hat, geht die Heilung bei ihm viel schneller vonstatten«, sagt Tatiana. »Das Blut gerinnt sehr, sehr schnell, man kann ihm dabei zuschauen. Die Haut schließt sich und nach bloß zehn Stunden sieht sie schon wieder fast normal aus.«

Darunter befindet sich eine Masse, die wie eine kleine Beule aussieht. Das ist eine Struktur, die man *Blastem* nennt, und sie ist voller neuer Zellen, die entweder in den Bereich eingewandert sind oder aus sich teilenden Zellen entstanden sind, die sich bereits in der Nähe befanden. Blastem-Zellen wachsen und wachsen und differenzieren sich. Die

Zellen in der Mitte beginnen, sich in Knochen zu verwandeln. Mit ihrem Expansionsdrang wachsen aus Nervenzellen neue Verzweigungen und schieben mit, und andere Zellen entwickeln sich zu neuem Muskelgewebe, Haut, Bindegewebe – alles Nötige, um ein Körperglied entstehen zu lassen, das mit dem ursprünglichen identisch ist.

Die ganze Zeit über empfängt das Blastem Informationen aus seiner Umgebung. Um genau die richtigen Strukturen wachsen zu lassen – nicht zu viel, nicht zu lang oder zu groß –, muss dieser erste Zellhaufen genau wissen, wo er sich befindet. Er muss wissen, ob es sich um ein Vorder- oder Hinterbein handelt. Er muss genau wissen, wie nah am Körper die Amputation stattgefunden hat.

»Einen Teil dieser Informationen erhält er, indem er die Konzentrationen an Retinsäure ausliest, den Rest von anderen Molekülen«, sagt Tatiana. »Sie sagen ihm, welche Gene aktiviert werden müssen, in welcher Reihenfolge und wie lange.«

Was geschieht, wenn man ein Blastem entnimmt und es in einer Petrischale wachsen lässt? »Es wird etwas Wachstum zeigen«, sagt sie. »Was man nicht erhält, ist eine ganze, in der Schale gewachsene Extremität. Aber nehmen wir an, man verpflanzt ein Blastem auf einen anderen Teil des Tiers. Man kann zum Beispiel den Schwanz ein wenig öffnen und es dorthin verpflanzen. Es wird Nerven und Blutgefäße anziehen, und es hat bereits genug Ahnung davon, was es werden soll, um eine Extremität am Schwanz zu produzieren.«

Blasteme können mehr als nur Gliedmaßen werden. In verschiedenen Teilen des Körpers können die Zellen verschiedene Arten von Strukturen bilden. Falls der Schwanz abgetrennt wird, kann das Tier sein Rückenmark reparieren – und sogar ein völlig neues regenerieren.

Menschen bilden keine Blasteme, und es gibt noch weitere Unterschiede zwischen dem, was bei uns und bei den Axolotl in jenen ersten Minuten der Heilung geschieht. Sie erweisen sich als entscheidend für die Regeneration. Die Prozesse lassen sich grob nach denen einteilen, die bei Entzündungen ablaufen: Aussenden von Alarmsignalen, Einziehen von Immunzellen, Beseitigung von Schäden. Normalerweise erleben wir Entzündungen als geschwollenes, heißes und empfindliches Gewebe; das geschieht, wenn so viele neue Zellen in Gewebe eindringen und es reinigen. Wiederaufbau und Erneuerung erfolgen später.

Der zeitliche Ablauf dieser Prozesse ist bei den verschiedenen Arten unterschiedlich. Entzündungen beim Menschen sind stärker und dauern länger. Und sie bestehen aus vielen Schritten, an denen verschiedene Zelltypen beteiligt sind.

Es ist verlockend, sich die Zellen eines Körpers als winzige Maschinen vorzustellen, die in die Welt hineingeboren werden und die Bahnen einschlagen, die ihr genetischer Code ihnen vorgibt. Sie werden jedoch stark geprägt nicht nur von ihren Begegnungen mit anderen Zellen, sondern auch von dem sie umgebenden Material. Zellen leben in Gemeinschaften, in denen sie aneinander festhalten und sich gegenseitig nähren. Sie sind eingebettet in *Material*: Fasern, Moleküle, Gerüste, Strukturen.

Ein Zelltyp, der bei der Schaffung dieser Umgebungen eine große Rolle spielt, heißt *Fibroblast*. Er legt Proteinfasern ab, die als Verstrebungen, Ankerleinen und Klebeband dienen. Tatiana und ihre Kollegen glauben, dass sie eine wichtige Rolle bei der Regeneration spielen. Fibroblasten scheiden Faktoren aus, die bestimmte Immun- und Blutzellen anziehen. Sie schaffen Bedingungen, die Entzündungen begünstigen oder sie eindämmen.

Ein entscheidendes Merkmal der Gewebeumgebung ist ihre Steifheit. »Insgesamt sind Axolotl sehr weich«, sagt Tatiana. »Und die Umgebung, in der bei ihnen die Heilung stattfindet, ist viel weicher als zum Beispiel in unserer Haut.«

Ob etwas hart oder weich ist, können wir feststellen, indem wir daraufdrücken; Zellen spüren auch, ob sie sich in einer lockeren oder dichten Umgebung befinden. Die Außenwelt drückt auf ihre Membranen, oder sie ist nicht so steif und lässt ihnen Raum zum Atmen. Der Raum um sie ist offen genug, anderen Zellen das Vorbeischlüpfen zu erlauben, oder so eng, dass Besucher sich hindurchzwängen müssen. Diese Umgebungsmerkmale tragen entscheidend dazu bei, was aus einer Zelle wird und wie sie sich verhält, und sie haben tiefgreifende Auswirkungen auf die Zellen eines Blastems.

»Als wir Blasteme im Labor züchteten, stellten wir fest, dass sie sehr weich waren«, sagt Tatiana. »Das brachte uns auf die Frage, ob es vielleicht Unterschiede gibt zwischen Blastemen, die sich ganz nah am Körper, am Rumpf bilden, und solchen, die sich bei einer Verletzung an den äußeren Enden der Gliedmaßen bilden. Das könnte sinnvoll sein, weil am Anfang, in der Nähe des Körpers, viel Wachstum notwendig ist. Weiter draußen muss nicht mehr so viel Gewebe gebildet werden, und die Zellen müssen sich nicht so weit bewegen.«

Wenn man einen langen Weg vor sich hat, möchte man zu Beginn der Reise nicht viel Widerstand überwinden müssen. Als Tatianas Labor mit Messungen begann, stellten sie fest, dass sich die Blasteme umso schneller teilten und ausbreiteten, je weicher sie waren. Wenn die Zellhaufen steifer waren, ging alles langsamer. Es sah so aus, als ob diese mechanischen Eigenschaften des Gewebes den Zellen dabei halfen herauszufinden, wo sie sich befanden und wie sie sich verhalten sollten, wie sie verlorenes Gewebe regenerierten – und ob sie das überhaupt konnten.

Was würde geschehen, wenn man dasselbe Blastem in eine steifere oder lockerere Umgebung bringen würde? Ein Postdoc in Tatianas Gruppe führt gerade die Experimente dazu durch. Es stellt sich heraus, dass die Umgebung das Verhalten beeinflusst. Die Zellen merken etwas; sie passen sich an. Ihr Schicksal ist nicht festgelegt.

Die Menschen sind da aus härterem Holz geschnitzt, zumindest im Bereich einer Wunde. Es stellt sich die Frage, ob die Gründe, warum wir keine Gliedmaßen, kein Rückenmark oder ein beschädigtes Herz nachwachsen lassen können, wirklich so kompliziert sind. Selbst wenn wir lernen könnten, Zellen umzuprogrammieren und ihnen beizubringen, auf weitere Signale und auf neue Art und Weise zu reagieren, könnten wir immer noch scheitern – einfach, weil wir nicht weich genug sind.

Könnte uns das Axolotl lehren, verlorene Gliedmaßen oder durchtrennte Nerven im Rückenmark nachwachsen zu lassen?

Tatiana Sandoval Guzmán meint, dass wir unsere Recherche dazu im Tierreich wohl breiter anlegen müssen. Die Natur kennt viele Strategien zur Erreichung dieses Ziels.

»Selbst das einzelne Tier hat unterschiedliche Mechanismen, um das zu bewirken«, sagt sie. »Der Mensch kann Teile seiner Leber ein Leben lang regenerieren, andere Gewebe jedoch nicht. Die Maus kann die Spitzen ihrer Zehen – ihre Fingerspitzen – regenerieren. Wir haben gedacht, dass Menschen das auch können, wenn sie Kinder sind. Dann, im Laufe der Zeit, wenn man verschiedene physiologische Stadien oder verschiedene Reproduktionsstadien durchläuft, ändern sich die Dinge. Das bedeutet, dass zu unterschiedlichen Zeiten und bei unterschiedlichen Geweben selbst wir Menschen unterschiedliche Strategien haben.«

Sie weist darauf hin, dass dies sogar bei der Haut der Fall sei. »Sie ist ein einziges Organ, man hat überall auf dem Körper Haut, also könnte man meinen, dass die Haut nur eine Art der Heilung kennt. Es hat sich aber herausgestellt, dass, je nachdem, wo sich die Verletzung befindet, verschiedene Akteure zum Heilungsprozess beitragen. Die Haut der Hand ist anders als die Haut des Arms. Die Vorderseite der Hand ist anders als ihre Rückseite. Bei ihrer Heilung kann es subtile, aber wichtige Unterschiede geben.«

Dies deutet auch an, dass es innerhalb der riesigen Weltbevölkerung sicherlich Einzelne mit unterschiedlichen Fähigkeiten zur Reparatur verschiedener Körperteile geben muss.

Tatianas Gruppe arbeitet mit einer Klinik und einer großen Gruppe von Patienten zusammen, die Schäden an ihren Fingerspitzen erlitten haben. Sie sind unterschiedlichen Alters und unterschiedlicher Herkunft; alle haben Schnittwunden oder Quetschungen erlitten, die normalerweise den Verlust des betroffenen Fingers zur Folge hätten.

»Bei dieser Gruppe wurden die Verletzungen auf eine Weise behandelt, die eine Regeneration ermöglichte«, sagt sie. »Wenn das geschieht, können die Patienten die Fingerspitze nachbilden. Normalerweise hört man davon vielleicht bei Kindern, aber wir haben das auch bei Erwachsenen erlebt. Der älteste Patient in dieser Kohorte ist 72 Jahre alt, und trotzdem hat sich seine Fingerspitze nachgebildet. Man bekommt sogar den Fingerabdruck zurück, und wenn überhaupt eine Narbe bleibt, dann ist es nur eine sehr minimale.«

Das Geheimnis sei, die Wunde offen zu halten, sagt sie, was das Gegenteil von dem ist, was mit Wunden normalerweise gemacht wird. Wird eine Fingerkuppe genäht, regeneriert sie nicht. Wird Haut auf eine Wunde verpflanzt, um sie zu schließen, regeneriert sie sich nicht. Wunden sind unangenehm; sie sondern Eiter und Flüssigkeit ab, und die erste Reaktion eines Arztes ist in der Regel, die Wunde zu verschließen, um eine Infektion zu verhindern. Findet man aber einen anderen Weg, um das zu verhindern, sagt Tatiana, und hält die Wunde offen, kann sie sich regenerieren.

»Die Menschen wünschen und benötigen häufig dringende Heilung«, sagt sie. »Die meisten brauchen ihre Hände zum Arbeiten! Deshalb werden sie anders behandelt, als Wunden an vielen anderen Stellen des Körpers heilen würden. Die Ärzte hier in Dresden halten die Wunde lange offen, ohne irgendetwas zu verschließen, indem sie eine Silikonspitze darübersetzen. Das verhindert neue Infektionen und alles, was eine Regeneration aufhalten würde.«

Das sei keine völlig neue Erkenntnis, sagt sie. Ärzte haben das schon früher erlebt und darüber berichtet, aber oft werden diese Fälle von Wissenschaftlern nicht wahrgenommen. Anekdotische Berichte über einzelne Patienten landen häufig in medizinischen Fachzeitschriften, in denen nur Ärzte davon lesen. Es gibt da eine Kommunikationslücke. Ärzte und Wissenschaftler sollten miteinander reden.

Eine Idee, die auf dem Gebiet der Regeneration immer mal wieder aufgebracht wird, betrifft Stammzellen – die generischen Zellen, die dazu aufgerufen werden, sich zu spezialisierteren Typen zu entwickeln. In unserem eigenen Körper gibt es einige davon, Reserven, auf die wir zurückgreifen, um Gewebe, Blut, Haut, die Darmschleimhaut und andere zu ersetzende Gewebe zu produzieren. Die stärksten Stammzellen, die im Embryo alles in Gang bringen, verlieren wir jedoch. Bei den Axolotl könnte das anders sein – behalten diese sie ihr ganzes Leben? Es könnte ihre Fähigkeit erklären, Gliedmaßen, Wirbelsäulen und andere Körperteile nachzubilden.

Falls sie solche Zellen hätten, sollte man sie in Blastemen finden. Dazu müsste man in das Gewebe hineinschauen und die Wege der einzelnen Zellen vorwärts und rückwärts in der Zeit nachverfolgen. Tatiana und ihre Kollegen in Elly Tanakas Labor hatten dies bereits getan, aber nun wollten sie sich einige gerade aufkommende neue Technologien zunutze machen. Zu diesem Zweck wandten sie sich an ein Forschungslabor nur eine Stunde entfernt, ans Max-Planck-Institut für Evolutionäre Anthropologie in Leipzig.

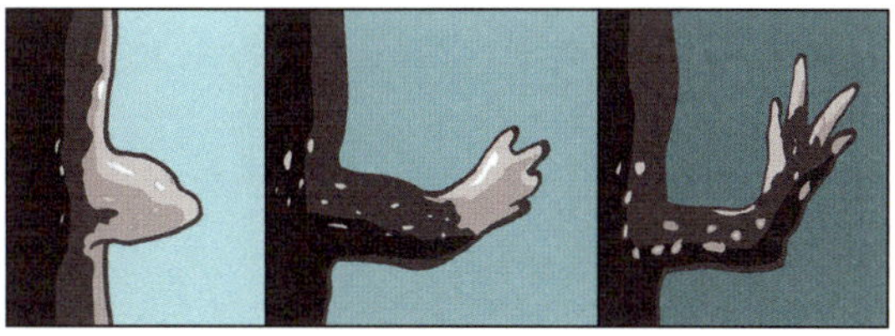

Wenn ein Axolotl eine Gliedmaße verliert, wächst einfach eine neue nach und ersetzt sie.

Das MPI in Leipzig sorgte 1997 weltweit für Schlagzeilen, als einem seiner Wissenschaftler etwas gelang, was zwar schon versucht, aber nur im Kino erreicht worden war. In dem Jahr gewann ein schwedischer Wissenschaftler namens Svante Pääbo, der kürzlich Direktor des Instituts geworden war, DNA aus einem Fossil. Es handelte sich um ein wichtiges Fossil: die ersten Überreste, die jemals als von einem Neandertaler stammend identifiziert worden waren. Pääbo schaffte es, winzige DNA-Fragmente aus dem Knochen zu gewinnen, sie zu sequenzieren und sie zusammenzusetzen. Dadurch erhielt er ein Fragment des Neandertaler-Genoms und trug dazu bei, eine alte Kontroverse über die Verwandtschaft der Neandertaler mit dem modernen Menschen zu lösen: Sie waren nicht unsere direkten Vorfahren. In der Zwischenzeit hat Pääbos Labor nachgewiesen, dass es zu Kreuzungen kam und dass die Neandertaler Gene zu unserer Spezies beigetragen haben.

Stirbt ein Tier, zerfällt seine DNA, und je mehr Zeit vergeht, desto größer wird der Schaden. Was im Neandertaler-Knochen zurückgeblieben war, waren winzige DNA-Fragmente, die nur mit hochempfindlichen Instrumenten geborgen werden konnten. Wissenschaftler am Leipziger Institut hatten sich diese Methoden angeeignet und wussten sie anzuwenden.

Barbara Treutlein ist Pionierin einer Methode, mit der komplexe Gewebe in einzelne Zellen zerlegt und dann die von ihnen produzierten Moleküle analysiert werden können, um sie zu identifizieren und die in ihnen ablaufenden Prozesse herauszufinden. Im Jahre 2015 gründete sie in Leipzig ihr eigenes Labor, in Teilzeit mit einer anderen Stelle in Dresden. Tobias Gerber, Student in einem anderen Labor, wurde zu einem Projekt hinzugezogen, um ihre Technologie auf Axolotl-Blasteme anzuwenden.

Auf Tobias stieß ich durch einen Artikel, den er über das Tier geschrieben hatte. Ich wusste nicht, dass er das Labor gewechselt hatte, quer durch Deutschland nach Heidelberg gezogen war und an dem Tag, an dem ich mit ihm sprach, in einem Zimmer bloß zehn Kilometer von meinem Haus entfernt saß. Er hatte mit seiner Familie eine Wohnung in der Altstadt gefunden, sie waren noch dabei, sich einzuleben. Seine Kinder liefen im Hintergrund umher. Vor kurzem war er in das Labor eines alten Freundes eingetreten, mit dem ich viele Jahre zusammengearbeitet hatte.

Wie viele Forscher, die sich mit den Axolotln beschäftigen, besitzt auch Tobias Gerber selbst welche. Die Kinder lieben sie. »Ich fand sie faszinierend, also habe ich zwei besorgt. Es sind ziemlich entspannte Tiere; sie hängen bloß herum und warten darauf, dass ich sie füttern komme. Ich habe diese gelbe Schachtel mit Trockenfutterpellets; wenn sie die sehen, kommen sie zum Fressen angeschwommen.«

Tobias Gerber wurde 1989 in Ostdeutschland geboren, »direkt vor dem Fall der Berliner Mauer, in dem Ort, der damals Karl-Marx-Stadt hieß«. (Das veränderte politische Klima führte zu einigen Namensänderungen: Jetzt heißt er Chemnitz.) Als Kind war er von Tieren fasziniert und wollte Tierarzt werden. »Aber es gab nur fünf Universitäten in ganz Deutschland, an denen man Tierarzt werden konnte«, sagt er. »Die Plätze waren sehr begehrt und ich wurde nicht angenommen.« Also ging er den Weg vieler Studenten in dieser Situation und schrieb sich stattdessen für Biologie ein.

Er zog nach Leipzig, eine junge, wachsende Stadt mit einer toleranten Haltung, die ihm sehr gefiel. In einem Semester schrieb er sich für ein Praktikum am MPI für Evolutionäre Anthropologie ein. Sie stellten ihn als studentische Hilfskraft an, und er blieb, um einen Master-Abschluss auf dem Gebiet der aDNA (vom englischen *ancient DNA*) zu machen. Er war im Begriff, seine Promotion zu beginnen, als Barbara Treutlein ankam und eine brandneue Technik mitbrachte, die sich auf lebende Organismen anwenden ließ.

»Ich war fasziniert von ihren Einzelzellmethoden und entschied mich, die Welt der fossilen DNA zu verlassen«, sagt er. »Es gibt da nicht viele Gemeinsamkeiten, außer dass beide Methoden mit sehr kleinen Molekülmengen umgehen müssen. Damals war ich ein ›Nasslaborant‹, jemand, der Experimente durchführt, und diese neue Methode würde eine Menge Datenanalyse beinhalten. Also brachte ich mir bei, wie man das macht.«

Die Axolotl-Regeneration eignete sich hervorragend, um die neue Technologie auf ein sehr kniffliges Problem anzuwenden. »Die Regeneration ist ein komplexes Zusammenspiel verschiedener Zelltypen, die alle auf das Ziel hinarbeiten, eine Extremität zu regenerieren«, sagt Tobias. »Dies war schwer zu erforschen gewesen, weil die meisten Experimente viele Zellen erforderten, und wenn man Gewebe auseinandernahm, um ihr Material zu untersuchen, kam es leicht mal zu einer Vermischung zwischen den verschiedenen Typen. Man konnte allgemeine statistische Informationen erhalten, aber es war schwierig, die Details zu erkennen. Mit Barbaras Technologie konnten einzelne Zellen herausgezupft und herangezoomt werden. Es war ein echter Wendepunkt.«

Dresden und Leipzig lagen nur eine Stunde voneinander entfernt, und Barbara hatte in beiden Orten eine Stelle. Zu dieser Zeit hatte Elly Tanaka eine riesige Axolotl-Kolonie, wohl eine der größten weltweit. Als sie vor acht oder neun Jahren mit der Studie begannen, machte Tobias die Reise viele Male. Er mochte die Zugfahrt, sagt er – sie habe ihn an Schulausflüge erinnert.

»Ich fand die Tiere wirklich spannend«, sagt er. »Zum einen ihre Größe: Axolotl wachsen ihr ganzes Leben lang, manchmal bis zu 20 Jahre, und können fast einen halben Meter lang werden. Normalerweise untersuchen wir die jüngeren Tiere, aber trotzdem ... Die Anlage war beeindruckend. Für die Unterbringung so vieler Tiere braucht man eine Menge Platz.«

Bei den Experimenten wurden Blasteme aus regenerierenden Gliedmaßen entnommen und aus ihren Zellen Kulturen angelegt. Manchmal holte Tobias sie ab und brachte sie nach Leipzig zurück, oder Mitglieder des Dresdner Labors fuhren sie hinüber. Dort wendeten sie die Methoden an, die Barbara Treutlein eingebracht hatte, um die Gewebe in einzelne Zellen zu trennen und zu analysieren.

»Wir wollten beobachten, was über die Zeit passiert«, sagt Tobias. »Wie bildeten sich Blasteme nach einer Wunde? Welche Arten von Zellen enthielten sie, und woher kamen diese Zellen? Welche dieser Zellen würden die verschiedenen Teile eines Körperglieds bilden – das Skelett, die Nerven, die Blutgefäße, die Muskeln und all die anderen Gewebe?«

Damit befand er sich mitten in der Debatte über Stammzellen: Vielleicht verfügten Axolotl über einen speziellen Typ, auf den sie zurückgreifen konnten, eine sehr potente Zelle, die abgerufen werden konnte, um den Regenerationsprozess einzuleiten. Die Alternative wäre, dass sie auf bereits spezialisierte Zellen zurückgreifen könnten. Könnten diese Zellen irgendwie wieder allgemeiner werden, mehr wie Stammzellen, dann könnten sie vielleicht ihren Kurs ändern und verschiedene Schicksale annehmen.

Mit den neuen Methoden hatten Tobias, Barbara und Mitglieder von Ellys Labor eine Möglichkeit, diese Frage zu beantworten. Sie nahmen Blasteme auseinander und sahen sich die einzelnen Zellen genau an. Ziel war es, einen Katalog aller von der Zelle produzierten Moleküle zu erhalten – welche Gene benutzte sie? So würde man eine Art molekularen Fingerabdruck erhalten, mit dem sich die Art der Zelle identifizieren ließe.

»Wir stellten fest, dass sich die Zellen im Blastem sehr ähnlich geworden waren«, sagt Tobias. »Man konnte sie nicht mehr wirklich auseinanderhalten. Wir führten einige Tests durch, um zu zeigen, dass dies wirklich der Fall war; es war nicht so, dass sie ihre Identität irgendwie vor uns ›versteckt‹ hielten.«

Woher die Zellen stammten, zeigte es jedoch nicht. Um dies herauszufinden, fügten die Wissenschaftler verschiedenen Zelltypen im Axolotl Fluoreszenzmarker hinzu. Diese Marker würden von allen Nachkommen dieser Zellen mitgeführt, unabhängig davon, was aus ihnen wurde, wenn sie sich teilten und spezialisierten. Auf diese Weise konnten sie verfolgen, was Schritt für

Schritt geschah, wenn ein Axolotl seine Gliedmaßen verlor und eine neue Extremität aufbaute. Sie konnten sehen, welche Arten von Zellen in ein Blastem eintraten und was aus ihnen am Ende wurde, wenn die Zellen das gesamte Gewebe und seine Strukturen wiederaufbauten.

»Sieht man sich ein Körperglied an, besteht dieses aus verschiedenen Gewebetypen«, sagt Tobias. »Nerven, Muskeln, Knochen, Haut und das, was wir Bindegewebe nennen. Das Bindegewebe ist der Raum zwischen diesen Gewebetypen und Strukturen; es ist lockerer und besteht aus verschiedenen Arten von Zellen, die sich bewegen und ziemlich flexibel sind. Wenn man von der ›Reprogrammierung‹ von Zellen zu Stammzellen spricht, machen sich die meisten dieser Methoden Zellen aus dem Bindegewebe zunutze.«

Verliert der Axolotl eine Gliedmaße, bilden einige dieser Zellen das Blastem – die Frage war bloß: Welche von ihnen? Die Studie zeigte, dass fast alle von den Typen im Bindegewebe stammten. Statt alter Skelettzellen, die das Skelett wiederaufbauen, verlieren die Fibroblasten einige ihrer spezialisierten Eigenschaften und kehren zu einem allgemeineren Typ zurück. Dabei zerfällt das Gewebe, in das sie eingebettet sind – und das sie mit aufgebaut haben.

»Diese Zellen gehen durch eine Art Trichter«, sagt Tobias. »Am Anfang ist der Trichter breit – es gibt Fibroblasten und andere Arten von Zellen. Im Allgemeinen sind sie ziemlich flexibel. Wenn sie das Blastem bilden, treten sie in den Trichter ein und werden sich ähnlich. Sie verlieren die meisten adulten Eigenschaften, die sie hatten, und werden sich immer ähnlicher.«

Was sie nicht fanden, war eine neue, potente Art von ›Stammzellen‹, die sich zu Blastem-Zellen differenzierten. Stattdessen sammelte das Blastem spezialisierte Zellen ein, die sich bereits im Bindegewebe befanden, entfernte einige Merkmale und brachte die Zellen zusammen. Danach begannen sie, sich zu teilen und neue Typen zu bilden: Skelett, Sehnen, Bänder, Haut, alles, was man für ein Körperglied braucht.

Zweihundert Kilometer westlich von Mexiko-Stadt, im Keller des Klosters Unserer Lieben Frau der Gesundheit, füttern die Nonnen Salamander. Sie tragen weiße Kittel und haben schwarze Gummihandschuhe übergezogen, um die Tiere anzufassen. Dies ist Teil einer Tradition, die vor mehr als einem Jahrhundert begann, als Mitglieder des Klosters aus den nahen Verwandten des Axolotl erstmals eine Suppe kochten.

Auch heute kochen sie die Suppe manchmal noch, aber hauptsächlich wird ein Sirup hergestellt, der gegen Husten und andere Brustbeschwerden helfen soll. Sie geben ihn auch an Wissenschaftler ab oder stellen Proben für die Forschung zur Verfügung.

Das war das, was Tatiana Sandoval Guzmán ursprünglich über den Axolotl wusste; sie hatte den Sirup auf dem Markt oder bei Straßenhändlern gesehen. Der Preis liegt bei etwa 10 Euro pro Flasche.

Tatiana hat in ihrer Wohnung weder den Sirup noch lebende Axolotl, aber eine Sammlung. Die Leute schenken ihr ständig Figuren, Schmuck, Malereien und andere Darstellungen des Tieres. Sie holt eine kunstvolle Puppe aus ihrem Regal: einen bunt bemalten Axolotl, an dessen Hals eine verzierte Maske hängt – ein Totenkopf, der die Masken darstellt, die zur Feier des ›Tages der Toten‹ getragen werden.

Die Arbeit an dem Tier sei nicht nur ein wissenschaftliches, sondern auch ein kulturelles Abenteuer gewesen, sagt Tatiana. Erst letztes Jahr wurde sie von einem Redakteur von *Nature* gebeten, einen Überblick über die Forschung zu diesem Tier zu verfassen, mit der besonderen Bitte, reichlich anekdotische und historische Informationen einzubeziehen. Das gab ihr die Gelegenheit, in ihre eigene Lebensgeschichte einzutauchen.

»Axolotl ist ein Nahuatl-Wort, das übersetzt so viel wie ›Wassermonster‹ oder ›Wasserhund‹ bedeutet«, beginnt sie. In ihrem Artikel erzählt sie die Geschichte des gefiederten Gottes Quetzalcoatl und seines Zwillings Xolotl nach, der der Sonne geopfert werden sollte. Um diesem Schicksal zu entgehen, verwandelte sich der Bruder in verschiedene Dinge, unter anderem in den Axolotl.

Das Tier hat ein kulturelles Revival erlebt: in der Literatur, Kunst und sogar in Videospielen. Man sieht es überall auf Wandmalereien in Mexiko und der ganzen Welt: in Amsterdam und Barcelona, Tokio, Bogotá und Bangkok, sogar hier in Berlin.

Man braucht kein Wissenschaftler oder Künstler zu sein, um zu helfen. Luis Zambrano ist Ökologe an der Nationalen Autonomen Universität von Mexiko. Er hat an Erhebungen teilgenommen, die zeigen, dass die Axolotl-Populationen einen verheerenden Rückgang erlebt haben. Nun betreibt er ein Projekt, um sie zurückzubringen. Schon ab zehn Dollar kann jeder eine Axolotl-Patenschaft übernehmen und dabei helfen, geschützte Rückzugsgebiete in Mexiko zu schaffen.

Gegenwärtig gibt es auf die ganze Welt verteilt weitaus mehr Axolotl als in der angestammten Heimat der Tiere. Hoffentlich bleibt das nicht für immer so.

ZU LAND

9
Die Weichheit der Stachelmaus und ein Junge ohne Haut

Es ist ein heißer Tag bei den großen Pyramiden von Gizeh in der Nähe von Kairo. Heiß genug, um den jungen Mann in den Schatten zu treiben, an eine bröckelnde Wand des Totentempels von Chephren. Aaron Sandoval trägt ein graues T-Shirt und weiße Shorts; eine Baseballkappe schützt seine Augen vor der Sonne. Als er sich setzt, hat er die mittlere der drei großen Pyramiden im Rücken. Er blickt auf die Rückseite der Großen Sphinx, die weiter östlich in Richtung Nil liegt. Aaron packt sein Mittagessen aus und hört ein Krabbeln auf der rechten Seite. Eine kleine gelbbraune Kreatur springt aus einem Spalt in der Wand, erblickt ihn und verschwindet sofort wieder in ihrem Loch.

Er lässt sein Sandwich fast fallen. Nicht, weil er erschrocken wäre – sondern wegen des unwahrscheinlichen Zufalls, dass er heute genau an diesem Ort genau diese Maus treffen sollte.

Aaron befindet sich auf einer Reise, die von Cambridge in England ausging, wo er einen einjährigen Masterstudiengang in Biowissenschaften absolvierte. Dorthin wollte er bald zurückkehren, um ein weiteres Studium zu beginnen, und zwar in Wirtschaft. Dazwischen versucht er, so viele Abenteuer wie möglich zu erleben. Das macht man so als Amerikaner, wenn man für eine Weile nach Europa geht und sich nicht sicher ist, ob sich die Gelegenheit noch einmal ergibt.

Gestern war er noch in der Stadt Sharm el-Sheik an der Küste des Roten Meeres. Sharm el-Sheik ist ein guter Ort, wenn man am selben Tag an einem Korallenriff tauchen und ein versunkenes Schiff erkunden und danach auf einem Kamel am Strand reiten möchte. Tauchen hatte schon lange auf seiner Wunschliste gestanden, und so hat Aaron vor ein paar Monaten einen Kurs auf Mallorca belegt. Seitdem brennt er darauf, es wieder zu tun. Freunde empfahlen ihm Sharm el-Sheik.

Weitere Punkte auf seiner Liste: Skifahren in den Schweizer Alpen, Wildwasser-Rafting in Kroatien, Bungee-Jumping in Frankreich, Fallschirmspringen in Norwegen, Surfen in der Dominikanischen Republik. Später wird er mir sagen, dass er die ganze Liste abgearbeitet habe. Es gibt wenig an Aaron, was mich noch überraschen würde.

Es wäre schade, sich auf den weiten Weg nach Ägypten zu machen, ohne die Pyramiden zu sehen. Kairo ist bloß 400 km von Sharm el-Sheik entfernt, und es gibt Flüge, aber wenn man getaucht hat, muss man etwas warten, bis man wieder fliegen darf. »Die einzige Alternative, die ich so kurzfristig fand, war ein Nachtbus von Sharm el-Sheik nach Kairo«, sagt Aaron. »Das Außenministerium rät davon ab.«

Das konnte ihn nicht aufhalten, aber er erfuhr bald den Grund für den Hinweis: Der Bus wurde im Laufe der Nacht mehrmals für Sicherheitskontrollen angehalten. Die bewaffneten Wachen ließen alle aussteigen und durchsuchten ihre Habseligkeiten, bevor sie sie weiterwinkten. Aaron kam in Kairo an und nahm sich ein Taxi nach Gizeh. Es ist weder teuer noch weit. Man kann es in weniger als einer Stunde schaffen – so zumindest die

Theorie, bis man die Anarchie des Kairoer Verkehrs erlebt.

Endlich ist er da, unversehrt, und hat sich zum Mittagessen hingesetzt, und genau in diesem Moment taucht die Ägyptische Stachelmaus auf. Aaron kennt diese Art besser als jeder andere auf der Welt. Er studiert sie seit fast fünf Jahren im Labor. Er hat jedoch noch nie eine in freier Wildbahn gesehen.

Er wirft ihr ein Stück Brot zu. Nachdem das Tier vergeblich versucht hat, es in seine Ritze in der Wand zu ziehen, setzt es sich hin und knabbert an der Kruste. Aaron und die Maus beäugen sich misstrauisch.

»Der wissenschaftliche Name dieser Art ist *Acomys cahirinus*«, sagt Aaron. »Bis zu diesem Moment hatte ich völlig vergessen, dass sich ›cahirinus‹ auf Kairo bezog! Es war ein wirklich surrealer Zufall!«

Surreal und Zufall – mit diesen beiden Worten könnte man die ersten 25 oder 26 Jahre von Aaron Sandovals Leben gut zusammenfassen. Das muss nach meiner Berechnung in etwa sein Alter sein; er scheint in dieser Zeit drei- oder viermal so viel erlebt zu haben wie jeder normale Mensch. Vielleicht arbeitet sein Gehirn schneller. Er spricht doppelt so schnell wie die meisten Menschen, und man merkt ihm an, dass er am liebsten noch schneller sprechen würde, um den Worten eine Chance zu geben, mit seinen Gedanken mitzuhalten.

Aaron ist das Kind von zwei Ärzten aus Florida, die ihm davon abrieten, Arzt zu werden; inzwischen studiert er in Harvard Medizin. Eigentlich wollte er außerhalb seines Bundesstaates studieren, doch dann landete er mit einem Vollstipendium an der Universität von Florida.

Seitdem hat sich eine Tür nach der anderen geöffnet. »Wenn wir uns in der Schule mit Wissenschaft beschäftigten, ging es immer um Wissenschaft, die Menschen in der Vergangenheit betrieben hatten«, sagt er. »Ich wollte selbst etwas tun und in ein Forschungslabor gehen. Aber ich war bloß ein Studienanfänger ohne Erfahrung und noch dabei herauszufinden, wie ich meine Wäsche waschen konnte.«

Er begann an Türen zu klopfen, in der Hoffnung, dass ein Professor ihm ein Gespräch erlauben würde. Eine dieser Türen gehörte zu Malcolm Maden, dem Guru des Axolotl und anderer Tiere, die nach Verletzungen Gewebe regenerieren können. Auf seinen Termin mit Malcolm bereitete sich Aaron vor, indem er die ganze Nacht vorher Artikel aus dem Labor las. Er hatte vor kurzem einen *Spiderman*-Film gesehen, in dem es ein Labor gab und in dem ein Wissenschaftler an der Regeneration arbeitete.

»Malcolms Forschung erinnerte mich an etwas, das man in einem Comic liest«, sagt er. »Ich fühlte mich wie Peter Parker, der in ein Labor geht ... Ich übte auf meinem Zimmer Tennisschläge; das tue ich, wenn ich aufgeregt bin.«

Sie verstanden sich auf Anhieb. Malcolm hatte einen »coolen britischen Akzent«, sagt Aaron. »Er ist sehr entspannt, sehr sympathisch«, sagt Aaron. »Jemand, mit dem man ein Bier trinken kann – ich war damals allerdings noch zu jung zum Trinken! Später fand ich heraus, dass jeder Malcolm kennt – einer meiner Professoren nannte ihn einen James Bond der Regeneration.«

Malcolm fragte Aaron, woher er komme, welche Interessen er habe und was er mit seinem Leben machen wolle. Er verbrachte die Zeit damit, über Dinge zu sprechen, die sie gemeinsam tun könnten – ein krasser Gegensatz zu den anderen Gesprächen. Andere Lehrkräfte interessierten sich mehr dafür, was Aaron für sie tun könnte.

Wissenschaft kann anstrengend sein, vor allem, wenn etwas schiefgeht. »Malcolm nahm mich mit ins Labor, als ich noch keine Ahnung hatte. Ich machte viele Fehler, anfangs habe ich wahrscheinlich mehr Material verschwendet als etwas Nützliches produziert.« Das blieb nicht lange so; am Ende seines ersten Jahres leistete Aaron einen wichtigen Beitrag zu einer wissenschaftlichen Arbeit – die erste von vielen.

Im Sommer gingen die meisten Studenten Praktika machen. Warum nicht auch nach Harvard, dachte Aaron, und ging also hin. Malcolm legte ein gutes Wort für ihn ein, und es wurde der erste von mehreren Sommern, die er im Labor von Jessica Whited verbrachte. Sie verkehrte in denselben Kreisen wie Malcolm und arbeitete ebenfalls an der Regeneration, hauptsächlich mit dem mexikanischen Salamander, dem Axolotl.

Jahrzehntelang war das auch Malcolms Lieblingstier, bis er 2010 die Stachelmaus entdeckte.

Malcolm Maden sitzt in seinem Büro; die Sonne, die von hinten hereinscheint, fällt auf große Stapel von Nachdrucken wissenschaftlicher Abhandlungen, zusammengerollte Poster und etwas, das aussieht wie eine Tasche mit Tennisschlägern. Er hat einen üppigen grauen Haarschopf und einen kurzen graumelierten Bart. Er trägt einen blauen Pullover, was bedeutet, dass es für die Verhältnisse in Zentralflorida draußen wahrscheinlich kalt ist.

Ja, er hat einen britischen Akzent und, ja, er wirkt sehr sympathisch. Angesichts seiner jugendlichen Ausstrahlung kann man kaum glauben, dass er seinen ersten Artikel bereits vor 50 Jahren veröffentlicht hat. Schon damals beschäftigte er sich mit dem Nachwachsen von Gliedmaßen bei Amphibien. Er promovierte an der Universität von Birmingham in Mittelengland, schrieb seine Dissertation über den Axolotl und forscht seither über Regeneration.

»Die Stachelmäuse kamen erst kürzlich ins Spiel, einer dieser glücklichen Zufälle, die sich manchmal ergeben«, sagt Malcolm. »Ich hatte einen Postdoc namens Ashley Seifert, wir arbeiteten an der Haut der Axolotl. Ashleys Frau Megan war auf einer Ökologiestation in Kenia, wo sie als Mammalogin alle möglichen Tiere einfing.«

Die Mpala-Forschungsstation liegt in der zerklüfteten Savanne Zentralkenias, einer halbtrockenen Landschaft mit zerklüfteten Hügeln, staubigen Straßen und vereinzelten Büschen und Bäumen. Die Mitarbeiter sind mit der Erforschung und Erhaltung von Zebras und Elefanten, Löwen und Spitzmaulnashörnern, Flusspferden und den hochgiftigen Puffottern beschäftigt. Dazu gehört auch eine breite Palette an Vögeln mit Namen wie Gelbschnabel-Madenhacker, Helmperlhuhn, Witwenstelze und Weißbauch-Lärmvogel (auf Englisch dank seines charakteristischen Warnrufs auch *Go-Away Bird* genannt).

Manchmal gingen Stachelmäuse in ihre Fallen. Diese kleinen Tiere stammen ursprünglich aus der Sahara und haben sich in Dutzende von Unterarten diversifiziert, die sich in ganz Afrika und darüber hinaus bis in den Nahen Osten und auf Mittelmeerinseln wie Kreta und Zypern verbreitet haben. Sie haben sich auf unterschiedliche Weise angepasst, aber alle haben langes, grobes Haar, das sogenannte *Deckhaar*, und ein spezielles Haarbüschel auf dem Rücken, das noch steifer ist – stachelig, stachelschweinartig. Erst kürzlich entdeckte Malcolm ein weiteres sonderbares Merkmal: Sie haben knöcherne Schwänze, wie die Gürteltiere.

Das mit Abstand Seltsamste war, dass viele der Tiere in den Fallen riesige Wunden in ihrer Haut hatten. Laut Megan Seifert berichteten die Einheimischen, dass Stachelmäuse nicht nur ihre Haut verlieren, sondern sie auch wieder nachwachsen lassen könnten. Aber bis dahin hatte dies niemand untersucht.

»Auf den Bildern, die sie uns schickten, fehlten große Stücke Haut«, sagt Malcolm. »Die Tiere sahen aus, als wären sie von Schlangen angegriffen worden und hätten sich losgerissen. Jede normale Maus wäre tot, aber diese hatten irgendwie überlebt. So etwas Erstaunliches hatte ich noch nie gesehen. Also kaufte ich ein paar Tickets nach Nairobi und wir fuhren los.«

Malcolm und Ashley verbrachten etwa zwei Monate in Mpala. Nachmittags stellten sie ›Sherman-Fallen‹ auf Felsvorsprüngen auf: rechteckige Kästen mit einer Tür, die zuschnappt, sobald ein Tier die Schwelle überschreitet. Sie benutzten stinkende Köder – ein Fallensteller empfahl eine

Mischung aus Erdnussbutter, Frosties-Cornflakes und Parmesan. Jetzt heißt es warten und die Fallen am nächsten Morgen überprüfen: Stachelmäuse und gelegentlich auch andere Lebewesen fanden ihren Weg in die Fallen. Da es vor Ort keine Käfige für die Mäuse gab, mussten Malcolm und Ashley ihre eigenen bauen.

Vielen der gefangenen Tiere fehlten tatsächlich große Hautpartien. Malcolm sagt, man habe sie vorsichtig behandeln müssen. »Es gab einen Bericht aus dem Jahr 1896, der besagte, dass sie ›sehr weiche Haut‹ hätten. Jede heftige Bewegung konnte sie zerreißen. Wir fanden Mäuse, die mehr als die Hälfte ihrer gesamten Haut verloren hatten – und die trotzdem am Leben blieben.«

Angesichts der vielen Wunden würde man erwarten, dass man geheilte Tiere finden würde – aber wo waren die Narben? Bei anderen Tieren gäbe es da harte, kahle Stellen mit dicker Haut. Hier schien es keine zu geben. Ab und zu fand man eine Maus mit einer etwas fleckigen Stelle auf der Haut, aber alles schien wieder zu wachsen, auch die Haare.

In den kommenden Wochen beobachteten Malcolm und Ashley dieses Nachwachsen in Echtzeit, während die Mäuse die verlorene Haut wiedergewannen. Ja, wenn sie nachwuchs, war sie komplett mit Haaren bedeckt. Nach ein paar Wochen war oft das einzige Anzeichen dafür, dass überhaupt etwas passiert war, dass die Haut unter dem Fell ein wenig blasser war als der Rest.

»Die Haut bildete sich also tatsächlich neu, es war erstaunlich«, sagt Malcolm. »Vor Ort führten wir direkt eine Menge Histologie durch, um die Hautstruktur zu untersuchen. Ashley arbeitete noch fünf oder sechs Jahre lang mit Leuten von der Tierarztschule in Nairobi zusammen.«

Im Laufe dieser und der nächsten Saison sammelten Ashley, Malcolm und ihre Kollegen genügend Daten, um eine umfangreiche Arbeit zu verfassen, die in der Zeitschrift *Nature* veröffentlicht wurde. »Skin shedding and tissue regeneration in African spiny mice« (Hautablösung und Geweberegeneration bei afrikanischen Stachelmäusen) lautete der Titel, und sie stellten einige Berechnungen an. Die normalerweise in der Forschung verwendete Hausmaus hat eine 20-mal stärkere Haut als die Stachelmaus. Es würde 77-mal mehr Kraft erfordern, einen Teil davon abzureißen. Als ob die Haut der Stachelmaus nur mit einem Klettverschluss befestigt wäre oder ähnlich wie bei einer Haftnotiz.

Wenn die Haut der Stachelmaus nachwächst, hat sie alle Merkmale ›normaler‹, gesunder Haut, inklusive Haarfollikeln und Schweißdrüsen.

Das Tier schien seine Haut sogar freiwillig abwerfen zu können, so wie eine Eidechse ihren Schwanz abgibt, wenn er von etwas gepackt wird. Bei einigen Eidechsen geht dies über den Schwanz hinaus; sie können auch ihre Haut lösen. Die Stachelmaus ist das erste Säugetier mit dieser Fähigkeit.

Bei der Regeneration würden andere Säugetiere wie Mäuse – und Menschen – Narben entwickeln. Aber einer Stachelmaus wächst eine vollständige, makellose Haut mit all ihren Strukturen nach: Schichten von Dermis und Epidermis, Drüsen und

Haarfollikeln. Die Regeneration erstreckte sich auch auf andere Teile des Körpers: Bei einer Verletzung des Ohrs baut das Tier sogar den Knorpel darunter wieder auf und gibt dem Ohr seine Form und Struktur zurück.

Können sie noch mehr Körperteile nachwachsen lassen?

Mit der Veröffentlichung des *Nature*-Artikels erschien ein neuer Stern am Himmel der Regenerationsforschung. Dutzende Gruppen auf der ganzen Welt arbeiteten an Axolotln und einigen anderen Organismen mit regenerativem Potenzial, in der Hoffnung, ihre Geheimnisse zu entschlüsseln. Zu verstehen, wie ein Tier Gewebe, Organe und Gliedmaßen nachwachsen lassen kann, könnte helfen zu erklären, warum der Mensch dies nicht kann. Die Aufnahme eines Säugetiers in das Repertoire konnte den Durchbruch bringen, auf den alle gewartet hatten.

Plötzlich wollten viele Gruppen Stachelmäuse in die Finger bekommen. Auch Malcolm, der nicht jedes Mal nach Afrika reisen wollte, um sie zu untersuchen.

Oder in das Vereinigte Königreich oder nach Europa, wo Wissenschaftler seit über 50 Jahren Stachelmäuse züchten. Menschen, die sie als Haustiere hielten, wussten, dass sie anfällig für Diabetes waren. Fütterte man sie wie Vögel mit Samen – diese enthalten viel Fett –, tranken die Mäuse viel mehr, fraßen mehr, verloren aber an Gewicht, bewegten sich unkoordiniert, wurden lethargisch und starben schließlich.

Europäische Wissenschaftler hatten sie bereits für die Diabetesforschung verwendet, aber die Mäuse waren noch nicht in amerikanischen Labors eingeführt worden. »Nach dem ersten und zweiten Jahr in Afrika sagten wir, dass wir diese Tiere in die USA ins Labor bringen müssen«, sagt Malcolm. »Ashley hatte versucht, dies auf dem offiziellen Weg zu tun, indem er mit den Behörden in Kenia sprach. Sie wollten keine Säugetiere fürs Ausland freigeben. Und die Amerikaner waren noch unwilliger, die wollten kein neues Tier einführen, von dem sie noch nie etwas gehört hatten. Es ist immer schwieriger geworden, etwas Neues in das Land zu bekommen.«

Die Situation hat eine gewisse Ironie: Die Einfuhr von Tieren zu Forschungszwecken unterliegt strengen Beschränkungen, aber für Haustiere gibt es kaum Vorschriften. »Der Handel mit Haustieren umgeht alle Vorschriften, die für die Wissenschaft gelten«, sagt Malcolm. »Es gab also bereits Stachelmäuse in den Vereinigten Staaten.«

Nicht nur das, es gab auch welche in Zentralflorida, ganz in der Nähe. Ein ehemaliges Mitglied der veterinärmedizinischen Fakultät, das vor einiger Zeit in den Ruhestand gegangen war, hatte eine ganze Kolonie von Stachelmäusen aufgezogen. Er hatte etwa hundert davon in seinem Garten. Als Ashley das herausfand, ging er hin, um mit ihm zu plaudern, und kam mit 30 Tieren zurück.

»Es war wieder einmal ein kompletter Zufall«, sagt Malcolm. »Nur drei Meilen entfernt züchtete jemand Stachelmäuse in seinem Garten.«

Malcolm hatte Platz, also begann er, sie im Wintergarten seines Hauses aufzuziehen. »Als ich auf etwa 200 Tiere kam, brachte ich sie zur Universität von Florida. Wir starteten eine richtige, wissenschaftlich anerkannte Kolonie, die wir für Experimente verwenden durften.«

Sobald das Tier in der amerikanischen Forschungsszene Fuß gefasst hatte, konnte es sich ausbreiten. Als Ashley eine Stelle an der Universität von Kentucky bekam, gab ihm Malcolm hundert der Mäuse, die er in seinem Garten gezüchtet hatte. Von dort aus breiteten sich die Tiere aus: Kolonien in Florida, Kalifornien, Los Angeles, Seattle, Deutschland, Portugal und vielen anderen Orten sind Ableger dieser ursprünglichen Sammlung von Tieren. Alle sollten die Vorteile der Regeneration genießen können.

In ihrer ersten Arbeit über die Stachelmaus deuteten Ashley und Malcolm eine teilweise Erklärung für die klettverschlussähnlichen Eigenschaften ihrer Haut und ihr Regenerationspotenzial an. Die Lockerheit der Haut deutete darauf hin, dass ihre äußeren Schichten nicht sehr fest mit dem darunterliegenden Gewebe verankert waren. Das konnte man erkennen, indem man die Situation mit der anderer Mäusearten verglich. Und mit der des Menschen.

Ziehen wir uns als Erwachsene größere Verletzungen der Haut zu, bilden sich in der Regel eher Narben, als dass Haut und Haare vollständig nachwachsen. Sieht man genauer hin, besteht Narbengewebe hauptsächlich aus einem Protein namens Kollagen, einem fadenförmigen Molekül, das eng in Fasern verwoben ist. Dieses Molekül gibt es in verschiedenen Formen. Unser Körper verfügt über 28 Arten, und wir verwenden es in Knochen, Knorpeln, Gelenken, Muskeln, Haut, Arterien, Organen und Augen. Wir produzieren so viel davon, dass die Kollagene etwa ein Drittel bis ein Viertel aller Proteine in unserem Körper ausmachen. Bei den meisten Säugetieren – zumindest bei Erwachsenen – sendet geschädigtes Gewebe Signale aus, die dazu führen, dass Kollagen an den verletzten Stellen abgelagert wird. Das ist eine schnelle Lösung – wie das Aufkleben eines Flickens auf einen Reifen, um ein Loch zu reparieren.

Beim Beobachten des Heilungsprozesses stellten Ashley und Malcolm fest, dass sich offene Wunden bei den Stachelmäusen unglaublich schnell schlossen. Von den Rändern der Verletzung wuchsen Hautschichten heran und bedeckten oft innerhalb von 24 Stunden mehr als die Hälfte der freiliegenden Fläche, um dann innerhalb weniger Tage den Rest auszufüllen.

Bei näherer Betrachtung fanden sie einen weiteren Unterschied – die Fasern waren viel lockerer, wahrscheinlich weil die Haut der Stachelmaus eine andere Art von Kollagen verwendet, was sich darauf auswirkt, wie die Proteine miteinander verwoben sind und wie zäh sie sind. Um steife Strukturen wie Knochen oder Knorpel zu erhalten, produzieren die Tiere eine Form von Kollagen, die eng zusammengepackt werden kann. Wenn sie flexibler bleiben sollen, verwenden sie einen lockereren Typ.

Dies mag erklären, warum Stachelmäuse insgesamt weicher zu sein scheinen. »Das gesamte Gewebe des Tieres ist weicher«, sagt Malcolm. »Die Beinknochen biegen sich eher, als dass sie brechen.« Vielleicht hatten die Unterschiede mit dem Kollagen zu tun.

Weichheit war etwas, das er schon einmal gesehen hatte, beim Axolotl. Es schien eine Verbindung zwischen der Steifheit eines Gewebes und seiner Regenerationsfähigkeit zu geben. Wenn eine Region zu hart ist, können die Fasern eine undurchdringliche Barriere bilden, die verhindert, dass andere Zellen eindringen und den Schaden reparieren.

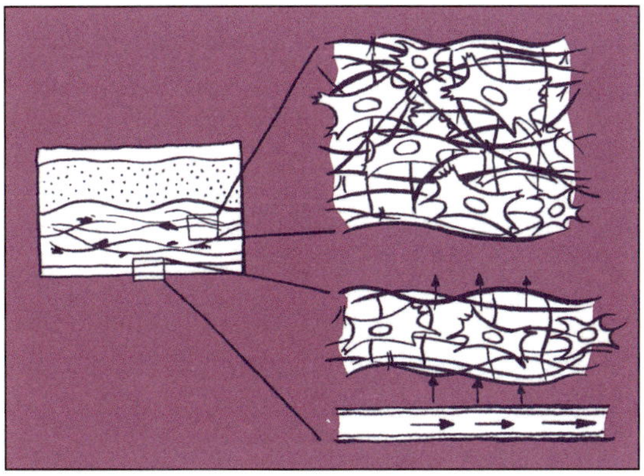

Ein Grund dafür, dass die Haut der Stachelmaus nur so lose mit dem darunter gelegenen Gewebe verbunden ist, ist, dass sie eine Art Kollagen-Protein produziert, die weniger dichte Fasern hat als andere Arten.

Verletzt sich ein Mensch oder eine Hausmaus, wird als Erstes der Blutfluss gestoppt. Dafür sorgen Blutplättchen und andere Akteure aus dem Blutkreislauf. Dann folgt die Wundheilung, die bei Erwachsenen in drei Phasen abläuft.

Zuerst kommt die Entzündung, wie die erste Reaktion auf eine Katastrophe – eine Sirene ertönt, die Rettungskräfte eilen herbei. Der Alarm erfolgt in Form von Molekülen, den sogenannten Zytokinen, die als Teil des Schadens oder von Zellen, die ein Problem wahrgenommen haben, freigesetzt werden. Zytokine locken eine erste Runde von Immunzellen an, die mit der Beseitigung von Trümmern beginnen. In der zweiten Phase bildet sich ein loses Netz aus Kollagenfasern und anderen Molekülen. Neue Blutgefäße sprießen in dem Bereich und Hautzellen beginnen, vom Wundrand aus hineinzuwachsen. Die dritte Phase, die Neugestaltung, erfolgt nach dem Verschluss der Haut. Was übrig bleibt, ist in der Regel eine harte Narbe.

Bei Erwachsenen ist das so, bei Embryonen ist es ein bisschen anders. Vor der Geburt können sowohl Mäuse als auch Menschen Verletzungen ohne Narben reparieren.

»Es wurden viele Studien durchgeführt, um die Unterschiede zwischen Embryonen und Erwachsenen zu klären«, sagt Malcolm Maden. »Man kann sie im Allgemeinen so zusammenfassen: Vor der Geburt ist der erste Teil der Entzündungsreaktion abgeschwächt. Man sieht nicht so viel Fibrose oder das Eindringen von Blutgefäßen. Und dann gibt es Unterschiede in der sogenannten extrazellulären Matrix – das ist die Mischung aus Molekülen, in die die Zellen eingebettet sind und die sie umgibt.«

Die Matrix erweist sich als zentraler Akteur der ganzen Geschichte. Nach einer Verwundung muss sie in der Aufräumphase abgebaut und dann wiederaufgebaut werden. Das wird hauptsächlich von Zellen, den Fibroblasten, erledigt. Ersetzt man sie jedoch durch härteres Material, z.B. eine steifere Art von Kollagenfibrillen, entstehen Hindernisse. Andere Komponenten – die den einwandfreien Wiederaufbau des Gewebes leisten könnten – kommen nicht durch.

Die Stachelmaus vermied das irgendwie. Um das zu klären, musste Malcolms Labor tiefer gehen, die Alarmsignale abhören, die eine Wunde auslöst, um zu sehen, wer darauf reagiert, und um herauszufinden, wie die Akteure sich nicht gegenseitig in die Quere kommen. Im Jahr 2015 führten Jason Brant und andere Mitglieder von Malcolms Labor eine Studie durch, in der sie Hautverletzungen bei Stachelmäusen mit denen von Hausmäusen und bei erwachsenen Tieren mit denen von Embryonen verglichen.

»Eine Möglichkeit war, dass die Stachelmaus einen Modus zur Bewältigung von Hautverletzungen beibehalten hatte, den die meisten Tiere nur bis zu ihrer Geburt haben«, sagt Malcolm. »Das ist im Grunde das, was wir herausgefunden haben. Bei der erwachsenen Hausmaus löst eine Wunde normalerweise einen riesigen Alarm aus: einen Tsunami an Zytokinproduktion. Eine riesige Menge von Zytokinen, über hundert verschiedene Arten. Bei der Stachelmaus ist das nicht der Fall. Die Anzahl der Zytokine in ihren Geweben steigt nicht wirklich an. Die Menge steigt zwar an, aber bei weitem nicht in dem Maße, wie wir es bei der Hausmaus sehen. Insgesamt handelt es sich um eine sehr gedämpfte Entzündungsreaktion.«

Indem sie ihre Zytokinproduktion erhöht, ruft die Hausmaus Aufgebote schnell reagierender Immunzellen herbei und sendet viele Signale aus, um das Zellwachstum auszulösen. Die adulte Stachelmaus bleibt da ruhiger. Ihre Wunde zieht schon früh die Architekten, die Zimmerleute, die Renovierungsfirmen an.

»Dieses Muster der Dämpfung von Entzündungen und des früheren Beginns des Umbaus ähnelt dem, was bei Embryonen geschieht«, sagt Malcolm. »In diesen frühen Lebensstadien bauen beide Arten die extrazelluläre Matrix mit dieser lockeren Form von Kollagen wieder auf. Die Stachelmaus macht im Erwachsenenalter so weiter, während die Hausmaus zu der steiferen Form übergeht.«

Um die Haut langfristig jung zu erhalten, ist es also am besten, in den ersten Phasen einer Wunde nicht so viel Aufhebens zu machen. Das ist die Lösung der Stachelmaus, und sie entspricht dem, was man beim Axolotl beobachtet hat.

Es ist auch das, was passiert, wenn die Wirbelsäule einer Stachelmaus von einem Raubtier durchtrennt wird. Diese Erkenntnis kam ein paar Jahre später in einem Experiment eines benachbarten Labors an der Universität von Florida: bei der Gruppe um Kristi Streeter und D.D. Fuller, mit

Unterstützung von Malcolm, Jason Brant und Aaron Sandoval.

Normalerweise verhindert eine Entzündung nicht nur schwere Gewebeschäden, sondern verhindert auch das Eindringen von Bakterien und anderen Krankheitserregern. Sie lockt alle Immunzellen an, die sich in der Nähe aufhalten; diese dringen ein, erkennen und zerstören viele Arten von Bakterien. Ohne eine starke Entzündungsreaktion muss sich ein Tier auf andere Weise schützen, vor allem, wenn ihm eine der größten Schutzvorrichtungen überhaupt fehlt: die Haut.

»Stachelmäuse haben sich überall ausgebreitet, in allen möglichen Umgebungen, auch in den Regenwäldern der kenianischen Landschaft«, sagt Malcom. »Läuft man an einem solchen Ort herum und ein großes Stück Haut fehlt, stirbt man innerhalb weniger Minuten an einer Infektion! Bei Stachelmäusen ist das nicht der Fall, was darauf schließen lässt, dass ihr Immunsystem sehr anders sein muss.«

Ungefähr zu dieser Zeit tauchte Aaron Sandoval an Malcolms Tür auf und ließ sich von der Begeisterung des Labors für die Regeneration anstecken. Jason Brant nahm ihn unter seine Fittiche und arbeitete ihn ein.

»Ich hatte noch nie in einem Labor gearbeitet und kannte mich nicht aus«, sagt Aaron. »Also machte ich viele Fehler. Eines Tages beklagte ich mich darüber: ›Vielleicht bin ich einfach nicht dafür gemacht.‹« Er weiß nicht mehr, ob es Malcolm oder Jason war, der den Vergleich anstellte, aber einer von ihnen sagte ihm: ›Sieh dich als Setzling. Wir gießen und nähren dich. Pflanzt man einen Setzling, wird man vielleicht nicht sofort etwas davon haben. Aber mit der Zeit, wenn man sich gut um ihn kümmert, erhält man einen Baum, der Früchte trägt. Das beruht auf Gegenseitigkeit, es ist gut für die Pflanze und gut für den Landwirt.‹ »Sie investierten in mich, ohne groß zu erwarten, dass etwas Besonderes dabei herauskommen würde.«

Nach Aarons erstem Jahr im Labor und seiner ersten Reise nach Harvard ergab sich eine weitere Gelegenheit. 1986 hatte der US-Kongress das sogenannte Goldwater-Stipendium ins Leben gerufen, mit dem Studenten gefördert werden sollten, die das Potenzial hatten, in Bereichen wie Wissenschaft, Mathematik und Ingenieurwesen zu künftigen amerikanischen Führungskräften zu werden. Aaron kam für das Stipendium in Frage, musste aber von der Universität nominiert werden, und nur sehr wenige Studenten im zweiten Studienjahr haben es je erhalten. Aaron ließ sich nicht abschrecken. Mit Malcolms Unterstützung erhielt er den Zuschlag und wurde damit zu einem der wenigen Studenten im zweiten Studienjahr an der University of Florida, die jemals ein Goldwater-Stipendium erhielten.

Im folgenden Jahr kam es auf einer wissenschaftlichen Konferenz in Oklahoma City zu einer Begegnung mit John Mateja, dem Präsidenten der Goldwater-Stiftung. Aaron ging auf ihn zu, stellte sich vor und kam mit ihm über das Programm ins Gespräch. Einige der Stipendiaten befanden sich in der gleichen Situation wie Aaron – sie hatten bereits ein volles Stipendium für ihre Universitäten, so dass sie nicht in den Genuss einer finanziellen Unterstützung durch die Stiftung kommen konnten. Vielleicht gab es andere Möglichkeiten, wie die Stiftung sie unterstützen konnte?

Letztendlich führte diese Diskussion zur Gründung der Goldwater Scholar Community, einem Netzwerk von Stipendiaten, die in Kontakt bleiben und sich gegenseitig helfen. Irgendwann könnten die Verbindungen eine weitere Tür öffnen. Das zahlte sich aus: Später erhielt Aaron Unterstützung von anderen Goldwater-Stipendiaten, als er sich für weitere Stipendien und ein Medizinstudium bewarb.

»Die Basketball-Legende Kareem Abdul-Jabbar war in dem Jahr einer der Redner auf der Konferenz«, sagt Aaron, »und ich durfte auch mit ihm sprechen!«

Aaron hatte bereits im Labor gearbeitet, aber erst im Grundstudium belegte er einen der Kurse von

Malcolm Maden. Das Thema war die Biologie der Stammzellen, die das Potenzial haben, sich zu spezialisierten Zellformen zu entwickeln. Ihre Fähigkeit, beschädigtes Gewebe zu ersetzen, könnte die Grundlage für regenerative Therapien bilden. Sie waren bereits zu einem mächtigen Werkzeug für die Forschung geworden.

Lange Zeit schrieben wissenschaftliche Lehrbücher den Stammzellen ein festes Schicksal zu. Alte Menschen werden nicht wieder jung, außer vielleicht in Märchen, und spezialisierte Zellen kehren nicht zu einer allgemeineren Form zurück. Die Leitmetapher war ein Berg, von dem die Zellen wie Kugeln die Wege hinunterrollten. Unterwegs kamen sie an eine Weggabelung und entschieden sich für den linken oder rechten Weg, wodurch sie sich auf die eine oder andere Weise spezialisierten. Irgendwann, nach vielen solcher Entscheidungen, erreichten sie den Fuß des Berges. Hier erreichten sie ihre endgültige, spezialisierte Form, und es gab keinen Weg zurück. Es gab keine Antigravitationskraft, die sie wieder bergauf schieben konnte.

In den 1990er Jahren geriet dieses Modell allmählich ins Wanken – in einigen Fällen, so schien es, können sich Zellen ›entdifferenzieren‹. Sie können in der Lage sein, zu einer früheren Form zurückzukehren und einen anderen Weg einzuschlagen.

Im Jahr 2006 tat sich plötzlich einiges. Ein Wissenschaftler am Nara Institute of Science and Technology in Japan fand einen Weg, einem Erwachsenen Zellen zu entnehmen und sie in Stammzellen zu entdifferenzieren. Shin'ya Yamanaka entdeckte, dass man *induzierte pluripotente Stammzellen* (iPS) erzeugen konnte, indem man spezialisierte Zellen, sogenannte Fibroblasten, mit einem Cocktail von Molekülen fütterte. Fibroblasten sind in unserem Körper reichlich vorhanden: Sie helfen bei der Bildung der extrazellulären Matrix, in der sie sich auch aufhalten.

Yamanakas Verfahren entfernte die adulten Merkmale der Fibroblasten und machte sie zu embryonalen Zellen, die wiederum in der Lage waren, viele verschiedene spezialisierte Schicksale anzunehmen. Die Entdeckung wurde als so wichtig angesehen, dass das Nobelkomitee nur sechs Jahre brauchte, um ihm die höchste wissenschaftliche Auszeichnung zu verleihen. Nicht ganz eine Rekordzeit, aber nah dran.

iPS-Zellen wurden schnell zu unglaublich leistungsfähigen Werkzeugen für die Forschung. Wollte man reife Neuronen oder Herz- oder Nierenzellen untersuchen, musste man nicht mehr ein Gewebe aufschneiden, sie extrahieren und sie im Labor irgendwie am Leben erhalten. Man kann Fibroblasten nehmen, sie in iPS zurückverwandeln und sie dann dazu trainieren, sich zu anderen Zelltypen zu entwickeln. So erhält man eine Menge Zellen, mit denen man experimentieren kann. Bis dahin waren die einzige Möglichkeit dazu embryonale Stammzellen, die nur in sehr begrenztem Umfang zur Verfügung standen. iPS hatten das gleiche Entwicklungspotenzial wie embryonale Zellen, ihre Nutzung war jedoch nicht mit ethischen Bedenken verbunden.

Die Beherrschung der Technologie brachte einen Lernprozess mit sich, und sie funktioniert noch nicht bei allen Zelltypen. Aber die Forscher können immer mehr mit iPS machen, einschließlich der Kultivierung von direkt vom Menschen stammenden Zellen. Solche Zellen tragen alle Defekte, die in den Geweben oder bei Krebs eines Patienten zu finden sind, und sie haben fast unbegrenzte Anwendungsmöglichkeiten – von der Aufdeckung der grundlegenden Eigenschaften einer Krankheit bis hin zum Testen der Auswirkungen von Medikamenten auf eine einzelne Person.

Zwei Jahre später würde Aaron das, was er in Malcolms Kurs über Yamanakas Forschung und Stammzellen gelernt hatte, anwenden und versuchen, iPS aus den Zellen von Stachelmäusen herzustellen. Aber zuerst musste er den Kurs bestehen.

»Ich büffelte wie verrückt«, sagt er. »Ich wollte Malcolm beeindrucken.« Am Ende erhielt er bei jedem Test die volle Punktzahl – bis zum Ende des Semesters, als er einen einzigen Fehler machte. »Malcolm war so überrascht, dass er zweimal nachsah, um sicherzugehen, dass er nicht selbst einen Fehler gemacht hatte«, lacht Aaron. »Er ging mit meinem Aufsatz auf den Flur und rief: ›Aaron hat einen Fehler gemacht! Aaron hat einen Fehler gemacht!‹«

In den Sommern kehrte Aaron in den Norden zurück, um mit Jessica Whited zu arbeiten. In Harvard, so erfuhr er, wurde der Studiengang ›Human Developmental and Regenerative Biology‹ (Entwicklungs- und Regenerative Biologie des Menschen) angeboten. Seine Universität in Florida bot diesen Studiengang nicht an, war aber dabei, ein Zentrum für Regenerative Medizin aufzubauen. Als Aaron nach Hause zurückkehrte, half er dabei, einen grundständigen Studiengang einzurichten.

Er begann bereits, nach vorne zu schauen. Das Goldwater-Stipendium hatte ihm einige andere Möglichkeiten eröffnet. »Als Stipendiat hatte man es leichter, sich auf andere Stipendien zu bewerben«, sagt er. »Der letzte Student der University of Florida, der das Goldwater-Stipendium erhalten hatte, ging schließlich als Marshall-Stipendiat nach Großbritannien.«

Dies war ein weiteres, äußerst begehrtes Programm, das die Briten nach dem Zweiten Weltkrieg als Dankeschön an die Alliierten eingerichtet hatten. Es brachte junge Amerikaner mit einem Bachelor-Abschluss nach Großbritannien, wo sie entweder einen Doktortitel oder zwei Master-Abschlüsse erwerben konnten. Wieder mit der Unterstützung von Malcolm Maden bewarb sich Aaron. Und erhielt das Stipendium. Er entschied sich für die Doppel-Master-Variante. Zuerst würde er ein Jahr in Cambridge Stammzellenbiologie studieren. Dann würde er ans King's College London gehen, um einen Abschluss in Wirtschaft zu machen.

»Malcolm war Professor am King's College gewesen«, sagt Aaron. »Dort gab es einen Masterstudiengang mit dem Titel ›Stem Cell and Regenerative Therapies: From Bench to Market‹ (Stammzellen- und regenerative Therapien), der sich *genau* mit dem befasste, was mich interessierte. Ich dachte, das ist ja ein *sehr* spezieller Abschluss, und wie verrückt ist es, dass sie ihn an dem Ort anbieten, an dem mein Mentor ausgebildet wurde? Außerdem war es London, und wer würde nicht gerne in London leben wollen?«

Als er erfuhr, dass er in das Programm aufgenommen worden war, ging er sofort in Malcolms Büro. »Er war noch nicht da; ich saß da und wartete auf ihn, und als er kam, sagte ich ihm: ›Ich habe es geschafft!‹ Er umarmte mich, und wir sprangen auf und ab. Er lud mich und einige andere aus dem Labor auf ein Getränk ein, einen heißen Sake. Ich war gerade 21 geworden, also durfte ich endlich!«

In Cambridge arbeitete Aaron Sandoval in einem Labor unter der Leitung von José Silva, einem Spezialisten für die von Shin'ya Yamanaka entwickelte Methode. Es war zehn Jahre her, dass Yamanaka erstmals Zellen umprogrammiert hatte, und nun ernteten Silva und andere Forscher die Früchte dieser Methode.

Die Stammzellen in einem Embryo können sich in jede Art von Zelle im Körper eines Menschen verwandeln. Potenziell könnten iPS dasselbe tun. Ein Problem besteht darin, iPS in anderen Spezies zu erzeugen; dazu muss das Rezept von Yamanaka angepasst werden.

Ein weiteres Problem besteht darin, dass Zellen, die in einer Schale im Labor gezüchtet werden, keine Informationen von einem wachsenden Körper erhalten. Wenn man eine bestimmte Art von Zelle für seine Forschung benötigt – Blut oder Nerven, Herz- oder Lebergewebe –, muss man den iPS bestimmte Signale geben, um ihnen zu sagen, was sie werden sollen. Die Herausforderung besteht darin herauszufinden, welche Anweisungen erforderlich sind, um bestimmte Zelltypen zu erzeugen. Das ermöglicht es, Miniaturversionen von Gehirnen, Augen oder Herzen zu schaffen, die einzelnen Patienten mit den einzigartigen Eigenheiten und Defekten ihrer Gene entnommen wurden.

Diese *Organoide* sind nicht so komplex wie ganze Organe, aber sie sind ausgeklügelt genug, um eine ganze Menge mit ihnen anstellen zu können. Man kann sie auseinandernehmen, Medikamente verabreichen oder andere Experimente durchführen, die bei einem Menschen nicht möglich oder ethisch nicht vertretbar sind.

Aaron und Malcolm waren der Meinung, dass iPS eine großartige Möglichkeit zur Untersuchung der Regeneration bei der Stachelmaus darstellen könnten, aber sie mussten herausfinden, wie sie die Zellen aus Fibroblasten gewinnen konnten. Das Labor von José Silva hatte Erfahrung mit Standard-Labormäusen. Bisher hatte noch niemand iPS aus Stachelmäusen hergestellt; es schien ein großartiges Projekt für Aarons ersten Master-Abschluss zu sein.

»Ursprünglich dachten wir, dass dies ziemlich unkompliziert sein würde«, sagt Aaron. »Es war bei allen möglichen anderen Arten erfolgreich gewesen; es gab ein Regelwerk, dem man folgen konnte.«

Malcolms Labor in den USA erntete Fibroblasten von den Stachelmäusen, schickte sie nach Cambridge und Aaron begann, sie im Labor zu züchten. Der Witz bestand nun darin, sie mit den Yamanaka-Faktoren zu füttern.

»Am Anfang lief alles gut«, sagt Aaron. »Aber wir hatten immer wieder dasselbe Problem. Wir brachten die zusätzlichen Gene in die Zellen ein, aber immer, wenn wir sie einschalteten, starben die Fibroblasten einfach ab. Aus irgendeinem Grund töteten sie sich selbst. Bei den normalen Labormäusen passierte das nicht.« Irgendetwas in den Zellen der Stachelmäuse verhinderte Aarons Versuch, sie ›umzuprogrammieren‹.

Es war eine Hürde, aber manchmal, wenn eine Idee in der Wissenschaft nicht funktioniert, werden die Dinge einfach interessanter. In diesem Fall starben die Zellen der Stachelmaus durch das Aufeinandertreffen von zwei völlig unterschiedlichen biologischen Prozessen: Regeneration und Krebs.

Oder vielleicht waren sie gar nicht so unterschiedlich.

Alle Zellen und Organismen durchlaufen Phasen, in denen sie wachsen sollen, und andere, in denen sie damit aufhören müssen. Eine befruchtete Eizelle teilt sich und teilt sich, um einen ganzen Embryo hervorzubringen. Zellen wachsen, wandern, ordnen sich zu Schichten an, biegen und falten sich zu den komplizierten Formen, die Geweben und Organen ihre Funktionen verleihen. Aber es ist ebenso wichtig, auf die Bremse zu treten, wenn Zellen an einen Rand kommen, wenn eine Lücke geschlossen ist, wenn ein Körperteil die richtige Größe erreicht hat.

Unkontrolliertes Wachstum würde zu unförmigen Körperteilen führen, die ihre Funktionen nicht mehr erfüllen können. Das kann passieren, wenn zu viel Gewebe zu schnell und an den falschen Stellen wächst. Wenn noch ein wenig Verwirrung dazukommt, welche Arten von Zellen es eigentlich sein sollen, entsteht ein Tumor.

Um dies zu verhindern, verfügen Zellen in der Regel über eingebaute Programme, die dies bemerken und eingreifen, wenn ihr Wachstum außer Kontrolle geraten ist. Diese Mechanismen versetzen eine Zelle in den Selbstzerstörungsmodus oder aber in eine Art Senilität, in der sie sich nicht mehr teilt. Einige der Moleküle, die dafür verantwortlich sind, werden *Onkogene* genannt. Sie sind die Hauptverantwortlichen für Krebs; einer der schnellsten Wege, einen Tumor zu erzeugen, besteht darin, ihre Aktivität zu stören.

Will man Zellen umprogrammieren und sie in einen einfacheren Modus zurückversetzen, muss man einige der Schutzmechanismen außer Kraft setzen. Es ist daher nicht überraschend, dass Yamanakas Cocktail die Vorteile von Onkogenen nutzt, um diese Änderungen vorzunehmen. »Fügt man diese Gene einer normalen Zelle hinzu, kann Krebs entstehen«, sagt Aaron.

Das Gleichgewicht muss jedoch stimmen. Hat man zu viel von einem Molekül im Cocktail, aktiviert man Selbstzerstörungsprogramme, die sogenannten Tumorsuppressor-Signalwege. Genau das schien zu geschehen, als Aaron dem traditionellen Yamanaka-Rezept folgte, um iPS zu erzeugen.

Vielleicht war jemand anders auf das gleiche Problem gestoßen. Er stöberte in der Literatur und fand einen Fall, bei dem Forscher an der Harvard Medical School und der University of Rochester an einem anderen Tier arbeiteten – dem Nacktmull, dem langlebigen Tier aus dem ersten Kapitel dieses Buches.

Die Gruppen in Harvard und Rochester wollten Nacktmull-Fibroblasten zu iPS umprogrammieren. Auch ihre Zellen starben immer wieder, aber sie hatten eine Lösung gefunden: Sie deaktivierten die Tumorsuppressor-Signalwege, die die Zellen vor krebsartigen Umwandlungen schützen sollen.

»Das brachte uns auf die Idee, dass für unseren Fall das Gleiche gelten könnte«, sagt Aaron. »Die Zellen der Stachelmaus könnten sehr empfindlich auf Entdifferenzierung und Proliferation reagieren, da dies die Arten von Veränderungen sind, die auftreten, wenn Zellen zu Krebs werden. Die Überexpression dieses Onkogens könnte das Tumorsuppressor-Todesprogramm in den Zellen unserer Kultur auslösen. Wenn das der Fall war, könnten wir das Gleiche versuchen, um die Selbstzerstörung zu verhindern. Die Verhinderung dieses Programms könnte es den Zellen ermöglichen, sich zu entdifferenzieren, ohne sich selbst zu zerstören. Auf diese Idee wären wir nicht gekommen, wenn wir nicht von dieser anderen Gruppe erfahren hätten, die an einem völlig anderen Tier arbeitete.«

Das Verfahren brachte sie einen Schritt weiter, aber der Masterstudiengang gab Aaron nur ein Jahr Zeit und er wurde nicht fertig. »Wir konnten nicht mehr nachweisen, dass unsere Stachelmauszellen zu echten iPS geworden waren, die das volle Potenzial von Stammzellen hatten. Aber wir konnten zumindest zeigen, dass sie sich bis zu einem gewissen Grad entdifferenziert hatten.«

Es war ein wichtiger Schritt auf dem Weg, aus Fibroblasten Stachelmausstammzellen zu erzeugen, und alles, was man daraus gewinnen kann. Außerdem bewies es erneut die komplexe Beziehung zwischen Regeneration und Krebs.

»Wann immer ein Gewebe hoch regenerativ ist«, sagt Malcolm Maden, »schaltet es Wachstumsprogramme ein. Bei Embryonen scheint das weniger kompliziert zu sein. Adultes Gewebe muss das Wachstum außerordentlich gut überwachen können, und es muss alles abschalten können, wenn es sich in Richtung Krebs entwickelt.«

Fibroblasten scheinen da im Zentrum des Geschehens zu stehen: Yamanaka nutzte sie, um Zellen umzuprogrammieren, aber es gibt auch eine Verbindung zum Zelltod, zur Tumorentwicklung und zu Immunreaktionen. Sie sind auch die Hauptproduzenten des Kollagens in der extrazellulären Matrix. Sie bestimmen also mit, wie steif die Matrix ist.

»Vom Axolotl wissen wir bereits, dass Steifheit und Weichheit sich auf die Regeneration auswirken«, sagt Malcolm. »Was passiert also, wenn man eine Maus weichmacht? Wir stellen fest, dass sich die Hautschichten, die Hautstrukturen und sogar die Haare regenerieren.«

Er zitiert Arbeiten von Michael Longaker, einem Kliniker in Stanford, der gezeigt hat, dass Stoffe in der extrazellulären Matrix mit Molekülen auf der Oberfläche von Zellen interagieren und Signale an diese Zellen weitergeben. Das Ergebnis ist eine Anpassung der Moleküle, die steuern, wie Zellen aneinanderhaften – wie fest sie gebunden sind, wie starr sie im Gewebe eingebettet sind.

Die Störung dieser Signale hat alle möglichen Auswirkungen: Sie reduziert drastisch die Zytokin-Alarmsignale, die von Zellen nach einer Verletzung freigesetzt werden, dämpft Entzündungen und verlangsamt den Ansturm von Immunzellen auf den Bereich. Alles Dinge, die die Heilung und Regeneration fördern und nicht zu einer dauerhaften Narbenbildung führen.

Alte Körper haben alte Zellen, was sicherlich ein Grund dafür ist, dass unsere Regenerationsfähigkeit mit der Zeit nachlässt. Vielleicht ist aber auch die Umgebung einer Zelle wichtig. Manchmal kann man die Lebensgeister älterer Menschen wecken, indem man sie mit jungen Menschen umgibt, und vielleicht gilt das auch für Zellen.

Bringt man alte Zellen in eine lockerere Umgebung, erfahren sie eine Art Verjüngung, sagt Malcolm.

»Seit Jahren sage ich den Leuten, die sich mit dem Altern beschäftigen, dass man es nicht behandeln muss, sondern stattdessen die Dinge regenerieren«, sagt Malcolm. »Das stellt die Uhr auf null zurück.« Der Witz, sagt er, könnte darin bestehen, das Gewebe weich zu halten. Anstatt die extrazelluläre Matrix und das Bindegewebe mit steifen Fasern und anderem unflexiblen Material zu füllen, sollte man es locker und schwammig halten, und vielleicht würde sich dann Gutes einstellen.

Wenn man erst mal in diese Richtung denkt, hat das sogar noch größere Auswirkungen.

»Manche Leute haben die Vorstellung, dass Regeneration eine Kerneigenschaft sei, die im Großteil des Tierreichs verloren gegangen sei«, sagt Malcolm. »Sie neigen zu der Annahme, dass es sehr kompliziert sei, Regeneration hervorzubringen. Weil sie so denken, suchen sie nach einem Mechanismus, einem gemeinsamen genetischen Programm oder Weg bei den Tieren, die das können, der denen fehlt, die es nicht können. Sieht man sich die Daten an, kann man diese Art von Muster jedoch nicht erkennen. Stachelmäuse und Axolotl zum Beispiel scheinen auf völlig unterschiedliche Weise an einen ähnlichen Punkt gelangt zu sein.«

Er weist darauf hin, dass die Regeneration auch bei anderen Landtieren zu finden ist – allerdings in einem sporadischen Muster; jedes Lebewesen scheint sie auf seinem eigenen Weg entdeckt zu haben. Die Alternative ist die Annahme, dass es mehrere Wege zur Regeneration gibt und dass sie sich mehrfach entwickelt hat. Bei den Stachelmäusen zum Beispiel könnte alles auf eine recht einfache Veränderung der extrazellulären Matrix zurückgehen.

»Schlangen sind in Kenia die Hauptfeinde von Stachelmäusen«, sagt er. »Sie könnten also eine Anpassungsreaktion haben, die ihnen eine weichere Haut verleiht. Alles, was es dazu braucht, wäre eine Veränderung der Kollagenfibrillen. Es ist ihre Interaktion, die die Haut wirklich zäh macht – oder eben nicht.«

Es muss nicht unbedingt eine Mutation im Kollagenprotein selbst sein: Eine Veränderung in einem anderen Molekül der extrazellulären Matrix könnte die gleiche Wirkung haben. »Stell dir vor, dass diese Veränderung mit einer veränderten Immunreaktion kombiniert wird, bei der bestimmte Arten von Immunzellen das Gewebe nicht erreichen«, sagt Malcolm. »Das legt ein Szenario nahe, bei dem die Regeneration sekundär und völlig zufällig ist: In erster Linie geht es darum, einer Schlange zu entkommen, und der Weg dorthin führt über Weichheit, indem man die Biomechanik des Gewebes verändert.«

Wollen wir Menschen uns regenerieren, können wir von der Stachelmaus und dem Axolotl lernen. Wir müssen es aber vielleicht nicht in derselben Art und Weise wie sie tun.

»Es ist sehr gut möglich, dass ein Organismus durch die Veränderung eines einzigen Stoffwechselwegs plötzlich wieder zu regenerieren beginnt«, sagt Malcolm. »Im Tierreich könnte es Hunderte von Beispielen für fantastische regenerative Eigenschaften geben, die noch niemand ausprobiert hat. Ich kenne Kliniker, die sagen: Will man an der Regeneration arbeiten, muss man sich einfach die menschliche Bevölkerung anschauen. Es sind acht Milliarden von uns! Irgendwo da draußen könnte es sehr wohl einen Menschen geben, dessen Körper bereits weiß, wie er sich regenerieren kann.«

Es gibt eine Geschichte, auf die Aaron Sandoval immer wieder zurückkommt und die ihn gleich zu Beginn seines Studiums beeindruckt hat. Es handelte sich um einen Artikel aus dem Jahr 2006, den er in der Zeitschrift *Nature* las. Darin ging es um einen Gentherapieversuch eines Teams unter der Leitung von Michele De Luca, einem Wissenschaftler der Universität Modena in Italien.

Menschen, die an *Epidermolysis bullosa* (EB) leiden, haben Mutationen in bestimmten Genen, die Bestandteile der extrazellulären Matrix produzieren, welche die Verankerung der Zellen in der Haut und den Schleimhäuten mit dem darunterliegenden Gewebe unterstützen. Patienten mit diesen Mutationen haben nach den kleinsten Verletzungen chronische Wunden, Blasen und riesige Wunden. Sie entwickeln riesige, hautlose Bereiche, die denen der Stachelmaus sehr ähnlich sehen. Allerdings fehlen ihnen die biologischen Anpassungen, um das Gewebe zu ersetzen. Die Hälfte der Patienten mit einem schweren Fall stirbt, bevor sie das Jugendalter erreichen.

In dem Artikel wurde über ein siebenjähriges Kind berichtet, das in die Verbrennungsstation der Kinderklinik der Ruhr-Universität in Bochum eingeliefert wurde. Als es ins Krankenhaus kam, hatte es etwa 60 % der Haut seines Körpers verloren; als die Behandlung begann, waren 80 % seiner Haut verschwunden. Herkömmliche Behandlungsmöglichkeiten halfen nicht. Seine Eltern, eine Ethikkommission und die Zulassungsbehörden genehmigten eine experimentelle Behandlung.

Das Team aus italienischen und deutschen Wissenschaftlern entnahm dem Jungen einige seiner Zellen und züchtete sie im Labor. Sie erstellten eine gesunde Version des defekten Gens und fügten sie in ein ausgehöhltes Virus ein. Viele Viren wirken, indem sie fremde DNA in Zellen einschleusen und ihre Wirte dazu bringen, Kopien davon herzustellen. Bei dieser Art von Therapie werden Viren verwendet, um gesunde menschliche Gene einzuschleusen, in der Hoffnung, dass die Zellen dadurch veranlasst werden, defekte Moleküle zu ersetzen.

Sobald die Wissenschaftler wussten, dass die Zellen das korrigierte Gen aufgenommen hatten, züchteten sie Hautschichten, die dem Patienten transplantiert werden konnten.

»Es war wie ein Wunder«, sagt Aaron. »Die neuen Transplantate und die neuen Zellen ersetzten die gesamte verlorene Haut vollständig. Wenn man bedenkt, wie furchtbar es für diese Patienten ist, und wenn man die Vorher-nachher-Bilder sieht …« Seine Stimme bricht ab …

Diese Geschichte spielte eine große Rolle, als er in Großbritannien sein zweites Masterstudium im Bereich Wirtschaft aufnahm. Er wollte die geschäftliche Seite der Biotechnologie kennenlernen: zum Thema geistiges Eigentum und dazu, wie aus Forschung Medizin wird. Als Thema für seine Abschlussarbeit wählte er die Stammzelltherapie zur Behandlung von EB.

Das wäre für die meisten schon mehr als genug, aber Aaron arbeitet nebenbei für ein Start-up-Unternehmen, das sich in der klinischen Phase befindet. Aegle Therapeutics hat ihn eingestellt, um in Teilzeit mit einem Team zusammenzuarbeiten, das eine stammzellenbasierte Therapie zur Behandlung von EB und schweren Verbrennungen entwickelt, und er arbeitet auch mit Professoren am Massachusetts General Hospital zusammen, die Innovationen im Bereich der Dermatologie untersuchen.

Das Medizinstudium hat ihn dazu gebracht, klinischer und medizinischer zu denken. Er hat ehrenamtlich an einigen Camps für Kinder mit schweren Hautkrankheiten teilgenommen, wo sich Spaß und Kindsein mit intensiven, unbequemen Behandlungen abwechseln. Das ist nicht leicht, gibt er zu, aber inspirierend.

»Die Patienten, die ich kennengelernt habe, haben trotz ihres jungen Alters und ihrer schlimmen Umstände einen großen Kampfgeist«, sagt er. »Ich sehe die Schmerzen, unter denen sie täglich leiden, wenn sie so einfache Dinge wie Essen oder Baden tun. Dennoch gehören sie zu den liebenswertesten und lebensbejahendsten Kindern, denen ich je begegnet bin. Wenn ich sehe, wie diese Kinder sich von ihrer Krankheit nicht definieren lassen, nicht kleinmachen lassen, dann ist das sehr motivierend.«

Ein Teil seiner Hoffnung rührt von der Entschlossenheit her, seine verschiedenen Welten zusammenzubringen – die Forschung über die grundlegende Biologie der Regeneration in Behandlungen umzumünzen, die Menschen tatsächlich heilen können, und die wirtschaftlichen Hebel so einzusetzen, dass die Früchte der Wissenschaft bei Ärzten und Patienten ankommen.

Für die nächsten Jahre bleibt Aaron Sandoval in Boston, um sein Medizinstudium abzuschließen. Ich glaube jedoch, dass ihm nach oben keine Grenzen gesetzt sind, und Malcolm Maden stimmt mir zu. Es wird keine Überraschung sein, wenn er in fünfzehn oder zwanzig Jahren Pionierarbeit in der Stammzellen- und Regenerationsforschung leistet, ein großes Biotech-Unternehmen leitet, das sich auf Zell- und Gentherapien spezialisiert hat, oder als Kliniker fortschrittliche neue Behandlungsmethoden für Hautkrankheiten entwickelt.

Als er in Harvard ankam, fragte man ihn, was für ein Arzt er werden wolle.

Er zögerte nicht einen Augenblick. »Dermatologe«, sagte er.

10

Giraffen unter Druck

Die Giraffe tauchte während des Kaffees auf, im Gespräch über einen antiken griechischen Roman, in dem sie vorkam. Das Buch wurde von meinem Freund Bill Furley übersetzt, einem ausgezeichneten Dichter und Teil einer aussterbenden Rasse: dem echten klassischen Gelehrten. Das Buch, an dem er arbeitete, hieß *Aethiopica* und wurde vermutlich im 3. Jahrhundert n. Chr. in Syrien geschrieben, von jemandem namens Heliodorus. Ein richtiger Abenteuerroman, fast 300 Seiten mit einem Prinzen und einer Prinzessin, Verwechslungen, Banditen und Entführungen, verlorenen und wiedergefundenen Liebenden, in einem Epos, das an exotischen Orten in Nordafrika spielt.

»Und dann ist da diese Giraffe«, sagt Bill.

Das Tier erscheint spät in der Geschichte: Ein Krieg war soeben gewonnen worden, und Delegationen überreichen dem siegreichen König Tribute. Eines ihre Geschenke ist:

> *... eine seltsame Bestie von recht bemerkenswerter Gestalt. Von der Größe etwa wie ein Kamel und seine Haut hatte die Farbe und Flecken eines Leoparden. Das Hinterteil hinter den Flanken war tiefhängend wie bei einem Löwen, während die Schulterpartie mit den Vorderbeinen und der Brust unförmig und höher als der Rest waren. Der Hals lang und dünn und wie der eines Schwans, im Vergleich zum Körper. Die Form des Kopfes erinnerte an den eines Kamels, war aber etwa zweimal so groß wie der eines libyschen Straußes, mit einem hochmütigen und verächtlichen Blick in den markanten Augen. Auch der schlurfende Gang unterschied sich deutlich von dem aller anderen Land- oder Meerestiere: Die Beine traten nicht abwechselnd oder koordiniert auf, sondern unabhängig voneinander, wobei die rechten Beine im Tandem und getrennt von den linken auftraten, wodurch sich das Gewicht seitlich hin und her verlagerte ...*

Es spricht einiges dafür, dass Heliodorus seine Beschreibung auf eine tatsächliche Begegnung mit einer Giraffe stützte. Im Roman ist die Menge so beeindruckt, dass sie sogleich einen Namen für die Giraffe erfindet: ›Camelopard‹. Tatsächlich hatten die Griechen und Römer die Giraffe schon einige Jahrhunderte vor Heliodor so genannt. Später, als der große Klassifizierer Carl von Linné die Giraffe in sein Schema des Lebens einordnete, gab er ihr den Namen *Cervus camelopardalis*.

Linné besaß eine umfangreiche Bibliothek mit Büchern zu Wissenschaft und Sprache; sie enthielt Bände zu Reisen und Entdeckungen, zu exotischen Tieren. Ein Exemplar der *Aethiopica* stand gewiss in seinen Regalen.

Linné endete als zahnloser und rheumakranker alter Zausel, und viele der 187 Studenten, denen er einen Doktortitel verliehen hatte, wollten an seinem Lebensende nichts mehr mit ihm zu tun haben. Seinen Einfluss auf die Wissenschaft kann jedoch niemand leugnen. Linné und andere schwedische Wissenschaftler, darunter Alfred Nobel und Anders Celsius, dessen Name auf jedem Thermometer zu finden ist, machten das Land zu einem führenden Ort der wissenschaftlichen Forschung zu allen möglichen Themen, einschließlich Giraffen.

Ein Schwede, der dafür Feuer fing, war Björn Folkow, ein Herz-Kreislauf-Forscher, der seinen Schwerpunkt auf den Blutdruck und alles damit Zusammenhängende legte – mit einem besonderen Interesse an den kleinsten Einheiten des Gefäßsystems: den Kapillaren. Wer sich diesem Thema widmet, muss sich fast zwangsläufig mit der Giraffe befassen. Graham Mitchell, ein Forscher aus Südafrika, drückte es letztens so aus: »Kurz gesagt, leben Giraffen am Limit der kardiovaskulären (ganz zu schweigen von skelett- und atemwegsbezogenen) physiologischen Möglichkeiten, und wie sie das schaffen, ist ein Rätsel, für das das Forscherherz brennt.«

Wer immer den Kopf so weit oben hält, benötigt einen enorm hohen Druck, um das Blut nach oben zu befördern, so hoch, dass jedes andere Tier sterben würde. Folkow sammelte Giraffengewebe, fror es ein und schickte es an Kollegen, in der Hoffnung, dass Mikroskope und Biochemie erklären könnten, wie die Tiere das überlebten. Eine gute Idee; Folkow starb 2012, einige seiner Fragen konnten jedoch vorher beantwortet werden.

Das Interesse der Schweden an den Giraffen war nichts im Vergleich zu dem, was sich auf der anderen Seite des Kanals tat, in Dänemark. Nimmt man die Fähre oder überquert die lange Öresundbrücke, stößt man auf ein ganzes Nest an Giraffenforschung. Dass man in Afrika Experten zu den Tieren findet, ist nicht weiter verwunderlich. Aber Giraffen in Dänemark?

Da gibt es einiges zu erzählen.

Beschäftigt man sich mit Giraffen oder anderen bemerkenswerten Tieren, kommt man um das dänische Paar August und Marie Krogh kaum herum. August schrieb einmal, dass es für eine Vielzahl von Problemen in der Wissenschaft und der Humanmedizin »ein Tier oder einige wenige Tiere gibt, an denen sich diese am besten untersuchen lässt«. Später wurde diese Idee als ›Krogh-Prinzip‹ bekannt, auch wenn er damit etwas umschrieb, was ein paar Jahrzehnte zuvor von einem Franzosen namens Claude Bernard gesagt worden war.

In Marie Krogh hatte August eine ebenbürtige Partnerin. Sie war eine jener seltenen Persönlichkeiten, die alle Hindernisse überwanden, die Frauen in den Weg gelegt wurden, die zu Beginn des 20. Jahrhunderts eine ärztliche oder wissenschaftliche Tätigkeit aufnehmen wollten. Marie war erst die vierte Frau in Dänemark, die einen medizinischen Abschluss erlangte. Sie fing als Studentin von August an und heiratete ihn schließlich, was den Beginn einer persönlichen und wissenschaftlichen Partnerschaft markierte, die ihr ganzes Leben andauerte. Ein großer Teil des Erfolgs des Paares geht auf das Konto von Marie. Sie führte ein Labor neben dem ihres Mannes, zog im Obergeschoss die Kinder auf und eröffnete eine Arztpraxis, um die Familie über Wasser zu halten.

Ein frühes Projekt führte sie nach Grönland, eine beschwerliche Reise per Schiff, auf der wochenlange Flauten mit heftigem Seegang im Wechsel standen. Als sie schließlich ankamen, wurden die Expedition und ihre Ausrüstung auf Robbenfellbooten ins Landesinnere gebracht, die von Inuitfrauen gesteuert wurden. Ziel der Expedition war es, den Stoffwechsel zu studieren – wie der Körper die aus dem Essen und Sauerstoff gewonnene Energie verwertet. Ein Inuit, so hatten sie gehört, konnte in 14 Stunden 15 Pfund Fleisch essen. Was unmöglich erschien und sich als stark übertrieben herausstellte, auch wenn die Inuit tatsächlich sehr viel Fleisch aßen.

Für eines der Experimente musste ihr Urin gesammelt werden. Es sei nicht leicht gewesen, die indigenen Inuit dazu zu bringen, längere Zeit still in der Messkammer zu sitzen und dann auch noch zu urinieren.

Zum Glück liebten sie jedoch Kaffee. Gab man ihnen genug davon, mussten sie irgendwann pinkeln.

August interessierte sich für alles, was mit Atmung und Kreislauf zu tun hatte: Wie versorgt der Blutkreislauf jede Zelle mit ausreichend Sauerstoff, und das unter so vielen unterschiedlichen und wechselnden physiologischen Bedingungen – wie etwa bei anstrengender körperlicher

Betätigung? Mit solchen Fragen begründete August Krogh die Wissenschaft der Bewegung.

Er machte grundlegende Entdeckungen über das Gefäßsystem, die später für das Verständnis der Giraffen von Bedeutung sein sollten. Die kleinsten Gefäße, so behauptete er, versorgten den Körper nicht nur mit Sauerstoff, sondern regulierten auch den Blutdruck. Die Kapillaren seien nicht einfach nur passive Röhren. Blutarme Gewebe bauen CO_2 auf, was dazu führt, dass sich die Kapillaren ausdehnen. Normalerweise verlangsamen sie den Blutfluss, so wie ein schmaler Schlauch die Wassermenge begrenzt, die hindurchfließen kann. Aus den Arterien drückt ständig Blut nach, und wenn sie sich weiten, lassen sie mehr Blut durch. Mehr Blut bedeutet mehr Sauerstoff. Durch die Erweiterung der Gefäße vergrößert sich auch ihre Oberfläche, so dass mehr Sauerstoff durch die Gefäßwände in das Gewebe gelangt.

Diese Entdeckung wurde als so wichtig angesehen, dass August Krogh dafür einen Nobelpreis erhielt. Und zwar schon im Jahr nach der Entdeckung, äußerst unüblich.

Etwa zur selben Zeit entdeckten kanadische Forscher das Insulin. Bis dahin hatte es keine Möglichkeit gegeben, die grausame, tödliche Krankheit Diabetes zu behandeln; die Betroffenen verhungerten oder fielen in ein Koma und starben. Als die Nachricht bekannt wurde, machte sich August Krogh unverzüglich auf den Weg nach Kanada, um die Techniken zur Herstellung von Insulin zu erlernen. Krogh sicherte sich die Rechte zur Produktion in Europa, allerdings nicht gewinnorientiert. In den skandinavischen Ländern war es Wissenschaftlern nicht gestattet, Medikamente zu patentieren, da sie als öffentliches Gut betrachtet wurden, und die Kroghs waren fest entschlossen, dies auch so zu halten. Sie gründeten ein pharmazeutisches Unternehmen mit dem Ziel, Insulin für die breite Masse herzustellen.

Dahinter steckte eine sehr persönliche Motivation: Marie litt selbst an Diabetes Typ 2.

Dieses Geheimnis behielt das Paar jedoch bis nach ihrem Tod für sich. Viele Jahre später schrieb Maries Tochter: »Wir Kinder erfuhren nie, dass sie nicht ganz gesund war. In ihrer Handtasche hatte sie immer einen Würfel Zucker dabei, für den Fall, dass sie sich zu viel Insulin geben und einen Schock erleiden sollte.« Marie aß die Schlagsahne vom Gebäck und warf den Rest weg, »aber wir dachten, dass es ihr so einfach besser schmeckte«.

August Krogh beschrieb die Giraffe als das Tier, an dem man das Herz-Kreislauf-System studieren sollte, und eine Reihe schillernder Persönlichkeiten nahm ihn beim Wort. Eine war der Deutsche Robert Goetz, der sein medizinisches Examen in den 1930ern mit Bravour bestanden hatte. Da er es jedoch ablehnte, der nationalsozialistischen Studentenvereinigung beizutreten, wurde ihm die ärztliche Approbation verweigert. Um schlimmere Konsequenzen zu vermeiden, floh er aus dem Land. Schließlich landete er in Südafrika, wo er die Herz-Kreislauf-Forschung aufnahm. Das führte ihn zur Giraffe und zu der naheliegenden Frage: Wie sehr muss ein Herz arbeiten, um das Blut zwei oder drei Meter aufwärts in den Kopf eines Tieres zu drücken?

Goetz stellte einige Berechnungen an. Die ältesten Geräte zur Messung des Blutdrucks basierten auf dem ›Wiegen‹ einer Blutsäule, indem man sie an ein Quecksilberröhrchen anschloss: Wenn das Blut in der Säule nach unten drückte, wie hoch würde es das Quecksilber im Röhrchen schieben? Heutzutage nutzt man andere Methoden, aber die Maßeinheiten sind beibehalten worden. Die Blutdruckwerte stehen also für die Höhe in Millimetern des Quecksilbers in einem Röhrchen.

Man erhält zwei Werte, die für die Belastung der Arterienwände stehen. Der erste Wert gibt die Belastung an, die entsteht, wenn das Herz schlägt und Blut in das Gefäß gepumpt wird, wodurch es am stärksten belastet wird. Die zweite Zahl steht für die geringste Belastung der Gefäße, wenn das Blut weggezogen wird.

Der Oberarm, an dem der Arzt die Manschette normalerweise anlegt, befindet sich etwa auf gleicher Höhe wie das Herz. Das bedeutet, dass der Druck in etwa dem Druck entspricht, der auf Höhe des Herzens herrscht. Misst man den Wert für eine Arterie im Kopf, ist der Druck geringer, weil die Schwerkraft und die Blutgefäße selbst einen Widerstand darstellen. Misst man an einer Arterie in den Beinen, ist der Druck höher.

Wie viel Kraft müsste das Herz einer Giraffe aufwenden, um das Blut zum Kopf zu befördern? Goetz stellte sich eine 3 Meter hohe Blutsäule vor. »Eine so hohe Blutsäule übt einen Druck von 300 mmHg aus«, schrieb er: 300 Millimeter. Die linke Herzkammer, der große Muskel, der das Blut in die Blutgefäße drückt, müsste mit mindestens so viel Kraft pumpen. Man könnte nicht vorhersagen, um wie viel niedriger der Druck in einem Moment der Entspannung liegen würde.

So seine Rechnung, aber lag er damit richtig? Um das zu überprüfen, müsste man eine Giraffe fangen – was bis dahin kein Wissenschaftler getan hatte.

Heutzutage sind Giraffen weltweit fast ausschließlich in Naturschutzgebieten, Parks und Zoos zu finden. Und in privaten Wildreservaten.

Robert Goetz bekam in den Nationalparks in der Nähe seines Wohnorts in Südafrika, unten am Kap, keinen Zugang zu den Tieren, so dass er schließlich 2000 Kilometer in den äußersten Nordosten des Landes reisen musste. Zu der Zeit gab es in der Transvaal-Region so viele Giraffen, dass die Farmer sie als Schädlinge betrachteten; niemand hatte etwas dagegen, wenn ein paar von ihnen für die Forschung freigegeben wurden. Damit war ein Problem pragmatisch gelöst; es sollte noch viele weitere geben. Zum Beispiel konnte man eine Giraffe nicht ins Labor bringen, man musste das Labor also zum Tier bringen. Wieder was Neues.

Goetz stellte Ausrüstung aus diversen Quellen zusammen. Im Jahre 1954 war er bereit. Er lud alles auf Trucks und Jeeps, die er sich vom Militär geborgt hatte, und fuhr nach Norden. Das Team baute seine Zelte auf einem Feld in der Nähe der Giraffen auf. Sie waren 300 Kilometer von der nächsten Stadt – und der nächsten Elektrizitätsquelle – entfernt, weshalb sie einen Generator mitgebracht hatten, um ihre Geräte zu betreiben.

Das nächste Problem: Wie soll man ein fünf Meter hohes Tier erwischen, das bis zu 60 km/h schnell läuft? Man würde es sedieren müssen, in vollem Lauf. Goetz und seine Kollegen machten ein paar Experimente: Sie füllten Curare in eine Spritze und versuchten, diese mit Pfeil und Bogen abzuschießen. Die Giraffen waren jedoch zu schnell, zu weit weg, und ihre Haut war zu dick, als dass der Pfeil eindringen konnte. Schließlich entluden sie ein Gewehr, nahmen eine Hülse auseinander und ersetzen die Kugel durch eine Spritze. Ein weiteres Novum: Großwild mit einem Betäubungspfeil zur Strecke bringen.

Endlich klappte alles. Im Jahre 1954 konnten Goetz und seine Kollegen Messungen an einem Tier vornehmen; im Jahre 1956 kamen sie wieder und untersuchten vier weitere Giraffen: Rita, Spogter, Springkann, Wissless. Schöne Namen in der Afrikaans-Sprache, die von Weißen in Südafrika gesprochen wird.

Die Giraffen mussten für die Blutdruckmessungen stehen. Das war ein Problem. Die Lösung bestand darin, die Tiere zu packen, sobald die Sedierung einsetzte, und sie dann in einen enger werdenden Gang zu führen, bis sie eingesperrt waren und sich nicht mehr bewegen konnten. Man verband ihnen die Augen und legte ihnen eine Schlinge unter den Bauch, damit sie sich nicht hinlegen konnten. Dann mussten nur noch Elektroden angebracht und Katheter und Blutdruckmessgeräte an verschiedenen Stellen ihres Körpers eingeführt werden.

Man konnte ein Tier auf diese Weise zehn oder fünfzehn Minuten ruhig halten, lange genug, um einen Basiswert für den Blutdruck zu erhalten. Danach würde die Giraffe anfangen zu bocken und um sich zu treten. Es war wichtig, beide Perioden zu messen. Der Blutdruck des Menschen verändert sich bei körperlicher Anstrengung dramatisch, und bei der Giraffe war es sicher genauso. Bei einem ohnehin schon hohen Blutdruck musste die ihn in Schach haltende Biologie in Stresssituationen ebenso wirksam sein.

Die meisten Ärzte sagen, dass für den Menschen 120 (mmHg) einen gesunden systolischen Wert darstellt, also während das Blut in die Arterien gepumpt wird, und etwa 80 für den diastolischen Wert zwischen den Herzschlägen. Gemessen an menschlichen Maßstäben, so Goetz, »war der arterielle Druck am Herzen bei allen vier Tieren außerordentlich hoch«. Die Körpergröße machte einen Unterschied. Rita, die mit einer Größe von 2,74 Metern am kleinsten war, hatte einen Ruheblutdruck von 260/158. Die anderen drei Giraffen waren fast vier Meter groß; die höchste erreichte 353/303. Wenn die Tiere Anstrengungen ausgesetzt waren, stiegen beide Werte manchmal um 100 Punkte darüber hinaus.

Erwartungsgemäß war der Druck viel niedriger, wenn das Blut den Kopf erreichte. Tatsächlich unterschied er sich kaum von dem, was man vom Menschen kennt. Das stellt sich als allgemeines Prinzip heraus: Die Gehirne aller Säugetiere haben ungefähr den gleichen Blutdruck. In anderen Teilen des Körpers kann er sehr stark schwanken, vor allem in der Herzgegend. Die Stärke des Herzschlags und die Struktur der Blutgefäße sind irgendwie auf die Körpergröße eines Tieres abgestimmt. Es scheint alles zusammenzuwirken, um das Blut mit einem bestimmten Druck zum Kopf des Tieres zu bringen. Aber auch nicht mit einem höheren.

Nach 1956 verließ Robert Goetz Afrika, und hier verlässt er auch unsere Erzählung – eine Sache muss aber noch erwähnt werden. Seine nächste Station war die Einstein Medical School in den Vereinigten Staaten, wo er die weltweit erste Bypass-Operation am Herzen durchführte. Was heute als eine der wichtigsten Errungenschaften der Herz-Kreislauf-Medizin anerkannt ist, wurde damals weitgehend ignoriert.

Im Alter von 87 Jahren erhielt Goetz endlich seine ärztliche Approbation. Zu diesem Zeitpunkt war er nicht mehr als Chirurg tätig und schoss auch längst nicht mehr mit Pfeilen nach Giraffen. Er hatte sich einem anderen Tier und einem anderen Beruf zugewandt: Er war Stierzüchter geworden.

Genau zu der Zeit, als Goetz die ersten Blutdruckmessungen an Giraffen vornahm, war eine junge Frau aus Toronto in Kanada dabei, aus einer frühen Leidenschaft heraus eine völlig neue Form der Tierforschung anzugehen.

Anne Innis Dagg wird oft mit Jane Goodall verglichen, doch es sollte eigentlich anders herum sein. Dagg war die Erste; sie sollte als das Vorbild betrachtet werden. Das soll Goodalls bemerkenswerte Leistungen nicht schmälern. Beide mussten enorme Herausforderungen überwinden, als Frauen, die sich für eine wissenschaftliche Laufbahn entschieden und den noch größeren Ehrgeiz hatten, in diesem Bereich zu arbeiten. Goodall hatte den Vorteil, dass sie einen starken Mentor fand. Louis Leakey, der britisch-kenianische Paläontologe, nahm sie unter seine Fittiche und förderte ihre frühe Karriere sehr. Dagg hatte alle Hindernisse ohne einen Mentor zu überwinden.

Dagg hatte sich als Kind in die Giraffen verliebt. Schon früh fiel ihr auf, wie seltsam es war, dass die Tiere in Zoos und Wildreservaten erforscht wurden, aber nie in ihrem ursprünglichen Lebensraum in freier Wildbahn. Im Alter von 23 Jahren beschloss sie, es selbst in die Hand zu nehmen.

»Ich gehe nach Afrika, um Giraffen zu erforschen«, sagte sie. »Ich werde ein Buch über sie schreiben, denn es gibt bisher keins.«

»Später«, schreibt Dagg, »stelle ich fest, dass ich der erste Mensch zu sein scheine, der nach Afrika kommt, um eine Langzeitstudie über ein Tier zu machen. Zu diesem Zeitpunkt kommt mir das gar nicht in den Sinn, da ich mich nur für *mein* Tier, die Giraffe, interessiere und nicht ahnen kann, dass andere Menschen an der Erforschung anderer Arten interessiert sein könnten. Ich kann mir nicht vorstellen, dass eines Tages Tausende von Zoologen auf den Kontinent strömen werden, die einen Hochschulabschluss und wissenschaftliche Arbeiten anstreben, um Karriere zu machen. Die Erste zu sein, zahlt sich nicht unbedingt aus, denn im Gegensatz zu den meisten meiner Nachfolger erhielt ich nie eine feste Stelle in der Zoologie.«

Ständig wurde Dagg gesagt, dass Frauen nicht Wissenschaftlerinnen sein sollten und dass sie obendrein ganz sicher nicht in die Feldforschung gehen sollten.

Sie schickte Briefe an alle, die ihr möglicherweise helfen konnten, an die Verantwortlichen von Wildreservaten und andere, die Zugang zu Giraffen hatten. Ihre ersten Bewerbungen wurden pauschal abgelehnt. Statt mit ihrem vollen Namen unterschrieb sie nun mit ›A. Innis‹. 1956 schickte sie den letzten Antrag ab und bestieg ein Schiff nach Südafrika, ohne die Antwort abzuwarten. Vielleicht würde es schwieriger sein, sie persönlich abzulehnen, wenn sie jemandem Auge in Auge gegenüberstand und zeigen konnte, dass sie bereit war, für ihre Sache zu kämpfen.

Jener letzte Brief ging an Alexander Matthew, einen Rancher im Norden Südafrikas, der etwa 95 Giraffen auf seinem Land hatte. Zunächst sagte er zu – in der Annahme, sie sei ein Mann. Als er die Wahrheit herausfand, wies er sie ab; seine Frau war auf Reisen und er wollte nicht, dass eine junge, alleinstehende Frau mit den Ranch-Arbeitern allein blieb. Sie übernachtete in der Universität und schrieb ihm Woche für Woche Brief um Brief. Ihre Zeit verbrachte sie damit, sich in der Universitätsbibliothek fortzubilden und nach einem Auto zu suchen, das sie kaufen wollte. Was sie fand, war ein großer, alter, rostiger Ford Prefect, der »Flecken wie ein Leopard hatte und groß wie ein Kamel war«. Sie nannte ihn *Camelo. Camelopardalis*. Grüße von Heliodorus und dem alten Griechenland.

Die Briefe brachen schließlich Matthews Widerstand, und er erlaubte ihr zu kommen.

Sie brauchte drei Tage, um nordwärts nach Transvaal zu fahren, wobei sie alle zwanzig Minuten anhalten musste, um Camelos Motor abkühlen zu lassen und Wasser in den überhitzten Kühler zu füllen. Es waren bloß noch fünf Meilen bis zur Farm, als das Auto endgültig liegenblieb. Die Sonne war dabei unterzugehen und sie beschloss, den Rest des Weges zu Fuß zurückzulegen. Schon bald wurde sie von einem Ranch-Arbeiter aufgelesen und sicher zur Farm gebracht. Matthews war großzügig und hilfsbereit und lieh ihr sogar eine Filmkamera, um die Giraffen zu filmen. Sie hatte kein Geld gehabt, um eine zu kaufen.

Dagg schrieb schließlich ihr Buch, zusammen mit J. Bristol Foster. Es liegt hier auf dem Schreibtisch neben mir, direkt neben der Kaffeetasse. *The Giraffe: its biology, behavior and ecology* (Die Giraffe: ihre Biologie, ihr Verhalten und ihre Ökologie) war die Krönung von vier Jahren Feldarbeit in Afrika, 20 wissenschaftlichen Abhandlungen, die dabei entstanden, und fünfzehn Jahren, um das alles zu verdauen. Das Buch wurde 1976 veröffentlicht, 1982 neu aufgelegt und war jahrzehntelang die Bibel für alle, die sich für die Giraffe interessierten.

Sie musste weiterhin um jeden Zentimeter ihres Traums kämpfen. Obgleich sie die weltweit führende Autorität auf dem Gebiet der Giraffe war, verweigerte man ihr immer wieder Stellen und Beförderungen, weil sie eine Frau war. Es machte sie schließlich zu einer Frauenrechtlerin, wofür sie zahlreiche Auszeichnungen erhielt. Im Jahr 2019 wurde ihre wissenschaftliche und politische Odyssee in einem Spielfilm verarbeitet. Im Alter von 86 Jahren war sie endlich zum Star geworden.

Viele Wissenschaftler, die mit bemerkenswerten Tieren gearbeitet haben, empfinden das als prägende Erfahrung. Für Anne Innis Dagg war das sicherlich der Fall.

Bei ihrer ersten Begegnung mit den Giraffen der Farm sah sie ein Weibchen auf dem Weg zu einer Wasserstelle. Sie war überrascht, dass es seinen Kopf so schnell senken und heben konnte. »Der Blutdruck ändert sich gewaltig, wenn es seinen Kopf zwölf Fuß nach unten und dann wieder nach oben bewegt«, sagte sie zu Matthews.

»Warum wird es nicht ohnmächtig, wenn sich der Blutdruck in seinem Gehirn ändert?« Es dauerte 50 Jahre, bis es darauf eine Antwort gab.

Im Jahre 2006 veröffentlichte Dagg einen Bericht aus erster Hand über ihre Zeit in Afrika, *Pursuing giraffes: a 1950 s adventure* (Giraffen auf der Spur: ein Abenteuer in den 1950ern). Dieses Buch ist viel persönlicher gehalten. Was als eine Art Reisebericht beginnt, mit Anekdoten über die Mühen einer jungen Frau, die auf eigene Faust eine Reise nach Afrika auf die Beine stellt, wird schnell zu etwas viel Größerem.

Um Zugang zu den Giraffen zu bekommen, musste man sich mit den Menschen und dem menschlichen Umfeld Südafrikas auseinandersetzen. Als 23-Jährige, die im modernen Kanada aufgewachsen war, so berichtet sie, kam sie mit einer modernen kanadischen Geisteshaltung in das Land, mit einer gebildeten, linksliberalen Einstellung. Die Urvölker Kanadas hatten unter dem Kolonialismus sehr gelitten und litten auch weiterhin unter dessen Folgen. Viele dieser Verbrechen sind inzwischen öffentlich bekannt geworden. Dagg hatte jedoch nie so etwas wie Apartheid oder die Art und Weise, in der schwarze Arbeiter auf der Farm von Matthews und in der gesamten Gesellschaft routinemäßig entmenschlicht wurden, direkt erlebt.

Dies führte zu einigen heftigen Auseinandersetzungen mit ihren Gastgebern und den Weißen, die auf der Ranch arbeiteten. Wie konnte sie zu den Menschen durchdringen, die von dem engen Denken rassistischer Vorurteile und Stereotypen geprägt waren? Die ständige Unterdrückung, so wurde ihr gesagt, sei der einzige Weg, um einen Gewaltausbruch zu vermeiden. Der Rassismus war in der südafrikanischen Gesellschaft so tief und breit verwurzelt, dass Dagg ständig daran erinnert wurde und sich darüber entsetzte.

Die nächsten Vorurteile und Voreingenommenheiten, mit denen sie sich auseinandersetzen musste, waren jedoch ihre eigenen, und es waren ihre Giraffen, die sie dazu zwangen, sich ihnen zu stellen.

Eines Tages bemerkte sie zwei männliche Giraffen, die sich kabbelten – die Männchen waren leicht zu erkennen, denn sie hatten die größten knubbeligen Hörner auf dem Kopf. Die beiden Tiere hielten eine Weile inne, um zu fressen, dann fingen sie an, sich mit den Köpfen zu stoßen und mit den Hälsen eins auszuwischen. Nach einer Weile wurden diese Bewegungen ruhiger, bis die Giraffen ihre langen Hälse fast zärtlich aneinanderschmiegten.

Sie hatte ihren Blick noch nicht abgewandt, als eines der Männchen das andere bestieg und den Geschlechtsakt vollzog. Nach ein paar Sekunden stieg er ab und sie liefen Seite an Seite in den Busch.

Dagg war völlig perplex. Sie sagte, dass sie damals »in den 1950er Jahren praktisch nichts über homosexuelles Verhalten wusste«, außer dass die homophobe westliche Kultur es als etwas Schlechtes ansah, das von unmoralischen Männern getan wurde.

Die Giraffen waren nicht schlecht. Auf der Farm, wo es mehr Männchen als Weibchen gab, waren sie aber häufig homosexuell aktiv. Tatsächlich bekam sie während ihres Aufenthalts überhaupt nur eine Paarung zwischen einem Männchen und einem Weibchen mit.

Dagg wurde klar, dass sie ihre Vorurteile überdenken musste. Als sie 1958 ihren Abschlussbericht verfasste, bezog sie den Vorfall mit ein, erwähnte ihn aber in den folgenden 20 Jahren niemandem gegenüber – nicht einmal ihr Mann erfuhr davon.

Das stellte sich als Muster heraus. Andere Wissenschaftler verhielten sich durchweg gleich; sie berichteten nicht über Homosexualität bei anderen Arten; die Menschen wären schockiert.

In den 1950er Jahren war die Homophobie praktisch universell und Homosexualität galt nicht bloß als unmoralisch, sondern war in vielen Ländern sogar gesetzlich verboten. Niemand konnte sich sicher wähnen, weder ein Genie noch ein Kriegsheld. Nur zwei Jahre bevor Anne Innis Dagg nach Afrika aufbrach, war die Homophobie für den Tod von Alan Turing verantwortlich, dem Vater des modernen Computers und Erfinder einer Maschine, die den Alliierten zum Sieg im Zweiten Weltkrieg verhalf.

Als er wegen Homosexualität angeklagt wurde, stellte man ihn vor die Wahl: Gefängnis oder ›chemische Kastration‹. Er entschied sich für Letzteres. Weil ihm das jedoch unerträglich wurde, so glauben die meisten, beging er später Selbstmord.

Transformation.

Im Jahre 1983 veröffentlichte Dagg den ersten umfassenden wissenschaftlichen Bericht über homosexuelles Verhalten bei Wildtieren, »bei über hundert Säugetierarten sowie bei vielen Vögeln und Reptilien«. Sie wies darauf hin, dass es sicherlich noch viele mehr seien. Ein Teil des Problems bestand darin, dass viele Zoologen dies in ihren Berichten nicht berücksichtigt hatten, so wie sie es bei ihr der Fall gewesen war. Aus Voreingenommenheit oder Prüderie.

Als ich in Afrika war, hatte ich immer Mitleid mit den Eingeborenen, aber mir kam nicht der Gedanke, dass sie genauso wie ich Freiheit von Unterdrückung wollten und brauchten. Das einzig Gute an meiner verspäteten Erkenntnis ist, dass ich in Zukunft versuchen werde, denen, die unter Diskriminierung leiden, aktiv zu helfen, insbesondere wenn ich eine feministische Aktivistin werde, die sich der allgegenwärtigen sexuellen und rassistischen Diskriminierung bewusst ist.

Will man ein Bild dieser bemerkenswerten Person erhalten, sollte man sich den Dokumentarfilm über ihr Leben ansehen. Als Jugendliche sehen kann man sie auf YouTube. In den 1960er Jahren trat sie in der Fernsehspielshow *To Tell the Truth* (Sag die Wahrheit) auf. Gemäß dem Format der Sendung traten drei junge Kandidatinnen auf, von denen jede behauptete, eine Giraffenexpertin zu sein. Prominente Jurymitglieder mussten entscheiden, welche von ihnen die Wahrheit sagt.

Keiner von ihnen tippte auf sie.

Ein Name, der in der heutigen Literatur über Giraffen immer wieder auftaucht, ist der von Christian Aalkjaer, einem Arzt und Wissenschaftler an der Universität Aarhus. Christian ist ein schlaksiger Däne mit ruhiger Stimme und blondem Haar, das an den Rändern grau wird. Er gehört zu den Menschen, die zunächst ein Medizinstudium begannen und dann in die Forschung hineingezogen wurden. Ein Schwerpunkt von Christians Arbeit waren Kapillaren und Blutdruck, in den Fußstapfen von August Krogh und anderer Herz-Kreislauf-Forscher, und das wurde sein Tor zur Giraffe.

Er kannte Björn Folkow drüben in Schweden. »Das war einer meiner Helden, eine Berühmtheit auf dem Gebiet des Herz-Kreislauf-Systems«, sagt Christian. »Er sprach immer von Giraffen und davon, wie interessant sie seien. Eines Tages schickte er mir gefrorenes Giraffengewebe und fragte, ob ich etwas damit anfangen könne. Damals konnte ich das nicht.«

Die Kapillaren stehen in der Abfolge am Ende des Kreislaufsystems. Wenn das Blut aus dem Herzen gepumpt wird, bewegt es sich so weit, wie die Kraft des Herzens es drücken kann. Wenn man den Schub des Herzmuskels mit dem Wurf eines Balls in die Luft vergleicht, liegen die Kapillaren am Scheitelpunkt, dem höchsten Punkt, den der Ball erreicht, kurz bevor die Schwerkraft ihn wieder nach unten zieht. Dann beginnt das Blut durch die Venen zurückzufließen.

Aber diese Kraft fließt nicht bloß in eine Richtung und ohne jeden Widerstand. Man stelle sich vor, man verbinde einen Feuerwehrschlauch mit einer Reihe immer kleiner werdender Schläuche, bis hin zu einem nadeldünnen Schlauch. Wird das Wasser in immer kleinere Gefäße gedrückt, stößt es auf Widerstand. Irgendwann verliert es den nötigen Schwung, um weiter voranzukommen. So hängen Blutversorgung und -druck und der Durchmesser der Gefäße und Kapillaren zusammen.

Aber auch die Schwerkraft spielt eine Rolle, so Christian, und das macht die Giraffen besonders interessant.

»Zusätzlich zu dieser Struktur aus Arterien und Kapillaren muss das Herz das Blut nach oben zum Kopf und nach unten in die Beine pumpen«, sagt er. »Wenn der Kopf sehr weit oben ist – wie bei einer Giraffe –, muss es viel mehr Druck ausüben, um das Blut nach oben zu pumpen, mit großer Intensität. Würde jedoch derselbe Druck verwendet, um das Blut nach unten zu pumpen, kann man sich vorstellen, was in den Beinen geschehen würde. Bei so viel Druck würde jedes normale Gefäß platzen oder undicht werden, und im Gewebe würden sich Blut und Flüssigkeit ansammeln. Warum bekommen Giraffen keine Ödeme in ihren Beinen?«

Die Blutgefäße und Organe eines Menschen würden diese Belastung niemals verkraften. Bleibt der Blutdruck lange genug hoch, treten überall Probleme auf: im Herzen, in den Nieren, im Gehirn, in den Augen ... zum Teil deshalb, weil die Blutgefäße nicht für eine so hohe Belastung ausgelegt sind. Muss das Herz über lange Zeiträume hinweg stark pumpen, um den Widerstand zu überwinden, kann es sich tödlich vergrößern.

All dies scheint bei Giraffen nicht zu geschehen oder jedenfalls nicht sehr oft. Aber warum? »Die Leute nahmen an, dass das gesamte Herz-Kreislauf-System der Giraffen mehr oder weniger wie das des Menschen funktioniere, aber stimmt das?«, fragt Christian Aalkjaer. »Ein guter Ansatzpunkt wäre, den Blutdruck einer Giraffe in verschiedenen Körperregionen zu messen – am Herzen, am Hals, am Kopf und an den Beinen.«

Die Erfahrung von Robert Goetz zeigte, dass die Durchführung dieser Messungen eine große Herausforderung darstellen würde. Allein hätte Christian es vielleicht nicht geschafft. Aber das musste er auch nicht. Er fing an, mit Leuten zu sprechen, und aus diesen Gesprächen entstand ein Giraffenprojekt, an dem sich schließlich etwa 40 Personen beteiligten.

Am Anfang war es bloß eine kleine Gruppe, die durch eine komplett zufällige Begegnung in einem Park zusammenkam. Ich hörte die Geschichte von Tobias Wang, einem anderen Dänen, Professor für Zoophysiologie an der Universität Aarhus.

Tobias ist vierschrötig, trägt Glatze und einen kurz geschnittenen graumelierten Bart. An dem Tag, an dem wir uns trafen, hatte er eine große, runde, graue Schildpattbrille auf. Er spricht sorgfältig, bedacht, philosophisch. Und voller Enthusiasmus.

»Christian und ich kannten uns«, sagt er. »Er ist zehn Jahre älter als ich, aber ich kannte ihn, weil wir vor vielen Jahren im selben Tennisclub gespielt hatten. Er war ein großes Talent und stand kurz vor der Profikarriere, entschied sich dann aber für die Medizin.«

Tobias war nach vielen Jahren im Ausland – unter anderem in Brasilien und den Vereinigten Staaten – nach Dänemark zurückgekehrt. Er gab einen Kurs über kardiovaskuläre Physiologie an der Universität von Aarhus. Und ausgerechnet an diesem Tag ging es zufällig um Giraffen.

Nach dem Seminar verließ er das Klassenzimmer und machte einen Spaziergang. Die Universität Aarhus liegt in einer wunderschön hügeligen Landschaft. Es gibt einen Park und einen kleinen See mit einem Spazierpfad. Tobias war ganz in Gedanken, als er Christian Aalkjaer begegnete, der auf dem Weg zur medizinischen Fakultät war. Ein kompletter Zufall, sagt Tobias, sie hatten sich seit vielen Jahren nicht mehr gesehen.

Natürlich blieben sie stehen und tauschten sich aus.

»Was treibst du so?«, fragte Christian.

»Ich komme gerade von einem Vortrag über Giraffen«, sagte Tobias.

»Wirklich!?«, sagte Christian. »Das ist interessant. Ein Kollege und ich denken darüber nach, etwas mit Giraffen zu machen.«

Christians Gruppe hatte gerade einen Biologen namens Emil Brøndum eingestellt, der sich mit der Möglichkeit befasste, Zuschüsse für ein Giraffenprojekt zu erhalten. Emil war tatkräftig, voller Enthusiasmus und hatte ein Talent, Gelder aufzutreiben. Er hatte begonnen, Kontakt zu Leuten in Südafrika aufzunehmen, die Zugang zu Tieren hatten. Mit Tobias an Bord begannen die Wissenschaftler auch, nach Möglichkeiten in der näheren Umgebung zu suchen.

»Anfangs waren wir sehr naiv«, lacht Tobias. »Wir dachten, dass der Zoologische Garten Giraffen haben müsse, dass wir also von dort eine bekommen könnten. Wir riefen dann einfach den Tierarzt des Kopenhagener Zoos an.«

Das führte zu einem weiteren Zufall. Es stellte sich heraus, dass der Tierarzt ein gewisser Mads Frost Bertelsen war, und Tobias kannte ihn bereits – indirekt. So wie Mads von Tobias wusste.

»Mads hatte in Kanada über die Anästhesie an Reptilien promoviert«, sagt Tobias. »Ich hatte meine Doktorarbeit in Brasilien über das Herz-Kreislauf-System von Klapperschlangen geschrieben. Ich hatte also seine Arbeiten gelesen, und er hatte meine gelesen. Ich dachte, er sei in Kanada, und er dachte wegen meines Namens, ich sei Chinese. Und nun waren wir also beide zu Hause in Dänemark. Dieses Telefonat war der Beginn unserer langjährigen Arbeit über Giraffen. Wir haben auch 15 Jahre lang am Herz-Kreislauf-System von Reptilien zusammengearbeitet. Mads ist einer meiner besten Freunde geworden.«

Bei der ersten Kontaktaufnahme sagte Mads, ja, es gebe Giraffen im Kopenhagener Zoo. Und ja, er wisse eine Menge über sie. Christian, Tobias und Mads wurden zur Keimzelle eines Projekts, das über ein Jahrzehnt andauern und zu mehreren Expeditionen nach Südafrika führen sollte.

Und das alles nur wegen ein paar zufälliger Begegnungen. So läuft das in der Wissenschaft.

Tobias Wang sagt, dass extreme Umwelteinflüsse zu Änderungen an den Genen der Tiere führen. Das haben wir immer wieder beobachtet.

»Die Leute stellen es häufig so dar, als ob ein bemerkenswertes Tier eine bestimmte Schlüsselanpassung durchlaufen hätte«, sagt Tobias. »Wissenschaftliche Fachzeitschriften scheinen diese Idee zu mögen. Aber ich glaube nicht, dass das oft der Fall ist. Wenn man genau hinsieht, erkennt man, dass bestimmte Tier viele physiologische Variablen verändert haben, dass sie im Grunde genommen an vielen ›Stellschrauben‹ gedreht haben, um eine bestimmte Fähigkeit zu erreichen. Und all diese Eigenschaften müssen zusammenwirken, im Einklang mit der Umwelt.«

Die Gruppe von Wissenschaftlern fand neue Herangehensweisen zu den von August Krogh und Robert Goetz und Anne Innis Dagg gestellten Fragen. Wie hoch war der Blutdruck einer Giraffe? Wie hoch war der Druck in den verschiedenen Körperteilen? Warum fiel eine Giraffe nicht in Ohnmacht, wenn sie ihren Kopf senkte und hob? Warum platzte das Blut nicht aus den Blutgefäßen in den Beinen oder im Gehirn und verursachte Ödeme?

»Der Blutdruck als Gesamtphänomen ist unglaublich schwer zu durchdringen«, sagt Tobias. »Er hat mit dem Flüssigkeitshaushalt, der Niere, dem Wasserhaushalt, dem Salzhaushalt und so ziemlich jedem Organ, zu tun, das man sich vorstellen kann. Um ihn zu erzeugen, ihn aufrechtzuerhalten und unter Kontrolle zu halten, müssen viele verschiedene Faktoren zusammenwirken.«

Das dänische Team zog Experten aus dem ganzen Land und aus dem Ausland hinzu, um an verschiedenen tierischen Systemen zu arbeiten – um Blutgefäße zu untersuchen, das Herz, die Niere und das Blut selbst. Robert Goetz hatte in vielen Dingen richtiggelegen, darunter seine Messungen des Blutdrucks und die Beobachtung, dass Giraffen Arterien mit ungewöhnlich dicken Wänden haben. Häufig stützten sich die Wissenschaftler auf seine Methoden, etwa bei der Frage, wie man eine Giraffe fixiert und aufrechthält, um Messungen durchzuführen. Jetzt hatten die Wissenschaftler aber viel mehr Möglichkeiten, die sie nutzen konnten.

Die Pathologen des Teams sahen sich die Blutgefäße der Tiere genauer an. Einer von ihnen kam zurück und sagte: »Sie haben keine Venen!« Alle Venen haben die dicken Wände, die man normalerweise von Arterien kennt – außer an einer Stelle. Dem Hals.

Das erwies sich als unglaublich wichtig. »Die Dicke der Gefäßwände macht sie sehr steif und ermöglicht es ihnen, dem Druck des Blutes standzuhalten, wenn es zum Kopf hochgepumpt wird«, sagt Tobias. »Außerdem verhindert sie, dass die Gefäße in den Beinen undicht werden.« Ein weiterer Faktor spielte ebenfalls eine Rolle: Die Arterien in den Gelenken der Beine haben *Schließmuskeln*, die je nach Druck öffnen oder schließen.

Christian und Tobias verstanden die Bedeutung dieser Steifheit von Gefäßen und Gewebe.

»Es beeinflusst die sogenannte *Compliance*«, sagt Christian. »Das ist das Ausmaß, in dem sich ein Schlauch, z.B. ein Blutgefäß, dehnt oder aufbläht, wenn mehr Flüssigkeit hindurchgepresst wird. Eine hohe Compliance bedeutet, dass es sich stark dehnt; eine geringe Compliance bedeutet eine geringe Dehnung.« Stellt man sich den Unterschied zwischen einem Ballon aus dünnem Gummi und einem Gartenschlauch aus dickem Kunststoff vor, braucht es bei Letzterem viel mehr Druck, damit sich der Schlauch dehnt. Seine Compliance ist viel geringer. Gleichzeitig bietet die Enge der kleineren Gefäße der Pumpkraft einen großen Widerstand, so dass der Druck niedriger ist, wenn das Blut die Extremitäten erreicht.

Ein weiterer Faktor ist die Compliance des die Gefäße umgebenden Gewebes, das steif oder flexibler sein kann. Steckt man einen Luftballon in eine kleine Glasflasche und bläst ihn auf, kann man ihn nur bis zu einem bestimmten Punkt aufblasen. Neben diesen zähen Gefäßen haben Giraffen auch zähes Gewebe und zähe Haut – deshalb konnte Goetz sie auch mit dem bestgezielten Pfeil nicht betäuben.

Für die Beine, wo der Druck am höchsten ist, haben Christian und sein Team gezeigt, dass die Gefäße sehr steif sind und eine sehr geringe Compliance aufweisen. All dies hält den Druck in Schach und verhindert, dass Blut aus den Gefäßen sickert und Ödeme bildet. Die Steifheit des Gewebes schützt auch die Niere, deren empfindliches Gewebe häufig durch hohen Blutdruck geschädigt wird.

Zurück zu den Blutgefäßen: Im gesamten Körper des Tieres ist die Compliance sehr gering. Die einzige Ausnahme: die Halsvene (Jugularvene). Sie kann sich bei Bedarf weit ausdehnen, wenn das Blut zum Herzen zurückfließt. Das erweist sich als wichtig.

Während die Dänen die Giraffen mit Blutdruckmessgeräten, Ultraschall und Gewebeschnitten traktierten, beschloss eine Gruppe aus Wyoming in den USA, ein Modell des Giraffenhalses zu erstellen. Die Gruppe um Graham Mitchell fertigte ein physisches, mechanisches Modell von Hals und Kopf der Giraffe an, das auf den neuen Daten über die Compliance und die ungewöhnliche Halsvene basierte. Damit hatten sie eine Anordnung, an der sie Hypothesen testen und versuchen konnten, die Vorgänge im Tier mit den tatsächlichen Blutdruckmessungen in Einklang zu bringen.

Das erste Modell, das Mitchell und seine Kollegen anfertigten, war sehr einfach: ein nach oben verlaufender Schlauch, der die Halsschlagader darstellte, ein Schlauch oben für das Gehirn und ein nach unten verlaufender Schlauch, der die Halsvene repräsentierte. Der nach oben führende Schlauch war starr, um die dicke Struktur der Arterien widerzuspiegeln. Der Schlauch, der nach unten führte, war ›faltbar‹: Er konnte angepasst werden, um verschiedene Grade der Compliance bei den Venen und dem Gewebe darzustellen. Auf diese Weise ließ sich ein stehendes Tier simulieren. Mitchell wollte auch sehen, was geschieht, wenn der Kopf gesenkt wird. Das bedeutete ein weiteres Modell, mit ein paar Verbesserungen.

Das Blut, das aus dem Gehirn zurückfließt, wird ständig in den Hals gedrückt. Senkt die Giraffe ihren Kopf jedoch, ist ein wichtiger Parameter entspannt: Die Schwerkraft zieht das Blut nicht mehr zurück, so dass es mit geringerer Kraft aus dem Hals gezogen wird. Hier kommen die flexiblen Venen ins Spiel. Sie dehnen sich aus und nehmen mehr als ihren normalen Anteil an Blut auf.

Man kann sich das Gefäßsystem wie einen langen, dünnen Luftballon vorstellen, der mit viel Kraft aufgeblasen wird. Würde man einen Bereich des Ballons einklemmen, würde er steif werden, wie die steifen Arterien im Hals und im Gehirn. Wenn die Luft hindurchströmt und einen Bereich erreicht, der nicht eingeklemmt wird, würde sich der Ballon ausbeulen. Das ähnelt der Situation bei Venen mit höherer Compliance, die sie sich aufblähen lassen.

Es befindet sich immer nur eine begrenzte Menge an Blut im System. Senkt eine Giraffe ihren Kopf, hat sich ein Teil des Blutes in den Venen angesammelt, obwohl ihr Herz weiterhin mit der gleichen Geschwindigkeit schlägt. Dadurch bleibt weniger Blut übrig, das durch die Arterien in den Kopf fließen kann. Weniger Blut bedeutet weniger Druck. Dadurch wird verhindert, dass das Gehirn zu viel Blut abbekommt oder dass der Druck in den Gefäßen zu hoch wird.

Wird der Kopf wieder angehoben, kommt die Schwerkraft ins Spiel. Jetzt fließt das Blut leichter von den Venen im Hals zum Herzen hinunter. Dadurch wird die gleiche Menge Blut auf einen kleineren Raum beschränkt, was wiederum den Gesamtdruck im System erhöht. Jetzt ist wieder genug Druck vorhanden, um das Blut zwei Meter oder mehr nach oben zum Kopf zu pumpen.

Das Modell schien zu funktionieren, zumindest in der Theorie. Ein Jahr nach Mitchells Veröffentlichung konnten die Dänen messen, was geschah, wenn eine lebende Giraffe ihren Kopf hob und senkte.

Tobias Wang, Christian Aalkjaer und ihre Leute betäubten das Tier, legten ihm ein Geschirr an und schlossen Blutdruckmessgeräte und Ultraschallgeräte an. So konnten sie den Kopf heben und senken, den Druck messen und direkte Bilder der Blutgefäße aufnehmen.

»Wir sahen, dass die Halsvene eine unglaubliche Ausdehnung erfährt, wenn der Kopf gesenkt wird«, sagt Tobias. »Sie wuchs von einem Bruchteil eines Zentimeters auf über drei Zentimeter im Querschnitt. Die Abmessungen der Halsschlagader änderten sich fast gar nicht. Und in der Vene sammelte sich eine riesige Menge Blut an – über einen Liter, fast anderthalb Liter. Das ist, gemessen am gesamten Blutvolumen des Tieres, eine enorme Menge.«

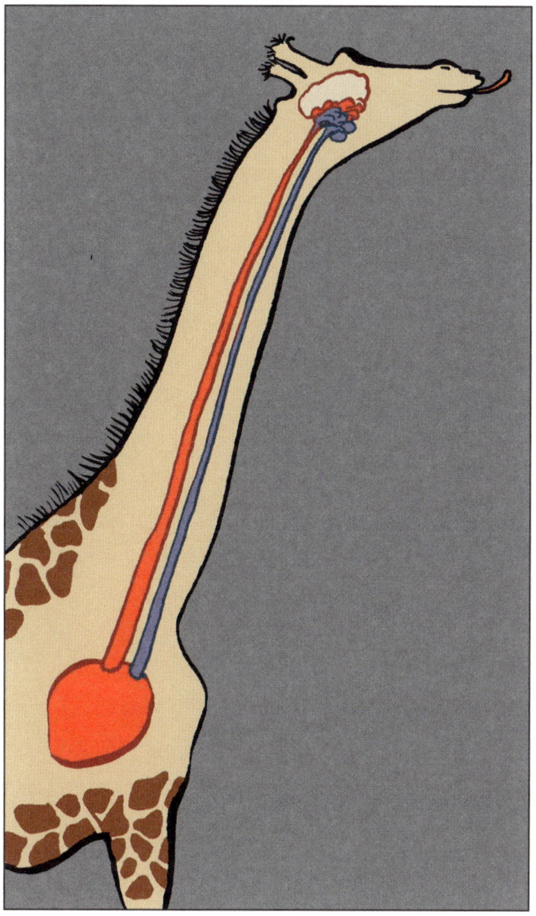

Ihr enorm hoher Blutdruck sichert Giraffen eine ausreichende Versorgung des Gehirns mit Blut und die ungewöhnliche Struktur ihrer Halsvenen und -arterien verhindert, dass sie beim Trinken ohnmächtig werden.

Es gibt Bilder von diesen Experimenten: eine liegende Giraffe, um die sich zwölf Wissenschaftler gruppieren, die an ihren Beinen, ihrem Hals und ihrem Kopf arbeiten. Ein anderes Bild zeigt die Giraffe in einem Geschirr, den hoch erhobenen Kopf in einem weiteren Geschirr. Sie ist so groß, dass sie das Wellblechdach des Gehäuses erreicht, in dem sie vermessen wird. Daneben eine sehr lange Leiter, die bis zum Kopf hinaufreicht.

Ein anderes Bild zeigt eine stehende Giraffe, aber der Hals ist nun in einer schwanenartigen Kurve nach unten gebogen. Daneben kniet, mit der Hand auf dem Kopf des Tieres, Mads Frost Bertelsen, Zoologischer Direktor des Kopenhagener Zoos. Wenn es darum geht, eine Giraffe zu betäuben, ist er der richtige Mann.

Im Zoo ist Mads »für alles zuständig, was mit Tieren zu tun hat. Für mich ist das fantastisch«, sagt er. »Ich arbeite klinisch mit den Tieren, erkenne gesundheitliche Probleme und behandle sie. Dann setze ich meine Forscherkappe auf und gehe ins Labor, wo ich mit tollen Leuten wie Tobias und Christian zusammenarbeite.«

Wie betäubt man eine Giraffe?, frage ich ihn.

»Im Idealfall bringt man sie in einen speziellen, gepolsterten Gang«, sagt er, »aber in den meisten Fällen hat man diesen Luxus nicht. Also betäubt man sie, legt ihr ein Seil an und lässt sie dann im Kreis laufen, bis sie schläfrig wird. Dann muss man sie vorsichtig stolpern lassen, sie in die Knie zwingen. Denn wenn sie aus voller Höhe fällt, ist sie so schwer, dass sie sich leicht das Genick oder die Beine brechen könnte.« Das gleiche Risiko besteht, wenn sie wiedererwacht und aufzustehen versucht: Ist das Tier noch nicht ganz wach, kann es umfallen.

Einmal, in einem dänischen Zoo, hatten Mads und sein Kollege Carsten Grøndahl ein riesiges Tier betäubt und warteten darauf, dass die Medikamente wirkten. »Es wurde allmählich träge, also öffneten wir das Tor, um es in einen anderen Stall zu bringen. Etwa zwölf von uns hingen an den Seilen. Dann bretterte es einfach davon – und jeder von uns zwölf flog in eine andere Richtung.« Er lacht. »Davon gibt es irgendwo Filmaufnahmen.«

Mads Bertelsen erreichte seine jetzige Position, die höher kaum sein konnte, indem er sich hocharbeitete, und zwar von der so ziemlich untersten Position aus. In der Schulzeit jobbte er im Zoo. »Mein erster Job war es, Eintrittskarten am Eingangstor zu verkaufen. Wir haben auch einen kleinen Zug, mit dem die Kinder durch den Park fahren, und den habe ich ein paar Jahre lang gefahren.« Der Traum eines jeden Kindes.

Er wollte Zoologie studieren, befürchtete aber, dass er damit keinen Erfolg haben würde – und am Ende als Lehrer an irgendeiner Schule landen könnte. Warum also nicht Tierarzt werden? Er wurde an der Universität von Kopenhagen angenommen, wo er seinen Abschluss machte. Er arbeitete eine Zeit lang mit Pferden. Dann tat sich in Kanada eine Ausbildungsstelle als Facharzt für zoologische Medizin auf. Mads verbrachte dort drei Jahre, um seinen Doktor in Tiermedizin zu machen. Sein Spezialgebiet war die Anästhesie von Reptilien, wodurch er auf die Arbeiten von Tobias stieß. Zur selben Zeit war Tobias in Brasilien und las dort die Arbeiten von Mads.

Irgendwann zog Mads zurück nach Kopenhagen und erhielt eine Halbtagsstelle im Zoo, während er die andere Hälfte seiner Zeit als Dozent an der Universität verbrachte. Im Jahr 2007 kam er als Tierarzt und Forscher in Vollzeit zum Zoo.

»Ich mochte den klinischen Aspekt der Tierpflege sehr, die täglichen Probleme, für die man eben Lösungen finden muss«, sagt er. »Ich konnte einige Zeit damit verbringen, die Gesundheitsprobleme zu erforschen, denen wir begegneten. Ich konnte sehr praktische Probleme mit den Tieren im Forschungslabor untersuchen und die Ergebnisse direkt anwenden.«

Er sagt, dies habe ihm eine andere Perspektive eröffnet. »Ich denke, meine Sichtweise unterscheidet sich von der der reinen Forscher, ich betrachte die Sache aus der Perspektive der Tiere. Wir fragen uns, wie wir unseren Erkenntnisgewinn nutzen können, um die Tiere besser zu schützen.«

Global gesehen gebe es andere Herausforderungen – darunter natürlich den Klimawandel. Er nennt es ein Stoffwechselproblem. Höhere Temperaturen stellen die Stoffwechselsysteme vieler Arten von Tieren vor Herausforderungen. »Diese

Arbeit findet meist im Feld statt; ich habe mit Moschusochsen gearbeitet, mit Oryx-Antilopen in Arabien und mit Löwen in Afrika.«

Er würde gerne mehr Klimaforschung in den Zoo bringen. Bei Wassertieren ist das kein Problem – man kann einfach die Temperatur im Aquarium anpassen. Eine Ausweitung auf Landtiere würde eine große Klimakammer erfordern; Mads und seine Kollegen haben einen Zuschuss beantragt.

»Aber es geht mir mehr um die Rettung der Giraffe denn um die Rettung der Welt.«

»Wie sind Giraffen so?«, frage ich Mads. »Sind sie freundlich? Kommen sie mit Menschen zurecht?«

Er sagt, dass ihr Verhalten in freier Wildbahn völlig anders sei als im Zoo, wo sie daran gewöhnt sind, ständig von Menschen umgeben zu sein. »Wenn man im Zoo auf sie zugeht und ein Leckerli in der Tasche hat, strecken sie ihre Zunge in die Tasche, um es zu hervorzuholen.«

Wer das zum ersten Mal erlebt, wird große Augen machen. Es ist nämlich eine ganz besondere Zunge, zunächst einmal wegen ihrer Länge: Sie kann 50 bis 60 Zentimeter aus dem Maul herausragen, weit genug, dass das Tier sich die Ohren lecken kann. Dieser Teil ist so viel in der Sonne, dass er pigmentiert ist, während die Rückseite rosa ist. Andere Anpassungen verhindern, dass sich dornige Blätter oder Zweige beim Fressen durch die Haut bohren.

Für Tiere sei das Überleben in der freien Wildbahn eine zielgerichtete Sache, sagt er. »Der Lebenszweck jeden Tieres besteht im Überleben und Fortpflanzen. Eine erwachsene Giraffe hat nicht viele Feinde, ihr Überleben hängt aber von der Deckung ihres Kalorienbedarfs ab, und dafür muss eine Giraffe viele, viele Stunden am Tag arbeiten. Was die Fortpflanzung betrifft, so denke ich, dass dies im Tierschutz oft übersehen wird: Wir müssen den Tieren in unserer Obhut erlauben, sich fortzupflanzen.«

In freier Wildbahn sind die Giraffen schreckhaft; sie bleiben stets wachsam und schlafen in kurzen Schüben, weil sie im Liegen leichtere Beute sind. Allgemein sind sie sehr gesellig und ziehen in kleinen Gruppen umher, die sich immer mal aufteilen und neu formieren. Sie geben tieffrequente Geräusche von sich, aber so etwas wie eine ›Giraffensprache‹ gibt es nicht.

Mads schnaubt. »Das war eine Zeit lang ein New-Age-Ding, aber es basierte auf einer völlig falschen Prämisse. Die Idee, dass Giraffen ein riesiges Herz haben müssen, um das Blut so hoch zu pumpen ... Und das ›große Herz‹ ist eine Metapher dafür, sehr gesellig und kommunikativ zu sein.«

Wie sich herausstellt, entspricht das Herz der Giraffe im Großen und Ganzen der Norm, das heißt, es hat in etwa das richtige Verhältnis zum Gewicht des Tieres. Seine Kraft kommt von der Dicke des Muskels. Das Lumen, der leere Raum im Herzen, der sich mit Blut füllt, ist im Vergleich zu anderen Tieren enger und schmaler. Drückt man Flüssigkeit stärker durch einen kleineren Raum, erhält man einen höheren Druck.

Eine Giraffe hat eine lange Zunge mit dicker Haut, die es ihr erlaubt, auch dornige Akazienblätter zu fressen, ohne Verletzungen zu erleiden.

All diese Kraft hat viele weitere Folgen. Bei einem Menschen setzt ein Schnitt oder eine Wunde an einer Arterie einen Blutstrahl frei, der sofort verschlossen werden muss; bei einer Giraffe, wo der Blutfluss viel stärker ist, ist es ein Düsenstrahl. Einmal setzte Mads Bertelsen bei einem betäubten Tier einen Schnitt, traf eine Arterie und war am Ende von Kopf bis Fuß mit Blut bedeckt.

Eine Lösung, die die Evolution bei den Giraffen hervorgebracht hat, ist die Entwicklung einer äußerst effizienten Gerinnungsfähigkeit. Kommt es zu einer Wunde, treten Faktoren im Blut auf den Plan, die die Gefäße ungewöhnlich schnell verschließen.

Um die Giraffe zu bauen, wurden an vielen Stellschrauben gedreht, wie Tobias Wang sagen würde. Die einzelnen Teile sind denen des Menschen erstaunlich ähnlich: Herz, Gefäße, die gleiche Anzahl von Wirbeln, die bloß gestreckter sind.

Es ist diese merkwürdige Kombination aus Ähnlichkeiten und Unterschieden, die eine klinische Kardiologin auf die Giraffe und das Team aufmerksam werden ließ. »Würde man einen Menschen einem so hohen Blutdruck aussetzen«, sagt Barbara Natterson-Horowitz, »würden Herz und Nieren versagen, es drohten Schlaganfall, Herzinfarkt und viele andere Krankheiten. Warum ist das bei den Giraffen trotz ihres hohen Blutdrucks nicht so?«

Barbara ist eine amerikanische Kardiologin mit einer ganz eigenen Sichtweise auf Tiere und deren Erforschung. Sie ist Professorin für Medizin an der UCLA und hat eine Gastprofessur an der anderen Küste, in der Abteilung für menschliche Evolutionsbiologie in Harvard.

Sie ist auch die erfolgreiche Autorin zweier Bestseller zu Themen, die eng mit dem Thema dieses Buches verwandt sind: *Zoobiquity: what animals can teach us about our health.* Als Nächstes kam *Wildhood*, über das ›Erwachsenwerden‹, den Übergang zur Volljährigkeit bei allen Arten. Es sind weitere Bücher in Arbeit; Leseempfehlung!

Wir sprechen per Zoom an einem regnerischen Herbsttag in Deutschland; sie am anderen Ende der Welt, in ihrem Garten in Kalifornien, wo die Sonne scheint. Es wird direkt klar, dass sie seit Jahren ähnlich denkt wie Mads Bertelsen und Tobias Wang.

»Bei *Zoobiquity* ging es eigentlich um diese Idee: Was wäre, wenn wir Menschen uns tatsächlich als menschliche Tiere akzeptieren und auf das Wissen derjenigen zugreifen würden, die echte Experten für Tiere sind?« Damit meint sie Tierärzte. Obwohl sie diese Idee schon seit einem Dutzend Jahren vertritt, ist ihre Stimme noch immer voller Enthusiasmus.

Sie baut auf August Krogh auf, wie es Tobias Wang getan hat: Der traditionelle Weg in der Forschung besteht darin, einen modellhaften Organismus mit besonderen, extremen Merkmalen auszuwählen und zu versuchen, die eine Sache zu isolieren, die diese Merkmale hervorbringt. Oder man reduziert ein Tier durch jahrzehntelange Zucht auf eine hochgradig standardisierte Form, findet eine Mutation, die es in einer Weise verändert, die einer menschlichen Krankheit ähnelt, und versucht, diese zu beheben.

Ein besserer Ansatz wäre, das Tier als Ganzes zu sehen.

»Tierärzte machen diesen Witz über Humanmediziner, die sich ihnen oft sehr überlegen fühlen«, hatte Mads gesagt. »Sie sagen, Humanmediziner sind Ärzte, die lediglich an einem Tier arbeiten.«

Tobias Wang hatte gesagt: »Klinische Forscher sind in der Regel sehr daran interessiert, einen bestimmten Mechanismus zu finden, den man erkennen und auf Patienten übertragen kann. Das ist der Heilige Gral: ein Tier zu finden, das etwas Spektakuläres tut, und dann ein Gen zu identifizieren, das man bei einem Menschen verändern könnte, um eine bestimmte Sache zu heilen. Aber man erhält eine umfassendere Perspektive, wenn man einen eher evolutionär orientierten Ansatz verfolgt, denn so kann man besser verstehen, wie Organismen funktionieren.«

Ich konnte nachvollziehen, warum diese Menschen sich gefunden hatten und zusammenarbeiteten und wie gut sie sich ergänzten.

Barbara Natterson-Horowitz geht in dieser Hinsicht noch weiter. »Was wir wirklich verstehen müssen, ist, woher unsere Anfälligkeit für Krankheiten kommt. Was ist die Evolutionsgeschichte, die uns anfällig für bestimmte Krankheiten macht? Ich entwickle Modelle, die die evolutionäre Geschichte nachzeichnen, die unsere menschliche Anfälligkeit für Krankheiten hervorgebracht hat.«

»Evolutionäre Prozesse sind nicht von Krankheiten und Störungen geleitet«, sagt Barbara. »Vielmehr ist unsere Anfälligkeit für Krankheiten ein Nebenprodukt der Selektion nach biologischen Vorteilen.«

Der Dialog ist in beide Richtungen fruchtbar. Beschäftigt man sich mit Giraffen, ist es sinnvoll, sich die Perspektive eines klinischen Kardiologen anzuhören, der an Herzerkrankungen arbeitet.

Ein weiterer großer blinder Fleck in der medizinischen Forschung war, dass sich die meisten Studien auf Männer und sogar auf männliche Tiere konzentrierten. Einige Krankheiten betreffen jedoch hauptsächlich Frauen. Und in einigen Fällen war der klinische Fokus so eng gefasst, dass wichtige Krankheiten völlig übersehen oder fehldiagnostiziert wurden: Es ist erst ein paar Jahrzehnte her, dass Ärzte die Prävalenz der Herzinsuffizienz bei Frauen endlich erkannt haben.

»Herzkrankheiten sind die häufigste Todesursache bei Frauen, und eine Form namens HFpEF ist die häufigste Ursache für Herzversagen bei Frauen«, sagt Barbara. (Die Abkürzung steht für ›Herzinsuffizienz bei erhaltener Ejektionsfraktion‹, und diese tritt in der Regel als Folge jahrelanger Schäden durch hohen Blutdruck auf.)

Die perfekte Gelegenheit für eine Zusammenarbeit, sagt sie. »Kardiologen auf der ganzen Welt suchten nach Möglichkeiten, die HFpEF zu verhindern. Gleichzeitig beobachteten Physiologen, die sich mit der Giraffe beschäftigten, eine gewachsene Physiologie der Resistenz gegen die negativen Auswirkungen von Bluthochdruck. Als Kardiologin und Evolutionsbiologin hatte ich eine gute Ausgangsposition, um diese beiden Gruppen zusammenzubringen.«

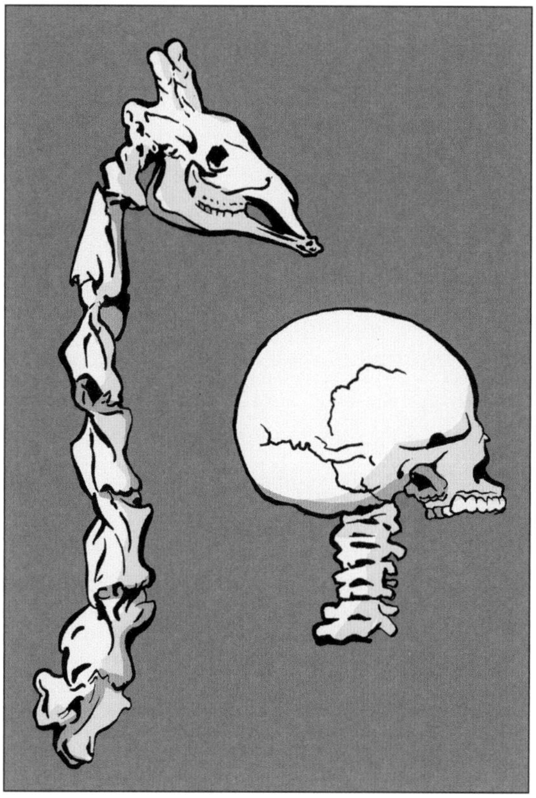

Der Hals einer Giraffe hat genauso viele Wirbel wie der eines Menschen, obwohl er viel länger ist.

»Hier waren diese brillanten, führenden vergleichenden Physiologen, die Zugang zur Giraffe hatten, zu diesem Modell der Resistenz gegen die Auswirkungen des Bluthochdrucks auf die Endorgane«, sagt Barbara. »Und doch wussten sie nichts von HFpEF. So kamen alle diese Dinge plötzlich zusammen.«

Giraffen, die den höchsten Blutdruck von allen haben, erkrankten nicht an HFpEF. Sie entwickelten auch nicht die meisten der anderen Symptome, die bei Menschen mit Bluthochdruck auftreten, wie Herz- oder Nierenversagen oder Schlaganfälle. Alle damit verbundenen Symptome verschlimmern sich bei körperlicher Anstrengung noch zusätzlich.

Barbara brachte ein Projekt des Teams in Gang, um dem auf den Grund zu gehen. »Dies könnte eine evolutionäre Anpassung gewesen sein«, sagt sie. »Giraffen sind eine Beutetierart; um Raubtieren zu entgehen, laufen sie bis zu 30 Kilometer pro Stunde. Obwohl ihre Herzkammern durch den Blutdruck verdickt sind, zeigen sie jedoch nicht die Schwierigkeiten, die bei Menschen mit einer Verdickung der Herzkammern auftreten.«

Während sich die linke Herzkammer verdickt und das innere Volumen schrumpft, vermeidet die Giraffe irgendwie die Ablagerung von viel steifem Fasergewebe, wie es beim Menschen vorkommt. »Dies könnte bei der Giraffe daran liegen, dass mindestens fünf Gene, die mit der Fibrose in Verbindung stehen, Mutationen erfahren haben, die bei ihrem im Stammbaum am nächsten liegenden lebenden Verwandten, dem Okapi, nicht vorkommen.«

Beobachtungen führen zu Überlegungen.

Frauen sind in der Schwangerschaft am stärksten von Bluthochdruck betroffen – in vielen Teilen der Welt ist er die häufigste Todesursache bei Frauen und Säuglingen. Irgendwie sind die Giraffen, die Extremophilen, davor gefeit. Aber wie? Vor allem, da die Trächtigkeit bei Giraffen weit über ein Jahr dauert, nämlich zwischen 13 und 15 Monaten?

»Eine weibliche Giraffe trägt in ihrem dritten Trimester ein zusätzliches Gewicht von einigen Hundert Kilo an Fötus und Flüssigkeit mit sich herum; wie kommt es, dass sie nicht die langsamste Giraffe in der Herde ist?«, fragt Barbara. »Die Giraffenträchtigkeit ist ein Beispiel für eine Schwangerschaftsathletik, die wir von unserer eigenen Spezies nicht kennen.«

Um mehr über das Leben trächtiger Giraffen in freier Wildbahn zu erfahren, suchte Barbara die renommierte Giraffenexpertin Anne Innes Dagg auf, die ihre Beobachtungen der Trächtigkeit in freier Wildbahn beschrieb. Barbara verarbeitete ihre Überlegungen in einem Artikel mit dem Titel »The Sisterhood of Species« (Die Schwesternschaft der Arten), den sie für *Scientific American* schrieb. Der Artikel ruft die Forschung dazu auf, ihren Fokus auf die weibliche Gesundheit in freier Wildbahn zu lenken.

Viele Fragen bleiben offen. Aber die Dinge wurden ein gutes Stück vorangebracht, indem so viele verschiedene Perspektiven zusammengeführt wurden: Christian Aalkjaer bringt die Kardiologie aus der Perspektive der Grundlagenforschung ein. Tobias ist der vergleichende Anatom, Mads der Tierarzt, Barbara die klinische Kardiologin und Evolutionsbiologin. Und dann ist da natürlich noch die Giraffe selbst. Jeder von ihnen trägt etwas bei, das alles zusammenbringt. Und es gäbe noch so viel mehr zu sagen.

11

Das Kopfproblem, die Zombie-Biologie und die Geheimnisse des Lebens ohne Wasser

Nein, aus dem Weltall kommen sie nicht – obwohl sie schon ein paarmal dort gewesen sind.

Auf der Erde findet man Bärtierchen in den Tiefen der Ozeane, auf Teichen schwimmend, im Eis der Antarktis begraben, unter Felsen in der Wüste Sinai und auf jedem Parkplatz. Überall sind sie, aber so winzig, dass die meisten Menschen sie nur von elektronenmikroskopischen Bildern oder aus Sci-Fi-Filmen kennen – in beiden Fällen völlig überdimensioniert. Sie haben eine bemerkenswerte Fähigkeit, Dinge zu überleben, die fast alles andere auslöschen würden: extreme Temperaturen und Strahlung, Austrocknung, Schüsse oder das Vakuum des Weltraums. Manchmal auch alles gleichzeitig.

Man nehme sich etwas Moos von einem freundlichen Baum in der Nachbarschaft, zerpflücke es mit einer Pinzette und gebe Wasser dazu. Dann warte man ein paar Minuten, krame das Mikroskop aus dem Schrank und staube es ab. Man gebe einen Tropfen des Wassers auf einen Objektträger und halte Ausschau nach Wesen, die sich bewegen. Die Chancen stehen gut, dass man einen Miniaturzoo aus mikroskopisch kleinen Würmern, radförmigen Rädertierchen und ›Wasserbären‹ vorfindet.

Das war der Name, den der deutsche Pastor Johann Goeze ihnen gab, als er sie 1773 entdeckte. Ein paar Jahre später fand der italienische Priester und Wissenschaftler Lazzaro Spallanzani einige von ihnen und gab ihnen den Namen Tardigrada, was auf Lateinisch ›sich langsam bewegend‹ bedeutet. Auf Deutsch heißen sie heute Bärtierchen, im Englischen Tardigrade. Sie bewegen sich tatsächlich ziemlich langsam und sehen mit ihren prallen Körpern und Krallen ein bisschen wie Bären aus – mit acht Beinen.

Kazuharu Arakawa, der an der Keiō-Universität in Nordjapan Bärtierchen erforscht, sammelt auf seinen Spaziergängen gerne mal Moosstücke. »Normalerweise mache ich das, wenn ich auswärts bin, auf Konferenzen«, sagt er. »Dann wurde mir klar, dass ich nie welches aus der Nähe meiner Wohnung aufgesammelt hatte. Eines Tages stand ich vor meiner Wohnung, entdeckte etwas Moos auf dem Bürgersteig und nahm es mit.«

Die Probe enthielt nicht bloß Bärtierchen, sondern sogar einzigartige. Wie einzigartig, war Kazuharu nicht sofort klar. Als er im Labor einige ihrer Gene sequenzierte, kam ihm ein Verdacht. Er schickte einige Proben an einen Kollegen in Polen, Łukasz Michalczyk, der ihm bestätigte, dass es sich um eine völlig neue Art handelte.

Das Ergebnis war eine wissenschaftliche Arbeit über einen Parkplatzfund. Auch im 21. Jahrhundert gibt es so was noch.

Man kann sich Bärtierchen ins Haus holen, aber viel Glück bei der Aufzucht.

Das Interesse an der Erforschung von Tieren im Labor ist groß. In den späten 1990er Jahren wurden im Rahmen von Genomprojekten endlich einige Fragen über die evolutionären Beziehungen zwischen Organismen geklärt, mit denen man sich schon seit langem beschäftigt hatte. Man konnte aus den einfachsten Dingen wie Fruchtfliegen oder winzigen Würmern tiefe Einblicke in die Biologie erhalten. Das Lesen ihrer DNA-Sequenzen zeigte, dass sie enger miteinander verwandt waren, als die meisten Wissenschaftler angenommen hatten. Ein breiteres Spektrum an Organismen ins Labor zu bringen war da hilfreich.

Bob Goldstein von der University of North Carolina in Chapel Hill entwickelte eine, wie er es nannte, »Besessenheit« für Bärtierchen. Wissenschaftler nutzten Fliegen und Würmer, um die genetischen Baupläne zu entziffern, die die Zellen für den Aufbau von Tierkörpern verwendeten. Es wäre von großem Nutzen, weit in die Evolution zurückblicken zu können und einen Blick auf die ersten Tiere zu erhaschen; sie könnten den Bärtierchen sehr ähnlich gewesen sein.

Es gab Tausende Arten von Bärtierchen. Einige Labors arbeiteten mit ihnen, aber Goldstein brauchte eine Variante mit besonderen Merkmalen. Es sollte eine einfache Art sein, die sich von den frühesten Embryonalstadien an leicht unter dem Mikroskop untersuchen ließ. Einige Bärtierchen legten ihre Eier in aufwendigen Gehäusen ab – interessant zwar, aber lästig, wenn man ins Innere schauen wollte. Im Idealfall hätte die Art ein relativ kleines Genom, was die Arbeit an einem Bärtierchen-Genom-Projekt erleichtern würde. Man kann die Größe eines Genoms nicht einfach vom Aussehen des Tieres ableiten, aber die kleineren Arten haben in der Regel kleine Embryonen, deren Zellen sich schnell teilen. Schon früh kontaktierte Goldstein Bärtierchen-Experten in aller Welt. Sie hatten viele Ratschläge, aber keiner von ihnen wusste, wie man eine geeignete Art im Labor züchten konnte.

Zeit für einen kreativeren Ansatz. Irgendwann stieß er auf den Namen eines anderen Bob. Bob McNuff betrieb ein Ein-Mann-Unternehmen namens Sciento in einem Schuppen neben seinem Haus. Dort züchtete er alles Mögliche – Algen, andere biologische Präparate und Bärtierchen – und vertrieb sie übers Internet an Labors.

Als Goldstein ihn auftat, hatte Bob McNuff bereits seit über einem Jahrzehnt Bärtierchen in seinem Schuppen gezüchtet. »Ich sammelte den ursprünglichen Stamm am 13. November 1987 auf«, schrieb McNuff, »aus einem Teich in Darcy Lever, Bolton, Lancashire, England.« Ein ganz normaler Teich, umgeben von Sträuchern und Moosen.

In seinem Aufsatz sind der genaue Breiten- und Längengrad angegeben, falls mal jemand dort vorbeimöchte. Er beschreibt auch die aufwendige Hightechausrüstung, die man für die Zucht von Bärtierchen benötigt: Alufolie, Frischhaltefolie, Watte, Glasbecher, Leuchtstofflampen mit 40-Watt-Röhren, einen Inkubator und Petrischalen. Er rät davon ab, Leitungswasser zu verwenden, weil das möglicherweise gechlort ist. (Mehr zum Wasser später.) Bärtierchen fressen verschiedene Algenarten. Sie scheinen eine bestimmte Art zu bevorzugen, die McNuff gerne zur Verfügung stellt.

Hält man sie bei Laune, legen die Bärtierchen Eier, aus denen eine weitere Generation Bärtierchen heranwächst. Diese schlüpfen und produzieren weitere; das lässt sich so oft wiederholen wie gewünscht.

In der Zwischenzeit haben andere Labors McNuffs Methoden übernommen und sich die Züchtung anderer Bärtierchen-Arten angeeignet. Endlich werden neue Bärtierchen-Arten in der Forschung eingesetzt, doch viele Labors arbeiten noch immer mit Nachkommen der Tiere, die McNuff 1987 aufgesammelt hat.

All das erfahre ich von Frank Smith, einem amerikanischen Forscher, dessen Laufbahn auf dem Bärtierchen aufbaut. Frank ist ein entspannter Typ, lacht gerne und hat langes braunes Haar. Er trägt ein kariertes Hemd. Ich bin nicht überrascht, als er mir erzählt, dass er nebenbei Bassist und Gitarrist in einer Rock-'n'-Roll-Band gewesen sei.

Ich bin mir ziemlich sicher, dass er der einzige Wissenschaftler in diesem Buch ist, der einen Gabelstapler fahren darf, also so ein Ding, mit dem man Paletten in Lagerhäusern stapelt.

»Ich bin in einer sehr ländlichen Gegend in den Bergen Pennsylvanias aufgewachsen«, sagt Frank. »Hinterm Haus gab es Sümpfe, Teiche und Wälder, und ich habe viel Zeit damit verbracht,

Baumstämme und Felsen umzudrehen, um die Tiere zu beobachten, die darunter lebten. Ich habe Froscheier in einem Eimer aufbewahrt, um ihre Entwicklung zu beobachten. Und ich habe Fische in der Badewanne gehalten.«

Geht Frank in den Wald, dreht er auch heute noch Baumstämme um.

Nach der Schulzeit hielt er sich ein paar Jahre mit Gelegenheitsjobs über Wasser – daher der Gabelstaplerschein – und zog dann Ende der 1990er Jahre nach Providence, Rhode Island. »Die Musikszene war gut und das Leben billig«, sagt er. »Dort beschloss ich, es mit dem College zu versuchen. Ich fing an und lernte superspannende Dinge, und es stellte sich heraus, dass ich ziemlich gut darin war.«

Er interessierte sich besonders für ›Evo-Devo‹, also die Verbindung zwischen Evolution und Entwicklung (engl. Evolution, Development). Ein Thema, dem wir immer wieder begegnet sind: Der Vergleich der Entwicklung von Embryonen kann Aufschluss über die Gene geben, die ihren Körper gestalten, und über allgemeine Fragen der Evolution.

Als Frank in den späten 1990er Jahren sein Studium aufnahm, erlebte das Evo-Devo-Feld durch die Entdeckung grundlegender, körpergestaltender Gene gerade einen Aufschwung. Alle Bereiche der molekularen Biowissenschaften kamen da zusammen: Genetik, Vererbung und Evolution, durch die Sequenzierung ganzer Genome und immer leistungsfähigerer Instrumente zur Manipulation des genetischen Codes. Die Wissenschaftler fanden nicht nur heraus, wie aus einzelnen Zellen ganze Tiere wurden, sondern auch, wie die Gene und Zellen des Menschen mit denen von Mäusen, Fliegen, Würmern und anderen Arten verwandt waren. Wir alle stammen von einem gemeinsamen Vorfahren ab; wir alle haben Teile des ursprünglichen Plans bewahrt.

In Rhode Island war Frank in einem Labor tätig, das sich mit uralten Meerestieren, den Seescheiden, beschäftigte, und ging dann an die University of Connecticut, um dort seinen Abschluss zu machen. Er schloss sich dem Labor von Elizabeth Jockusch an, weil sie an einer ganzen Reihe von Tieren arbeitete, von Salamandern bis hin zu einem breiten Sortiment von Käfern. Es waren die Käfer, die es ihm wirklich angetan hatten.

»Käfer haben all diese Anhängsel – Mandibeln, Fühler, Flügel, Beine – und ich widmete mich der Untersuchung ihrer Differenzierung während der Entwicklung«, sagt Frank. »Jedes Anhängsel hat seine eigene besondere Struktur, aber sie alle greifen auf eine Reihe von Genen zurück, die auf unterschiedliche Weise verändert wurden und die ihnen all diese Funktionen verleihen. Deshalb habe ich mich gefragt, woher die Gelenke und Anhängsel kamen. Wie sahen die allerersten Gelenke aus?«

Das allgemeine Prinzip besteht darin, dass Käfer, Krustentiere wie Hummer und Krabben, Würmer und sogar Menschen in Segmente unterteilt sind, vom Kopf bis zum Schwanz. Jeder Abschnitt ähnelt dem nächsten, so wie es viele Ähnlichkeiten zwischen Armen und Beinen gibt. Und ihre Struktur ähnelt der bei anderen Tieren.

Will man wissen, wie die Segmente bei diesem ursprünglichen, gemeinsamen Vorfahren aussahen, muss man im Stammbaum der Evolution weit, weit zurückgehen. Eine Möglichkeit wäre, Fossilien zu betrachten, aber zu dem, was man sich gerne ansehen würde, gehören viele nicht erhaltene weiche Körperteile. Man könnte zwar Segmente ansehen, aber man könnte weder ihre Entwicklung über den Lauf der Zeit betrachten noch Experimente an ihren Genen durchführen.

Die Alternative besteht im Evo-Devo-Ansatz, bei dem man, anstatt nach den Ursprüngen zu suchen, verschiedene Nachkommen von Vorfahren vergleicht. Und die besten Organismen, die man sich ansehen kann, sind solche, deren Körperbau sich im Laufe der Evolutionszeit nicht allzu stark verändert hat.

In einem seiner Kurse hatte Frank von Bärtierchen gehört, und dort erfuhr er auch von einem anderen Lebewesen namens Stummelfüßer. Die beiden unterscheiden sich äußerlich stark voneinander, aber beide stellen sehr alte Lebensformen dar, die nicht lange nach dem ersten segmentierten Lebewesen entstanden waren. Frank machte sich auf die Suche nach jemandem, der sich mit Bärtierchen befasste, und Bob Goldsteins Name war der erste, der auftauchte.

Sie begannen einen Austausch, und ein paar Wochen später erhielt Frank ein Paket – ein kleines Glas mit Wasser und Bärtierchen. Goldstein hatte bei Bob McNuff eine Bestellung in Auftrag gegeben, inklusive Anleitung zur Pflege und eines Vorrats von McNuffs Lieblingsalgen. Frank besorgte sich etwas Alufolie und Frischhaltefolie und gründete seine eigene Kolonie.

»All das stammt von dem ursprünglichen Weibchen und einer Kolonie, die der Mann in seiner Garage gezüchtet hat«, sagt Frank. »Ich habe diese Bärtierchen immer noch und beobachte sie weiterhin.«

Vierzig Jahre später sorgen McNuffs Bärtierchen noch immer für Überraschungen. Im Jahr 2018 führte das Labor von Łukasz Michalczyk in Polen eine genauere Untersuchung durch und stellte fest, dass Frank, Bob Goldstein und die Leute, die Bärtierchen ins All schossen, ihnen den falschen Namen gegeben hatten. Es handelte sich nicht um die Art, für die alle sie gehalten hatten.

Die Bärtierchen von Frank Smith sind alle weiblich; sie legen Eier, die ohne die Hilfe von Männchen entstehen. Aus diesen Eiern schlüpfen immer Weibchen, die weitere Eier legen können.

Bereits 1967 berichtete Dieter Ammermann von der Universität Tübingen, dass es zumindest bei einigen Bärtierchen-Arten Männchen gäbe, die aber besonders bei den im Moos lebenden Arten selten seien. Er wollte welche finden, um sie bei der Kopulation zu beobachten, konnte aber keine Männchen auftun. Dieter suchte weiter – im Aquarium seines Instituts, in einem nahegelegenen See und an verschiedenen Orten in Deutschland. Nie fand er Männchen.

Er stellte zudem fest, dass er an Orten, an denen 50 oder 60 Jahre zuvor Bärtierchen beobachtet worden waren, keine mehr fand. Er vermutete, dass dies an Abwässern liegen könnte. Vielleicht gibt es eben doch Einflüsse, die sie nicht überleben können.

Kann man sich so fortpflanzen, wie es die meisten Bärtierchen tun, sind Männchen nicht notwendig. Die Weibchen verfügen über das gesamte erforderliche genetische Material: Chromosomenpaare mit allen Informationen, die für die Entstehung eines neuen Organismus erforderlich sind. Pflanzt sich eine Art geschlechtlich fort, teilt sie bei Bildung der Ei- und Samenzellen die Chromosomenpaare auf; die Paare kommen wieder zusammen, wenn die Fortpflanzungszellen miteinander verschmelzen. Erspart man sich diesen Schritt der Aufteilung, kann man Eizellen mit einem vollständigen Satz von Paaren erzeugen. Diese sind in der Regel identisch mit denen der Mutter, so dass ein Bärtierchen seine eigenen Klone zur Welt bringt. Dieser Vorgang wird als *Parthenogenese* bezeichnet.

Auch die Art und Weise, wie sie ihre Eier ablegen, ist ungewöhnlich. »Bärtierchen haben eine Kutikula, ein Oberhäutchen, das sie etwa einmal pro Woche abwerfen«, sagt Frank Smith. »Bei einigen Arten enthält dieses, wenn sie es abwerfen, die startbereiten Eier.«

Trotz des Geredes über die Widerstandsfähigkeit und Unzerstörbarkeit der Tiere leben die einzelnen Tiere nicht sehr lange – Monate, höchstens ein oder zwei Jahre. Man kann sie auch ganz unabsichtlich töten. Frank musste das herausfinden, als er seine Kolonien von einem Staat in einen anderen verlegte.

Bob McNuff hatte dazu geraten, sie in »handelsüblichem, abgefülltem Quellwasser« aufzuziehen, aber nicht alle Quellwasser-Marken sind gleich.

»Als ich in Connecticut war, haben wir eine Wassermarke namens Poland Springs verwendet, die sie zu mögen schienen«, sagt er. »In North Carolina gaben wir ihnen Deer Park Water. Dann habe ich hier in Florida ein Quellwasser gekauft, das alle meine Bärtierchen getötet hat! Es heißt, sie überleben eigentlich alles – aber dieses spezielle Quellwasser überleben sie offenbar nicht! Ich will gar nicht wissen, warum.«

Er lacht. »Eins sage ich dir, diese Marke trinke ich nicht mehr.«

Ein großer Teil von Franks Arbeit über Bärtierchen geht auf sein Interesse an der Segmentierung und Strukturierung von Tiergliedmaßen und -körpern zurück. Bärtierchen haben vier Beinpaare, nicht zwei wie Säugetiere oder drei wie Insekten. Die Segmente sind jedoch nicht differenziert – es sind einfach Beine. Dies könnte bedeuten, dass sie eine gewisse Ähnlichkeit zu den ersten Beinen überhaupt haben.

Stützten sich Bärtierchen auf dieselben strukturierenden Gene wie die Menschen, Fliegen und andere Tiere? Sie waren so wenig erforscht, dass Frank die molekularen Werkzeuge dazu erst entwickeln musste.

Frank wechselte in das Labor von Bob Goldstein in Chapel Hill, dank einer gemeinsam beantragten Förderung. »Bob hatte dabei ein ›Forschungsziel‹ beigetragen, nämlich die Frage, wie Hox-Gene, diese alten strukturierenden Gene, in Bärtierchen funktionieren«, sagt Frank. »Die Idee war, Bärtierchen mit Gliederfüßern – Tieren wie Insekten und Krebstieren – zu vergleichen, um das Gliederfüßer-Kopfproblem zu lösen.«

Er bezog sich dabei auf eine Debatte, die bis in die 1800er zurückreichte und sich weiter hielt. Die grundlegende Frage war, wie man die Köpfe von Tieren vergleichen sollte, die als Gliederfüßer (Arthropoden) gelten: Insekten, Spinnen und Skorpione, Garnelen und andere Krebstiere, Tausendfüßler, alles damit Zusammenhängende und alles dazwischen. Wollte man einen Käfer in eine Garnele übersetzen, um ihren Teilen einheitliche Namen zu geben, wie sollte man sie dann nennen? Dazu musste man eine Methode zur Zuordnung der Teile finden, die die ähnlichen von den abweichenden unterscheiden ließ.

Ein Entomologe – ein Käferjäger – namens Robert Evans Snodgrass trug Mitte des 20. Jahrhunderts zur Zusammensetzung dieses Bildes bei. Er verglich das, was man in Würmern findet, mit dem in Wirbeltieren und Gliederfüßern. Wenn man sich etwa ihre Mäuler ansieht: Regenwürmer saugen die Nahrung mit Hilfe von Muskeln in ihrem Rachen ein. Wirbeltiere haben Kiefer und Zähne, die im Grunde genommen aus Kiemen entstanden sind. Der Fütterungsapparat der Gliederfüßer »wird aus einem Paar oder mehreren Paaren Beinen hinter dem Mund gebildet«, schrieb er. »Die primitiven Gliederfüßer ... hatten so viele Beine, dass sie einige gut entbehren konnten.«

Das sei genau die Frage gewesen, die Bob Goldstein interessierte, sagt Frank, und von der sie hofften, dass die Bärtierchen zu ihrer Lösung beitragen könnten. Später sollte ihre genetische Analyse zeigen, dass Teile der Köpfe von Gliederfüßern – die Fühler und Unterkiefer – den Beinen der Bärtierchen entsprachen. Das bedeutete, dass diese Strukturen vor langer Zeit aus Beinen entstanden waren.

Snodgrass schrieb, es wäre fast schade, das Gliederfüßer-Kopfproblem zu lösen: Darüber nachzudenken sei »ein fruchtbarer Boden für Theorien«. Es war ein gutes Hobby. Zu seinen Hobbys gehörten auch die Ölmalerei und das Zeichnen fabelhafter Karikaturen, oft Insekten, die in Zeitungen und anderswo veröffentlicht wurden.

Eine seiner Karikaturen zeigt eine Gruppe von Zigarre-rauchenden Hühnern, die um etwas herumstehen, das wie eine Zahnbürste aussieht. Die Bildunterschrift lautet: »Eine wissenschaftliche Konferenz zum möglichen Nutzen einer interessanten Entdeckung.«

Heutzutage geht es nicht mehr um den Vergleich und die Benennung von Funden, sondern um Fragen der Biochemie und der Evolution. Welche Struktur in einem alten Organismus wurde letztendlich zum Kopf? Welche Stadien hat diese durchlaufen, um zu den Köpfen zu werden, die wir heute bei Tieren finden? Wann wurden Teile angefügt? Wann entstand ein neues Segment durch Hinzufügen einer Kopie eines bestehenden Segments? Wann gingen Segmente verloren oder verschmolzen miteinander?

Vielleicht ließe sich dies beantworten, indem man die Strukturen in erwachsenen Organismen durch die Stadien zurückverfolgt, in denen sie sich im Embryo entwickeln. Und die Gene herausfindet, die sich einschalten, um sie durch diese Stadien zu bringen.

»Das wirft alle möglichen merkwürdigen Fragen auf«, sagt Frank. »Sieht man sich die Mundwerkzeuge der Insekten an, haben sie über dem Mund eine Struktur namens *Labrum*, wie eine Oberlippe. Hatte dies wie eine Extremität seinen Ausgang als Segment genommen, das dann immer kleiner wurde?«

Vieles deutet darauf hin, dass dies der Fall war. Bei einigen Arten hat die Struktur Muskeln und Nerven, und sie hat Verbindungen wie die, die Arme und Beine mit dem Rumpf des Körpers verbinden. Die zum Aufbau der Struktur verwendeten Gene ähneln denen der Segmente. Andere wiederum sind der Meinung, dass es sich bloß um einen Auswuchs des Mundes handelt.

In einem anderen Fall geht es um die Reißzähne von Spinnen, die sogenannten *Cheliceren* – sind sie mit den Mandibeln von Insekten vergleichbar? »Beide sind eine Art ›Beißer‹«, sagt Frank. »Aber was ist mit den Fühlergliedern der Spinnen passiert? Haben sie dieses Segment einfach verloren? Als man sich die Gene ansah, die die Segmente produzieren, Hox und andere Gene, stellte sich heraus, dass die Cheliceren direkt mit den Fühlergliedern eines Insekts homolog waren.«

Man bewege die Fühler auf dem Gesicht hinunter, mache sie aus wirklich hartem Material, und schon hat man ein Beißwerkzeug.

Die Betrachtung der Gene ermöglicht es also, Segmente verschiedener Arten auf einen gemeinsamen Vorfahren zurückzuführen, selbst wenn die offensichtliche Ähnlichkeit verloren gegangen ist. Dies zeigt auch, dass Segmente in einem Nachkommen ganz anders aussehen können als bei ihren Vorfahren. Und relativ einfache genetische Veränderungen können dazu führen, dass anfangs sehr unterschiedliche Segmente sich später sehr ähnlich sehen.

Die Einbeziehung von Bärtierchen erwies sich als ein großer Schritt zur Lösung des Gliederfüßer-Kopfproblems. Gleichzeitig weiß man nie, was geschieht, wenn man einen experimentellen Weg einschlägt, und das Projekt nahm eine unerwartete Wendung.

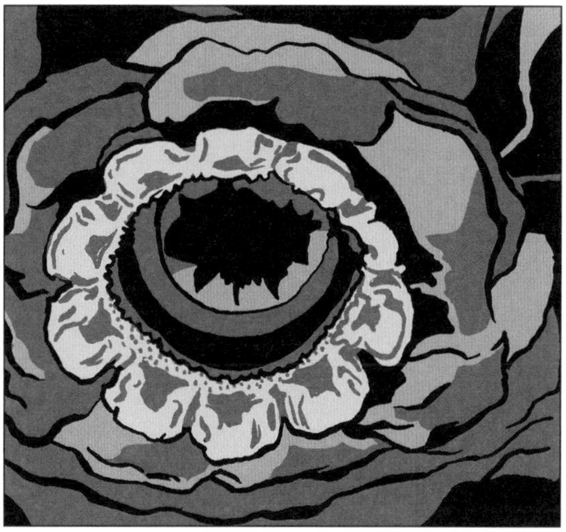

Bärtierchen haben ringartige Münder mit nadelartigen Strukturen, die Zellen, Mikroorganismen oder auch andere Bärtierchen anbohren können, um deren Inhalt zu verspeisen.

»Wir hatten eigentlich erwartet, dass wir etwas über Gliederfüßer herausfinden würden«, sagt Frank. »Am Ende haben wir aber auch etwas wirklich Überraschendes zu Bärtierchen herausbekommen. Sie sind nicht bloß eine Außengruppe, eine Art, die man untersucht, um zu verstehen oder zu kalibrieren, was man bei anderen sieht. Sie sind auch für sich selbst interessant; es gibt da alle möglichen Geheimnisse und Rätsel zu lüften.«

Mit am überraschendsten ist für Frank Smith das Ausmaß, in dem Bärtierchen eben *nicht* den Urtieren ähneln. Er bezeichnet sie als »hochgradig abgeleitet«, was bedeutet, dass sie sich im Laufe der

Evolution erheblich verändert haben. Aber nicht so, wie man es vielleicht erwarten würde.

»Die meisten gingen wohl davon aus, dass die Analyse zeigen würde, dass Bärtierchen mehrere Segmente in ihren Köpfen haben, die mit denen anderer Arten vergleichbar sind«, sagt Frank. »Je nachdem, wen man fragt und wie man zählt, haben Gliederfüßer-Köpfe etwa sechs Segmente. Im Laufe der Zeit sind einige der Segmente miteinander verschmolzen.«

Aber der Vergleich wurde eigenartig, und das hatte zum Teil mit dem Nervensystem der Bärtierchen zu tun. Das Gehirn des Tieres ist eine winzige, wurstförmige Struktur oberhalb der Speicheldrüse und des Rachens (kleiner als die beiden). Von ihm aus verlaufen Nerven über den gesamten Körper. Die Zellkörper gruppieren sich in Abständen entlang des Weges, gefolgt von kabelartigen Axonbündeln – langen Fortsätzen, die sie mit weiter unten liegenden Zellen verbinden.

Die Wirbeltiere haben dreiteilige Gehirne mit Abschnitten, die Vorderhirn, Mittelhirn und Hinterhirn genannt werden. Ihre Entwicklung ist etwas undurchsichtig, weil Gehirne wohl mehrmals entstanden sind.

Die Experten sind sich relativ einig, dass der früheste Tiervorfahre über Nerven verfügte, die über den ganzen Körper verteilt waren. Diese waren jedoch nicht besonders sinnvoll angeordnet. Überreste dieses Systems finden sich noch immer auf jedem der Hauptzweige der Evolution: Tiere mit Nerven, aber ohne Gehirn. Das Nervensystem dieser Tiere ist nicht ›zentralisiert‹; das musste sich erst entwickeln, und es geschah wahrscheinlich mehrmals unabhängig voneinander. Die besten Schätzungen gehen von mindestens vier- oder fünfmal aus; einige Wissenschaftler schätzen die Zahl auf neun.

Ist das Bärtierchen-Gehirn aus verschiedenen, miteinander verschmolzenen Segmenten entstanden? Oder war etwas Einfacheres – die Zellen eines einzelnen Segments – komplexer geworden? All das war noch in der Diskussion. Könnte man das beantworten, wäre man der Antwort auf die Frage nach dem Gliederfüßer-Kopf vielleicht einen Schritt näher. Damit könnten auch einige Debatten über sehr frühe Tiergehirne geklärt werden.

Um dieses Problem zu lösen, wurde untersucht, wann bestimmte Gene in Bärtierchen-Embryonen aktiviert werden. Jedes Segment des Kopfes und des restlichen Körpers hat spezifische, entscheidende Signaturen: Zuerst schalten sich bestimmte Gene ein, dann kommen die Körperteile. Der Schlüssel zum Vergleich der Segmente zwischen Gliederfüßern, Wirbeltieren und allem anderen war die Identifizierung der Gensignaturen.

Frank hatte Instrumente zur Verfolgung der Genaktivität in den Geweben wachsender Bärtierchen-Embryonen entwickelt. Sie zeigten, dass der Kopf und das Gehirn der Bärtierchen entwicklungsgeschichtlich gesehen von den Genen aufgebaut wurden, die nur das allererste Segment des Kopfes eines Gliederfüßers herstellten. Der obere Rumpf mit dem ersten Paar Bärtierchen-Beine entspricht dem zweiten Segment des Gliederfüßer-Kopfes, das nächste Beinpaar dem dritten Segment und so weiter.

»Das ganze Bärtierchen besteht im Grunde nur aus dem Kopf«, sagt Frank. »Gefolgt von einem kleinen Teil des Hinterns, der dem Hinterteil von Fliegen und Würmern usw. entspricht.« Damit seien wir wieder beim Kopfproblem der Gliederfüßer, sagt er: »Es zeigt, dass sie sich aus einem Vorfahren mit einfachem Gehirn, aus einem einzigen Segment, entwickelt haben, und zweitens, dass sich alle Anhängsel an einem Gliederfüßer-Kopf aus Beinen entwickelt haben.«

Beim Bärtierchen, sagt er, fehle alles, was sonst dazwischenliege. »Der ganze Rest, der Teil des Rumpfes, den man bei Insekten und Krustentieren findet, ist einfach weg. Und alle Hox-Gene, die für diese Körpersegmente verantwortlich sind, sind weg. Ich habe in den Genomen aller Zweige der Bärtierchen, aller dieser Arten, nach ihnen gesucht, und sie sind einfach nicht vorhanden.«

Er beschreibt es als großes Aha-Erlebnis: die Erkenntnis, dass die strukturierenden Gene vor mehreren Hundert Millionen Jahren beim Vorfahren aller Bärtierchen verloren gegangen sind. Das erste Bärtierchen hatte einen gewaltigen Evolutionsschritt vollzogen, der alle seine Nachkommen von den früheren Vorfahren grundlegend unterschied. Es war nicht »abgeleitet«, weil es wie viele andere Tiere immer mehr Segmente hinzugefügt hatte, sondern es hatte einen großen Teil seines Körpers verloren. In dieser Hinsicht sind die Bärtierchen dem letzten gemeinsamen Vorfahren nicht ähnlicher als die Insekten.

»Ich hätte das wissen und akzeptieren sollen; ich hätte nicht erwarten sollen, dass sie ein vollkommener kleiner Vertreter eines Vorfahren sind«, sagt Frank. »Tatsächlich haben sie viel verloren; sie haben Segmente und alle möglichen Organe verloren, die ihre Vorfahren hatten. Sie haben weder Lungen noch irgendeine Art von Gasaustauschsystem. Sie haben nichts, was mit Nieren vergleichbar wäre, um Stoffwechselabfälle zu entfernen. Sie haben kein echtes Coelom – die Körperhöhle, die normalerweise den Darm von der Haut trennt. Stattdessen gibt es einzelne Muskelfasern, die so etwas wie ein Gerüst bilden. Es sind stark vereinfachte Tiere. Das hat zur Folge, dass sie nicht die Gene brauchen, die andere Tiere haben, um diese Strukturen zu bilden.«

Er musste seine Ansicht revidieren, dass er mit den Bärtierchen eine Lebensform erforschen konnte, die dem ursprünglichen Vorfahren aller Tiere sehr ähnlich sei. Bärtierchen haben nicht nur die hochentwickelten Organe der Urtiere verloren, sondern auch die wichtigsten genetischen Programme, die diese hervorgebracht haben. Wohl in dieser Reihenfolge: Brauchte man die Körperteile nicht, dann auch nicht die Gene.

Gliederfüßer behielten sie bei, um immer wieder neue Segmente anfügen zu können, meist am Schwanzende. Mehr Segmente boten komplexen Organismen mehr Raum, um sich weiterzuentwickeln und zu spezialisieren, um den grundlegenden Plan weiterzuentwickeln. So bauten sie zum Beispiel sehr komplexe Köpfe mit vielen Segmenten auf. Bärtierchen wählten den entgegengesetzten Ansatz: Sie vereinfachten sich stark.

»In den letzten 500 Millionen Jahren hatte jedes einzelne Bärtierchen einen Kopf und vier Rumpfsegmente«, sagt Frank. »Es gibt keine Variationen. Das bedeutet vermutlich, dass sie dort festsitzen, wo sie jetzt sind: Sie werden sehr klein bleiben. Hat man die Entwicklungsprogramme oder Organsysteme unserer Vorfahren einmal verloren, ist es schwer, sie wieder zu entwickeln. Das schränkt ihre Größe und ihr Potenzial ein.«

Es sei wohl einfacher, sehr klein zu werden als sehr groß, sagt er; es koste weniger. Frank hat begonnen, sich mit anderen Tieren zu beschäftigen. Es gebe Hinweise darauf, sagt er, dass andere Arten, die geschrumpft seien, auf ähnliche Weise einfacher geworden seien, indem sie die gleichen Arten von Genen verloren hätten. Es macht Sinn, seine Organsysteme abzuwerfen, wenn man seine Größe reduziert.

Das mag allen als Lektion dienen, die sich noch nicht von der Vorstellung verabschiedet haben, dass die Evolution eine aufsteigende Leiter sei, die nur dazu diente, uns Menschen an die oberste Stufe zu bringen. Während einige Organismen immer komplexer werden, werden andere einfacher. Bärtierchen selbst entwickeln sich immer noch weiter; Frank beschreibt im Meer lebende Arten, die Hörner auf dem Kopf oder Stacheln am Körper haben. Eine sieht aus, als würde ihr ein riesiger Pilz auf dem Rücken wachsen, möglicherweise eine Schwimmhilfe.

Bärtierchen-Arten, die vor langer Zeit an Land geklettert, getrieben oder geschwommen sind, scheinen sich langsamer zu verändern. Sie begaben sich in eine trockene Welt, die ihnen neue Nischen eröffnete und sie vor große Herausforderungen stellte. Das Überleben erforderte neue Formen der Anpassung.

Von Bärtierchen im Weltraum hat man vielleicht gehört – diese waren nämlich Teil eines von Lorena Rebecchi konzipierten Experiments. Sie hat die Tiere zweimal ins All geschickt: in einer russischen Rakete und im amerikanischen *Space Shuttle*.

Lorena ist Italienerin und arbeitet in Italien. Sie beschäftigt sich schon lange mit Bärtierchen und hat mehr Arbeiten dazu geschrieben als die meisten anderen Forscher auf diesem Gebiet. Sie kennt Bob Goldstein und Frank Smith und hat mit ihnen Artikel verfasst. Vor acht Jahren war sie Ko-Autorin von Franks Bericht darüber, dass Bärtierchen im Laufe der Evolution mehrere Rumpfabschnitte verloren haben.

Lorenas Arbeit mit den Tieren reicht über 30 Jahre zurück und begann bereits während ihres Studiums. »Ich musste ein Labor für meine Diplomarbeit finden«, sagt sie. »Ich mochte Tiere – ich mochte *große* Tiere. Ich sprach mit einigen Professoren. Einer bot mir Arbeit an einem Tier an; wie sich herausstellte, war es ein sehr kleines Tier.«

Sie schloss sich dem Labor von Roberto Bertolani an der Universität von Modena und Reggio Emilia an. Stellt man sich Italien als langen Stiefel vor, befindet sich Modena am Stiefelriemen, im Norden, auf halbem Weg zwischen dem Golf von Genua und dem Golf von Venedig.

Etwa zur gleichen Zeit, als Bob McNuff herausfand, wie man aus einem Teich aufgelesene Bärtierchen im Labor züchten konnte, begannen Bertolani und seine Kollegen mit der Aufzucht einer Form, die an Land lebte. Es sei das erste Labor weltweit gewesen, dem die Züchtung terrestrischer Bärtierchen-Arten gelungen sei, sagt Lorena.

»Es war eine große Herausforderung, mit so kleinen Tieren zu arbeiten«, sagt Lorena. »Will man neue Techniken anwenden, sei es bei Insekten oder menschlichen Zellen, müssen wir jedes Mal die Protokolle und Methoden anpassen.« Um beispielsweise DNA oder RNA zu extrahieren, brauchte man einen Pool von Zellen und einen Pool von Tieren. Sie hatten nicht viele Junge, in der Regel nicht mehr als acht, so dass es viel Arbeit und Zeit in Anspruch nahm, bis sie genügend Tier zusammenhatten.

Ein frühes Projekt Lorenas bestand darin, die Spermien von Süßwasser- und Landtieren mit dem Elektronenmikroskop zu untersuchen. Die Zellen sehen viel komplexer aus als die kaulquappenartigen Gebilde, die ich von menschlichen Spermien kenne. Ihre Bilder sind spektakulär: Bärtierchen-Spermien erinnern mich an raffinierte Maschinen. Wenn man sich einen Schraubenschlüssel vorstellt, ist der Kern seltsam, aber präzise gedreht wie eine lange Schraube und an einem viel längeren, griffartigen Schwanz befestigt.

Über die Jahre hat Lorena Bildergalerien erstellt, die die gesamte Anatomie der Bärtierchen abbilden: zahnradartige Mäuler mit scharfen Stiften, die sie in ihre Beute stecken, gebogene Krallen, Eier in Form von kunstvoll verzierten Dodekaedern.

Die Untersuchung der Fortpflanzung bei den an Land lebenden Arten stellte Lorena vor die gleiche Situation wie Dieter Ammermann einige Jahrzehnte zuvor, als er keine Männchen fand. Die meisten Arten bestanden nur aus Weibchen, die sich parthenogenetisch fortpflanzten.

Das warf eine weitere Frage auf: Bei dieser Art der Fortpflanzung entstehen Klone der Mutter. Sah man sich also die Mitglieder einer einzigen Art an, müssten sie identisch sein, selbst wenn sie aus verschiedenen Regionen kamen. Heutzutage wird der Vielfaltsgrad einer Art in der Regel durch die Analyse der DNA gemessen, aber Lorena beschäftigte sich schon jahrelang mit der Vielfalt der Bärtierchen, bevor eine der Arten überhaupt sequenziert worden war.

Einige grundlegende Vergleiche ließen sich aber dennoch anstellen. Man konnte etwa die Anzahl der Chromosomen in Bärtierchen-Zellen zählen. Dazu musste man sie sehen, also musste man sie färben. Lorena arbeitete die Methoden dazu aus, blickte ins Mikroskop und erlebte eine große Überraschung. Einige ihrer Bärtierchen hatten 12 Chromosomenpaare, andere 18 und wieder andere 24. Sie hatte es also mit verschiedenen Arten zu tun, die aber anhand von Messungen ihrer Merkmale nicht unterscheidbar waren.

»Früher konnten Bärtierchen nur anhand der Betrachtung größerer morphologischer Merkmale in Arten eingeteilt werden«, sagt sie. »Die Form des Mundes, die Kutikula oder andere physische Merkmale. Jahre später konnten wir molekulare Analysen durchführen und zeigen, dass es sich tatsächlich um eine Sammlung kryptischer Arten handelte.«

Die Tatsache, dass 12, 18 und 24 durch sechs teilbar waren, war wichtig: Irgendwann in der Vergangenheit, so Lorena, sei ein Genom mit sechs Paaren dupliziert worden, und das Doppelpaar sei erneut dupliziert worden. Ein weiteres Bärtierchen wurde mit einer dreifachen Kopie des Genoms geboren.

Das konnte geschehen, als das Bärtierchen Eizellen produzierte, und zwar durch einen Fehler bei der Zellteilung. Mehrere Kopien des gesamten Genoms zu haben, war nicht unbedingt gefährlich. Geschah dies bei einem Weibchen und es überlebte, würden auch seine Nachkommen die zusätzlichen Kopien haben.

Zum Fortpflanzungsprozess selbst: Normalerweise legten die Weibchen Gruppen von bis zu acht Eiern, wenn sie ihre äußere Schicht abwarfen, die harte, schalenartige Kutikula. Einige Arten legen aber stattdessen einzelne, ›freie‹ Eier. In beiden Fällen stellte Lorena fest, dass die Eier derselben Art und sogar die Eier desselben Wurfs eines Weibchens unterschiedlich lange reiften.

Der Zeitpunkt hing zu einem gewissen Grad von der Bärtierchen-Art und der Umgebung ab, die sie typischerweise bewohnte. In einigen Fällen konnten die Tiere ein Jahr oder länger im Larvenstadium verbleiben. Es hing teilweise davon ab, wie viel Wasser man ihnen gab.

»Wahrscheinlich handelt es sich um unterschiedliche Überlebensstrategien«, sagt sie. »Es führt dazu, dass die Jungen zu unterschiedlichen Zeiten des Jahres schlüpfen. Das gilt vor allem für Landtiere, wo die Umgebung austrocknen und wieder feucht werden kann. Das ist nützlich, weil man nie weiß, wann schwere Zeiten anstehen könnten.«

Trockenheit ist eine der Herausforderungen für das Überleben von Bärtierchen; Kälte und Druck sind weitere. Man hat Bärtierchen in Moosen gefunden, die im Eis der Antarktis eingefroren waren. In diesem Extremfall sind sie nicht mehr am Leben, sondern befinden sich in einem Zustand, den man *Tun* nennt. Sie fallen in sich zusammen, ziehen ihre Beine ein und schrumpfen auf etwa ein Drittel ihrer aktiven Größe. Sie verlieren ihre Feuchtigkeit und verlangsamen alle Prozesse sehr stark.

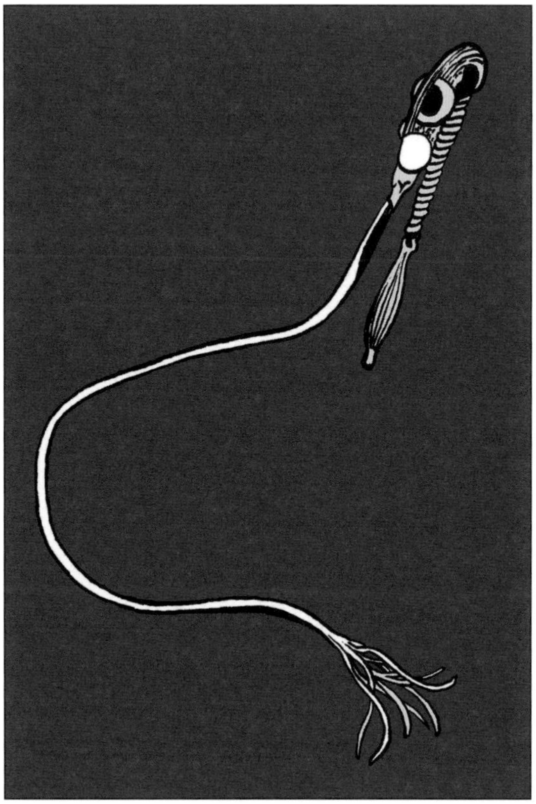

Bärtierchen haben seltsames Sperma; bei einigen Arten hat der Zellkern eine schraubenförmige Gestalt, der neben dem langen Schwanz der Zelle liegt.

»Wir wollten verstehen, wie sie in diese Zustände der Anhydrobiose, also ohne Wasser, oder der Kryobiose, also der extremen Kälte, gelangen«, sagt Lorena Rebecchi. »Ich konnte lebende und sich bewegende Exemplare in eine Flasche mit Leitungswasser geben und sie dann in einen Gefrierschrank mit Temperaturen von −20 bis zu −80 °C legen. Sie froren ein, wurden aber wieder lebendig, wenn ich sie wieder auftaute.«

Nicht alle Arten haben die gleichen Fähigkeiten: Arten, die im Boden oder im Wasser leben, sind nicht so robust. Viele leben jedoch im Freien, in den Flechten auf Felsen und Bäumen. Sie gedeihen dort, solange es Wasser gibt, aber darauf kann man nicht zählen: Wird das Wetter trocken, trocknen auch die Bärtierchen ein.

»Wenn das passiert, verlieren sie etwa 90 Prozent ihres Körperwassers«, sagt Lorena. »Dann bringen sie ihren Körper in den Tun-Zustand, ohne jegliches Zeichen von Leben. Sie können weder laufen noch sich fortpflanzen. Lange Zeit scheinen sie tot zu sein. Das sind sie jedoch nicht, denn wenn ich Wasser zufüge, reaktivieren sie ihren Stoffwechsel.«

Dies klappt in jeder Phase ihres Lebens, vom Ei bis zum erwachsenen Tier. Unsterblich oder unempfindlich sind sie aber nicht: Setzt man sie im Labor ständigen Zyklen der Dehydrierung und Rehydrierung aus, beeinträchtigt das langfristig ihr Wohlbefinden. Die Natur ist im Allgemeinen etwas unsteter, und damit gehen sie gut um.

In der Natur hat dieser ständige Wechsel zwischen feuchten und trockenen Bedingungen die Biologie der Bärtierchen und den Verlauf ihrer Evolution geprägt. Ihre Fähigkeit zum Überleben großer Veränderungen und ihre geringe Größe ermöglichten es ihnen, in die mikroskopischen Wälder der Flechten und Algen vorzudringen.

Die Bärtierchen haben auch andere extreme Bedingungen überlebt, so etwa die ›großen fünf‹ Aussterbeereignisse, die in den letzten 450 Millionen Jahren auf der Erde stattgefunden haben. Die Zahl fünf stammt aus einer wissenschaftlichen Arbeit aus dem Jahr 1982 und ist etwas willkürlich – andere schätzen, dass es zwanzig oder mehr große Aussterbeereignisse gegeben hat. Unabhängig von der genauen Zahl gehören Bärtierchen zu den wenigen Organismen, die sie alle überlebt haben.

Wissenschaftler prüfen seit Jahrzehnten die Grenzen ihrer Widerstandsfähigkeit, indem sie etwa Bärtierchen einer Strahlung aussetzen. Diese Experimente laufen mindestens seit den 1950er Jahren und haben gezeigt, dass die Tiere Röntgenstrahlendosen ertragen, die etwa 1000-mal höher liegen als die, die der Mensch überleben kann. Schon früh stellte sich die Frage, ob Bärtierchen auch in der härtesten aller Umgebungen überleben könnten: im Weltraum. »Wenn dem so wäre, dachten wir, könnte man an ihnen hervorragend die Auswirkungen der Weltraumumgebung auf das Leben untersuchen«, sagt Lorena.

In den 1990ern waren Bärtierchen ins All geschickt worden, aber die Experimente bezogen sich nur auf ausgetrocknete Tiere, keine lebenden. Lorena Rebecchi und Roberto Bertolani wollten es erneut versuchen. Lorena entwarf und baute zwei Experimente in Zusammenarbeit mit einer italienischen Firma, die Instrumente für den Weltraum herstellte. Die erste Charge von Lorenas Bärtierchen wurde 2007 im Rahmen eines von der italienischen Raumfahrtbehörde (ASI) und der Europäischen Weltraumorganisation (ESA) unterstützten Projekts für zwölf Tage mit der russischen Raumsonde *FOTON 3* ins All geschickt. Das zweite Mal wurden sie auf der letzten Mission der NASA-Raumfähre *Endeavour* in den Weltraum gebracht, mit der sie an die *Internationale Raumstation* (ISS) andockten und Experimente durchführten.

»In meinem Experiment blieben die Tiere im Raumschiff, waren aber der Strahlung und der Mikrogravitation ausgesetzt«, sagt Lorena. »Nach der Reise, als die Tiere zurückkamen, analysierten wir ihr Überleben. Wir hatten ausgetrocknete Bärtierchen geschickt, aber auch hydratisierte, die entweder ausgehungert oder gefüttert worden waren. Wir verglichen sie mit ähnlichen Gruppen von Bärtierchen, die wir auf der Erde gehalten hatten. Es gab keine wesentlichen Auswirkungen auf das Überleben oder das Verhalten der aktiven Tiere. Die Bärtierchen häuteten sich normal und legten Eier. Sie legten sogar mehr Eier und diese schlüpften schneller als bei den Kontrolltieren auf der Erde. Als sie schlüpften, waren die Jungen normal.«

Anders verhielt es sich mit den trockenen, inaktiven Bärtierchen, die ins All geschickt worden waren. Die Rehydrierung der Tiere habe zu einigen Veränderungen in ihrer Lebensweise geführt, sagt Lorena. Sie merkt an, dass keines ihrer Tiere direkt dem Weltraum ausgesetzt gewesen sei.

Ingemar Jönsson, ein schwedischer Kollege Lorenas, setzte die Bärtierchen auf derselben Mission zehn Tage lang vollständig dem freien Weltraum aus. Einige der Tiere wurden auch dem gesamten Strahlenspektrum ausgesetzt. Andere wurden vor bestimmten radioaktiven Strahlen geschützt. Nach ihrer Rückkehr versuchte Jönsson, sie wiederzubeleben. Alle Tiere, die der vollen Strahlung ausgesetzt gewesen waren, starben im Laufe einiger Tage, aus den anderen Gruppen überlebten jedoch einige.

Wie überleben Bärtierchen Strahlungsdosen, die für die meisten Tiere tödlich wären? Um das zu beantworten, musste man tief in die Zellen eindringen und untersuchen, was normalerweise geschieht, wenn Organismen einer Strahlung ausgesetzt werden – und wie sie darauf reagieren.

Strahlung hat schädliche Auswirkungen, weil sie die Zellen mit zerstörerischer Energie belastet, in der Regel durch die Bildung von Ionen – sehr reaktiven Atomen. Sauerstoff wird mit zusätzlicher Energie aufgeladen und wird zu *reaktiven Sauerstoffspezies*, die die Bindungen in den DNA-Strängen aufbrechen und andere Moleküle schädigen. Das Austrocknen kann ähnlichen Schaden verursachen. Das warf die Frage auf, ob Bärtierchen aus denselben Gründen Experten im Überleben von Austrocknung und Strahlung sind.

Als Lorena Rebecchis Bärtierchen aus dem All zurückkehrten, überprüfte sie unter anderem den Zustand ihrer DNA. »Sie war nur sehr wenig beschädigt«, sagt sie. »Unsere Hypothese war, dass diese Tiere molekulare und biochemische Strategien entwickelt hatten, um ihre DNA vor dem Austrocknen zu schützen. Und dieselben Mechanismen, die dies im Alltag sicherstellen, schützen sie auch vor Strahlung.«

Seit den Weltraumexperimenten hat Lorena eine lange Reihe von Arbeiten zu Bärtierchen veröffentlicht. Ein kürzlich erschienener Artikel befasste sich mit der Frage, ob die Arten der Antarktis erhebliche Klimaveränderungen überleben würden. Die Antwort scheint ja zu lauten – was mich nicht sonderlich überrascht, denn sie haben in den letzten 500 Millionen Jahren jeden anderen Kataklysmus überlebt. Leider sagt das nichts über unsere eigenen Chancen aus.

In letzter Zeit ist Lorenas Hauptziel abstrakter und grundsätzlicher geworden: Sie möchte das Geheimnis des Lebens ohne Wasser entdecken. »Wir wollen die Moleküle der Bärtierchen finden, die den Auswirkungen von Strahlung und Austrocknung entgegenwirken.«

Es gibt da einige naheliegende Verdächtige, wie z. B. *antioxidative* Enzyme: Moleküle, die Zellen produzieren, um die Auswirkungen reaktiver Sauerstoffverbindungen zu bekämpfen. Als Lorena die Antioxidantien in ihren raumfahrenden Bärtierchen maß, stellte sie die Zunahme einer Reihe von Enzymen der *Glutathion*-Gruppe fest. Die Tiere aktivierten also ein System, das energiereichen Sauerstoff aufsaugte.

Diese Entdeckung wurde vor 15 Jahren gemacht; in der Zwischenzeit ist der von Lorena gesuchte Zusammenhang zwischen dem Schutz vor Austrocknung und vor Strahlung zu einem der Hauptthemen der Bärtierchen-Forschung geworden. Viele andere Gruppen haben es aufgegriffen und machen Fortschritte. In einigen Fällen finden sie Enzyme wie Glutathion, die DNA-Schäden indirekt entgegenwirken, indem sie reaktive Sauerstoffspezies blockieren oder anderes tun.

Schädigt die Strahlung die DNA von Bärtierchen, scheinen sie über Mittel zur Reparatur zu verfügen. Bob Goldsteins Labor hat gerade eine Arbeit zu diesem Thema veröffentlicht, in der die Bärtierchen-Arten verwendet wurden, an denen er und Frank Smith gearbeitet haben. Das Labor fand heraus, dass die Strahlung DNA-Schäden verursachte, die aber sehr schnell repariert wurden. Der Schaden veranlasste die Zellen der Tiere, ihren Werkzeugkasten an DNA-Reparaturgenen zu öffnen und sie an die Arbeit zu schicken. Courtney Clark-Hachtel und andere Mitglieder von Goldsteins Labor zeigten, dass Schäden die Reparaturmaschinerie auf Hochtouren laufen ließen. Verpflanzt man die entsprechenden Gene in Bakterien, werden diese auch resistent gegen Strahlung.

Der Wissenschaftler Kazuharu Arakawa hat mit Hilfe der Gentechnik versucht, Merkmale von Bärtierchen in eine andere Art zu verpflanzen. Er ist derjenige, der auf seinem Parkplatz in Nordjapan eine neue Bärtierchen-Art entdeckt hat. Viele seiner Experimente zielten darauf ab, Lorena Rebecchis Frage zu beantworten: Überleben Bärtierchen die Strahlung, weil sie durch das Austrocknen Überlebensfähigkeiten erlangt haben?

»Die meisten Menschen halten Bärtierchen für sehr stark«, sagt er. »Ich denke, das ist ein Paradoxon. Vielleicht sind sie so stark geworden, weil sie tief im Inneren sehr schwach sind.«

Kazuharu ist jung, aber alt genug, um zwei Söhne zu haben; einer geht in die sechste Klasse und der andere beginnt gerade sein erstes Schuljahr. Als wir uns unterhalten, sitzt er in seinem Büro in einem blau-weiß karierten Hemd und einem geknöpften blauen Pullover vor einem Bücherregal mit fein säuberlich geordneten Büchern, dazwischen nur zwei Flaschen Wein.

Er wurde in Japan geboren und lebt und arbeitet jetzt dort, sein Englisch ist jedoch makellos – ein erster Hinweis auf eine faszinierende Hintergrundgeschichte, in der es um internationale Bankgeschäfte, 50000 Spinnenarten und Zombies geht.

Seine gesamte Kindheit verbrachte er in Übersee: in Hongkong, Schanghai, Peking, Zürich und New York. »Alles Bankenstandorte«, sagt er. »Mein Vater war Banker. Zu Hause sprachen wir Japanisch, aber ich bin auf internationale Schulen gegangen.«

Seine prägendsten Kindheitstage verbrachte er in Zürich, weshalb er sich der Schweiz und der Schweizer Kultur sehr verbunden fühlt. »Es gibt nicht viele Schweizer Restaurants in Japan«, sagt er reumütig, »also musste ich kochen lernen, um meine eigene Version der Schweizer Küche zu erfinden. Ich mache Gulasch und Schnitzel.« Das Kochen ist neben dem Wandern in den Bergen – und dem Sammeln von Bärtierchen – zu einem Hobby geworden.

Nach der Schule musste er eine Entscheidung treffen. Er hatte Angebote für ein Studium in Amerika, aber wenn er dortbliebe, würde er wahrscheinlich den üblichen Weg einschlagen, das College abschließen und für immer dort arbeiten. Er hatte das Gefühl, dass es seine letzte Gelegenheit war, nach Japan zu gehen.

»Ich habe gerne Manga gelesen und Anime gesehen. Ich bewunderte die japanische Kultur, ich war stolz darauf. Ich beschloss, Japan auszuprobieren, und wenn es nicht klappte, konnte ich immer noch für meinen Doktortitel oder einen Job in die Vereinigten Staaten zurück. Also kam ich hierher, und es passt.« Er gesteht, dass das mit einigen Kulturschocks einherging.

Er begann sein Studium an der Universität Keiō in der Hochzeit der Annäherung zwischen Computern und Biologie. Die beiden Bereiche waren sich immer näher gekommen – Computer waren in der Biologie längst unverzichtbar. Ihre Techniken brachten solche Datenmengen hervor, dass sie ohne Computer nicht mehr erfasst, analysiert und verstanden werden konnten. Das galt insbesondere für Genomprojekte: Um DNA-Sequenzen zu erfassen und zu verstehen, war ein enormer Rechenaufwand erforderlich. Die Fragen der Biologen sprengten die Grenzen der Computerwissenschaft.

Als Kazuharu mit seiner Doktorarbeit begann, verfügten die Wissenschaftler bereits über Daten zu 200 vollständigen Genomen und waren dabei, noch viel mehr zu komplettieren. Während seiner Promotion arbeitete er in einem Labor unter der

Leitung von Masaru Tomita, der an der Simulation von Vorgängen in Zellen arbeitete. Danach interessierten ihn vor allem zwei Dinge: Spinnenseide und Bärtierchen.

Ich kann mir die Frage nach den Spinnen nicht verkneifen.

Das habe mit einem sehr grundlegenden Problem zu tun, sagt Kazuharu: der Vorhersage einer Sache, die einfach klingt, sich aber als extrem schwierig erweist. Wie falten sich Proteine? Ein Protein ist zunächst eine Kette aus 20 Aminosäuren. Sie binden sich anhand einer Grammatik aneinander, nach der eine Aminosäure bestimmte Partner bevorzugt und andere meidet. Man möchte die Kette lesen und vorhersagen können, wie sie sich falten wird. Und ob sie sich anders falten würde, wenn man die Schreibweise der Kette änderte.

»Das ist der Schlüssel zu allen möglichen Ereignissen«, sagt Kazuharu, »und zu allen möglichen Krankheiten, die durch die Mutation eines Gens entstehen. Das kann die Schreibweise eines Proteins verändern, die Art, wie es sich faltet, und ob es funktioniert.«

Das Falten dieser Kette ist wie der Beginn einer Schachpartie: Die Figuren und die grundlegenden Regeln stehen fest, es ist jedoch sehr schwer vorherzusagen, was nach den ersten paar Zügen passieren wird. Einem Computer das Vorhersagen einer Faltung beizubringen ist schwieriger, als ihn das Schachspiel zu lehren. Ein Grund dafür ist, dass Proteine in einer flüssigen Umgebung hergestellt werden, umgeben von allen möglichen, das Geschehen beeinflussenden chemischen Reaktionen. Was die Wissenschaftler brauchten, war ein einfacheres System mit weniger Figuren und weniger möglichen Resultaten. Hinsichtlich der Proteinfaltung, sagt Kazuharu, reduziere Spinnenseide die Dinge auf ein sehr einfaches Spiel.

»Spinnenseide besteht aus einer langen Kette desselben Proteins, das sich immer wieder wiederholt. Und jedes dieser Proteine besteht aus denselben kleineren Einheiten, 30 bis 50 Stück. Sie sind alle gleich gefaltet und in einer langen Kette miteinander verbunden. Seide behält auch in der Luft und sogar in einem Vakuum ihre Struktur. Die Struktur und die mechanischen Eigenschaften sind sehr vorhersehbar, da sie originäre Aspekte des Materials sind und von der Umwelt nicht stark beeinflusst werden.«

Spinnen stellen sieben Arten von Seide her, alle mit unterschiedlichen chemischen Bezeichnungen und Eigenschaften. Sie sind unterschiedlich stark, einige sehr zäh, andere gummiartig, wieder andere klebstoffartig. Sie alle stammen von einem einzigen Protein ab, das von einer einzigen Urspinne hergestellt wurde, die vor etwa 380 Millionen Jahren lebte. Aus dieser einen Vorfahrin sind 50000 verschiedene Spinnenarten hervorgegangen. Das sind viele, viele Seidenarten mit ihren eigenen Schreibweisen. Es gibt da also ein einziges Thema, aus dem Tausende Variationen streng kontrollierter, direkter Übereinstimmungen zwischen Proteinschreibweisen und -strukturen hervorgegangen sind.

Man kann auch die Schreibweise eines einzigen Buchstabens in einem einzigen Modul ändern und beobachten, was mit der Seide geschieht. Vielleicht kann man aus etwas Steifem etwas Gummiartiges machen. Oder eine Strähne klebrig machen. Oder sie zum Verheddern bringen.

Neben dem Sammeln neuer Bärtierchen-Arten auf seinem Parkplatz ist Kazuharu also auf der Suche nach Spinnen.

»Ich sammle derzeit Tausende von Spinnen aus der freien Natur, um die Sequenzierung der Gene durchzuführen, die ihre Seide kodieren«, sagt er. »Dann beschaffe ich mir die Seide selbst und messe ihre mechanischen Eigenschaften. Der nächste Schritt besteht darin, diese Daten, die Gensequenzen, mit den Strukturen der aus ihnen hergestellten Proteine rechnerisch zusammenzuführen. So erhalten wir die Daten darüber, wie die Sequenzen tatsächlich zu diesen mechanischen Eigenschaften beitragen.«

Kazuharu Arakawas Interesse an Bärtierchen entwickelte sich aus einem ganz anderen Grund, und den hört man von Wissenschaftlern eher selten.

Aus Zombie-Filmen.

»Ich habe viele gesehen«, sagt er. »Ich fand es interessant, wie Zombies zu leben aufhören und dann wieder von den Toten auferstehen. Ich musste über den Unterschied zwischen dem lebenden und dem nichtlebenden Zustand nachdenken. Irgendwo zwischen den Zombie-Filmen stieß ich auf einen sehr kurzen Film über Bärtierchen. Wie unzerstörbar sie sind. Wie sie das Leben aussetzen können, wenn sie austrocknen, und sich dann von diesem Zustand erholen, wenn sie rehydriert werden. Sofort dachte ich: ›Das ist es.‹ Das war ein Muster, anhand dessen man die Schwelle zwischen Leben und Tod untersuchen konnte.«

Vielleicht war es das, aber Kazuharu war eher Computerbiologe als einer, der Dinge in einem Labor züchtete. Er brauchte einen Partner. Es stellte sich heraus, dass es in Japan jemanden gab, der mit Bärtierchen arbeitete: Daiki Horikawa von der Universität Hokkaido, auf der großen Insel im Norden. Vor etwa zwanzig Jahren suchte Kazuharu ihn auf, und es kam zu einer seitdem anhaltenden Zusammenarbeit. Sie hat viele gute Arbeiten hervorgebracht, wie etwa das erste Genom eines Bärtierchens.

»Da wir an diesen extremen Fähigkeiten der Bärtierchen interessiert waren, wählten wir für das Genomprojekt eine sehr kräftige Bärtierchen-Art aus, die wir *Yokozuna* nennen«, sagt Kazuharu. »Sumo-Ringen ist die wichtigste japanische Sportart, und den Titel Yokozuna tragen nur die besten Ringer. Das passt, denn diese Bärtierchen-Art ist gegen so ziemlich alles resistent, was man ihr antut.«

Um genügend DNA für die Sequenzierung des Bärtierchen-Genoms zu erhalten, waren etwa 10000 Tiere erforderlich. Eine Mammutaufgabe: Die Yokozuna-Weibchen legen Eier, wenn sie sich häuten, also etwa einmal pro Woche, aber sie legen immer nur etwa acht auf einmal. Dann muss man warten, bis die Eier schlüpfen, und die nächste Charge aufziehen.

Im Jahr 2009 hatten Kazuharu und seine Kollegen in Tokio die brachiale Sequenzierung abgeschlossen. Damit hatten sie alle Einzelteile des Puzzles beisammen, aber nun mussten diese Teile zusammengefügt werden. Wie es so schön heißt: ›Zusammenbau erforderlich‹. Das klappt am besten, wenn man etwas hat, an dem man sich orientieren kann – idealerweise eine sehr eng verwandte Art –, aber die Bärtierchen waren weit draußen auf ihrem eigenen Evolutionszweig. Daher dauerten der Zusammenbau und die Analyse lange; sie wurden erst 2016 abgeschlossen.

Letztendlich würde die DNA des Tieres einige seiner Geheimnisse preisgeben. In der Zwischenzeit begannen Kazuharu und Daiki mit der Suche nach Molekülen, die Bärtierchen vor dem Austrocknen schützten. Sie gingen davon aus, dass, welche Proteine auch immer beteiligt waren, die Tiere eine große Menge davon produzierten, wenn sie auszutrocknen begannen. Außerdem vermuteten sie, dass diese Proteine auch unter extremen Bedingungen, wie z.B. beim Kochen, stabil bleiben müssten. Also pürierten sie Bärtierchen-Zellen und kochten sie 15 Minuten lang.

»Zu unserer Überraschung gab es eine ganze Reihe von Proteinen, die nach dieser Behandlung löslich blieben«, sagt Kazuharu. »Eines davon war ein Protein namens CAHS, das wir 2012 zusammen mit einer Gruppe an der Universität Tokio entdeckt hatten. Als wir uns das Genom des Bärtierchens ansahen, stellten wir fest, dass es zwölf Kopien des CAHS-Gens enthielt. Das war an sich schon ein Zeichen dafür, dass es wichtig sein musste. Wir vermuteten, dass es dazu beitragen könnte, die Tiere vor dem Austrocknen zu schützen, aber es dauerte noch fünf oder zehn Jahre, bis wir das Funktionsprinzip erklären konnten.«

Mit Hilfe von Bärtierchen-Forschern aus der ganzen Welt wird die Geschichte jetzt langsam rund.

Hitze verändert in der Regel die Chemie von Proteinen; sie machen Verdrehungen durch, die ihre Form verändern und sie verklumpen lassen. Das erklärt, warum Eiklar in kochendem Wasser eher geliert als sich auszubreiten. CAHS-Proteine hingegen bleiben stabil und wickeln sich um andere Moleküle, um sie bei Eintrocknen und unter anderen extremen Bedingungen zu schützen. Ist das Wasser fast vollständig verschwunden, scheinen CAHS-Moleküle am besten in der Lage zu sein, sich den Rest zu sichern und ihn zu nutzen. Sie bilden ein Gel, das die Dinge einhüllt, so wie man Lebensmittel vor dem Gefriertrocknen in einem Frischhaltebeutel verschließt.

»Die CAHS-Proteine im Kühlschrank brachten uns auf die Idee, dass dies der Fall sein könnte«, sagt Kazuharu. »Wir sahen, dass sie diese gelartige Substanz bildeten. Also schauten wir sie uns unter einem speziellen, hochauflösenden Instrument an, dem Rasterkraftmikroskop. Dabei zeigte sich, dass sie Fasern bildeten und sich dann zu einer Art starrer Matrix zusammenfügten, die wahrscheinlich deshalb so starr war, weil so viele von ihnen eng zusammengepackt waren. Das ist es, was ein Gel ausmacht, eine Matrix aus Fasern. Ich denke, dass das Protein auf diese Weise die Zellen schützt.«

Das Bärtierchen-Genom wurde schließlich 2016 veröffentlicht, und es enthüllte ein weiteres Geheimnis: ein Protein, das Kazuharu und seine Kollegen *Damage suppressor* (Dsup, ›Schadensbegrenzer‹) nannten. Es komme nur in Bärtierchen vor, sagt Kazuharu, und sie nutzten es als Werkzeug, um Strahlenschäden zu verhindern. Um herauszufinden, wie es funktioniert, pflanzten die Wissenschaftler sein Gen in Kulturen menschlicher Zellen ein, bestrahlten diese und analysierten die Schäden.

»Zellen mit Dsup wurden weniger als halb so stark geschädigt wie Zellen ohne das Protein«, sagt Kazuharu. »Wir haben herausgefunden, wie es das macht – es ist sehr locker und kann sich um viele verschiedene Formen falten. Es wickelt sich auf eine Weise ein, die die DNA physisch vor dem Angriff von Sauerstoffradikalen schützt.«

Dsup wirkt sowohl im Tun-Zustand als auch, wenn das Tier aktiv ist. Das ist bei einem anderen Protein nicht der Fall, das den reaktiven Sauerstoff selbst aktiv beseitigt. Kazuharu und sein Team nannten es AMNP – eine Abkürzung für einen komplizierten Prozess, bei dem die Chemie und die Funktionen des Moleküls eine Rolle spielen; ich möchte die Leser nicht mit den Details langweilen. AMNP funktioniert jedenfalls nur im aktiven Zustand des Tieres.

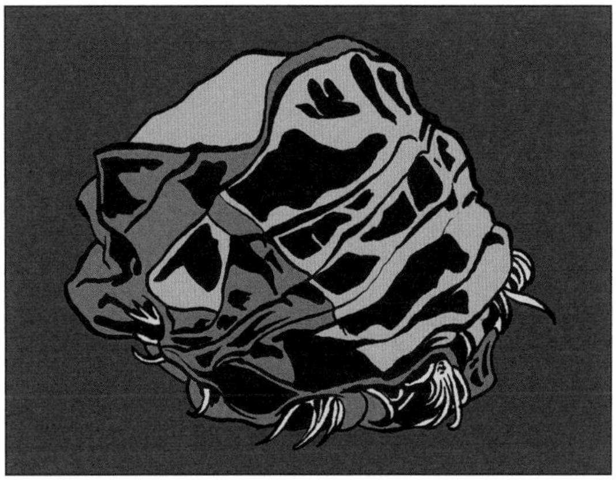

Wenn es extrem trocken wird, gehen Bärtierchen in ein »Tun« genanntes Stadium über, in dem ihre Beine und Körper einschrumpeln und CAHS-Proteine ein Gel um sie bilden, das sie vorm Austrocknen schützt.

Das sei etwas unerwartet gewesen, sagt er, denn normalerweise müssten Bärtierchen im trockenen Zustand sein, um Extreme zu ertragen – Hitze oder Kälte oder hohen Druck. Strahlung scheint da eine Ausnahme darzustellen; sie kommen besser damit zurecht, wenn sie aktiv sind. Vielleicht müssen sie aktiv sein, um AMNP und andere Enzyme zu produzieren, die gebrochene Stränge reparieren. Dies könnte eine Erklärung für die Weltraumexperimente sein, bei denen getrocknete Bärtierchen eine vollständige Bestrahlung mit ultravioletter Strahlung nicht überlebten. Sie hätten es vielleicht getan, wenn sie aktiv gewesen wären – in diesem Zustand hätten sie jedoch die extremen Bedingungen in der Atmosphäre nicht überlebt.

»Ich denke, das ist ein interessantes Paradoxon bei Bärtierchen«, sagt Kazuharu. »Sie wurden sehr stark, weil sie sehr schwach sind! Sie bewegen sich sehr langsam, und das macht es schwer, mit anderen Arten zu konkurrieren. Konkurrieren sie, verlieren sie! Sie sind so langsam, dass sie gefressen werden, oder sie sind zu langsam, um Beute zu machen, bevor andere Tiere es tun.«

Ihre Lösung, so sagt er, bestand darin, aus den reichhaltigen Umgebungen zu fliehen und sich die schwierigen Umgebungen zu suchen, in denen sich sonst keiner aufhalten wollte: Moos auf Bäumen, Felsen oder Beton. Das sind alles Orte, die austrocknen und für andere Arten ungemütlich werden. Ein Argument, das ich von ihm, von Lorena Rebecchi und von Frank Smith höre.

Frank drückt es folgendermaßen aus: »Bärtierchen kommen nicht aus dem Weltraum – was also ermöglicht ihnen das Überleben dort? Sie haben Mechanismen entwickelt, um ihre DNA zu schützen und ihre DNA in Situationen zu reparieren, in denen immer die Gefahr des Austrocknens besteht. Zufälligerweise schützen diese Mechanismen sie auch vor Strahlungswerten, denen sie auf der Erde nie ausgesetzt wären.«

Zu verstehen, warum sie diese Fähigkeiten entwickelt haben, sei eine Sache, sagt er. »Das ist die nächste Herausforderung: ein besseres Verständnis der Fähigkeiten selbst zu erlangen.« Angesichts dessen, was sich in den letzten 30 Jahren ergeben hat, denke ich, dass das den Wissenschaftlern durchaus gelingen wird. Was sich vielleicht am meisten verändert hat, ist, dass Frank Smith und Lorena Rebecchi, Bob Goldstein und Kazuharu Arakawa nicht mehr für sich arbeiten müssen. Sie können es jetzt mit Hilfe einer florierenden Gemeinschaft der Bärtierchen-Forschung tun, die sie mit aufgebaut haben.

Im Gegensatz zu dem, was man vielleicht aus schlechten Science-Fiction-Filmen kennt, sind Zombie-Bärtierchen nicht aus dem Schuppen eines Wissenschaftlers hervorgekrochen und haben die Welt erobert. Sie haben sich in einigen Labors jedoch durchaus gut gehalten.

IN DER LUFT

12

Schlemmen, Hungern, Tanken, Abhauen

Ich weiß nicht, warum die Menschen in Nebraska an einem Mittwoch vor hundert Jahren plötzlich den Drang verspürt haben sollen, Kolibris zu fangen. Aber laut einem Artikel des *Columbus Journal* vom 12. Februar 1908, in dem beschrieben wurde, wie man das angeht, war es wohl so.

Einige der Geschichten in jener Ausgabe der Zeitung kämen heute wohl auf Facebook oder TikTok. Da wäre etwa der ›Epic Fail‹ auf der Titelseite, laut dem ein Lebensmittelhändler beschloss, seinen Schornstein zu reinigen und dazu einen Sack Schießpulver in den Ofen warf. Das Pulver sprengte den Deckel und die Türen des Ofens, zerstörte das Ofenrohr und hinterließ »den Raum voller Ruß und Asche, Feuer usw., den Kaufmann mit versengten Haaren, Augenbrauen und Schnurrhaaren, die Umstehenden, die Frauen und die Hunde schwer verängstigt«.

Andere Berichte sind erschütternd und zeigen, wie sehr sich unsere Empfindsamkeit entwickelt hat. In der Rubrik ›Kurzmeldungen für den Vielbeschäftigten‹ auf Seite 2 erfahren wir, dass »Albert West und Edward Williams, schwarze Männer, im Gemeindegefängnis von Lake Charles gehängt wurden. West wurde zuerst gehängt. Das Seil riss, als die Falltür ausgelöst wurde, aber er wurde schnell wieder aufgeknüpft.«

Weiter unten lobt die Smithsonian Institution einen Preis in Höhe von 1500 Dollar für die beste Abhandlung über »The Relation of Atmospheric Air to Tuberculosis« (Den Zusammenhang zwischen Luft und Tuberkulose) aus. Und jemand, der als »bester französischer Koch« bezeichnet wird, soll das Geheimnis seines Erfolgs erklären. Seine Antwort: »Butter und ZWIEBEL! Ich verwende sie in all meinen Soßen und Bratensoßen. Das ist der Grund, warum meine Kunden immer wieder kommen.« Lässt man die Zwiebel weg, vergrault man die Kunden.

Der Preis für gutes Ackerland liegt bei 30 bis 50 Dollar pro Hektar. Auf Seite 8 werden Achtzehn-Dollar-Anzüge für 9,98 Dollar angeboten.

Erst auf Seite 4 tauchen die Kolibris auf, und zwar mit einer Anleitung, wie man sie lebend fängt. Die Vögel, so heißt es in dem Artikel, seien manchmal »kaum größer als eine Biene. Das schnellste Auge kann ihnen im vollen Flug nicht folgen. Nur wenn sie, obgleich sie immer noch wild mit den Flügeln schlagen, praktisch bewegungslos über den Blumen schweben, können die besten Schützen sie zu Boden bringen.« Die Kunst bestehe darin, »sie mit einem Wassertropfen aus einem Blasrohr oder einem feinen Strahl aus einer kleinen Spritze zu treffen. Geschickt gelenkt, schlägt sie das Wasser k.o.« Ein Netz sollte man bereithalten.

Man braucht vielleicht besondere Kenntnisse, um Kolibris zu fangen, aber zumindest in den meisten Teilen Nord- und Südamerikas ist es nicht allzu schwer, sie in den Garten zu locken. Man stellt ein mit Zuckerwasser gefülltes Schälchen in ein Futterhäuschen oder pflanzt rote Blumen, und schon sind sie da. Die Vögel sind auf beiden Kontinenten anzutreffen, von Alaska bis zum südlichsten Zipfel Perus. Besonders gut geht es ihnen in den Wäldern Kolumbiens. Es gibt über 450 Arten – einige haben sich in den hohen Anden angesiedelt, andere in den Ebenen oder sogar in den Wüsten, wo sie von Kaktusblüten naschen.

Im Rest der Welt gibt es sie merkwürdigerweise nicht, es sei denn, man geht in der geologischen Zeit weit zurück. Europa etwa hat einige der spektakulärsten Fossilien von Vögeln hervorgebracht, viele von ihnen sind im Naturhistorischen Museum in Frankfurt zu sehen. In einem nahegelegenen Steinbruch, der Grube Messel, sind Schieferschichten erhalten, die die Evolutionsgeschichte von vor etwa 34 bis 56 Millionen Jahren abdecken. Seit etwa einem Jahrhundert graben Menschen dort fossile Vögel, Säugetiere, Reptilien, Fische und Insekten aus. Der gleiche Schiefer enthält auch Öl, weswegen die Menschen ihn überhaupt erst abbauten. Die Ölgewinnung wurde bis in die 1970er Jahre fortgesetzt. 20 Jahre später wurde die Grube schließlich zum Weltkulturerbe erklärt. Damit war sie zwar geschützt, aber der Schaden war bereits angerichtet.

Fossilien aus der Grube sind so gut erhalten, dass man noch Spuren von Federn, Haaren und die Beschaffenheit der Haut erkennen kann, und zwar so detailliert, dass es sich lohnt, sie unter dem Mikroskop zu betrachten. Als Gerald Mayr und Volker Wilde 2014 ein Vogelfossil untersuchten, erhielten sie einen detaillierten Einblick in den Inhalt seines Magens: Insekten, Pollenkörner und jede Menge Samen. Das Tier ernährte sich von Pflanzen und verbreitete Pollen; sie hatten den ältesten Vogel entdeckt, für den das nachgewiesen wurde.

Dies war kein Kolibri, aber er hatte dieselbe Nahrungsquelle angezapft, die sie Millionen Jahre später auf einem anderen Kontinent nutzen würden. Das brachte sie auf einen reichhaltigen und schnellen Pfad der Evolution, der ihre gesamte Biologie umgestaltete und es ihnen ermöglichte, sich in neuen Nischen in Nord- und Südamerika auszubreiten.

Das Ernährungsgeheimnis, das sie entdeckten, war nicht das des besten französischen Kochs der Welt. Statt Zwiebeln hatten sie eine unglaublich reiche Energiequelle gefunden, die in Blumen steckte: den Nektar. Ohne ihn gäbe es so etwas wie den Kolibri nicht.

Als ich mit Bret Tobalske, einem Professor an der University of Montana in Missoula, über Kolibris spreche, kommen auch die Fossilien von Messel zur Sprache. Es ist Ende März, und in Montana liegen ein paar Zentimeter Schnee. Das ist nichts Ungewöhnliches, und die Bewohner empfinden es nicht als besonders kalt.

Brets Büro scheint warm genug zu sein, wenn man den dünnen blauen Pullover betrachtet, den er trägt. Ich bezweifle ohnehin, dass ihn frieren könnte; er war schon an Orten, die viel kälter sind. Vor ein paar Jahren war er auf einer Expedition in der Antarktis, um Tiere zu fangen, die in extremer Kälte leben. Dabei ging es nicht um die Kolibris, die im Mittelpunkt seiner Forschung standen. Er war dort, um eine Spezies zu fangen und zu studieren, die in fast jeder Hinsicht das Gegenteil von ihnen darstellt: die Asselspinne. Kolibris sind winzig, Asselspinnen dagegen riesig. Und während Kolibris sich im Zeitraffer fortbewegen, lebt die Asselspinne in einer eisigen Welt und ist langsam wie eine Schnecke.

Warum sollte ein Wissenschaftler, der sich für das eine interessiert, von dem anderen fasziniert sein? Der gemeinsame Nenner, sagt Bret, sei die Strömungsdynamik. »Die Themen meiner Arbeit waren Bewegung, Muskelfunktion und Physik. Als ich mich als Forschungsleiter etabliert hatte, konnte ich mir erlauben, mein Forschungsgebiet auszuweiten. Einer meiner Studenten interessierte sich für Insekten, und das wurde zu einer Art ›Einstiegsdroge‹, um über die Welt der Vögel hinauszugehen und sich mit Gliederfüßlern zu beschäftigen.«

Als seine Gruppe dazu eingeladen wurde, sich an einem geförderten Projekt zur Erforschung von Spinnen zu beteiligen, ergriff Bret die Chance. Er unternahm zwei Reisen in die Antarktis, im Herbst 2015 und 2016. Die Insekten lebten unter

Wasser, und um sie zu sammeln, musste er – buchstäblich – ins eiskalte Wasser abtauchen. Die Kollegen sägten Löcher ins Eis, und er tauchte zwei Meter unter die Oberfläche in eine kristallklare türkisfarbene Welt.

»Es ist völlig unmöglich, das zu beschreiben«, sagt er. »Es ist wie eine andere Welt – eher Fantasie denn Realität.«

Jedem Spinnenphobiker würden die Kreaturen, auf die er aus war, Alpträume verursachen. Hält man beide Hände vor sich, würde der Körper einer antarktischen Asselspinne gerade noch so auf die beiden Handflächen passen, ihre stielartigen Beine würden jedoch weit nach unten hängen.

Es sei die kalte Ruhe des Wassers, die die extreme Physiologie des Tieres möglich mache, sagt er; ein solches Lebewesen würde nie überleben, wenn es irgendwelchen Turbulenzen oder Winden ausgesetzt wäre. Es gibt auch Seespinnen in tropischen Breitengraden, aber die sind im Vergleich dazu winzig. Nimmt man sie aus dem Wasser, werden sie einfach weggeweht.

Für Kolibris sind Turbulenzen eine ständige Herausforderung. Jeder Aspekt ihrer Biologie wurde auf die Nahrungsquelle abgestimmt, auf die ihre Vorfahren vor langer Zeit zurückgriffen, die Anstrengungen, die sie unternehmen, um diese zu erhalten, und den Aufwand der Umwandlung von Nahrung in Flugkraft.

Es ist wohl nicht allzu überraschend, dass ein Kind, das im Umfeld von Flugplätzen aufwächst, ein Interesse für die Flugwissenschaft entwickelt. Bret Tobalskes Vater war Offizier bei der Luftwaffe – egal wohin die Familie zog, es war immer ein Luftwaffenstützpunkt in der Nähe.

»Ich kann mich sehr klar an meine Jahre auf einem Stützpunkt in England erinnern«, sagt Bret. »Die F-111-Jagdbomber starteten alle dreißig Minuten, pausenlos, und sie waren wirklich laut. Ich lernte viele bekannte Flugzeuge kennen: die B-52, die SR-71 ... Auf ihrem letzten Flug brach eine den Geschwindigkeitsweltrekord.«

Es gab viele Schulausflüge zu Flugplätzen, Besichtigungen der Innenräume von Flugzeugen und Sommerfeste auf den Stützpunkten. Er erinnert sich an hagere Piloten in riesigen schwarzen Flugzeugen, deren Fenster abgedeckt waren – um den neugierigen Augen der Spione keinen Einblick zu gewähren.

»Meine ersten echten Erinnerungen stammen aus der Zeit, als mein Vater in Alaska stationiert war, und das hat mein Leben stark beeinflusst«, sagt Bret. »Die Natur dort war unfassbar. Als wir aus Alaska herausflogen, schaute ich nach unten und erblickte schier unendliche, schneebedeckte Wildnis. Ich glaube nicht, dass ich je wieder ein ähnliches Gefühl hatte, bis ich in die Antarktis ging.«

Er war der Erste in seiner Familie, der auf ein College ging. Seine Erfahrungen mit der Natur und den offenen Weiten ließen ihn vage in Richtung Biologie tendieren. Zunächst begann er ein Studium der Forstwirtschaft, merkte aber schnell, dass die beruflichen Möglichkeiten da begrenzt waren: Er würde wahrscheinlich als Bäume fällender Agrartechniker enden oder als Förster, der sich mit Freizeitaktivitäten und Wanderwegen befassen muss. Kurz nachdem er sich an der Southern Illinois University eingeschrieben hatte, wechselte er zur Zoologie, mit der unbestimmten Vorstellung, etwas mit Vögeln oder Ökologie zu machen.

In den Ferien arbeitete Bret als Zimmermann in Washington, D.C. »Diese kleine Firma bot mir eine Ausbildung an, und das kam mir recht, weil ich noch nie Geld verdient hatte. Also nahm ich mir ein Jahr von der Schule frei, um das zu tun.«

Das Unternehmen erhielt immer wieder Ladungen eines interessanten Holzes namens Gelbkiefer von einem Werk im nordwestlichen Bundesstaat Montana. Ihm wurde bewusst, dass nicht nur die Menschen Holz brauchten, sondern auch Vögel, insbesondere die Spechte. Zufälligerweise hatte er Freunde aus der Highschool und einen Englischlehrer in Montana, und so machte er sich auf den Weg, um die Zusammenhänge zwischen Holzernte und Vögeln zu untersuchen. Ein paar

Jahre später tauchten die Spechte in seiner Doktorarbeit auf.

Ist man mit Flugzeugen aufgewachsen und widmet seine Karriere den Vögeln, wird man sich für die Mechanik des Vogelflugs interessieren. Bret nutzt seine Arme und Hände, um mir diese in unserem Gespräch zu veranschaulichen, und er öffnet ein Zeichenprogramm auf dem Computer, um die Details zu skizzieren.

»Spechte pflegen einen sehr eleganten Flugstil, den sogenannten intermittierenden Flug«, sagt er. »Wie die meisten kleinen Vögel schlagen sie beim Fliegen ein paarmal mit den Flügeln und ziehen sie dann ein, legen sie eng an den Körper an und gleiten durch die Luft. Dadurch entsteht eine Bewegung wie bei einem Känguru, man nennt es auch Wellenflug.«

Der Unterschied zwischen der Flügelspannweite während der beiden Phasen kann riesig sein; sind die Flügel angelegt, beträgt die Spannweite möglicherweise nur 20 % oder 30 % der Spannweite bei voll ausgebreiteten Flügeln. Der Fachausdruck dafür ist *Spannweitenverhältnis*, und dieses variiert von Vogel zu Vogel. Kolibris zum Beispiel sind eine absolute Ausnahme. Sie lassen ihre Flügel fast die ganze Zeit über voll ausgebreitet.

»Das Thema meiner Doktorarbeit war der Wellenflug«, sagt Bret. »Wenn man über etwas schreibt, das so gut wie jeder Vogel macht, hilft es, zum Kontrast eine Vogelart zu haben, bei der das nicht der Fall ist – und Kolibris haben keinen Wellenflug. Sie *können* ihn, aber nutzen ihn sehr selten.«

Wollte er ursprünglich bloß die Ausnahme von der Regel verstehen, ergab sich bald daraus der Schwerpunkt seiner Karriere.

»Kolibris sind die Meister der Lüfte«, sagt Bret Tobalske. »Ich glaube nicht, dass die Evolution etwas Versierteres hervorgebracht hat; ihre Leistung übertrifft bei weitem die aller anderen fliegenden Wirbeltiere.«

Schon mit der Größe geht es los. Die kleinsten Kolibris wiegen bloß zwei Gramm – etwa so viel wie zwei Büroklammern oder ein Stück Würfelzucker. Die meisten Arten in Mittel- oder Südamerika wiegen etwa 10 Gramm, und dann gibt es noch eine einzige Art, die es auf ganze 20 Gramm bringt. Das hört sich nach viel an, entspricht aber in etwa vier Spielwürfeln.

Die Flügel sind im Vergleich zum Rumpf riesig und machen einen großen Teil dieser Masse aus. Sie während des Fluges gestreckt zu lassen, ohne sie nach innen zu falten, ist nützlich, wenn sich der Flügel auf dem Abschlag befindet, weil es für Auftrieb sorgt. In der anderen Richtung, beim Aufschlag, stößt ein gestreckter Flügel jedoch auf Widerstand. Um dem entgegenzuwirken, hat der Kolibri eine Strategie entwickelt.

Bret erklärt dies, indem er einen Vogel mit einem Hubschrauber vergleicht. Der Flug des Hubschraubers ist viel effizienter, weil sich seine Rotoren wie ein Rad drehen und ständig Kraft auf die Umgebung ausüben. »Jedes Tier – ob Insekt, Vogel oder Fledermaus – schwingt seine Gliedmaßen und hebt und senkt sie auf eine Art und Weise, die dazu führt, dass die Erzeugung von Auftrieb manchmal unterbrochen werden muss. Das ist immer mit einem Aufwand verbunden. Innehalten, die Flügel umdrehen und wieder von vorne zu beginnen bedeutet eine größere Anstrengung.«

Bret zeichnet die Knochenstruktur der Flügel auf. Die Teile sind dem menschlichen Arm sehr ähnlich: oben der Oberarmknochen, dann ein Gelenk (der Ellbogen), gefolgt von Speiche und Elle. Es gibt eine Entsprechung zum Handgelenk, die ›Karpus‹ genannt wird, und ein Äquivalent zur Hand, das ›Manus‹ genannt wird. Von diesem letzten Satz Knochen gehen die Flugfedern aus: Vorstellen kann man sich das wie Handschuhe, an deren Fingern und Seiten sehr lange Federn befestigt sind.

Der große Unterschied, so Bret, besteht darin, dass der Oberarmknochen des Kolibris extrem kurz und der Rest proportional sehr lang ist. Das ermöglicht es ihm, an Ort und Stelle zu schwirren.

»Wenn wir Wasser treten, tun wir das, was eine Taube tut, nämlich ihre Arme ausstrecken und einfach flattern. Beim Kolibri bringt dieser sehr kurze Oberarmknochen jedoch alles unglaublich nah an den Körper heran und erlaubt es dem größten Teil des Flügels, sich zu drehen. Das meiste, was wir von ihm sehen, ist dieser ›Handflügel‹, und der dreht sich.« Er veranschaulicht dies, indem er die Ellbogen sehr nah an den Körper heranzieht und die Hände auf Kopfhöhe hebt, wie ein übertriebenes Schulterzucken, wobei die Handflächen nach oben zeigen.

»Im Grunde haben sich Kolibris so entwickelt, dass sie einen Aufschlag mit umgekehrter Handspitze ausführen, wie man das bei vielen Vögeln, Tauben und Fischadlern beobachten kann. Im Langsamflug halten diese Vögel beim Aufschlag ihre Handgelenke über den Kopf und drehen ihre Handflügel um.« Er dreht die Handflächen nach unten, dann nach oben und dann wieder nach unten. »Beim Abschlag drehen sie sich so und breiten ihre Flügel aus. Es sieht nur deshalb so aus, als würde sich der ganze Flügel bewegen, weil dieser Teil neben dem Körper so kurz ist.«

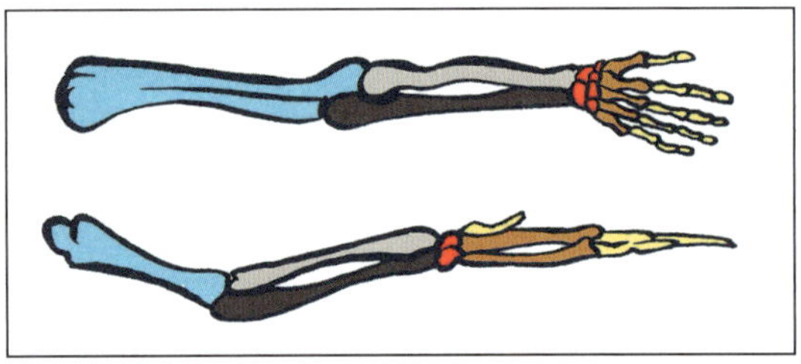

Die Flügel von Kolibris haben eine sehr ähnliche Struktur wie ein menschlicher Arm, aber der Oberarm ist nur sehr kurz.

In etwa so, wie wenn man mit einem Messer Butter oder Zuckerguss verstreicht und das Messer bei der Rückwärtsbewegung umdreht, damit die Oberfläche glatt und gleichmäßig wird. Während des Schwirrfluges bildet die Flügelspitze ein Muster wie die Messerspitze, ein Achtermuster über den Zyklus des Ab- und Aufschlags. Es unterscheidet sich von der Bewegung, die man mit dem Schneebesen beim Eierschlagen macht. Das Ende des Schneebesens würde sich eher in einer ovalen Bahn bewegen. Auch Kolibris verwenden dieses Muster; auf diese Weise gelingt ihnen der ›Fluchtflug‹, wenn sie nach dem Schwirren davonzischen.

Er erzählt mir, dass viele dieser Details vor etwa 80 Jahren von zwei deutschen Wissenschaftlern namens Max Stolpe und Karl Zimmer beschrieben worden seien. Im Jahr 1939 filmten sie mit Hochgeschwindigkeitskameras Kolibris im Schwirrflug. Lange vor den Zeiten ausgefeilter Computerprogramme und 3-D-Animationen untersuchten sie die Bilder und bauten Modelle aus Kupferdraht, um das Bewegungsmuster der Flügel nachzuzeichnen.

»Stolpe und Zimmer argumentierten, dass die Evolution beim Kolibri einen größeren Handflügel hervorgebracht habe und dass der Aufschlag aus dem Umdrehen dieses Teils des Flügels bestehe: die Hände mit den Handknochen. Es ist der Hauptgrund dafür, dass sie schwirren können.«

Und sie können es lange tun.

Wenn nötig, können die meisten Vögel einige Sekunden lang schwirren; sie tun dies im Langsamflug, normalerweise beim Abheben oder Aufsetzen. Kolibris können fast unbegrenzt weiterschwirren, solange sie über einen entsprechenden Energievorrat verfügen.

»Wenn wir sie ins Labor bringen, müssen wir sie zunächst akklimatisieren«, sagt Bret Tobalske. »Der Windkanal ist eine durchsichtige Kammer mit Plastikwänden und einer Sitzstange, auf der sich die Vögel ausruhen können. Einmal setzten wir eine weibliche Rotrücken-Zimtelfe hinein, und sie verbrachte etwa anderthalb Stunden damit, nach einem Ausweg zu suchen. Alle 10 bis 15 Minuten blieb sie vor der Futterstelle stehen, tankte auf und flog dann weiter. Um 90 Minuten lang etwa 40 Mal pro Sekunde mit den Flügeln zu schlagen, braucht es eine Menge Energie.«

Der Vogel sei die ganze Zeit in der Luft geblieben, sagt er, obwohl es eine Sitzstange gegeben habe, auf der er sich hätte ausruhen können. Jede andere Vogelart hätte die Sitzstange genutzt. Er bezeichnet die anderen Arten, mit denen er gearbeitet hat, als »intrinsisch faul«; um sie zum Abheben zu bringen, habe man ihnen gut zusprechen müssen. Beim Kolibri ist der ›Standardmodus‹ jedoch der Flug.

Das ist bei Zugvögeln, die jeden Winter nach Mexiko ziehen, von Vorteil.

Der Schwirrflug macht sich andere besondere Merkmale der Kolibri-Anatomie zunutze. Er zeichnet wieder: ein sehr einfaches Schema des Körpers, eine vage ovale Form vom Kopf bis zum Schwanz. Im Schwirrflug ist der Körper ziemlich aufrecht, in einem Winkel von etwa 60 Grad, wie im Stehen, aber nach vorne geneigt. Im Fluchtflug ändert sich die Ausrichtung, so dass der Körper fast waagerecht zum Boden liegt.

Die Flügel sind nicht in einer geraden Linie an ihrem Rumpf befestigt, wie man es von Flugzeugflügeln kennt. Stattdessen sind sie in einem Winkel von etwa 30 Grad angebracht. Dieser Winkel ist von Bedeutung. Wäre der Vogel vollkommen aufrecht, stünde der Flügel vorne höher als hinten. Da ein Kolibri aber nach vorne geneigt ist, bringt das den vorderen Teil des Flügels auf eine gerade Linie. Die 60-Grad-Neigung des Körpers plus die 30-Grad-Anlage der Flügel ergibt 90 Grad. Damit sind die Flügel – in der Schwirrposition – waagerecht ausgerichtet.

Ihr Flug unterscheidet sich in mehrfacher Hinsicht von dem anderer Vögel: Beim Flügelschlag verbringen die meisten Arten mehr Zeit mit dem Abschlag als mit dem Aufschlag. Sie drücken langsamer nach unten, als sie die Flügel anheben, was durchaus sinnvoll ist. Bei Kolibris jedoch liegt die Zeit für die beiden Schläge bei einem Verhältnis von etwa 50:50. Dies und die Geschwindigkeit, mit der die Vögel fliegen, erfordert enorme Muskeln im Brustkorb. »Hätten wir Brustmuskeln von der Größe eines Vogels, wäre das, als würden wir ein Weinfass vor der Brust tragen«, sagt Bret.

Hier sind zwei Muskeln wichtig: der Pectoralis für den Abwärtsschub und der Supracoracoideus, der die Flügel wieder nach oben drückt. Bei den meisten Vögeln ist der Pectoralis fünfmal so groß. Bei Kolibris ist der Aufschlag wichtiger und sorgt für mehr Auftrieb, daher ist das Verhältnis geringer; ihr Pectoralis ist dreimal so groß.

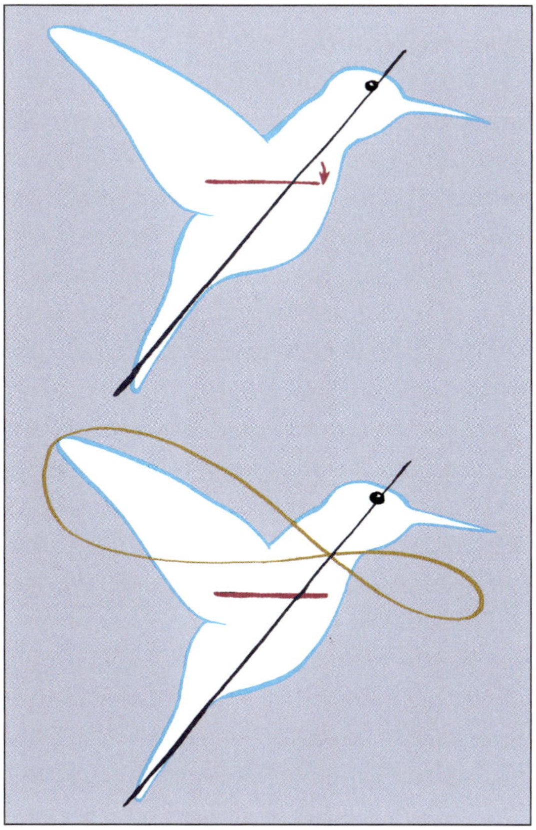

Wenn Kolibris in der Luft stillstehen, bewegen sich die Flügel parallel zum Boden. Der kurze Unterarm bewirkt, dass der Flügel sich in einer Figur bewegt, die einer 8 gleicht, was beim Aufschlag für Auftrieb sorgt.

Ein weiterer Unterschied: Die Nervenimpulse brauchen Zeit, um die Muskeln zusammenzuziehen, dadurch Schub aufzubauen und die Flügel nach unten zu drücken. Dann muss eine Deaktivierung erfolgen, die alles für den nächsten Schub vorbereitet. Beides braucht nicht viel Zeit – etwa zehn Millisekunden. Die meisten Vögel aktivieren den Pectoralis irgendwann während des Aufwärtsschlags, so dass der Muskel anspringt, die

Aufwärtsbewegung des Flügels stoppt und ihn wieder nach unten stößt. Schlägt man jedoch sehr, sehr schnell mit den Flügeln, sind zehn Millisekunden nicht viel Zeit. Der Kolibri beginnt also schon früher mit der Aktivierung des Muskels, wenn sich der Flügel noch am unteren Ende des Abschlags befindet. Als würde man schon auf die Bremse treten, bevor das Auto auf eine Beschleunigung reagiert hat.

Er kommt auf die Metapher des Autos zurück, wenn er über den Energieverbrauch der Vögel spricht; ich soll raten, wie effizient sie fliegen. Angesichts der Geschwindigkeit der Flügel würde ich denken, dass die Effizienz sehr hoch sein muss – man müsste meinen, dass der gesamte Treibstoff in den Muskel geleitet wird, um den fortgesetzten Flug zu ermöglichen. Es stellte sich heraus, dass ich weit danebenliege.

»Der Wirkungsgrad eines Verbrennungsmotors in einem Auto liegt in etwa bei 25 Prozent«, sagt er. »Das errechnet man, indem man die mechanische Arbeit durch die Stoffwechselarbeit und die Kosten für den Kraftstoff teilt. Wie viel man herausbekommt im Vergleich zu dem, was hineingeht. Bei einem Kolibri spricht viel dafür, dass es nur etwa elf Prozent sind. Das ist unfassbar wenig; es bedeutet, dass die restlichen 89 Prozent keinen Effekt haben – sie erzeugen bloß Wärme.«

Alle Muskeln seien so, sagt er: Sie seien viel besser darin, Wärme zu erzeugen, als echte Arbeit zu leisten. Nur ein kleiner Teil der Energie geht in das Heben meiner Kaffeetasse; der Rest geht als Wärme in mein Gewebe und durch die Haut verloren. Wenn ein Kolibri so viel Energie erzeugt, wenn er mehr Kraft braucht als andere fliegende Tiere – wo geht dann die ganze Wärme hin?

»Stell dir jemanden vor, der in einem Skianzug trainiert, eine Person, die an einem heißen Sommertag läuft und dabei Daunenjacke und Skihose trägt«, sagt Bret. »Der Mensch würde den Reißverschluss der Jacke öffnen, um sich abzukühlen, wodurch das Blut in Richtung der Haut geleitet würde. Ein Teil der angesammelten Wärme würde durch Schwitzen abgegeben werden. Es gibt jedoch kaum Hinweise darauf, dass Vögel schwitzen. Ihr Blut wird immer heißer, und die einzigen Körperteile, an denen sie die Hitze abgeben können – die einzigen Teile ›außerhalb des Skianzugs‹ –, sind ein paar Stellen, an denen ihr Gefieder weniger dicht ist. Das sowie ihre Füße und Schnäbel. Und sie verlieren ein wenig Wärme durch Hecheln.«

Vor einigen Jahren hatte Bret einen Doktoranden, der sich mit der Funktion des Vogelschwanzes beschäftigte. Wenn ein Hubschrauber schwebt und fliegt, braucht er seinen Heckrotor zur Stabilisierung – ohne ihn dreht sich die Maschine in einem unkontrollierbaren Gieren. Haben die Federn am hinteren Ende eines schwebenden Vogels eine ähnliche Funktion?

»Ich weiß nicht mehr genau, wie es dazu kam, aber ein Weibchen hatte seine Schwanzfedern komplett verloren«, sagt Bret. »Sie hatte überhaupt keine mehr. Wir setzten sie in den Windkanal, ohne Wind, in der Erwartung, dass sie einfach schweben würde. Tja. Sie hob ab und schoss senkrecht nach oben, dann begann sie sich wie ein Korkenzieher im Kreis zu drehen, bis sie den Boden der Flugkammer erreichte. Sie schaute auf und sah ehrlich etwas verwirrt aus, so nach dem Motto: ›Was sollte das denn?!‹ Dann unternahm sie einen zweiten Versuch, und prompt lief es viel besser. Ich denke, sie hatte eine kleine Asymmetrie der Flügel und hatte sich daran gewöhnt, diese mit dem Schwanz zu korrigieren. Als der weg war, konnte sie das zunächst nicht korrigieren, dann hat sie sich aber umgehend angepasst.«

Manchmal entkamen Kolibris aus dem Windkanal oder einem Käfig. Bret brauchte eine Methode, sie zu fangen, und er fand eine. Anders als das *Nebraska Columbus Journal* riet, spritzte er sie nicht mit Wasser an.

Mit der Hand würde man sie nie fangen können, sagt er – zumindest nicht bei eingeschaltetem Licht. »Die absolut einzige Möglichkeit, das zu schaffen, war meiner Meinung nach bei ausgeschaltetem Licht. Denn unsere Augen sind bei schwachem Licht viel besser als ihre. Ich war mir nicht sicher, was passieren würde. Ich dachte, sie könnten aus der Luft fallen. Wir legten Kissen aus, damit sie sich nicht verletzten, verdeckten die Fenster und stellten LED-Lichter auf, die wir mit dem Computer ausschalten konnten. Es stellte sich heraus, dass sie in der Dunkelheit durchaus in der Lage waren, anzuhalten und zu schwirren. Sie trieben nur ein kleines Stück von ihrer ursprünglichen Position weg. Schaltet man das Licht ein, aber stark gedimmt, kann man eine Leiter oder ein Netz nehmen und sie einfach greifen.«

2700 km östlich und etwas südlich von Missoula sitzt Ken Welch in seinem Bürostuhl zu Hause in Toronto, Ontario. Im Hintergrund laufen seine Töchter umher. Ken trinkt aus einem der größten Isolierbecher, die ich je gesehen habe – fast wie ein Hydrant. Ich bin mir ziemlich sicher, dass es nicht Saft ist, denn wir haben gerade über Fruchtgetränke, Energie und die Kolibri-Physiologie gesprochen. Später sagt er mir, dass es Eiswasser sei – eine alte Angewohnheit aus seiner Zeit in Arizona.

Ken hat graues Haar, trägt eine Brille und ein blaues T-Shirt mit einem Bild auf der Vorderseite: ein Kolibri, der vor einer Blume schwirrt. Als wir ins Plaudern kommen, erzählt er mir, dass er eine Leidenschaft für Kommunikation habe, und das merkt man. Er ist äußerst wortgewandt. Der Aspekt des Geschichtenerzählens in der Wissenschaft, so sagt er, ist eines der Dinge, die ihn zur Forschung hingezogen haben.

Sein Vater war ein hoch angesehener Chirurg und seine Mutter Krankenschwester. »Die Wissenschaft war immer ein Teil meines Lebens«, sagt er, »aber unsere Eltern ermutigten meine Schwester und mich, unsere Interessen breiter anzulegen, zum Beispiel in Richtung Kunst. Es gab keine Erwartungen, dass wir ihnen in die Wissenschaft oder Medizin folgen sollten.«

Ken wurde in Memphis geboren, wuchs in Seattle auf und zog dann kurz vor der Highschool mit seiner Familie nach Phoenix, Arizona. »Ich hatte schon immer eine Vorliebe für Tiere gehabt. Als ich in der Grundschule und Mittelstufe war, bekamen wir Kabelfernsehen und plötzlich hatte ich rund um die Uhr Zugang zu Geschichten über Tiere, durch den Discovery Channel, Mutual of Omaha's Wild Kingdom und Disneys Wide World of Animals. Ich mochte diese Sendungen über Tiere.«

In einem fortgeschrittenen Stadium seiner Karriere angekommen, sagt er, dass er den Teil des Prozesses, der außerhalb der akademischen Mauern stattfinde, sehr zu schätzen wisse. »Diejenigen, die denken: ›Ich habe eine Arbeit veröffentlicht, also ist das Wissen verbreitet‹, leben immer noch die Elfenbeinturm-Mentalität. Es ist kein echtes Wissen, solange es nicht von anderen Menschen verstanden wird. Wissenschaftler schaffen es oft nicht, den letzten Schritt des Prozesses zu vollziehen, nämlich die weitere Verbreitung, die Interpretation und das Erzählen von Geschichten auf eine Weise, die nicht nur von ihren Kollegen verstanden wird.«

Diese Liebe zu Erzählungen brachte ihn in der Highschool und am College zum Theater, und sein Interesse an der Wissenschaft führte zu einem Bachelor-Abschluss in Medizin an der Trinity University in San Antonio. »Gut möglich, dass ich der einzige Student an der Trinity University mit Hauptfach Biologie und Nebenfach Theater war«, lacht er.

In seinem zweiten Jahr sah er sich die anderen Medizinstudenten an und stellte fest, dass er zwar eine Leidenschaft für die Wissenschaft hatte, aber nicht so sehr auf den Umgang mit Patienten brannte. Was könnte er anderes tun? Nun, er liebte Tiere – vielleicht sollte er Tierarzt werden. Und wenn das der Plan war, so sein Gedanke, dann sollte er Erfahrung in der Arbeit mit Tieren sammeln.

David Ribble, Professor an der Universität, arbeitete an einem Projekt über Weißfußmäuse im benachbarten New Mexico. Von dieser Art kann man gehört haben, weil sie Träger des *Hantavirus* ist, das eine Atemwegserkrankung verursacht. Ribble machte ein Projekt zur Populationsökologie der Tiere. »Es war großartig, aber auch harte Arbeit«, sagt Ken. »Sechs Wochen, sechs Tage die Woche, gefühlte vierzehn Stunden am Tag. Wir waren in 2400 Meter Höhe an den Wänden der Canyons. Eine unfassbare Erfahrung, wir lernten so wahnsinnig viel.«

Spannend war das, aber die Vorstellung einer Karriere in der Forschung schien noch nicht recht greifbar. Dazu bedurfte es einer weiteren Erfahrung im folgenden Sommer. Da er immer noch davon ausging, dass er Tierarzt werden würde, nahm er einen Teilzeitjob in einer Praxis an. Die Alltagsrealität dort öffnete ihm die Augen.

»Die Leute kamen mit ihren Haustieren zu uns, und der Arzt stellte eine Diagnose«, sagt Ken. »Er sagte dann so etwas wie: ›Ich kann das Tier operieren und Ihnen und Ihrem Hund wahrscheinlich noch drei oder vier Jahre gemeinsames Leben schenken. Das würde etwa 450 Dollar kosten.‹ Dann mussten die Besitzer sich eingestehen, dass sie das Geld nicht hatten, dass sie ihre Kinder ernähren und die Miete bezahlen müssten. Das Ergebnis war, dass das Tier eingeschläfert wurde, und zwar aus rein wirtschaftlichen Gründen. Dass Entscheidungen auf dieser Grundlage getroffen wurden, war ernüchternd.«

Ein Jahr später schloss er sich einem Ehepaar an, das ein Labor an der Mayo Clinic in Scottsdale, Arizona, betrieb und an einem Mäusemodell für allergisches Asthma arbeitete. Es war sein erster echter Job in der Forschung. »Ich liebte das Arbeitsumfeld, die Arbeit, die Menschen, von denen ich umgeben war. Ich liebte ihren Humor. Es war der Ort, an dem ich acht Stunden am Tag, fünf Tage die Woche sein wollte.« Die Doktoranden waren Menschen, mit denen er sich identifizieren konnte; in dieser Art von Karriere konnte er sich sehen.

Weniger interessant waren für ihn die Standard-Labormäuse und die biomedizinische Ausrichtung der Forschung. Er dachte immer wieder an die Tage zurück, die er mit Weißfußmäusen im Feld verbracht hatte, um die Tiere in ihrer natürlichen Umgebung zu beobachten. Als es an der Zeit war, sich für eine Graduiertenschule zu bewerben, sah er sich deshalb nach Programmen um, die mehr auf Ökologie ausgerichtet waren.

Später bewarb er sich an der University of California in Santa Barbara, weil sie mit dem Naturschutzgebiet Sedgwick Natural Reserve zusammenarbeitete – ein Freund der Familie war dort tätig. So kam er in Kontakt mit einem Professor für vergleichende Physiologie namens Raul Suarez, der Doktoranden suchte. Auf Kens Bewerbung hin meldete er sich bei ihm und erwähnte ein Projekt zu Kolibris. Es handele sich um ein Projekt, an dem er vor zehn Jahren gearbeitet, dann aber auf Eis gelegt habe; er wolle es wieder aufnehmen – vielleicht hätte Ken Interesse?

»Ein Projekt zu Kolibris – wer kann da schon nein sagen?« Ken lacht.

Zwanzig Jahre später ist Ken Welch zu einem Experten zu allem rund um Kolibris geworden – von ihrer Nahrung bis hin zu den Körpersystemen, die diese in Treibstoff und Flug umwandeln.

Vor langer Zeit, wahrscheinlich um die Lebenszeit der Fossilien in der Grube Messel, erweiterten die Vorfahren der Kolibris ihre Ernährung von Insekten auf Pflanzen. Dabei konnten sie plötzlich auf eine äußerst reiche Energiequelle zurückgreifen, den Nektar. Vorausgesetzt, ihr Körper konnte ihn verwerten.

Der Gehalt des Blütennektars ist von Pflanze zu Pflanze und von Art zu Art unterschiedlich; im Allgemeinen besteht er etwa zur Hälfte aus Glukose und zur anderen aus Fruktose. Der Mensch bezieht fast seine gesamte Energie aus Glukose, die aus Stärke, Kohlenhydraten und den Glykogenen in Fleisch gewonnen wird. Fruktose ist ein ähnlicher Zucker, der hauptsächlich in Pflanzen vorkommt.

»Unser System hat sich nicht auf eine fruktosereiche Ernährung hin entwickelt«, sagt Ken. »Ja, sie kommt durchaus vor, und die Leber kann sie abbauen und Fruktose in Glukose umwandeln, so dass sie als Brennstoff verwendet werden kann. Unser Körper nutzt sie aber nicht besonders gut.«

Andere Tiere können das; die im ersten Kapitel dieses Buches beschriebenen Nacktmulle haben eine Möglichkeit gefunden, ihren Körper von Fruktose zu nähren. Dadurch können sie in einer Umgebung mit extrem niedrigem Sauerstoffgehalt überleben. Die Fruktose bietet ihnen eine zusätzliche Energiequelle, wenn es eng wird – ihr Gehirn und andere Organe verfügen über die molekularen Werkzeuge zur Aufspaltung und Energiegewinnung daraus.

Unsere Leber und unsere Nieren schaffen das mit Fruktose auch, aber den meisten unserer Gewebe fehlen diese Werkzeuge und sie sind auf Glukose angewiesen. Auch das klappt nicht immer so ganz: Diabetiker haben das Problem, dass ihr Körper die Aufnahme und Speicherung von Zucker aus der Nahrung nicht richtig steuern kann. Isst man, steigt der Blutzuckerspiegel an, aber er sollte nicht zu hoch ansteigen, und er muss sich wieder absenken.

»Ärzte und Forscher, die sich mit Diabetes beim Menschen beschäftigten, dachten, Fruktose könnte eine Art Wundersüßstoff sein«, sagt Ken. »Man könnte sie Diabetikern geben, und sie würde nicht diesen extremen, so gefährlichen Anstieg des Blutzuckerspiegels verursachen. Wir wissen jetzt aber, dass auch eine hohe Fruktosezufuhr problematisch ist. Die Menschen nehmen viel davon in der Form von Maissirup zu sich, dessen Verwendung als Süßmittel explosionsartig zugenommen hat. Was wiederum mit der Zunahme von Stoffwechselkrankheiten usw. in Verbindung gebracht wird.«

Die Kolibris nahmen viel Fruktose im Nektar zu sich, schienen aber nicht darunter zu leiden, so dass es sehr wahrscheinlich war, dass sie die Fruktose als Energiequelle nutzten. War das der Fall, gab es wahrscheinlich ein Muster von steigenden und fallenden Werten in ihrem Blut, das dem von Glukose in unserem Blut ähnelte.

»Als wir das Experiment durchführten, stellte sich genau das heraus«, sagt Ken. »Nach einer Nektarmahlzeit waren die Werte ziemlich hoch, etwa so hoch wie der Glukosespiegel in unserem Blut.«

Jedes Tier muss ein Gleichgewicht zwischen Energieaufnahme, -speicherung und -verbrauch finden. Der Mensch verfügt über einen Wahrnehmungsmechanismus, der auf dem Hormon Insulin beruht, das die Zellen im ganzen Körper dazu anregt, Glukose aus dem Blut aufzunehmen und in Glykogene oder Fette umzuwandeln. Dadurch wird die Menge im Blut begrenzt und ein Energiespeicher angelegt, der später beim Fasten oder bei anstrengender Tätigkeit abgerufen werden kann. Der Mensch nutzt Fruktose dafür nicht – oder jedenfalls nicht viel davon –, aber es wäre denkbar, dass die Vögel das könnten.

»Mein Doktorvater interessierte sich dafür, auf welche Art von Nektarzucker Kolibris gehen und wie schnell sie ihn verarbeiten können«, sagt Ken. »Denken wir an diese Vögel, fallen uns vor allem ihre sehr geringe Größe und ihr einzigartiger Schwirrflug auf, der sehr energieaufwendig ist. Beides zusammen bildet für den Energiehaushalt dieser Tiere ein Problem. Ihre Körper sind zu klein, um große Zuckervorräte in Form von Kohlenhydraten anzulegen. Sie müssen also so viel wie möglich von dieser Energiequelle in Flug umwandeln, indem sie entweder den aufgenommenen Zucker verbrennen oder einen Teil davon in energiereiches Fett umwandeln, auf das sie später zurückgreifen können. Vor ihren langen Wanderungen bauen sie tatsächlich erhebliche Mengen an Fett auf. Es scheint jedoch keine optimale Energiequelle für den täglichen Bedarf zu sein.«

In den nächsten Jahren untersuchten Ken und Raul Suarez und ihre Kollegen fast jeden dazu nötigen Aspekt der Physiologie der Vögel. »Zucker aus der Nahrung und der Sauerstoff, den sie durch die Atmung aufnehmen, müssen viele Schritte durchlaufen, um zu Treibstoff und Flugkraft zu werden«, sagt Ken. »Wir sahen uns die morphologischen und physiologischen Anpassungen bei all diesen Schritten an. Wir fanden Methoden, um den von den Kolibris aufgenommenen Treibstoff und die Geschwindigkeit, mit der sie diesen verbrauchen, zu verfolgen.«

Will man wissen, ob sich etwas durch ein System bewegt, sagt Ken Welch, fügt man dem, was ein Vogel zu sich nimmt, ein wenig Farbstoff bei – oder dessen chemisches Äquivalent – und schaut dann, ob es am anderen Ende wieder herauskommt. »In diesem Fall ging es darum, den Vögeln Futter zu geben, das etwas Nachweisbares produziert.«

Kolibris ziehen ihre Energie aus Zucker in der Nahrung und aus dem Sauerstoff, den sie einatmen. Diese Komponenten werden von den Zellen verarbeitet, um Energie für ihre Stoffwechselprozesse zu erzeugen, um die Aminosäuren zu bilden, die zur Herstellung von Proteinen benötigt werden, und um energiespeichernde Fette aufzubauen. Der Zucker enthält Kohlenstoff, der an all diesen Reaktionen beteiligt ist, und auch das, was herauskommt, enthält Kohlenstoff – in dem CO_2, das sie (wie andere Vögel und Menschen auch) ausatmen.

Vor Jahren hatten Mediziner herausgefunden, wie man Kohlenstoff markieren kann, wenn man die Auswirkungen von körperlicher Betätigung beim Menschen untersuchen will. Sie ersetzten den Kohlenstoff in Zuckern (C_{12}) durch eine radioaktive Form des Elements. Dieses Element kommt in der Natur in geringen Mengen vor; es heißt C_{14} und wird von Lebewesen mit der Nahrung aufgenommen. Wenn wir sterben, essen wir nicht mehr und nehmen auch kein C_{14} mehr auf. Von diesem Zeitpunkt an sammelt sich die Radioaktivität nicht mehr an, sondern zerfällt, und zwar in gleichmäßigem Tempo. Da sich die Radioaktivität sehr genau messen lässt, kann man durch die Messung der verbleibenden C_{14}-Menge feststellen, wann ein Tier gestorben ist.

In diesen frühen Experimenten stellten die Mediziner künstliche Zucker her, die C_{14} anstelle von C_{12} enthielten, und konnten nun messen, was in das Untersuchungsobjekt hineinging und was beim Ausatmen herauskam. Mit anderen Worten, die Geschwindigkeit, mit der eine Person künstlichen Zucker verstoffwechselt, der diesen Stoff erhält. Dazu muss man den Menschen allerdings viel C_{14} geben. Man muss ihnen so viel geben, dass es über dem Hintergrundrauschen liegt, also über den geringen Mengen, die die Menschen auf natürliche Weise aufnehmen und ausatmeten.

»Aus naheliegenden Gründen war es nicht gerade ideal, Menschen eine große Menge eines radioaktiven Isotops zu verabreichen«, sagt Ken. »Auch bei der Forschung an Tieren ist das nicht gern gesehen; man versucht, die Strahlenbelastung so gering wie möglich zu halten. Glücklicherweise gibt es neben C_{12} und C_{14} noch eine andere Form von Kohlenstoff: C_{13}. Er ist nicht radioaktiv, und man kann ihn trotzdem messen.«

Ken und Raul mischten eine Ladung Nektar mit C_{13}. Sie ließen ihre Kolibris fasten – das ist im Grunde das, was nachts passiert, wenn sie nicht fressen. Am Morgen fütterten sie die Vögel mit dem markierten Nektar.

Irgendwie mussten sie auch einfangen, was die Vögel ausatmeten.

»Wie sammelt man den Atem von Kolibris?«, fragt Ken. »Tja, man könnte ihnen eine Maske umschnallen, aber die wäre schwer – man muss wirklich aufpassen, was man einem drei Gramm schweren Vogel zumutet! In den 90er Jahren entwickelte unser Kollege John Lighton eine Methode, die den Vogel letztlich dazu brachte, für uns in eine Maske zu atmen.«

Die meisten Kolibri-Arten haben sehr lange Schnäbel, die an die jeweiligen Blüten angepasst sind, aus denen sie sich ernähren. Nektar wird im Inneren einer Pflanze produziert und normalerweise in einer Blüte abgesondert. Um an den Nektar zu gelangen, müssen die Vögel den größten Teil ihres Kopfs in die Blüte stecken. Die Idee war also, konische Röhren zu bauen, in denen sich der Fütterungsmechanismus am schmalen Ende befand. Wenn der Vogel sein Gesicht hineinsteckte, wurde die Röhre zu einer Maske, die das auffangen konnte, was der Vogel beim Fressen ausatmete.

Mit diesem System konnten Ken und Raul Suarez auch den genauen Zeitpunkt der Freigabe des manipulierten Nektars kontrollieren.

»Wir konnten den Zugang versperren und den Kolibri zehn Minuten warten lassen, bevor er wieder fressen konnte, und dann die Röhre schließen, sobald der Vogel seinen Kopf entfernte«, sagt Ken. »Sie sind intelligente kleine Tiere. Der Kolibri lernt schnell, dass, wenn er seinen Bauch füllen will, er so lange wie möglich dort sitzen bleiben muss. Wir konnten sie dazu bringen, ihren Kopf 20 Sekunden oder länger in die Röhre zu halten, und sie atmeten dabei durchgehend, was uns eine sehr gute Probe lieferte.«

Nachts nehmen die Vögel keine Nahrung zu sich, aber ihr Herz schlägt weiter, um die Körpertemperatur aufrechtzuerhalten. »Normalerweise«, so Ken, »nimmt ein Kolibri vor dem Schlafengehen noch einmal eine große Portion Nektar zu sich. Hat er das getan, streckt er die Verarbeitung des Nektars über die ersten ein bis zwei Stunden der Nacht und verbrennt währenddessen den Zucker. Danach geht er dazu über, für den Rest der Nacht so gut wie nur noch das gespeicherte Fett zu oxidieren, das ihm bis zur nächsten Mahlzeit am Morgen reichen muss. Er muss das Fett verbrennen, weil er keine anderen guten Energiespeicher hat, auf die er zurückgreifen könnte.«

Im Schlaf sinkt der Stoffwechsel des Vogels, aber es kann sein, dass er zu wenig Fett hat, um die ganze Nacht warm zu bleiben. In diesem Fall kann er in einen Zustand übergehen, der als *Torpor* bezeichnet wird. Dabei verlangsamt sich der Stoffwechsel um ein Vielfaches – um bis zu 95 % des normalen Niveaus – und der Körper kühlt aus.

»Unsere Arbeit hat mitgezeigt, dass Kolibris zumindest während der Brutzeit in der Regel nicht in den Torpor-Modus wechseln«, sagt Ken. »Ist es jedoch nötig, können sie es tun – wie das Umschalten einer Batterie in einen Energiesparmodus.«

Hier wird knallhart berechnet. Alles muss im Gleichgewicht sein: wie viel Energie ein Vogel in Reserve hat, wie viel er nachts braucht, wie viel er tagsüber erwirbt, und die Energie, die er für die Nahrungssuche, seine anderen Aktivitäten und einfach für das Funktionieren seines Körpers benötigt.

Grundsätzlich, so Ken, bestehe die effizienteste Strategie darin, den Treibstoff aufzunehmen und sofort zu verbrennen und dabei alle nicht unbedingt notwendigen Verarbeitungsschritte zu vermeiden. Je länger der Treibstoff im Körper verbleibt, desto mehr wiegt ein Kolibri, und desto mehr Energie muss er aufwenden, um sein Gewicht zu tragen. Irgendwann wird er mehr Energie aufwenden als gewinnen.

»Ihr Ziel muss sein, den Treibstoff aus dem Nektar abzuschöpfen, den sie zu sich nehmen, anstatt auf die angelegten Vorräte zurückzugreifen«, sagt Ken. »Auch beim Menschen wäre es effizienter, aber leider ungesund, den ganzen Tag lang Cola zu trinken und den Zucker direkt zu verbrennen, anstatt den Treibstoff auf Vorrat anzulegen und ihn später wieder herauszuholen.«

Menschen können das nicht, aber die Vögel sind vielleicht nah dran. Das Team gab dem Nektar C_{13} bei und baute die Fütterungsgeräte. Nun konnten sie die Frage angehen: Wie schnell würde ein Kolibri nach dem Verzehr von Glukose- und Fruktosemahlzeiten genau diesen Treibstoff verwenden?

Ken stellte fest, dass es nur wenige Minuten dauerte. Als sich ein Vogel am Morgen zum ersten

Mal dem Futterhäuschen näherte, hatte er noch keinen der markierten Nektare aufgenommen, so dass er keine andere Wahl gehabt hatte, als das Fett an Bord zu verbrennen. Aber schon beim nächsten Besuch des Futterhäuschens atmete er CO_2 in der veränderten Form von Kohlenstoff aus. Nach nur drei oder vier Besuchen, etwa 30 Minuten später, bedienten sich die Kolibris nicht mehr ihrer Reserven. Sie waren von ihren Fettreserven – die so ziemlich das Einzige sind, was sie in der Nacht verbrennen können – zu der neuen Energiequelle übergegangen. Ab diesem Zeitpunkt versorgen sie sich zu fast 100 % mit dem, was sie im Fliegen sammeln.

»Werbeunternehmen möchten einen allzu gerne glauben machen, dass Sportgetränke einem plötzlich Energie verleihen und ein Rennen gewinnen lassen«, sagt Ken Welch. »Es stimmt zwar, dass das Trinken von Zucker beim Sport ein wenig hilft, man kann einen Teil davon nutzen, um den Stoffwechsel zu unterstützen. Aber das meiste von dem, was man zu sich nimmt, wird nicht sofort verbraucht.«

Führt man das Kolibri-Experiment am Menschen durch, bringt eine Maske an und weist nach, was eine Person beim Sport ausatmet, ist das, was man misst, der letzte Schritt eines langen Prozesses. Die Nahrung muss den Magen und den Darm passieren und die Luft muss durch die Lunge eindringen. Von dort aus gelangen Glukose und Sauerstoff in den Blutkreislauf. Sie müssen in die Muskeln und andere Zellen vordringen, in Energie und mechanische Kraft umgewandelt werden, und dann muss das bei diesen Prozessen entstehende CO_2 in die Lunge gelangen, um freigesetzt zu werden.

Jeder Schritt stellt eine Barriere dar. Beim Kolibri, so Ken, scheinen alle Barrieren auf koordinierte Weise so weit wie möglich herabgesetzt worden zu sein. »Bei praktisch jedem Schritt sehen wir morphologische und physische Anpassungen, die die Geschwindigkeit beschleunigen, mit der Nahrung zu Treibstoff und dann zu Aktion wird. Vögel haben zum Beispiel ein sehr effizientes Atmungssystem. Der Mensch atmet auf demselben Weg ein und aus. Das bedeutet, dass die Lunge eine Sackgasse darstellt: Wir nehmen frische Luft auf und atmen CO_2 aus, womit es zu einer Unterbrechung kommt, bevor wir uns wieder auffüllen. Vögel haben überall in ihrem Körper Gassäcke, die wie Blasebälge funktionieren. Einige blasen sich auf, während andere sich wieder entleeren. Das bedeutet, dass die Luft in einem konstanten Strom an dem Teil der Lunge vorbeiströmt, in dem der Gasaustausch stattfindet. Das ist viel effizienter.«

Während also die ›Flut‹ mit dem Ausatmungsvorgang abfließt, muss der Körper eines Kolibris nicht die nächste Flut abwarten, um mehr Sauerstoff aufzunehmen. Es gibt da immer eine Flut, die hereinkommt.

Er zählt die anderen Teile des Systems auf, die im Hinblick auf ihre Effizienz maximiert wurden. Die Bronchien der Lunge sind dünn. Der Sauerstoff muss durch ihre Oberfläche hindurch, um die Kapillaren zu erreichen und ins Blut zu gelangen; durch die Dünne wird der Weg kürzer. So gelangt er schneller in den Blutkreislauf. Von dort aus wird er sehr schnell weiterbefördert: Die Herzen der Vögel sind für ihre Größe sehr groß und schlagen schnell und kräftig.

Aus dem Blutkreislauf müssen die Nährstoffe in den Muskel gelangen. Will man eine Ladung Sand durch ein Sieb schütten, ist es sinnvoll, sie aus einem Behälter mit einer breiten Öffnung auf ein Sieb mit einer sehr großen Oberfläche zu schütten. Das Äquivalent beim Kolibri ist ein riesiges, sehr dichtes Netz von Kapillaren im Muskelgewebe. »Die Kapillardichte in den Flugmuskeln ist höher als in jedem anderen Skelettmuskel jedes anderen Wirbeltiers«, sagt Ken. »Vor Jahren hat mein Doktorvater eine Berechnung angestellt, die im Grunde genommen besagt, dass es unmöglich wäre, noch mehr Kapillaren einzubauen, ohne etwas aufzugeben.«

Die Muskeln sind sehr dicht, und ihre Zellen enthalten eine große Anzahl von Mitochondrien, den Kraftwerken, die Sauerstoff und Zucker in Treibstoff umwandeln. Weniger Mitochondrien würden in den Zellen zu einem Rückstau von Sauerstoff führen, während sie ihn zu verarbeiten suchten.

»Sie haben also so viele Mitochondrien, eine solch große Muskeldichte und eine solch große Kapillardichte wie möglich«, sagt Ken. »Alles ist auf ein Minimum reduziert. Die Fasern sind so klein wie möglich, was die Oberfläche maximiert, über die Sauerstoff vom Blut in die Zellen diffundiert, und den Transport von Zucker aus dem Blut in die Muskelzellen selbst.«

Glukose und Fruktose müssen auch in die Zellen gelangen. Sauerstoff kann die Zellmembranen einfach durchdringen, aber die Zucker können das nicht. Sie brauchen Unterstützung, um in die Zellen zu gelangen, und dazu sind Transportermoleküle auf der Zelloberfläche erforderlich. Wissenschaftler haben das wichtigste Molekül gefunden, das Glukose in die meisten menschlichen Zellen transportiert. Wir haben auch einen Transporter für Fruktose gefunden, der nur bei einigen wenigen menschlichen Zelltypen vorhanden ist, was erklärt, warum wir sie nicht sehr gut als Brennstoff nutzen können.

Was die Moleküle ausmacht, die Kolibris dafür verwenden, ist weniger klar. Was auch immer sie sind, sie transportieren jedenfalls eine Menge Zucker in die Zellen, eine Menge, die die menschlichen Muskeln überfordern würde. Kolibris schaffen das; es gibt keinen großen Rückstau. Wir wissen das, weil wir messen können, was in den Blutkreislauf gelangt und was ihn verlässt.

Sobald der Zucker in die Zelle gelangt, verfügen Kolibris über einen umfangreichen Apparat zu seiner Verarbeitung. »Vor vielen Jahren analysierte mein Doktorvater ihren Flugmuskel, schaute sich die dortigen Enzyme an und berechnete, dass die chemische Maschinerie ausreicht, um ihn umzuwandeln und in Echtzeit den Energiebedarf eines Vogels zu decken, der ihn sofort zum Schwirren braucht.«

Und das bei einem Vogel, dessen Herz mehrere Hundert Mal pro Sekunde schlägt und dessen Flügel 60 Zyklen pro Sekunde machen.

Selbst wenn man eine Art gut kennt, kann sie einen noch überraschen.

»Als ich an der University of California in Santa Barbara war«, sagt Ken, »befand sich die Voliere von unserem Büro aus auf der anderen Seite des Campus. Ich fuhr meist mit dem Fahrrad hinüber. Sie befand sich in der Nähe der Sportplätze und war weit weg von allem anderen, einschließlich der Toiletten. Zusätzlich zu den Vögeln in der Voliere hielt ich wilde Kolibris in der Umgebung, weil ich dachte, dass es für meine Kolibris bereichernd wäre, wilde Kolibris in der Nähe zu haben. Wie jeder weiß, der ein Vogelfutterhaus im Garten hat, baden Kolibris gerne. Sie lieben fließendes Wasser, sie lieben spritzendes Wasser, sie mögen den Nebel, den es aufwirbelt. Völlig durchnässt werden wollen sie nicht, denn sie wollen schwirren und wegfliegen können, und Wasser ist schwer. Aber sie lieben das Plätschern.

Eines Tages war ich mehrere Stunden draußen, um Vögel zu versorgen, und ich musste mich erleichtern, also ging ich an eine geschützte Stelle auf der Rückseite. Dort gab es Bäume, und es war niemand in der Nähe. Ich war gerade dabei, als ein Kolibri aufflog. Er steuerte geradewegs auf den Punkt zu, auf den der ›Strahl‹ plätscherte, und flog direkt hindurch. Dann schüttelte er sich – seinen Gesichtsausdruck kann ich nur als völlig verdattert beschreiben. Und dann flog er davon. Ich musste furchtbar lachen, denn als er aufflog, wusste ich genau, was geschehen würde, und ich dachte: ›Das wird er nicht tun!‹ und dann: ›Ich kann nicht glauben, dass er das getan hat!‹«

Kolibris widersprechen einigen seit langem bestehenden Vorstellungen, wie z.B. der, dass es einen Zusammenhang zwischen der Größe eines Tieres und seiner zu erwartenden Lebensspanne gibt. Im Allgemeinen gilt im Tierreich: Je größer, desto länger.

Viele Spitzmäuse, die etwa das gleiche Gewicht wie die Vögel haben, werden nur ein Jahr alt. Bei Mäusen und Ratten, die in der Regel wesentlich größer sind, würde ein Alter von zwei Jahren als sehr alt gelten. Ken hat jedoch wilde Rubinkehlkolibris gefangen, die sieben Jahre alt waren.

Er weiß das, weil er sie gefangen, beringt und wieder freigelassen hat und dann Jahre später wieder gefangen hat. Andere Wissenschaftler haben von Vögeln berichtet, die über zwölf Jahre alt wurden, in einem Fall sogar 14 Jahre. Nicht schlecht für ein insektengroßes Lebewesen, das jedes Jahr Tausende Kilometer wandert.

Kolibris haben auch ein erstaunliches Gedächtnis. Wenn sie von ihren Wanderungen zurückkehren, kommen sie immer wieder an denselben Ort. Ken hat die Vögel nicht nur beringt, sondern auch mit *passiven integrierten Transpondern* – PIT-Tags – ausgestattet. »Einem Kolibri kann man keinen Peilsender mit einer Batterie anbringen; er würde ihn nicht tragen können. PIT-Tags sind winzige Instrumente, die man ihnen direkt unter die Haut einpflanzt. Sie reagieren auf die Energie eines externen elektromagnetischen Feldes, das den Sender anregt und dann eine längere Wellenlänge zurückwirft. Das bedeutet, dass der Transponder selbst sehr klein sein kann, etwa so groß wie ein Reiskorn.«

Stellt man den Generator für ein elektromagnetisches Feld in der Nähe eines bestimmten Futterhäuschens auf, sendet er ein Signal aus. Anhand des zurückkommenden Signals kann man den vorbeigeflogenen Vogel identifizieren. Ken hat Fälle dokumentiert, in denen derselbe Kolibri Jahr für Jahr wiederkommt. »Manche kommen genau an dieselbe Stelle zurück«, sagt er. »Ihr räumliches Vorstellungsvermögen ist so ausgeprägt, dass sie, wenn man die Futterstelle um 30 Zentimeter verschiebt, genau an die Stelle zurückkehren, an der sie die Futterstelle ursprünglich fanden, in der Erwartung, dass sie noch dort ist. Sie schwirren umher, schauen sich um, bis sie feststellen: ›Okay, da drüben ist ein Futterhäuschen – ist es dasselbe? Es war doch mal hier.‹«

Viele Vögel verfügen über ein sehr ausgeprägtes Raumgefühl und eine sehr gute ›Weltkarte‹. Im Falle des Kolibris ist dies ein weiteres System, das zur Energieeffizienz beiträgt. Hat er einmal von einer Blüte genascht, wird die Pflanze wohl mindestens mehrere Stunden, wahrscheinlich sogar einen Tag lang brauchen, um neuen Nektar zu liefern. Dieselbe Pflanze immer wieder zu besuchen, wäre insofern Energieverschwendung.

»Ein Kolibri muss sich also merken können, welche Pflanzen er besucht hat und welche noch nicht«, sagt Ken. »Und wenn er eine Vielzahl von Blumen vorfindet, wählt er die effizienteste Methode – von allen zu probieren.«

Wie für einzelne Blumen gilt auch für Orte: Am besten ist es, wenn man Jahr für Jahr zu einer sicheren Sache zurückkehrt, mit vielen Futter- und Energiequellen – vorzugsweise in Rot.

Es gibt ein ganzes Wissenschaftsgebiet, das sich mit diesem Thema befasst, eine Unterdisziplin der Verhaltensökologie, die Theorie der optimalen Nahrungssuche. Wenn es im Laufe der Zeit eine Gleichung gibt, die besagt, wie man mit dem geringsten Energieaufwand den meisten Treibstoff gewinnt, kann eine Spezies diese Gleichung lösen, verinnerlichen und in ihre Gene aufnehmen.

Das erinnert mich an Tüftelspiele, die wir früher auf Papier machten: *Ziehe alle Linien dieser Form nach, ohne den Stift zu heben oder denselben Weg zweimal zu nutzen.* Vielleicht würde ein Kolibri solche Rätsel lösen. Vielleicht könnte er auch mathematische Probleme lösen. Vielleicht könnte man ihm beibringen, ein Lied auf der Klaviatur der Futterautomaten zu spielen, indem man das Futter in einem vorher festgelegten Muster freigibt.

Und vielleicht lehren uns die Vögel etwas: Wir finden sie neugierig und attraktiv; wir beobachten gerne ihren bemerkenswerten Flug. Wir studieren und fotografieren sie, stellen Bilder von ihnen ins Internet. Infolgedessen stellen immer mehr Menschen Futterhäuschen auf und pflanzen rote Blumen, vielleicht etwas weiter nördlich, ein wenig außerhalb ihres traditionellen Verbreitungsgebiets. Wir pflanzen, die Vögel kommen trinken, sie nehmen Nektar auf und tragen Pollen und Samen weg. Die Insekten folgen; wir brauchen die Bienen. Wir sitzen alle im selben Boot.

13

Vom richtigen Kopf und anderen Abenteuern mit Schleiereulen

Das erste Mal, dass ich eine Schleiereule sah, war ich mit meinem Freund Clark Lunberry in der Nähe von Lawrence, Kansas, unterwegs. Man musste nicht weit aus der Stadt hinausfahren, um auf verlassene Häuser oder seltsame Artefakte der Zivilisation zu stoßen, die der Wildnis zum Opfer gefallen waren. Clark war gut darin, solche Orte zu finden. Er unternahm ständig Ausflüge und brachte seltsame und interessante Dinge mit, die er als *objet trouvé* zu Skulpturen zusammenschweißte und auf dem Campus ausstellte.

Es war bereits nach Einbruch der Dunkelheit, zu dunkel, um auf den Juckreiz auslösenden *Poison Ivy* (Kletternder Giftsumach) zu achten, den es in dieser Jahreszeit sicherlich gab, und wir begaben uns in das dichte Gestrüpp, das einen Hain wild durcheinander gewachsener Bäume umgab. Clark hatte mir nicht gesagt, was mich erwartete, nur dass ich ein langes Hemd und eine lange Hose tragen und eine Taschenlampe mitbringen sollte – und einen Kassettenrekorder.

Etwa eine Woche zuvor war er einem überwucherten Bahngleis in den Wald gefolgt, wo er auf die Überreste dreier verrosteter Güterwagen gestoßen war, die stillgelegt auf den Schienen lagen. Wir befanden uns nicht weit von der alten Bahnlinie zwischen Atchison, Topeka und Santa Fe. Vor langer Zeit waren diese Waggons durch einen logistischen Fehler auf dieses Stumpfgleis geraten und lagen dort wahrscheinlich schon hundert Jahre lang.

Die Türen waren halb geöffnet, und die Wildnis hatte sich ihren Weg gebahnt. »Das musst du dir ansehen«, sagte Clark und führte mich in den ersten Waggon. Inmitten der Trümmer und des Gestrüpps, das durch den Boden emporgewachsen war, standen drei riesige Flügel in einem fortgeschrittenen Verfallszustand. Beim nächstgelegenen hatte sich die Abdeckung für die Tasten gelöst, der Deckel hatte eines seiner Scharniere verloren und war aufgerutscht, so dass die Innereien zum Vorschein kamen. Die tiefen Saiten waren verrostet und angeschlagen, einige der hohen Saiten waren gerissen und lagen verheddert auf dem Rest. Irgendeine Kreatur hatte sich auf dem Resonanzboden ein Nest gebaut.

Ich fragte mich, wer diese einst prächtigen Instrumente bestellt hatte. Ich stellte mir drei Siedlerfrauen vor, die hofften, dass Musik ein wenig Schönheit in das staubige, trostlose Leben in der Prärie bringen würde, und die auf Instrumente warteten, die nie ankamen.

Wir stellten die Taschenlampen und das Tonbandgerät auf und improvisierten ein Konzert, eine Kakophonie aus unheiligen Klängen in unmöglicher Stimmung. Manchmal, wenn man eine Taste drückte, blieb sie stecken. Ein anderes Mal zerriss die Saite beim Anschlagen eines einzigen Tons mit einem schussähnlichen Geräusch, und die losen Enden schnappten in die Luft. Eine Ratte tauchte aus dem Diskant auf, flitzte über die Saiten und verschwand in den Bässen. Das war Musik, wie sie noch nie jemand gehört hatte, und ich hatte sie auf Kassette aufgenommen. Ich behielt diese Kassette jahrzehntelang, bis ich sie schließlich bei einem Umzug verlor.

Wir blieben, bis das Band zu Ende war und die Taschenlampen zu flackern begannen. Im Hintergrund war beunruhigendes Hundegebell zu hören. Man wollte nicht auf dem Land eines Farmers

gefunden werden, wenn er kam, um nach dem Rechten zu sehen. Ich mochte aber nicht gehen, ohne wenigstens einen Blick in den zweiten Wagen zu werfen.

Das Licht der Taschenlampe spiegelte sich in den Augen zweier Schleiereulen. Sie waren genauso erschrocken wie wir. Sie flogen mit riesigen, gespenstischen Flügelschlägen an uns vorbei und gaben dabei kaum einen Laut von sich. Wir spürten die Luftbewegung eher, als dass wir sie hörten, was es irgendwie noch beängstigender machte.

Wir rannten.

Die Schleiereulen, die wir an jenem Tag sahen, haben Vettern auf der ganzen Welt – in beiden Amerikas, Afrika, Europa, Indien, Südostasien, auf allen Kontinenten und Inseln. Auch in Städten fühlen sie sich wohl, weil es dort viele Mäuse und Ratten gibt, von denen sie sich ernähren können.

Sie mögen verlassene Gebäude, und davon gibt es in der größten Geisterstadt der Welt jede Menge: Tschernobyl. Im Jahr 1986 führte ein Unfall im dortigen Kernkraftwerk zur vollständigen Evakuierung der umliegenden Städte und Dörfer. Offiziell ist die Region noch immer eine Sperrzone, die sich vom Epizentrum aus 30 Kilometer in alle Richtungen erstreckt. 350000 Menschen wurden evakuiert. Sie sollten eigentlich nicht zurückkehren, aber einige Hundert haben das ignoriert.

Größtenteils hat jedoch die Natur den Raum wieder beansprucht. Schleiereulen haben sich in Wohnhäusern und Schulen, Krankenhäusern, Bürogebäuden und einem Vergnügungspark niedergelassen. Sie haben Nester in Schränken gebaut, deren Türen schief an rostigen Scharnieren hängen, in Kisten, Regalen, einem abgeranzten Kühlschrank mit offener Tür.

In einer Studie aus dem Jahr 2008 wurde anhand von Schleiereulen eine Frage zu den langfristigen Auswirkungen der Strahlung beantwortet. Tiere aus der Zone und den umliegenden Gebieten nehmen radioaktives Material in ihren Körper auf, bekommen Mutationen und haben weniger Nachkommen. Doch was geschieht, wenn sie andere kontaminierte Tiere fressen – nehmen sie damit noch mehr Strahlung auf?

Das ließ sich herausfinden, indem man radioaktive Substanzen in ihren Knochen maß. Eine Gruppe von Wissenschaftlern sammelte Schleiereulenschädel aus Ostpolen, 400 km westlich von Tschernobyl, und führte Tests durch. Sie maßen die Werte an Plutonium, Strontium und Amerikanum, drei Isotope aus der Anlage, die in der Natur nicht vorkommen – die also vom Unfall, vom Leben in der Zone oder von Tieren oder Insekten stammten, die die Eulen gefressen hatten. Es stellte sich heraus, dass die Eulenknochen ungefähr die gleiche Menge an Substanzen enthielten wie die Mäuse, Insekten und anderen Tiere, die sie gefressen hatten. Offenbar reicherte sich durch das Fressen keine zusätzliche Strahlung in den Knochen der Eulen an.

Der radioaktive Niederschlag von Tschernobyl hatte nichts Gutes an sich, aber zumindest arbeitete er sich nicht in der Nahrungskette nach oben.

Wenn jemand eine Schleiereule in der Stadt finden kann, dann ist es Hermann Wagner.

»In Berlin«, empfiehlt er, »sieht man sich am besten nach einem alten Haus mit zerbrochenen Fensterscheiben um. Auf den Galápagos-Inseln fanden wir sie überall dort, wo Menschen etwas verlassen hatten oder nicht mehr nutzten. Unfertige Gebäude auf Baustellen, in den Betten alter Häuser, überall.«

Man sollte nach einem dunklen Ort Ausschau halten, an dem sie sich tagsüber verstecken und nachts draußen Nahrung finden können. Dass man ihnen nahe ist, weiß man, wenn man die charakteristischen ›Eulenkügelchen‹ findet, die sie aus ihren Mägen erbrechen: zylindrisch und zwei bis fünf Zentimeter lang, wie kleine Würstchen.

Hermann ist ein fröhlicher Mensch mit weißem Haar und einem dicken weißen Schnurrbart, rötlichen Wangen und einem freundlichen Lächeln. Sein Interesse an dem Tier reicht fast 40 Jahre zurück, seit er sich dem Labor von Masakazu Konishi anschloss. Man kann sich kaum über Schleiereulen unterhalten, ohne dass der Name Konishi fällt. In den 1970er Jahren fand Konishi heraus, dass bestimmte Merkmale des Tieres einen Einblick in eine riesige ›Black Box‹ geben könnten: die Verbindung zwischen Verhalten und der Struktur des Gehirns und des Nervensystems.

Die beiden Männer begegneten sich erstmals, als Hermann sich um eine Stelle in Konishis Labor am California Institute of Technology bewarb. Sie hatten einige Gemeinsamkeiten: Beide hatten in der süddeutschen Stadt Tübingen gelebt, eine charmante Universitätsstadt, in der ein Drittel der Bevölkerung Studenten sind. Konishi hatte dort ein Postgraduiertenstudium absolviert, Hermann einige Jahre später sein Studium angefangen.

Hermann fühlte sich schon als Jugendlicher zur Natur hingezogen und fing an, Vögel im Freien zu beobachten. Dies führte zu Engagement im Naturschutz, dann schrieb er sich an der Universität ein und musste sich für ein Thema entscheiden. »Ich wurde von Leuten wie Konrad Lorenz inspiriert, die sich mit dem Verhalten von Tieren beschäftigten«, sagt Hermann. »Später, in den Vorlesungen, stellte ich fest, dass Lorenz eher aus dem Bauch als mit dem Kopf dachte. Er hatte gute Ideen und machte vieles richtig, aber ich interessierte mich für einen eher theoretischen Ansatz zum Verhalten.«

Tübingen war einer der wenigen Orte, die er fand, an denen die Menschen so dachten. Neben einer lebendigen Universität gab es in der Stadt ein von Werner Reichardt gegründetes Max-Planck-Institut mit dem Schwerpunkt Biologische Kybernetik. Reichardt kennt man als Entwickler des ersten Bewegungsmelders, der in den 1950er Jahren patentiert wurde. Das MPI war eine der ersten Einrichtungen in Deutschland, die mathematische und rechnerische Ansätze auf biologische Probleme anwendete.

Die Vogelgruppen der Stadt verfolgten nicht den quantitativen Ansatz, an dem Hermann interessiert war, also beschloss er, sich mit dem Flug von Fliegen zu beschäftigen. »Werner Reichardt hatte auf eine Art eine ingenieurwissenschaftliche Herangehensweise an die Dinge«, meint Hermann Wagner. »Das war in mancher Hinsicht nützlich, aber es begünstigte auch die Ansicht, dass Organismen wie Fliegen bloß Automaten seien – winzige Roboter.«

Eine Möglichkeit, etwas über das Verhalten der Fliege und ihr Nervensystem zu erfahren, bestand darin, die Entscheidungen zu beobachten, die sie beim Herumfliegen traf. Die Wissenschaftler in Reichardts Gruppe ›überwachten‹ Fliegen, indem sie sie auf ein Pappdreieck klebten, das mit einem Gerät verbunden war, das ihr Flugverhalten messen konnte. Sie setzten sie in eine Kammer mit Mustern an den Wänden – es sollte geprüft werden, ob das Insekt seine Richtung änderte, wenn sich das Muster änderte.

»Ich stellte fest, dass Fliegen mehr sind als Automaten, ihr Verhalten ist tatsächlich komplex. Aber es hat lange gedauert, die Leute davon zu überzeugen – auch Werner Reichardt.«

Schleiereulen haben ein beeindruckendes Gehör und Sehvermögen. Hören sie ein Geräusch, wissen sie genau, woher es kommt. Sie drehen sofort den Kopf hin und richten ihre Augen auf genau diese Stelle.

Mazakazu Konishi erkannte, dass dieses Verhalten zur Beantwortung einer grundlegenden wissenschaftlichen Frage beitragen könnte. Alle wollten wissen, wie Informationen, die über die Sinne eines Tieres eingehen, in Verhalten umgesetzt werden. Dazu war sicherlich eine Menge Rechenarbeit erforderlich, die von der physischen Struktur des Gehirns gesteuert werden musste. Aber wie könnte man die beiden miteinander verbinden und alle Schritte aufschlüsseln?

Vielleicht könnte die Eule dazu Antworten liefern. Der erste Schritt bestand darin, sich die physische Struktur ihres Gehirns anzusehen. Mit dieser Aufgabe war Konishi Mitte der 1980er Jahre beschäftigt, als Hermann Wagner hinzukam. Konishi und ein Partner in Stanford, Eric Knudsen, sezierten und kartierten das Gehirn der Schleiereule.

Sie interessierten sich besonders für ein Gebiet im Mittelhirn, die so genannten *Colliculi superiores*. Diese spielen bei einfacheren Wirbeltierarten eine zentrale Rolle für das Sehen. Folgt man den Nerven aus ihren Augen, führen sie dorthin.

Knudsen entdeckte etwas absolut Einzigartiges an den *Colliculi superiores* der Schleiereule: Sie empfangen Informationen sowohl von den Augen als auch von den Ohren. »Achtzig Prozent der Neuronen in diesem Bereich haben eine Doppelfunktion, sie werden sowohl vom Hören als auch vom Sehen genutzt«, sagt Hermann. »Das bedeutet, dass auditive und visuelle Informationen an einem gemeinsamen Ort zusammengeführt werden. Die Bereiche, die Informationen empfangen, überschneiden sich.«

Das Verhalten der Eule gab einem etwas, das man messen konnte, und die Struktur der Nerven in ihrem Gehirn war ein Ansatzpunkt, um die Berechnungen in ihrem Gehirn zu verstehen. Das war genau die Art von System, nach der Hermann sich gesehnt hatte.

»Man konnte ein mathematisches Modell dazu erstellen«, sagt er, »und es benutzen, um das Gehirn zu befragen. Also begann ich, mit Schleiereulen zu arbeiten, und seitdem arbeite ich mit ihnen.«

Wir Menschen verlassen uns sehr auf unsere Augen. Die Kaffeetasse auf meinem Schreibtisch – ich weiß, wo sie steht, und kann auf diese Information reagieren, indem ich nach ihr greife. Hoffentlich ziemlich treffsicher.

Das funktioniert am besten, wenn wir beide Augen benutzen. Wir haben ein beidäugiges Sehvermögen und Muskeln, die die Form der Linsen in den Augen verändern, um auf Dinge zu fokussieren, die nah oder weiter weg sind – so entsteht ein Gefühl von Tiefe und Entfernung. Vielleicht falle ich auf eine optische Täuschung herein, aber unter normalen Umständen sagen mir meine Augen, wo sich etwas befindet. Irgendwie baue ich ein Modell von Raum und Objekten auf, das – zusammen mit meiner Erfahrung mit Kaffeetassen – meinem Arm sagt, wohin er sich bewegen und was er tun soll, wenn er dort ankommt.

Unsere Ohren geben uns auch Informationen darüber, wo sich Dinge befinden, aber es hat sich herausgestellt, dass die menschlichen Ohren nicht sehr präzise sind. Wenn man mit verbundenen Augen ein Geräusch hört, kann man in die ungefähre Richtung deuten. Aber wenn man diese Stelle mit einem Pfeil treffen wollte ... In horizontaler Richtung kann man die Dinge recht gut lokalisieren, aber wie hoch über den Boden sollte man zielen? Dazu gehört dann schon Glück.

Und wir lassen uns leicht täuschen – wenn man sich etwa in einen Raum mit guten Stereolautsprechern begibt oder einen Kopfhörer aufsetzt. Wir haben den Eindruck, von Klang umgeben zu sein, auch wenn er in Wirklichkeit nur aus zwei Quellen kommt.

Schleiereulen lassen sich nicht so leicht täuschen – hören sie ein Geräusch, wissen sie genau, woher es stammt. Sie können dies nicht durch das Werfen von Pfeilen zeigen, aber sie tun das Nächstbeste. Zuerst schwenkt die Eule ihren Kopf, um ihre Augen auf einen äußerst präzisen Punkt im Raum zu richten, der den Ursprung des Geräuschs widerspiegelt. Umsehen muss sie sich dafür nicht einmal ein bisschen.

Tatsächlich bewegen sich ihre Augen kaum in ihren Augenhöhlen. Wenn eine Schleiereule etwas betrachten will, schwenkt sie ihren gesamten Kopf, so dass ihre Augen direkt auf das Objekt gerichtet sind. Eulenaugen führen keine ›Sakkaden‹ aus, die kleinen ruckartigen Bewegungen der menschlichen Augen beim Abtasten eines Objekts. Diese Bewegungen helfen uns, die mangelnde Präzision des Gehörs auszugleichen; wenn wir den Kopf drehen, kommen wir näher heran – hoffentlich ist das Objekt dann auch einigermaßen nah.

Sobald die Position feststeht, ist der Vogel startbereit. Er stößt sich von der Stelle ab, auf der er sitzt, und fliegt in einer pfeilartigen Flugbahn auf die Beute zu.

»Eine offene Frage war, wie die von Knudsen und Konishi entdeckte akustische Karte durch Berechnungen im Gehirn aufgebaut wurde«, sagt Hermann Wagner. »Das ist es, woran ich in Konishis Labor arbeiten sollte.«

Schleiereulen jagen nachts. Ihr Gehör ist so gut, dass das Sehvermögen überflüssig zu sein scheint, tatsächlich ist jedoch auch dies hervorragend. Dreißig Jahre später, als Hermann sein eigenes Labor hatte, demonstrierte er das, indem er Eulen in die Abteilung für Ophthalmologie brachte und sie einem Sehtest unterzog.

Verwendet wurden Geräte, die man vielleicht aus der Praxis des Augenarztes kennt: Aberrometer und Wellenfrontsensoren. Sie leiten eine Lichtwelle in das Auge und messen, was zurückkommt. Daraus geht hervor, wie das Licht durch die Linse, die Form des Auges und andere physikalische Faktoren auf der Netzhaut gebrochen wird. Aus den Messungen und einigen mathematischen Berechnungen lässt sich die Schärfe des Bildes ableiten. Die Instrumente werden unter anderem in der korrigierenden Laserchirurgie eingesetzt, um die Hornhaut einer Person neuzugestalten und die Sehkraft zu verbessern.

Im Grunde zeigen die Geräte an, ob man – oder eine Eule – eine Brille braucht. Schleiereulen brauchen keine. Das ist vermutlich auch gut so, denn wie soll man sie auch dazu bringen, eine zu tragen?

Der Artikel von Hermann Wagner und sein Labor zu dieser Studie ließ mich laut auflachen, was viel zu selten geschieht. »Abbildung 5« zeigt eine dieser typischen Augentafeln, wie man sie in Augenarztpraxen sieht. Sie beginnt am oberen Rand mit großen Buchstaben, die immer kleiner werden, je weiter man nach unten liest. In der letzten Zeile unten auf dieser Tafel steht in wirklich winziger Schrift »BARN OWL« (SCHLEIEREULE).

Das Papier zeigt drei Versionen des Bildes – das ›Original‹ mit gestochen scharfen Buchstaben, wie sie auf der Tafel gedruckt sind. Dann folgen zwei weitere: wie die Karte für den Menschen mit normaler Sehschärfe aussieht und wie ein Eulenauge sie abbildet.

Es ist wohl keine Überraschung, dass das »BARN OWL« für eine Schleiereule schärfer aussieht.

Außerdem ist ihr Gehör zehnmal besser als das unsere. Stellt man sich das leiseste Geräusch vor, das wir wahrnehmen können, nimmt die Eule auch Geräusche wahr, die noch zehnmal leiser sind.

»Damit wird eine kritische Schwelle erreicht«, sagt Hermann Wagner. »In der Umwelt gibt es ein sogenanntes thermisches Umgebungsrauschen, eine Art permanentes Hintergrundrauschen, das durch zufällige Luftdruckänderungen entsteht. Wäre das Gehör einer Eule noch empfindlicher, könnte sie vor diesem Hintergrund keine echten Signale mehr wahrnehmen.«

Eulen hören sehr leise Geräusche, schenken aber nicht allen die gleiche Aufmerksamkeit. Schleiereulen interessieren sich vor allem für die Art der Breitbandgeräusche, die eine Beute in einer natürlichen Umgebung macht. Einzelne Geräusche können ihre Aufmerksamkeit für einen Moment erregen. Aber eine auf einem Klavier gespielte Note oder eine gezupfte Saite wird keine große Reaktion hervorrufen.

Hermann beschreibt ein Experiment aus den 1960er und 70er Jahren, das von Roger Payne und Masakazu Konishi durchgeführt wurde und bei dem man eine Maus über einen ›leisen‹ Boden laufen ließ. Die dabei entstehenden Geräusche entsprachen nicht denen, die sie in freier Wildbahn machen würde, so dass der Vogel ihr nicht viel Aufmerksamkeit schenkte. Band man jedoch ein Blatt an einem langen Faden an den Schwanz der Maus und ließ die Maus im selben Raum frei: Das Blatt flatterte über den Boden, und die Eule fokussierte sich auf das Blatt, nicht auf die Beute.

Eine weitere Frage betraf die ›Flugprogrammierung‹ des Vogels: War die Eule nach dem Hören eines Geräusches auf eine vorprogrammierte Flugbahn festgelegt? Konnte sie auf dem Weg dorthin Kurskorrekturen vornehmen?

Hermann fand eine Methode, um dies zu testen. Seine Mitarbeiter richteten ein System ein, das einen Ton von einer bestimmten Position aus sendete. Sie richteten die Sitzstange der Eule so ein, dass im Moment ihres Abflugs ein elektronischer Schalter ausgelöst wurde. Dadurch änderte sich die Quelle des Tons. Die Wissenschaftler konnten entscheiden, wann der Wechsel stattfand – sie konnten ihn auf jeden beliebigen Zeitpunkt zwischen dem Abflug und dem Moment, in dem der Vogel auf die Beute traf, legen. Sie stellten fest, dass die Schleiereule in der Lage war, ihren Flug fast bis zum Ende zu steuern, sogar noch weniger als eine halbe Sekunde vor dem Aufprall.

All das ist wichtig, sagt Hermann, denn Hören, Sehen und Fliegen müssen gut aufeinander abgestimmt sein. Sonst kommt es zu Fehlern, und die haben ihren Preis.

»Eulen brauchen zum Überleben etwa zwei Mäuse pro Tag«, sagt er. »Das Fliegen erfordert viel Energie, deshalb können sie sich nicht viele Fehler leisten. Sie sind sehr gut darin.« Er vergleicht das mit Tauben, die täglich etwa tausend Samenkörner fressen müssen. »Macht eine Taube einen Fehler, ist das keine große Sache, sie pickt einfach weiter. Für die Eule macht es aber einen bedeutenden Unterschied. Auf ein einziges Geräusch hin wird sie also nicht losfliegen. Stattdessen wartet sie ein zweites Geräusch ab, weil das die Wahrscheinlichkeit erhöht, dass da draußen wirklich etwas ist.«

Die Evolution hat Eulen aussortiert, die zu optimistisch, zu flugbereit waren. Diejenigen, die überlebten, entwickelten einen zusätzlichen Schritt, einen ihr Verhalten optimierenden Bewertungsschritt.

»Wenn ein Mensch mit den Händen zwei Mäuse pro Tag fangen müsste, hätte er ein Problem«, sagt Hermann. »Um sie zu fangen, müsste er mehr Energie aufwenden, als er dadurch gewinnen würde. Dieses Gleichgewicht bei Eulen ist wichtig und hängt stark von der Nahrungsquelle ab. Wird die Nahrung knapp, wird das Leben schwer. 60 % der Eulen sterben im ersten Winter nach ihrer Geburt. Im zweiten Winter sterben wiederum 60 % der verbleibenden Eulen. Das bedeutet einen ständigen, sehr hohen evolutionären Druck, die Überlebenden sind also sehr gut angepasst.«

Auch andere Dinge kosten Energie – zum Beispiel die Fortpflanzung. Wenn reichlich Nahrung vorhanden ist, paaren sich die Eulen und bekommen Nachwuchs. »Das ist gut, um die Größe der Kolonien im Labor zu steuern«, sagt Hermann. »Wenn wir nicht wollen, dass sie sich vermehren, reduzieren wir die Futtermenge. Geben wir ihnen mehr, vermehren sie sich.«

Der hohe Energiebedarf hat sich auch in den Balzritualen der Vögel niedergeschlagen. Da die Weibchen größer sind und mehr fressen, soll das Männchen ›Hochzeitsgeschenke‹ machen, wie Hermann es nennt. Was schenkt man einem Weibchen, um ihm sein Interesse zu zeigen? Eine Maus. Manchmal nur den Kopf der Maus. Das könnte bedeuten, dass das Männchen ein guter Versorger sein wird – es ist ein so guter Jäger, dass es Futter übrighat.

Schleiereulen lauschen den ganzen Weg bis zum Ziel, aber das Fliegen selbst müsste eigentlich eine Menge Lärm verursachen. Tut es jedoch nicht. »Der Flug der Eulen ist so leise«, sagt Hermann, »dass selbst die empfindlichsten Mikrofone an ihre Grenzen stoßen, wenn sie das Geräusch erfassen sollen.« Bei einer Entfernung von drei Metern liegt dies unterhalb der menschlichen Hörschwelle.

Das interessiert Luftfahrtingenieure schon seit langem. Im Jahr 1934 bemerkte Lieutenant Commander R.R. Graham, der bei der britischen Royal Navy mit Sturzkampfbombern zu tun hatte, dass die Anordnung der Federn von Eulen und anderen Vögeln als Leitfaden für die Konstruktion künftiger Flugzeuge dienen sollte.

Modernere Wissenschaftler haben dies vertieft,

darunter Hermann, der einen Bericht schrieb über die »Eigenschaften der Eulenflügel, die den lautlosen Flug begünstigen«.

Sein Artikel geht sehr ausführlich auf die Flügel ein. Er widmet zwei ganze Seiten den winzigen Zacken auf den Federn und wie sie die Turbulenzen an der Vorderkante des Flügels beeinflussen. Er beschreibt die Anordnungen der Federn in allen Einzelheiten, zusammen mit Schilderungen einer Reihe von Experimenten in Windkanälen. Die Untersuchungen haben unter anderem gezeigt, dass die Struktur für langsames Fliegen optimiert ist. Die Eulen haben auch eine niedrige ›Flügelbelastung‹, also die Menge an Gewicht, die ein einzelner Teil des Flügels tragen muss. So können sie schnelle, präzise Manöver fliegen.

Irgendwann, so Hermann, könnte all dies zu Fortschritten in der Aerodynamik des Tarnkappenflugs und zu neuen Arten von Flügeln führen. In zwanzig Jahren vielleicht.

Die Flügel haben eine samtartige Beschaffenheit.

Er kennt diese Textur sehr gut. Hermann hat viele von ihnen in den Händen gehabt: sie gefangen, aufgezogen, studiert, gezähmt.

»Man kann praktisch jedes Tier zähmen«, sagt Hermann. »Die Schleiereulen können zu zahm werden. Ich hatte schon Studenten im Labor, die die Eulen so sehr liebten, dass die Vögel sich auf sie geprägt haben. Das Problem bei Vögeln, die sich auf dich geprägt haben, ist, dass sie dich als Sexualpartner betrachten. Ein kleiner Vogel fliegt direkt an dich ran und versucht, mit deinem Finger zu kopulieren.«

Bei einer Schleiereule wird das ein wenig dramatischer.

Die Vögel sollten sich nicht zu Studenten hingezogen fühlen, sie sollten Eulen bleiben. Das war für einige Mitglieder des Labors ein Problem; man musste einen schmalen Grat zwischen strengem und lockerem Umgang finden. Ein paarmal musste er einen Studenten von dem Projekt abziehen.

»Wir mussten vorsichtig sein, wenn wir sie aufzogen«, sagt Hermann. »Es war wichtig, sich in die Vögel einzufühlen. Sie sind echte Charaktere. Jeder hat seine eigene Persönlichkeit, und sie lernen die Menschen sehr gut kennen. Sie kennen jeden von uns persönlich. Ich glaube, sie sind schlau; wenn sie merken, dass ein Trainer sie beschwindelt, spielen sie mit ihm herum. Versucht man dann, Verhaltensexperimente mit ihnen durchzuführen, kommt nichts dabei heraus.«

Es war Hermann Wagners Schuld, dass Markus Krings mit Eulen im Auto und allen notwendigen Genehmigungen im Rucksack quer durch Deutschland fuhr. Im Kofferraum befanden sich zwei lebende Eulen in zwei großen, separaten Kisten und auf dem Rücksitz mehrere Kadaver in Kühltaschen.

Nach jahrelanger Zusammenarbeit mit Hermann Wagner an der Universität Aachen in Deutschland hat Markus vor kurzem das Labor verlassen, um Lehrer zu werden. Er ist jung, hat kurzes dunkles, fast schwarzes Haar und einen passenden dunklen Bart. Seine dunkelbraunen Augen blitzen. Er hat ein graues ›1971 Hard Rock Café‹-T-Shirt an, das seine Schüler bestimmt cool finden, wenn er es im Unterricht trägt.

Markus ist in Aachen aufgewachsen. »Ich fand Tiere spannend und habe viel Zeit in Zoos und Parks verbracht, in der Natur.« An der Universität wollte er etwas mit Tieren machen, aber nicht das typische Projekt mit Standard-Labortieren, das so viele andere machten. Etwas Kreativeres, eine Sache, die über den eigenen Tellerrand hinausging.

Er dachte daran, es im Zoo zu versuchen; vielleicht könnte er dort mit jemandem zusammenarbeiten. Dann traf er Hermann. Der suchte seit langem einen Studenten für ein besonderes Projekt. Es sollte sich wirklich mal jemand die Struktur des Eulenhalses ansehen, sagte er.

»Das klingt nach mir«, sagte Markus.

So kam es, dass ein 21-jähriger Student mit einem Golf voller Eulen quer durchs Land fuhr. Er hielt sich strikt an die Geschwindigkeitsbegrenzung. Dennoch war er nervös, dass die Polizei ihn bei einer Routinekontrolle anhalten könnte; es wäre sicher nicht einfach, das alles zu erklären.

Aachen liegt im äußersten Westen Deutschlands, ziemlich genau auf halber Höhe. Markus machte die Reise, weil Hermann eine Kollaboration mit einer Gruppe in Jena pflegte, 400 km weiter östlich. Eine lange Fahrt, aber man konnte ja schlecht den Zug nehmen, wenn man Eulen quer durch das Land transportieren wollte.

Seit Carl Zeiss dort Mitte des 19. Jahrhunderts eine Fabrik zur Herstellung von Linsen und Mikroskopen gründete, hat Jena den Ruf erworben, weltweit führend zu sein in der Entwicklung wissenschaftlicher Geräte, insbesondere was Linsen und Mikroskope betrifft. Über die Zeit hat sich die Stadt zu einem Zentrum für alle Arten fortschrittlicher Bildgebungsverfahren entwickelt. Markus war mit einer Gruppe von Experten für hochentwickelte Röntgen- und Computertomografiegeräte verabredet. Genau das, was man braucht, um den Hals einer Eule zu untersuchen.

Auf den ersten Blick scheinen Schleiereulen gar keinen Hals zu haben – er wird vom dichten Gefieder verdeckt. Ihr Kopf scheint wie ein runder Knauf auf ihrem Körper zu sitzen. (Man denke an einen von Federn bedeckten R2D2 aus *Star Wars*.) Was sich darunter verbirgt, ist offensichtlich äußerst raffiniert, denn wenn eine Eule auf etwas aufmerksam wird, kann sie den gesamten Kopf um bis zu einer Dreiviertelumdrehung in die eine oder andere Richtung wenden. Das ist notwendig, weil ihre Augen nebeneinander auf dem flachen Gesicht liegen, das sie geradeaus und direkt auf ein Geräusch richten muss.

Die zur Bewegung des Kopfes notwendigen Verrenkungen des Halses sind an Eulenküken leichter zu sehen. Sie entwickeln erst nach mehreren Wochen Federn; bis dahin sind sie von einem leichten Flaum überzogen. Das gibt ihnen eine unansehnliche, unbeholfene Wirkung. Ihr herzförmiges Gesicht ist von einer Art Halskrause umgeben; der Hals ist lang, stielartig und äußerst beweglich.

Auch Giraffen haben sehr lange Hälse, die genau wie beim Menschen aus sieben Wirbeln bestehen. Die Giraffe hat diese Länge erreicht, indem sie die Knochen einfach gestreckt hat. Vögel haben einen anderen Weg gewählt, sagt Markus, und einige Wirbel hinzugefügt. »Während der Hals von Säugetieren immer aus sieben Halswirbeln besteht, variiert die Anzahl der Halswirbel bei Vögeln von etwa zehn bis zu über 20.«

Markus wollte die Frage des Schleiereulenhalses klären, aber dazu musste er dreidimensionale Röntgenaufnahmen der Tiere machen, während sie ihren Kopf drehten. Dazu musste er nach Jena.

Sobald sich die Tiere in Jena ein wenig eingewöhnt hatten, musste Markus sie dazu bringen, still zu sitzen und den Kopf zu drehen, während die Maschinen ihre Arbeit machten. »Wir hatten die Vögel persönlich aufgezogen, so dass sie zahm waren, aber es war eine völlig neue Umgebung für sie, mit einem neuen Raum und Kameras und so. Die ersten paar Stunden waren sie ziemlich nervös. Wir hatten bloß drei Tage, ich war also selber nervös.«

Nach einer Weile machten die Eulen jedoch wirklich gut mit. Das größte Problem war, dass sie sich nicht langweilen durften. Es gab verschiedene Möglichkeiten, ihre Aufmerksamkeit zu wecken. Mit einem Klicker zum Beispiel konnte man sie dazu bringen, einem das Gesicht zuzuwenden und sich zu fokussieren. »Wenn man das zehnmal hintereinander macht, merkt die Eule, dass es keine Belohnung gibt, und langweilt sich. Also mussten wir uns etwas einfallen lassen, um ihr Interesse erneut zu wecken. Ich bin dann mit einer echten Maus oder einem Küken ins Zimmer gelaufen. Wir hatten auch ein kleines künstliches Küken an einer Angelschnur, das man herumschwingen konnte.«

Die Vögel kooperierten und die Wissenschaftler konnten Röntgenfilme von Eulen anfertigen, die ihren Kopf um mehr als 180 Grad drehten. Die Filme zeigten deutlich, wie sich der Hals bei einer Drehung verhielt und dass 14 Wirbel daran beteiligt waren.

Während einer Drehung wirkte jeder der Knochen an komplizierten, dreidimensionalen Bewegungen mit.

»Wir hatten ein paar Schwierigkeiten, weil diese Halswirbel wirklich winzig sind«, sagt Markus. »Eine Schleiereule ist etwa 40 cm groß, und das Röntgensystem war normalerweise auf Hunde ausgelegt. Das Skelett eines Hundes ist aber viel größer. Wir konnten auch CT-Scans von den Kadavern machen und versuchen, diese sehr unbeweglichen Bilder mit dem abzugleichen, was wir bei den lebenden Vögeln sahen.«

Der nächste Schritt bestand darin, ein dreidimensionales Modell der Wirbelsäule zu erstellen, es richtig anzuordnen und so zu gestalten, dass es sich so verhielt, wie sie es auf den Röntgenfilmen gesehen hatten. Das Modell ermöglichte es ihnen, die Kopfdrehung zu animieren. Der schwierige Teil bestand darin herauszufinden, wie alle 14 Komponenten zusammenwirkten, wenn der Hals verschiedene Positionen einnahm. Das war kompliziert, denn es ging dabei um viel mehr als nur um die Knochen.

»An jedem dieser Wirbel setzen Muskeln an, die von Arterien unterschiedlicher Größe versorgt werden«, sagt Markus. »Stell dir vor, du hast all diese Teile, die miteinander verbunden sind, und jetzt willst du dich drehen. Die Arterien und das Rückenmark brauchen Bewegungsfreiheit, sonst werden sie abgeklemmt und gequetscht. Deshalb gibt es in den Knochen Kanäle für die Arterien.«

Die Wirbel, die sich stark drehten, hatten riesige Kanäle, die größer waren als bei Wirbeln, die sich nicht so weit bewegen mussten. Außerdem gab es Strukturen, die benachbarte Wirbel miteinander verbanden und sich anpassten, während sich alles drehte.

»Die Muskeln sind auch verdreht«, sagt er. »Wenn du 14 kleine Halswirbel hast, hast du 15 Gelenke: 13 interzervikale Gelenke sowie eines, das die Halswirbelsäule mit dem Schädel verbindet, und eines darunter, das sie mit der Brustwirbelsäule verbindet. Um sie zu bewegen, sind viele kleine Muskeln erforderlich, und bei der Autopsie der Kadaver haben wir genau das gefunden: eine riesige Anzahl winziger Muskeln. Das ist anders als beim Hals des Menschen, wo die Hauptdrehungen nur von den beiden obersten Muskeln ausgeführt werden. Wir haben also ein paar große Muskeln, die den gesamten Kopf drehen, und es gibt viel Platz, an dem diese Muskeln ansetzen können.«

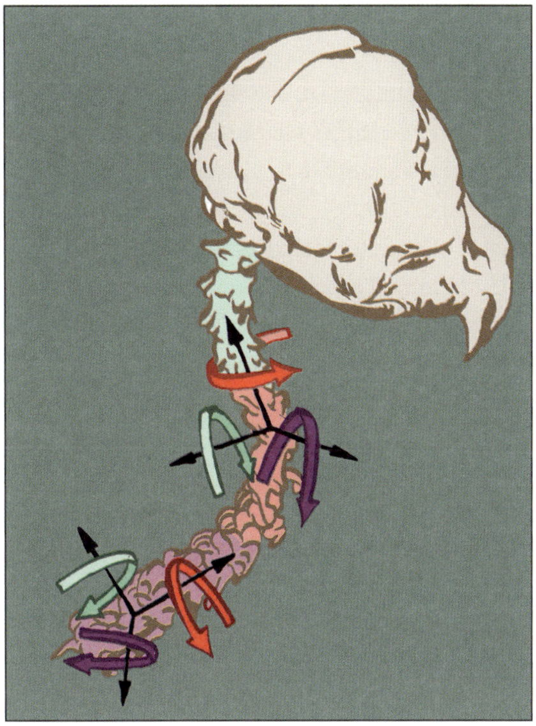

Der Hals einer Schleiereule hat 14 Wirbel, die von sehr viele winzigen Muskeln verbunden sind. Das erlaubt es ihr, den Kopf in fast jede Richtung zu drehen.

Bei der Eule sind viele kleine Muskeln erforderlich, um jeden einzelnen Halswirbel gegen die anderen zu drehen. Um eine große Drehung zu erreichen, muss man all die kleinen Drehungen der einzelnen Gelenke addieren.

Irgendwann schien ihnen klar, wie alles zusammenpasste, was Markus und seine Kollegen in die Lage versetzte, ein präzises Modell des Systems zu erstellen. Für ihn als jungen Bachelor-Studenten sei es cool gewesen, sagt er, eine Reihe von Ergebnissen erarbeiten zu können und zu sehen, dass sie alle zusammenpassten.

Inzwischen haben Hermann und Markus mit einem Labor in Nürnberg zusammengearbeitet, um 3-D-Ausdrucke aller Wirbel anzufertigen und sie miteinander zu verbinden. Ein Labor unter der Leitung von Rüdiger Hornfeck hat sogar einen Roboter gebaut, der das Verhalten des Halses nachahmt. Das System ist so kompliziert, dass die Konstrukteure es als einen vielversprechenden Schritt für die Herstellung komplexerer künstlicher Gelenke betrachten.

Es könnte 20 Jahre dauern, um das, was Hermann über Eulenflügel gelernt hat, auf Tarnkappenflugzeuge und die Konstruktion von Flügeln anzuwenden. Für die Robotik zahlen sich Entdeckungen über den Hals viel schneller aus.

Und ist man auf der Suche nach praktischen Anwendungen, haben Schleiereulen vielleicht noch mehr zu bieten. Oberhalb des Schwanzansatzes befindet sich die Bürzeldrüse, die ein öliges Sekret produziert, das sie mit ihrem Schnabel aufnimmt und beim Putzen verteilt. Schleiereulen verwenden es, um ihre Flügel zu imprägnieren, damit sie bei Regen nicht durchnässt und schwer werden, was ihre Beweglichkeit beeinträchtigen würde.

»Es ist als Öl so gut«, sagt Hermann Wagner, »dass man schon darüber nachgedacht hat, es nachzubilden und als Schmiermittel für Autos zu verwenden!«

Das Bachelor-Projekt war so erfolgreich, dass Markus Krings anschließend in Hermann Wagners Labor promovierte. Er arbeitet immer noch an der Schleiereule, hat seinen Schwerpunkt aber vom Hals auf einige ihrer anderen bemerkenswerten Eigenschaften verlagert.

Die Eulen besaßen ein weiteres Merkmal, das bei der extremen Präzision ihres Gehörs eine Rolle spielte. »Lange Zeit haben die Menschen beim Zeichnen von Eulen die Ohren symmetrisch auf den Köpfen der Tiere platziert«, sagt Hermann. »Im 19. Jahrhundert erkannte dann jemand im Vereinigten Königreich, dass sie eigentlich asymmetrisch sind. Das lehrt uns, *genau* hinzuschauen, das Unerwartete zu suchen und Vorurteile zu überwinden.«

Die Asymmetrie der Ohren ist wichtig, weil sie den Eulen hilft, die vertikale Position eines Geräusches zu bestimmen. »Andere Dinge sind hilfreich«, sagt Markus. »Der Gesichtsschleier – der Federkranz um das Gesicht einer Eule – sammelt den Schall und verstärkt verschiedene Frequenzen. Aber die Platzierung der Ohren ist wirklich wichtig.«

Bei Schleiereulen liegt das linke Ohr höher am Kopf als das rechte. Dies betrifft nur die Weichteile und den äußeren Ohrkanal; der Schädelknochen ist auf beiden Seiten gleich geformt. Bei anderen Arten befinden sich beide Ohren in einer symmetrischen Position, aber die Öffnung auf einer Seite ist größer als auf der anderen. Bei wieder anderen Eulen ist die Öffnung im Schädel auf einer Seite höher angebracht.

All diese ›technischen Lösungen‹ erreichten denselben Zweck, sagt Markus, indem sie ein Ungleichgewicht in der Wahrnehmung oder Messung des Geräuschs erzeugten und zur Bestimmung seines Standorts beitrügen. »Die Unterschiede deuten darauf hin, dass die Asymmetrie wahrscheinlich mehrfach auftrat – wir glauben, vier- bis siebenmal im Laufe der Eulenevolution«, sagt er. »Möglicherweise geschah dies unter dem gleichen Druck, also weil die Vögel nachts jagten. Dafür war, unabhängig davon, wie gut ihre Augen waren, ein ausgezeichnetes Gehör nützlich.«

Asymmetrie bei paarigen Körperteilen ist angesichts der Art und Weise, wie genetische Programme Körper aufbauen, untypisch; gepaarte Strukturen wie Arme und Beine entwickeln sich aufgrund molekularer Signale von der zentralen Achse bzw. von vorne und hinten an bestimmten Positionen. Im Prinzip fließen die Signale in beide Richtungen – was sagt ihnen, ob sie sich auf der linken oder rechten Seite befinden? Um das herauszufinden, müsste man den Film der Tierentwicklung rückwärts ablaufen lassen, um die Embryonen zu betrachten. Vermutlich wuchs der

Körper erst symmetrisch und dann driftete irgendwann die Struktur der beiden Ohren auseinander.

Markus identifizierte das Stadium, in dem dies bei der Schleiereule geschah, und weitete die Studie dann auf andere Arten aus. Er sammelte Eier aus ganz Deutschland und wandte sich dazu an Feldarbeiter, die sich um Eulennistkästen in der freien Natur kümmerten. Sie schickten ihm die Eier von Embryonen, die eingegangen waren, weil die Euleneltern verstorben waren oder keine Nahrung mehr hatten.

Erneut griff Markus auf Computertomografien zurück, um in die Eier zu schauen und die Knochenstruktur zu untersuchen. Diesmal musste er nicht so weit fahren, sondern konnte ein Gerät in Bonn nutzen, das viel näher an Aachen liegt. Ein Tier, das er untersuchte, war der Steinkauz.

»Als Erwachsene haben diese Vögel *symmetrische* Ohren«, sagt Markus. »Warum also sollten ihre Ohren eine asymmetrische Phase durchlaufen? Wir hatten das nicht erwartet, aber es passiert im Embryonalstadium. In demselben Stadium, das wir bei der Schleiereule beobachteten. Später wird die Asymmetrie dann korrigiert.«

Er hat eine mögliche Erklärung: Sie mögen sich aus nachtaktiven Vorfahren entwickelt haben, aber Steinkäuze selbst sind nicht streng nachtaktiv. Sie jagen auch in der Abend- und Morgendämmerung und sogar bei Tageslicht. Das macht sie etwas weniger abhängig von ihren Ohren, und das könnte letztlich zu einer Verringerung der Asymmetrie geführt haben.

Auch der Mensch kann unterscheiden, ob ein Geräusch aus einer höheren oder tieferen Position kommt, aber nicht annähernd so genau wie die Eulen. Die Gründe dafür liegen nicht nur in den grundlegenden Unterschieden bei der Empfindlichkeit unserer Ohren und der neuronalen Verdrahtung, die akustische Informationen ins Gehirn leitet, sondern auch in der Art und Weise, wie wir Geräusche verarbeiten.

An einem klaren, kalten Dezembertag sprach ich mit Benedikt Grothe in seinem Büro an der Universität München, wo er Biologieprofessor und Gründer und Leiter der Graduiertenschule für Systemische Neurowissenschaften ist. Benedikt hat eine Glatze und trägt eine Brille. Er mag blaue Pullover. Mit ausladenden Gesten beschreibt er Klang, Raum und das Innenleben des Gehirns.

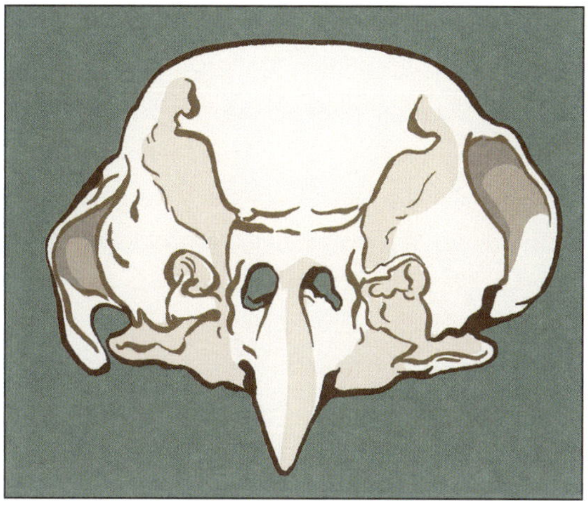

Da die Ohren einer Schleiereule asymmetrisch am Kopf liegen, können sie mit extremer Präzision hören, woher im dreidimensionalen Raum ein Geräusch kommt.

Benedikt hat sich in seiner Arbeit vor allem mit der neuronalen Verarbeitung auditiver Signale im zentralen Hörsystem von Fledermäusen, Mäusen und Menschen befasst, aber vieles von dem, was er über deren Sinne gelernt hat, hat er durch Vergleiche mit Eulen und Vögeln gewonnen. In den 1980er Jahren interessierte er sich für diese Dinge aus denselben Gründen wie Hermann Wagner – um die neuronalen Prozesse zu verstehen, die dem Verhalten im Gehirn zugrunde liegen.

»Ich bin eher zufällig bei diesem Thema gelandet«, sagt er. »Eigentlich wollte ich verstehen, wie bestimmte neuronale Schaltkreise verhaltensrelevante Informationen verarbeiten. Als ich mein Studium begann, gab es nicht so viele Systeme, in denen man diese Dinge verknüpfen konnte. Wie sich herausstellte, ist das Hörsystem dafür besonders geeignet.«

Bis ich mit Benedikt Grothe sprach, war mir

nicht klar gewesen, wie bedeutend es ist, dass ich die besonderen Ohren habe, die ich eben habe. Oder warum es im Laufe des Lebens so wichtig ist, dass sie die gleiche Form behalten.

Wenn man genug Krimis liest oder Fernsehsendungen sieht, lernt man irgendwann, dass die Form der Ohren eines Menschen im Laufe seines Lebens gleichbleibt. Die Form ist so stabil, dass sie dazu verwendet werden kann, eine Person zu identifizieren oder einen Betrüger zu entlarven. Diese Entdeckung geht auf Alphonse Bertillon zurück, den französischen Kriminologen des 19. Jahrhunderts, der die Vermessung des Körpers zu einer Methode der Verbrechensbekämpfung machte. Und das ist noch nicht alles: Die Form des Ohrs spielt beim Hören eine Rolle oder wie sie mit der ursprünglichen Entstehung des Gehörs zusammenhängt.

»Die meisten Landtiere leben auf einer Ebene und hören auf einer Ebene«, sagt Benedikt. »Aber wir brauchen ein gewisses Bewusstsein für die vertikale Dimension, und das erklärt die komische Form der Ohren von Säugetieren. Diese Form verringert den Pegel bestimmter Tonfrequenzen und verstärkt andere, je nachdem, aus welcher Richtung sie auf die Ohrmuschel treffen.«

Im Laufe des Lebens lernen wir, was diese Formung von Frequenzen für ein Geräusch bedeutet: Sie hilft uns zu sagen, dass es von ›da oben‹ oder ›von vorne oder hinten‹ kommt. Wir sind dazu fähig, solange wir noch hohe Frequenzen hören, was die meisten von uns im jungen Alter können. Nur nicht so gut wie eine Eule.

»Diese Informationen würden verloren gehen, wenn sich die Form der Ohren änderte«, sagt Benedikt. »In diesem Fall würden die vertikalen Informationen in einer horizontalen Ebene zusammenfallen. Man könnte seine neuen Ohren in den nächsten Tagen oder Wochen neu trainieren, indem man mit Leuten spricht und sich umhört. Irgendwann würde man sich dann an die neue Form gewöhnen.«

Die gleiche Erfahrung könne man machen, wenn man einen neuen Hut aufsetze, sagt er, weil der die Richtung und Kontur eines Geräusches verändere. In der horizontalen Ebene hat das keine großen Auswirkungen auf das Gehör. Nicht dass wir da viel besser wären. In einer schalldichten Kabine sind wir sehr gut darin, einzelne, isolierte Geräusche zu lokalisieren, aber nicht unter natürlichen Bedingungen, nicht einmal, wenn ein einzelnes Geräusch kurz vor dem Zielgeräusch auftritt. Dann können wir uns auf einem Kompass um 30 bis 40 Grad irren. Würde man mit geschlossenen Augen einen Dartpfeil werfen, wäre das eine Menge. Aber wenn man einen Hut aufsetzt, wird die vertikale Position eines Geräusches dramatisch schlechter eingeschätzt, einfach weil sich dadurch die Art und Weise ändert, wie der Schall auf unsere Ohrmuschel trifft.

Man kann sich daran gewöhnen – wenn man einen Hut lange genug trägt, weiß man, was einen erwartet. Man kann ihn aufsetzen und wieder absetzen, und das Gehirn wird sich neu einstellen und die notwendigen Berechnungen durchführen.

»Dann ist da noch die Tatsache, dass du deine Ohren hast und ich meine«, sagt Benedikt. »Wenn ich deine Ohren hätte, wäre ich verloren. Ich würde ein paar Wochen brauchen, um mit deinen Ohren hören zu können.«

Sony sei eines der ersten Unternehmen gewesen, sagt er, das eine App auf den Markt gebracht habe, die ein von ihnen sogenanntes ›360 Reality Audio‹ für Kopfhörer erzeuge. In der Pressemitteilung von Sony heißt es: »Durch die Analyse Ihrer Ohrform in der Headphone Connect App können Sie einen realistischeren und immersiven Klang erleben.« Man muss die App installieren und erhält dann eine Anleitung, wie man Fotos von jedem Ohr machen kann. Danach passt die App die Leistung der Kopfhörer an – je nach Ohrform.

Es geht darum, den von beiden Seiten des Kopfes kommenden Schall aufzunehmen und zu verschmelzen. »Wenn man Ohrstöpsel drinhat oder vor zwei Lautsprechern sitzt, die links und rechts platziert sind, hört man etwas in der Mitte – ein Phantomgeräusch«, sagt Benedikt. »Schleiereulen lassen sich nur unter bestimmten Umständen täuschen. Das liegt daran, dass sie eine andere Strategie zur Kodierung von Geräuschen haben.«

Ihre Strategie ist zuverlässiger und umfasst dabei mehr als nur die Form und Symmetrie ihrer Ohren. Von dem Moment an, in dem die Schallinformationen ins Gehirn gelangen, werden sie anders verarbeitet. Um zu verstehen, wie das geschehe, müsse man Hunderte von Millionen Jahren in der Evolution zurückgehen, sagt er.

Vögel haben sich aus Dinosauriern entwickelt, die aus früheren Reptilien hervorgegangen waren: große Tiere, die niederfrequente Töne erzeugen. Einige wenige Tiere entwickelten die Fähigkeit, deutlich höhere Töne zu hören. Aber diese Fähigkeit hat sich erst sehr spät in der Geschichte des Lebens entwickelt, und zwar hauptsächlich bei Arten, die nachts jagen.

»Die Ohren selbst haben sich erst in der Trias oder im frühen Jura entwickelt, also vor 200 Millionen Jahren«, sagt Benedikt Grothe. »Das war weit mehr als 100 Millionen Jahre, nachdem die Tiere an Land gegangen waren. Die ersten Tiere, die aus den Ozeanen krochen, hatten keinen Apparat, um luftgetragene Geräusche zu hören. In diesen ersten hundert Millionen Jahren liefen sie an Land herum, ohne wirklich zu hören, was um sie vor sich ging. Sicher, sie waren vielleicht in der Lage, sehr laute Geräusche mit ihren Lungen oder Ähnlichem wahrzunehmen, aber sie wären niemals in der Lage gewesen, die Art von Lauten zu hören, die Tiere heute von sich geben.«

Schließlich entwickelte sich das Hören über die Luft, aber es geschah mehrmals. Verschiedene Zweige und Unterzweige des Lebens griffen es unabhängig voneinander auf.

Verschiedene Insektenarten nutzen unterschiedliche Körperteile: ihre Beine, die Seiten oder den Rücken. Sobald sie einen Raum oder einen Hohlraum hatten, der sich mit Luft füllen konnte – ihre Luftröhrenkanäle, um den Sauerstoff zu ihren inneren Organen zu leiten –, brauchten sie nur noch eine Membran. Man denke an all die Dinge, die man zu einer Trommel machen kann, indem man einen Luftballon über einen Hohlraum spannt und mit einem Gummiband befestigt. Eine weitere Lösung waren Haare an den Beinen oder andere Strukturen, die bei einer Veränderung des Luftdrucks vibrierten.

»Bei Insekten hat sich das Gehör mindestens sechsmal entwickelt«, sagt Benedikt. »Bei Wirbeltieren geschah dies wahrscheinlich fünfmal unabhängig voneinander. Geht man noch weiter zurück, bis zu den ganz frühen Fischen, dann hören sie mit ihrem Gleichgewichtsorgan – Zellen und Strukturen, die auf starke Teilchenbewegungen oder Druck reagieren und ihnen helfen, sich im Raum zu orientieren. Diese Fähigkeiten sind der Ursprung unseres Gehörs. Viele moderne Fische können mit ihren Schwimmblasen Schalldruckwellen aufnehmen und an das Gleichgewichtsorgan weiterleiten.«

»Bei Säugetieren hatte die Entwicklung des Trommelfells einen anderen Ausgangspunkt als bei den Vorfahren der Dinosaurier und Vögel«, sagt Benedikt. »Die ersten Säugetiere waren nachtaktiv und sehr klein, bloß ein paar Zentimeter groß. Alle ihre Knochen waren sehr klein, und ihr Ernährungsapparat veränderte sich. Sie waren keine Raubtiere wie die Dinosaurier, sondern fraßen und kauten Samen – andere Tiere können das nicht, nur Säugetiere kauen. Plötzlich ergab sich daraus die Möglichkeit, eine Mittelohrstruktur zu entwickeln. Durch seine winzige Größe wurde es für vergleichsweise höhere Frequenzen empfindlich. Wir wurden also in eine andere Hörwelt hineingeboren als die Dinosaurier. Das war wahrscheinlich sehr gut. Es gab uns einen Kommunikationskanal, den keines der großen Raubtiere in der Umgebung hören konnte. Als Beute und nicht als Raubtier war die Lokalisierung von Geräuschen für uns wahrscheinlich nicht so wichtig.«

Häufig wird angenommen, dass Fledermäuse ein außergewöhnliches Gehör hätten, aber er weist darauf hin, dass ihre Hörweite für Säugetiere ihrer Größe fast normal sei.

In den letzten 60 bis 100 Millionen Jahren

wurden die Säugetiere größer und ihre Resonanz veränderte sich – ihre Stimmen wurden tiefer. Auf Dauer, etwa in den letzten 15 Millionen Jahren, verloren die Menschenaffen – und insbesondere die Menschen – die hohen Frequenzen.

So passt alles zusammen: Ein Tier hört, was es hören muss – seine Artgenossen und seine Beute –, und muss nachts vielleicht anders hören. »Das binaurale System unserer Ohren hat hundert Millionen Jahre lang seine Aufgabe erfüllt, und wir leben damit«, sagt Benedikt. »Aber das ist ein anderer Modus als bei einer Eule, und er führt zu einem anderen Verhalten. Schau dir einen Kojoten bei der Jagd an: Er sondiert die Lage, hört immer wieder hin und integriert die Informationen mit der Zeit. Dann springt er und liegt vielleicht daneben. Die Schleiereule tut das nicht. Sie hört hin und schießt los.«

Der Vergleich des Gehörs von Vögeln und Säugetieren hat Benedikt Grothe dabei geholfen, einen Konflikt bei der Frage zu lösen, wie Tiere das Gehör in räumliche Informationen umwandeln. Es knüpft an den ursprünglichen Wunsch vieler Forscher auf diesem Gebiet an: die Verbindungen zwischen der Wahrnehmung von Dingen, der Verarbeitung im Gehirn und dem Verhalten zu entschlüsseln.

Er betrachtet das Problem in Form von Schaltkreisen: Was tun bestimmte Neuronen als Reaktion auf Geräusche, wie sind sie verbunden, wie beeinflussen sie sich gegenseitig? Seine Arbeit hat unter anderem gezeigt, dass Schleiereulen ein ›absolutes‹ Modell des Raums in ihrem Gehirn aufbauen, während das Modell bei Säugetieren relativ bleibt.

Dies geht auf etwas zurück, das mir Hermann Wagner erzählt hat: Im Eulenhirn, so sagte er, sei der Hörraum in einer Struktur repräsentiert, die nur sieben Millimeter lang sei. Wenn ein bestimmter Punkt innerhalb dieser Region beschädigt wird, ›verliert‹ die Eule einen Ort. Mit anderen Worten, sie weiß nicht, wohin sie sich wenden soll, wenn sie ein Geräusch hört, das von diesem Ort kommt. Sie hört zwar etwas, kann aber nicht sagen, woher es kommt. Auf einen Reiz von jedem anderen Ort wird sie richtig reagieren.

»Beim Menschen wie bei anderen Säugetieren«, sagt Benedikt Grothe, »ist der Hörraum nicht stabil, sondern dynamisch. Er bewegt sich, schrumpft, dehnt sich aus und schaltet sich ein und aus, je nach Kontext, je nachdem, was relevant ist.« Nehmen wir zum Beispiel den »Cocktailparty«-Effekt, bei dem Menschen sich auf eine bestimmte Person konzentrieren können, die gerade spricht, während sie viele andere Gespräche im Hintergrund ausblenden. Benedikt hat dazu beigetragen zu zeigen, wie das funktioniert. Es hat viel mit der internen Darstellung des Raums zu tun.

Eine Schleiereule würde eine Cocktailparty anders wahrnehmen. »Für die Schleiereule ist der Raum ein Raum«, sagt Benedikt. »Er ist ›da draußen‹, und die Eule verarbeitet ihn eins zu eins. Ist eine bestimmte Zelle aktiv, bedeutet das, dass es ein Geräusch gibt, das 30 Grad nach links versetzt ist. Das ändert sich nicht; wenn dieser Nerv wieder aktiv wird, wird die Eule ihren Kopf jedes Mal um 30 Grad drehen.«

Der Mensch hingegen ist auf ganze Zellpopulationen angewiesen, um Geräusche Orten zuzuordnen. »Das geschieht auf hochkomplexe und dynamische Weise. Das System funktioniert, aber es macht es auch leicht, uns über den Ort eines Geräusches zu täuschen. Säugetiere sind relativ hörende Tiere; für mich spielt es eine Rolle, wer spricht – ob es du bist oder die Person neben dir. Ich verwende räumliche Informationen zusammen mit vielen anderen Informationen, um das von dir Gesprochene aus dem Stimmengewirr zu isolieren.«

Das kann man leicht ausprobieren. In unserem Gebäude findet heute eine Party statt. Ich gehe auf den großen, offenen Flur hinaus, auf dem viele Stimmen widerhallen. Ich stehe an der Wendeltreppe in der Mitte des Flurs, die sich nach oben und unten erstreckt und die Etagen miteinander verbindet. Ich versuche zu erkennen, ob die Stimmen von oben oder von unten kommen und ob sie ein Stockwerk entfernt sind oder drei.

Ich denke, ich weiß es, und gehe nach oben. Es ist niemand da. Selbst als ich die Party endlich gefunden habe und weiß, wo sie stattfindet, kann ich auf der Treppe stehen und höre sie völlig falsch.

Benedikt Grothe ist der Meinung, dass viele Wissenschaftler in Bezug auf die Art und Weise, wie Säugetiere Geräusche in der horizontalen Ebene lokalisieren und wie wir uns auf bestimmte Geräusche konzentrieren, etwas falsch verstanden haben. »Mark Konishi und Eric Knudsen hatten für die Schleiereule dieses äußerst elegante System entwickelt«, sagt er, »und dann dachten alle, dass es bei Mäusen und Menschen genauso funktionieren müsste. Es hat lange gedauert, bis wir die Unterschiede herausgearbeitet hatten.«

Spricht er über ihre Ergebnisse, bezieht er sich häufig auf etwas namens ITD. Ich hatte davon in seinen Artikeln gelesen, aber ich bitte ihn, mich daran zu erinnern, wofür es steht.

»*Interaurale Laufzeitdifferenz*«, sagt er. »Sie beruht auf der Tatsache, dass ein Geräusch die beiden Ohren normalerweise zu unterschiedlichen Zeiten erreicht. Dieser Unterschied sagt etwas über seinen Standort aus. Okay, wenn etwa ein Geräusch direkt von vorne oder von hinten kommt, erreicht es beide Ohren zur gleichen Zeit. Aber wenn es von einer Seite kommt, gibt es einen Unterschied im Timing.«

Um die Wirkung von ITDs zu verstehen, muss man über das Ohr hinausgehen und die Schaltkreise im Gehirn untersuchen, die den Schall verarbeiten. Bereits in den 1940er Jahren entdeckten Wissenschaftler, dass das Gehirn ›Koinzidenzdetektor‹-Neuronen enthält. Diese werden nur aktiv, wenn zwei Eingaben aus verschiedenen Quellen gleichzeitig eintreffen.

Es ist wie beim Klatschen, denke ich. Deine Hände müssen aufeinanderprallen, um ein Geräusch zu erzeugen. Ein Koinzidenzdetektor erzeugt nur dann ein Signal, wenn die Signale, die durch den von beiden Ohren kommenden Schall erzeugt werden, ihn zur gleichen Zeit treffen.

»Die Leute spekulierten darüber, wie das mit dem Hören zusammenhängen könnte«, sagt Benedikt. »Und sie kamen auf eine schöne theoretische Idee. Nehmen wir an, man wollte die Zeit anpassen, in der zwei Töne – einer von jedem Ohr – an einem Koinzidenzdetektor ankommen. Stell dir vor, ein Ton käme nicht direkt von vorne, sondern von der Seite. Das würde man erkennen wollen, also müsste man für diesen Ton ein System bauen, bei dem eine Seite später ankommt als die andere.«

Entlang eines Nervs bewege sich ein Signal sehr schnell, sagt er, aber man könne es verlangsamen, indem man den Nerv auf einer Seite dehne, indem man das Axon verlängere. Wenn man dies für einen Ton auf einer Seite tut, ändert sich das Timing, so dass das Signal verzögert wird.

Ich denke an ein Lineal oder ein Maßband, dessen Enden die Positionen meiner Ohren darstellen. Ein Geräusch, das von beiden Seiten kommt, könnte sich genau in der Mitte treffen oder links oder rechts davon. Nehmen wir an, ich würde an jeder Markierung des Lineals einen anderen Koinzidenzdetektor anbringen. Die Ein-Zentimeter-Marke wäre sehr nahe am linken Ende, aber sehr weit von der rechten Seite entfernt. Löste ein Geräusch diesen speziellen Koinzidenzdetektor aus, wüsste ich, wie lange es sich von links oder rechts fortbewegt hatte. Und damit könnte ich seine Links-rechts-Position erraten.

Das sei eine schöne Theorie gewesen, sagt er. Einige Jahre, nachdem sie aufgestellt worden war, zeigten Studien an der Schleiereule, dass das System genau so funktionierte. Die Eule verfügte über Koinzidenzdetektoren und nutzte sie, um den Ort von Geräuschen zu bestimmen. Das gleiche Prinzip erklärte den Prozess bei anderen Vögeln und Reptilien.

Alle gingen davon aus, dass das menschliche Gehör auf die gleiche Weise funktionierte. Und das dachten sie weitere 50 Jahre.

»Dann begannen wir, bei Säugetieren die

Schaltkreise im Stammhirn zu untersuchen, wo dies geschieht«, sagt Benedikt. »Wir entdeckten andere Verbindungen bei Säugetieren, und wir sehen nicht, was man bei Vögeln gesehen hat. Man findet keine Anordnungen von längeren Axonen, von Verzögerungsleitungen. All das fehlt bei Säugetieren.«

Stattdessen ist die Verdrahtung komplizierter. Die Gehirne von Säugetieren haben Netzwerke von Nerven, die sich gegenseitig stimulieren, aber auch hemmen. Sie leiten nicht nur Signale weiter, sondern blockieren oder verzögern sie auch. Das war eine andere Methode, um das gleiche Ergebnis zu erlangen: Anstatt längere Nerven zu schaffen, um die Dinge zu verlangsamen, verzögert man bestimmte Signale auf andere Weise.

All das war in Ordnung und wurde durch die Anatomie des Gehirns gestützt. Aber Benedikt und sein Labor stellten auf den Kopf, was einige Generationen von Biologiestudenten aus ihren Lehrbüchern gelernt hatten. So was sorgt immer für Aufregung.

»Zunächst wurden unsere Erkenntnisse angezweifelt, weil wir sie bei Fledermäusen gemacht hatten. ›Ach, das sind doch bloß Fledermäuse!‹, sagten sie. Gruppen, die an Katzen, Mäusen und Affen arbeiteten, hatten die Vorstellung, dass Fledermäuse anders seien. Viele von ihnen ignorierten die Daten einfach. Wir mussten also an anderen Säugetieren zeigen, dass es dort funktioniert, und es dauerte etwa weitere zehn Jahre, bis die Leute akzeptierten, dass es diese Hemmung gibt und sie eine Funktion hat.«

Er lacht. »In einer Besprechung hieß es sogar: ›Na gut, es treten eine starke Hemmung und alle möglichen anderen seltsamen Dinge auf, aber das hat keine Funktion!‹ Keine Funktion? Die Leute wollten einfach nur, dass die Dinge so sind, wie sie in den Lehrbüchern stehen.«

Zeitunterschiede, sagt er, funktionieren bei den niedrigen Frequenzen, die wir hören, einfach aufgrund der Physik. »Bei höheren Frequenzen werden die Schallwellen leicht von einem Hindernis reflektiert oder absorbiert – zum Beispiel von deinem Kopf. Längere Wellen umlaufen das Hindernis. Hohe Wellenlängen sind kürzer, und wenn sie kürzer sind als der Durchmesser unseres Kopfes, führt dies zu einem ›Schallschatten‹ und einer starken Reflexion.«

Zeitunterschiede seien so wichtig, sagt er, dass sie in Situationen wie einer Cocktailparty gegenüber anderen Faktoren überwiegen. »Es gibt auch Unterschiede in der *Lautstärke*, d.h., ein Geräusch ist auf der nahen Seite lauter und auf der fernen Seite leiser. Aber es stellt sich heraus, dass die Zeitunterschiede wichtiger sind, um bestimmte Stimmen zu hören und andere herauszufiltern.«

Markus Krings hat den Laboralltag hinter sich gelassen und ist Lehrer geworden. Da er daneben noch etwas zu tun brauchte, hat er sich ein Hobby gesucht. Er übersetzt die Abenteuer von Asterix und Obelix, der französischen Zeichentrickserie von René Goscinny und Albert Uderzo, in den deutschen Dialekt, der in Aachen gesprochen wird. Damit kann er seinen Schülern etwas auftischen, wenn es darum geht, sie wach und aufmerksam zu halten. Klappt das nicht, kann er ihnen von seinem letzten Abenteuer mit Eulen in Hermann Wagners Labor erzählen.

Nachdem Markus seine Promotion abgeschlossen hatte, bat Hermann ihn, als Feldassistent an einer Reise zu den Galápagos-Inseln teilzunehmen. Das waren die Inseln, die Charles Darwin vor 200 Jahren besuchte, als er gerade in Markus' Alter war. Darwin war vom Kapitän der *HMS Beagle* für die Weltreise als Geologe angeheuert worden; am Ende verbrachte er viel mehr Zeit mit der Beobachtung von Tieren. Und mit ihrer Häutung an Bord des Schiffes. Das stank zum Himmel und die Mannschaft beschwerte sich; schließlich gewöhnten sich die Seeleute doch daran, diesen seltsamen Wissenschaftler an Bord zu haben.

Die Galápagos-Inseln waren eine der letzten Stationen der Reise, und dort machte Darwin die grundlegende Entdeckung, dass die Arten je nach Insel, auf der sie lebten, einzigartige Anpassungen erfahren hatten. Dieses Erlebnis beeinflusste sein Denken stark, und innerhalb kürzester Zeit nach seiner Rückkehr nach England verarbeitete er sie zu einem Entwurf dessen, was schließlich zur Evolutionstheorie werden sollte.

Markus Krings war, nachdem er seine Bachelorarbeit abgeschlossen hatte, schon einmal als Tourist auf den Galápagos-Inseln gewesen und war begeistert von der Möglichkeit, wieder dorthin zu reisen.

»Als Kind sieht man diese Bilder von seltsamen und wunderbaren Tieren, und dann kommt man an und findet sie dort vor sich, im echten Leben«, sagt er. »Man erlebt auch die Natur, die wahre Natur, auf eine Weise, die meiner Meinung nach heutzutage sehr selten geworden ist. Die Menschen sind überall, überall auf der Welt, und das macht es sehr schwierig, die wahre Natur zu finden.«

Auf einigen der Galápagos-Inseln gibt es Städte, aber andere sind menschenleer. Die einzige Möglichkeit, sie zu erreichen, ist mit dem Boot; man betritt sie mit einem Führer und verlässt sie vor Einbruch der Nacht wieder. Es gibt keine Gebäude, man kann nicht übernachten, Zelten ist nicht erlaubt. »Das ist echte Natur«, sagt Markus.

Auf einer der Inseln, Santa Cruz, gibt es eine einzigartige Schleiereulenart. Ziel des zweiten Besuchs mit Hermann war es, einige von ihnen zu fangen, sie zu untersuchen, zu beringen und mit GPS-Sendern zu verfolgen, nachdem sie wieder freigelassen wurden. Alles geschah mit Genehmigung und unter der Aufsicht der Nationalparkbehörde. Sie fanden die Vögel auf Bauernhöfen und in freier Wildbahn. Im Allgemeinen war es recht einfach; die Tiere auf den Inseln nehmen den Menschen nicht als Bedrohung wahr. Dennoch erforderte jede Situation eine andere Strategie.

»Einmal haben wir eine Schleiereule gefunden, die unter ein paar Baumstämmen in Bodennähe lebte«, erzählt Markus. »Wir mussten herausfinden, welchen Weg sie nehmen würde, wenn sie ausfliegt, und wir würden uns dort aufstellen, um sie zu fangen. Also analysierten wir die Situation, betrachteten sie aus allen möglichen Blickwinkeln und versuchten, die Nischen und Öffnungen zu finden, und dann machten wir unseren Plan. Ich betrat den Bereich von der einen Seite, so dass sie zur anderen Seite davonflog. Dort wartete Hermann.«

Für ein Tier in dem großen, offenen Raum einer Scheune war ein anderer Plan erforderlich. Sie spannten ein sehr feinmaschiges Netz aus, das der Vogel nicht erkennen konnte; das Tier flog hinein und verfing sich darin.

Einmal entdeckten sie eine Schleiereule unter der Erde. Die Galápagos-Inseln sind von Höhlen durchzogen, die durch Lavaströme während der Eruptionen entstanden sind, die die Inseln vor fünf bis zehn Millionen Jahren geschaffen haben, sowie durch andere vulkanische Aktivitäten, die seither stattgefunden haben.

»Der Gang in diese Höhle war nur etwa 50 cm hoch«, sagt Markus, »ich habe mich auf den Bauch gelegt und bin hineingeschlittert, um die Eule zu erreichen. Ich musste sie in Hermanns Richtung treiben, der an der kleinen Öffnung der Höhle wartete. Es hat geklappt, wir haben zwei Eulen in diesem Höhlensystem gefangen.«

Hermann war wirklich gut darin, fliehende oder fliegende Vögel zu fangen. »Er hat das schon so oft gemacht«, sagt Markus. »Man muss einerseits klar und deutlich sein, andererseits vorsichtig: fangen, greifen, festhalten, aber aufpassen, dass man sie nicht verletzt. Wenn man sich nicht klar verhält, wird die Schleiereule versuchen, sich zu befreien, und sich dabei eventuell verletzen. Man muss dem Tier klarmachen, dass es keine andere Wahl hat, und das wird es respektieren.«

Und man sollte ein dickes Paar Handschuhe tragen. Die Flügel einer Schleiereule sind weich und samtig.

Die Krallen jedoch nicht.

Eine Tram fährt auf der Straße vorbei. Ich schließe die Augen und lausche, versuche zu erraten, wie nah sie ist und wo und wann sie vorbeigefahren ist. Ich habe ein Gefühl dafür, wo sie ist. Während sie vorbeifährt, nehmen meine Ohren die Geräusche zu unterschiedlichen Zeiten auf. Meine Ohren wählen Frequenzen aus und fokussieren sich auf sie. Nerven werden stimuliert, Signale werden weitergeleitet, Hemmungen verlangsamen die Dinge. Irgendwie zieht mein Gehirn aus alldem einen Sinn und nutzt es, um eine innere Klangwelt aufzubauen.

Ich fange gerade erst an, ein Gefühl für all das zu bekommen – dank der Schleiereulen und all der Jahre der Forschung und der Debatten, dank der die Lehrbücher nun endlich umgeschrieben werden müssen.

14

Der Händel der Hecken, das Nachtleben der Stadt und Songs mit Sexappeal

Wir trafen uns in der Stadt und spazierten zu einem der bekanntesten Cafés Berlins. Es war ein schöner, lauer Sommertag in Prenzlauer Berg; die Türen der Geschäfte standen offen, die Leute gingen ein und aus bei Buchläden und Geschäften, die Töpfe und Pfannen, Küchenartikel, Gewürze und Antiquitäten verkauften. Die Straßen waren für den Samstagsmarkt abgesperrt, der sich über mehrere Karrees erstreckte. Um die Ecke blieb Ines Theileis vor einem Mann stehen, der – auf ein großes Messer drückend, den Kopf gerötet – ein Stück aus einem riesigen Laib Gouda-Käse schnitt.

»Ich komme immer hierher«, sagte Ines. »Die haben den besten Käse.«

Ich hörte das kehlige Schmachten eines Saxophons. In der Luft lag der Geruch von Zigaretten und einem Gulasch, der in einem großen Kessel schmorte. Die leuchtenden Grün- und Rottöne von Melonen und prallen Tomaten, frischem Gemüse und einem Dutzend Pilzsorten. Ein Kaffeewagen, Kerzen, Crêpe, die geschickt gewendet wurden.

Ines ist Sängerin, Stimmtrainerin, jung, blond, kraftvoll, eine kleine Naturgewalt. Ihre künstlerische Tätigkeit hat sich auf die Arbeit mit Wissenschaftlern ausgeweitet, deren Forschung sie in aufwendige Performances mit Musikern, Akrobaten und einer Hula-Hoop-Künstlerin übersetzt. Worüber wir uns eigentlich unterhalten wollten, aber unsere Gespräche landeten immer wieder bei Tieren. Sie hatte eine Geschichte zu Nachtigallen.

Der Gesang dieses Vogels hat Komponisten aller Epochen inspiriert, von der Renaissance bis zu Schubert, den Everly Brothers und Udo Lindenberg. Für das Berliner Naturkundemuseum hatte Ines eine eigene musikalische Produktion zur Nachtigall inszeniert. Als Teil der Darbietung ahmte ein Akrobat den Vogel nach, indem er sich langsam an einer Schnur von der Decke herabließ und spiralförmig nach unten flog.

»Nachtigallen sind extrem intelligent«, sagte Ines. »Sie sind erstaunlich lernfähig.«

Als sie eines Tages auf dem Weg nach Hause war, hörte sie aus einer Hecke eine Nachtigall singen. Sie sang etwas, und Ines antwortete ihr. »Ich brachte ihr eine Zeile aus einer Nachtigallenarie von Händel bei«, erzählt sie. »Am Ende sang sie die Zeile besser als ich. Sie hatte Händel verbessert.«

Nachtigallen werden sonst eher für die große Zahl ihrer Lieder bewundert, nicht für ihre Imitationsfähigkeiten – es könnte also auch eine andere Vogelart gewesen sein. Andererseits gibt es wohl nicht viele Nachtigallen, die eine Begegnung mit Ines hatten. Wenn irgendjemand einer Art ein neues Lied entlocken kann, dann sie.

Auf der Spur der Nachtigallen hat mich jeder, den ich dazu befragte, mit einer weiteren bekannt gemacht. Ich durfte feststellen, dass die Erforschung der Singvögel ungewöhnliche Charaktere anzieht. Und im Gespräch mit ihnen erhielt ich unerwartete Erkenntnisse über mich selbst.

Vor ein paar Jahren startete das Naturkundemuseum ein ›Citizen Science‹-Projekt zu Nachtigallen. Citizen Science oder Bürgerforschung ist eine Sache, die gerade immer größere Kreise zieht; es geht darum, die Öffentlichkeit mit echten wissenschaftlichen Projekten in Berührung zu bringen, möglichst viele Menschen, und die sollen dabei potenziell mitmachen. Was die Forscher davon haben, ist Zuarbeit. Kann man jemanden dazu motivieren, hinauszugehen und etwas zu zählen und zu messen, muss man es selbst nicht tun. Und vielleicht lernen die Leute dabei sogar was.

Zu diesen Museumsleuten gehörte Sarah Darwin, richtig, eine von *diesen* Darwins, eine Ururenkelin des Gründervaters der Evolution. Wir trafen uns zum Frühstück in einer französischen Bäckerei in der Stadtmitte. Sarah ist groß mit wallend braunem Haar, das ihr über die Ohren fällt, und grauen Strähnen an den Schläfen, die nach hinten gekämmt sind und sich in die braunen Haare mischen. Sie trug ein rötliches Hemd unter einer langen Jacke. Sie stammt aus London, ist aber Weltenbummlerin und teilt ihre Zeit momentan zwischen Berlin, der Südostküste Englands und dem australischen Regenwald auf. Sie hat die Welt in einem Nachbau der *Beagle* umrundet, dem Schiff, mit dem Charles Darwin die Welt umsegelte. Sie setzt sich für den Schutz der Galápagos-Inseln ein, die bei seinen Ideen eine so zentrale Rolle spielen.

Als sie schon eine Weile in Berlin war, nahm das Naturkundemuseum das Thema Citizen Science auf, und sie schrieb mit an einem Antrag zu einem Projekt über Nachtigallen.

»Das ergab sich ganz zufällig«, lacht Sarah. »Meine Familie und ich lebten in Berlin. Wir hatten eine Uhr, bei der jede Stunde durch einen anderen Vogel dargestellt wurde. Wenn die Uhr zur Stunde schlug, spielte sie das Lied des Vogels. Die Nachtigall sang um 11 Uhr, wenn ich mich recht entsinne.«

Eines Abends stand das Fenster offen und die Uhr schlug elf. Ganz in der Nähe, draußen, war eine echte Nachtigall, und sie antwortete mit ihrem eigenen Gesang. Später erfuhr ich, wie passend es war, dass elf die Stunde der Nachtigall sein sollte, und warum ein Vogel antworten konnte, wenn eine Uhr sang.

In Berlin gibt es so viele Nachtigallen, dass die Stadt auch als ›Hauptstadt der Nachtigallen‹ bezeichnet wird. Sie überwintern in Afrika und fliegen dann im April zu ihren Sommerquartieren in fast ganz Europa, von Portugal bis zur Türkei, bis zur südwestlichen Grenze Russlands und zum nördlichen Rand Chinas. Im Notfall wagen sie sich sogar bis an die Südküste Englands. Aus irgendeinem Grund haben sie nie den amerikanischen Kontinent erreicht. Ihr Orientierungssinn und ihr Gespür für die Heimat sind so präzise, dass die Vögel Jahr für Jahr in dieselbe Stadt, in denselben Park, manchmal sogar in denselben Strauch zurückkehren.

Berlin liegt am nördlichen Rand des Verbreitungsgebiets der Nachtigall. 2500 öffentliche Parks bieten beste Voraussetzungen: viele niedrige Sträucher, in denen ein Vogelpaar ein Nest anlegen kann. Jemand hat geschätzt, dass es in Berlin 3000 Nachtigallen gibt. Das ist erst mal bloß eine Zahl. Gibt es wirklich so viele? Sarah Darwin und das Museum beschlossen, das zu überprüfen.

Citizen-Science-Projekte kosten Geld, also setzte sich Sarah Darwin mit Silke Kipper und Sarah Kiefer, die über Nachtigallengesänge promoviert hatte, zusammen, um einen Antrag zu schreiben. Dieser war erfolgreich, aber Silke und Sarah K. hatten mit dem Projekt nicht weiter zu tun; Sarah K. ging zu anderen Organisationen, um weitere Citizen-Science-Projekte zu entwickeln. Zurzeit arbeitet sie für das Leibniz-Institut für Gewässerökologie und Binnenfischerei in Berlin und beschäftigt sich mit Themen wie Lichtverschmutzung und Artenvielfalt.

Sarah K. ist schlank, energiegeladen und hat dunkles Haar. Sie kam in schwarzer Kleidung und trug eine Menge Ringe an ihrer linken Hand. Wenn sie spricht, beugt sie sich nach vorne und gestikuliert viel. Sie ist witzig.

Die Kurzversion ihres Werdegangs: Sie kommt aus einer kleinen Stadt im Süden, die Hornbach heißt. »Das Sibirien Deutschlands«, sagt sie. »Zweihundert Einwohner mitten im Nirgendwo.« Mitten in der Natur auch, aber die Vögel nahm sie damals kaum wahr.

Nach der Schule zog es Sarah K. in die Stadt, zunächst nach Heidelberg, um ein Jahr Sozialdienst in einem Krankenhaus zu leisten. Obwohl Heidelberg tausendmal größer war als ihr Dorf, fühlte es sich immer noch zu klein an. Sie begann, sich in der Hauptstadt an Universitäten zu bewerben, für egal was – Kunstgeschichte, Literatur, Biologie. Hauptsache, Berlin.

Die Biologen wollten sie haben, und so kam sie zu ihnen.

»Ich interessierte mich mehr für die Feldarbeit als für die Laborarbeit«, sagt sie. »Ich lernte Dietmar und Henrike kennen, die eine Gruppe leiteten, die sich mit Vogelstimmen beschäftigte. Sie waren Pioniere auf diesem Gebiet, sie hatten angefangen, als die Geräte noch recht einfach waren, und hatten vieles selbst entwickelt. Also schloss ich mich dieser Gruppe an und machte meinen Bachelor-Abschluss.«

Zu promovieren hatte sie nicht vorgehabt, aber es gab keinen großen Arbeitsmarkt für Leute mit einem Bachelor-Abschluss in Nachtigallengesang. Also blieb sie dabei. Der Plan war, als Postdoc nach Polen zu gehen, um dort ebenfalls zu Vogelgesang zu arbeiten. »Aber dann wurde ich schwanger, und ich beschloss, mit der Familie hierzubleiben, denn ich hatte auch viele Freunde hier.«

Nachtigallen singen viel nachts, so dass man mit den typischen geregelten Arbeitszeiten, um die Familien aufgebaut sind, keine Vogelstimmenstudien im Feld machen kann. Sarah wollte ein Familienleben. Das motivierte sie schließlich dazu, sich dem Wissenschaftsmanagement zuzuwenden und schließlich der Citizen Science. Zurzeit nimmt sie selbst nicht aktiv an den Projekten teil, aber sie unterstützt deren Organisatoren und den Entwicklungsprozess.

Ich glaube, sie wäre in jedem Fall gut gelandet, egal, wo.

Früher war Sarah Kiefer im Labor von Silke Kipper tätig und untersuchte Nachtigallen. Heute arbeitet sie zusammen mit einer weiteren Kollegin, Sophia Kimmig, an anderen Tieren. Kimmig hatte ein Buch über Füchse in der Stadt geschrieben; nun hat sie ein weiteres Buch herausgebracht, über das ›Nachtleben‹ von Tieren.

»Die Leute fangen gerade erst an, sich damit zu befassen«, sagt Sarah, »wahrscheinlich weil die meisten Wissenschaftler eher tagaktiv sind. Das verzerrt die Perspektive auf die Dinge. Bei Tieren ist es genau umgekehrt – mehr als die Hälfte der Säugetiere sind nachts aktiv.«

Wir lachten über ein Gerücht, das kürzlich durch die Medien gegeistert war. Es war ein ›Löwe‹ gesichtet worden – es gab ein verschwommenes Foto dazu –, der irgendwo im Süden der Stadt frei herumlief. Die Polizei hatte Alarm geschlagen, das Gebiet abgesperrt und versucht, das Tier mit Hilfe der Art von Experten aufzuspüren, die man sicherheitshalber hinzuzieht, wenn ein Löwe in der Großstadt frei herumläuft. In Berlin lösen solche Vorfälle gleichermaßen Panik und Karnevalsstimmung aus. Kinder wurden aufgefordert, im Haus zu bleiben.

Es dauerte vielleicht einen Tag, bis festgestellt wurde, dass es sich nicht um einen Löwen, sondern um ein Wildschwein gehandelt haben musste. Die Ruhe war wiederhergestellt.

So wild das Berliner Nachtleben auch sein mag, vielleicht ist es nichts im Vergleich zum tierischen Nachtleben. Sarah und Sophia betreiben eine Website, auf der Menschen ihre Sichtungen melden können. Selbstverständlich auch die von Nachtigallen.

Sarahs Forschung führte sie von den Parks ins Labor. »Die Arbeit im Labor ist ein bisschen traurig«, sagt Sarah. »Nachtigallen sind gerne allein. Man muss sie also allein lassen, ihnen Raum geben. Und wenn man den Raum betritt, schauen sie einen immer so an, *hmm* ... Wir haben unser Bestes getan, damit es angenehmer für sie wird, aber man sieht, dass sie sich nie wirklich wohl fühlen.«

Vielleicht würden im Labor aufgezogene Küken geselliger sein. Das Team sammelte neugeborene Schlüpflinge, brachte sie herein, und alle waren plötzlich in den Elternmodus versetzt. »Man musste sie füttern, einen nach dem anderen, alle zwanzig Minuten! Und sie brauchten spezielle Nahrung. Bienenpuppen, Wachsmottenlarven und Mehlwürmer, und als die Vögel älter wurden, fügten wir Dinge wie Hühnerherzen hinzu. Jemand musste in der Küche stehen und dieses Zeug herstellen und umrühren.« Sie faltet ihre Hände um einen imaginären Kochlöffel, als ob sie einen dicken Brei rühren würde.

Sie bauten Nester aus weichen Handtüchern, wärmten sie mit Heizkissen und versuchten, den Schlüpflingen das Gefühl zu geben, sie befänden sich in einem gemütlichen Nest. Aber selbst dann fühlten sich die Tiere nie richtig wohl.

Alle Jungvögel, mit denen das Team arbeitete, wurden im Labor aufgezogen. Das Fangen der erwachsenen Vögel war etwas ganz anderes. »Die Nester sind seeehr schwer zu finden«, sagt Sarah. »Die Vögel verstecken sie so gut; sie legen sie auf dem Boden oder etwas höher in Büschen an. Sie lieben Brennnesseln, deshalb sind sie schwer zu erreichen. Und wenn sie zum Nest zurückkehren, bleiben sie in einiger Entfernung, nicht zu nah, und sehen sich erst mal um, bevor sie das Nest betreten. Man muss Geduld haben.«

Der Trick besteht darin, ein Männchen zu finden und sein Revier zu identifizieren. Nachdem sie die Erlaubnis der Behörden eingeholt hatten, konnten sie in der Nähe Netze mit sehr dünnen Maschen aufstellen und aufgenommene Lieder abspielen. »Das Männchen kommt herüber, weil es wissen will, wer da in sein Gebiet eindringt. Wenn er sich dem Lautsprecher nähert, landet er im Netz.«

Die Vögel wurden vorsichtig aus dem Netz genommen. Normalerweise bestand das Ziel darin, die Männchen zu beringen, d.h. farbige und nummerierte Bänder an den Beinen anzubringen, und zwar in Kombinationen, die man mit einem Fernglas aus der Ferne erkennen konnte. Da man den Gesang und das Repertoire der einzelnen Vögel studieren wollte, musste man sicher sein, welchen Vogel man aufnahm. Durch den auf dem Band aufgedruckten Ländernamen konnte man zudem einzelne Vögel zuordnen, wenn sie anderswo auf der Welt wieder eingefangen wurden.

Der Treptower Park ist ein keilförmiges Areal, das sich auf einer Länge von etwa anderthalb Kilometern entlang der Spree erstreckt. Er liegt auf der Südostseite der Stadt. Wie die meisten Berliner Parks besteht er aus einem flachen Gelände mit Sträuchern, Baumbeständen und von Wegen durchzogenen Freiflächen. Das Zentrum wird von einem Denkmal für die 1945 in der Schlacht um Berlin gefallenen sowjetischen Truppen beherrscht: eine Betonallee, die etwa dreimal so lang wie ein Fußballfeld ist und von Gräbern gesäumt wird, in denen tatsächlich Leichen begraben liegen. Überragt wird das Ganze von einer 12 Meter hohen Skulptur eines Soldaten. Sie soll sicherlich heldenhaft wirken – der Effekt ist aber eher einschüchternd –, ein Gedenken an Tausende schrecklicher Ereignisse, die sich am Ende des Krieges ereigneten.

Am Flussufer befindet sich eine Sternwarte, die Ende des 19. Jahrhunderts als eine der besten der Welt galt. Flussabwärts ein grasbewachsenes Ufer, das sich, wenn die Sonne herauskommt, innerhalb kürzester Zeit füllt mit Studenten und Familien, Picknickrunden und Freunden, die sich Frisbees zuwerfen. Touristenboote gleiten vorüber, aus den Lautsprechern dröhnen die Stimmen der Reiseführer, die immer wieder dieselben Geschichten erzählen. Meistens geht es um die Mauer und die Versuche, aus Ostdeutschland zu fliehen, die für gewöhnlich scheiterten. Als die Russen 1961 die Stadt teilten, errichteten sie die Mauer zwei Blocks südlich des Treptower Parks, womit er direkt östlich an sie angrenzte.

Nachts hat der Treptower Park den Ruf einer Partyzone. Er stellt auch einen Treffpunkt dar für Drogendealer, ihre Kunden, gelegentlich führt die Polizei Razzien durch. War man wie die Mitglieder von Silke Kippers Gruppe die ganze Nacht dort, um Vögel aufzunehmen und zu fangen, konnte man nie wissen, auf wen man alles treffen würde.

Sarah lacht, als sie sich an einige dieser Begegnungen erinnert.

»Eines unserer Projekte bestand darin, Vögel mit Ortungsgeräten auszustatten; wir wollten sie fangen und ihnen einen Sensor auf den Rücken kleben. Um sie dann aufzuspüren, muss man mit diesen Empfängern herumlaufen, aus denen Antennen ragten. Die Leute kapierten nicht, was wir da machten – sollte das eine neue Technik zum Aufspüren von Drogen sein?«

Die Wissenschaftler hatten auch Waagen dabei, um die Vögel zu wiegen, und Beutel für Proben. »Man muss die Vögel wiegen und prüfen, ob sie genug Körperfett haben und ob sie gesund sind«, sagt Sarah. »Um sie zu wiegen, steckt man sie in eine kleine Tüte. Das sind alles Vorrichtungen, die man mit Drogenutensilien verwechseln kann. Ein paarmal wurden wir gefragt, ob wir Drogen verkaufen.«

»Unsere Idee war, dass sie, wenn sie von ihrer Wanderung zurückkommen, in der Regel ungefähr an denselben Ort zurückkehren – manchmal sogar genau an denselben Ort«, sagt Sarah. »Sie kennen die Gegend. Es ist erstaunlich, dass sie nach Deutschland, nach Berlin und in diesen speziellen Park zurückkehren und manchmal sogar genau in dieselbe Ecke. Und sie bauen ihr Nest vielleicht sogar an derselben Stelle.«

Heutzutage kann ein Computer darauf trainiert werden, einzelne Vögel und die Struktur ihrer Gesänge zu erkennen. Früher war das mühseliger, man druckte die Gesangsmuster aus und untersuchte sie visuell. Das dauerte viele Stunden, sagt Sarah, aber man konnte gut genug darin werden, um Vögel zu erkennen, die im Jahr zuvor im Park gewesen waren und wiederkamen.

Die Lieder bestehen aus Pfeif-, Rassel-, Schnarr-, Summ- und Trillergeräuschen, die in komplexen Sequenzen und dann in größeren ›Paketen‹ angeordnet sind. Ein Vogel kann eine Reihe von Liedern singen – nennen wir sie A-B-C-D-E – und dann die Reihenfolge ein wenig ändern, z.B. zu A-B-D-E-B. Einige der Pakete sind stärker strukturiert, andere ein wenig chaotisch. Die Vögel pflegen gewissermaßen Dialekte – jede Gruppe stellt die Reihenfolge ein wenig um.

»Interessanter ist aber die Stabilität der Lieder«, sagt Sarah. »Wenn man sich eine Aufnahme anhört, die vor 30 Jahren gemacht wurde, oder einen Vogel aus Italien und einen aus Frankreich, kann man genau dasselbe Lied hören.«

Es gibt zwei eng verwandte Zwillingsarten: die gemeine Nachtigall in Westeuropa und den Sprosser weiter östlich. »Geht man nach Osten in die Gegend um Frankfurt/Oder, nur etwa 80 Kilometer von hier entfernt, dann findet man den Sprosser«, sagt Sarah. »Die beiden sehen sich sehr ähnlich, singen aber andere Lieder. Es gibt ein kleines geografisches Gebiet, in dem sich die beiden Arten mischen und paaren. Die Nachkommen sind Hybriden. Manche haben das Repertoire der einen Art, manche das der anderen und manche eine Mischung aus beiden.«

Eines der Experimente der Gruppe bestand im Abspielen von aufgezeichneten Liedern, um zu prüfen, wie die Vögel darauf reagieren. Manchmal mischt sich ein anderer Vogel aus dem Unterholz ein und unterbricht das Lied, bevor es zu Ende ist; ein anderes Mal beginnen sie einen Dialog: Sie antworten mit demselben Lied oder einem völlig anderen. Ältere Männchen seien entspannter gewesen, sagt Sarah, sie hätten nicht so häufig Einwürfe gemacht.

Sarah arbeitet inzwischen nicht mehr direkt an Nachtigallen. Sie hat sich anderen Arten und Projekten zugewandt. Eines davon betrifft eine neue Art insektenfreundlicher Straßenlaternen. Die alten Lampentypen waren tödlich, ihre Sockel wurden zu Friedhöfen für Käfer.

Und wenn die Käfer verschwinden, verschwinden auch die Vögel und danach der Rest. Wir brauchen sie, wir brauchen sie alle.

Vögel, Käfer, Pflanzen. Und Fahrräder. In Frankreich gibt es ein Labor, das dafür bekannt ist, dass sie mit Fahrrädern unterwegs sind, um Nachtigallen zu untersuchen.

Im Internet findet man ein Bild von Valentin Amrhein in einem Parka vor einem Berg. Er hat rotes Haar und kräftige Gesichtszüge, die an einen Bergsteiger denken lassen. Als ich ihn traf, fragte ich nach. Valentin gibt zu, ein Bergsteiger zu sein. »Wobei meine Frau und ich so ziemlich damit aufgehört haben, seit die Kinder kamen.«

In erster Linie ist er Wissenschaftler, aber auch Radfahrer und Journalist, der viele Artikel für die Boulevardpresse verfasst hat. Er war Wissenschaftsredakteur der größten Tageszeitung der Stadt Basel. Diese Tätigkeit endete, als die Zeitung einen konservativen Kurs einschlug und die Auseinandersetzungen zur Politik rund um den Klimawandel zu heftig wurden. Er hatte zu diesem Thema schließlich geforscht, und es wurde ihm unerträglich.

Valentin stammt aus Bonn in Deutschland, lebt aber seit geraumer Zeit in Basel. Er war Anfang der 1990er Jahre hierhergezogen, um Biologie zu studieren. Bald darauf, im Alter von 20 Jahren, nahm er eine langjährige Arbeitsbeziehung in einem nahegelegenen Naturschutzgebiet auf. »Ich hatte kein Geld und brauchte einen Job, also sagte mir ein Professor, ich könne in das Reservat kommen und mich um die Hochlandrinder kümmern. So arbeitete ich etwa einen Tag pro Woche dort, baute Zäune und fütterte im Winter die Rinder.«

Es sind riesige Tiere mit breiten Hörnern und langem, zotteligem Fell, das in etwa die Farbe seiner eigenen Haare hat. La Petite Camargue Alsacienne, das Naturschutzgebiet, in dem sie leben, ist ein unglaublich schöner Ort. Einen Katzensprung von Basel entfernt an der französischen Grenze, grenzt es im Osten an den Rhein, liegt also bloß einen Steinwurf von Deutschland entfernt.

Mit dem Job erhielt Valentin auch eine Unterkunft, ein kleines Haus im Reservat, das Mitte des 19. Jahrhunderts gebaut worden war. Es war ursprünglich Teil der ältesten industriellen Fischzucht der westlichen Welt gewesen. Die Fischerei hatte den Lachsbestand in ganz Frankreich dezimiert. Professor Jean Victor Coste kam aus Paris und erklärte, das Gebiet eigne sich ideal zur Lösung des Problems. Die Fische wurden dort gezüchtet, bis sie »ein gewisses Alter« erreichten. Dann wurden sie in französische Flüsse und Bäche exportiert, um von Fischern gefangen und von ihren Familien gegessen zu werden. Das wird in der Petite Camargue noch immer gemacht; heute sind die Fische für den Rhein bestimmt.

Das Haus war von Nachtigallen umgeben, die nachts einen ungeheuren Rabatz veranstalteten. Zwischen ihrem Gesang und dem der Laubfrösche ließ sich kaum Schlaf finden. »Die Laubfrösche sind jetzt so gut wie verschwunden, es ist nicht klar, warum«, sagt Valentin. Er vermutet, dass es etwas mit einem Pilz zu tun haben könnte.

Jetzt, wo die Frösche verschwunden sind, sind vielleicht auch die Vögel leiser, denn sie singen lauter, wenn es Hintergrundgeräusche gibt. Das haben Untersuchungen in Berlin gezeigt: In der Nähe von großen Straßen passen die Vögel ihren Gesang an den Umgebungslärm an. Am Wochenende, wenn es weniger Verkehr gibt, sind die Vögel leiser. Dies ließe sich durch eine Anekdote aus dem Ersten Weltkrieg untermauern, erzählt Valentin: Nachtigallen sollen lauter gesungen haben, wenn Maschinengewehrfeuer zu hören gewesen sei.

Valentin lebte zwölf Jahre lang in dem Reservat, bis er heiratete und das zweite Kind zur Welt kam. »Das Haus wurde einfach zu klein. Also zogen wir in die Stadt, nach Basel, und jetzt haben andere Doktoranden und Postdocs, die ich betreue, das Haus übernommen und wohnen dort.«

Nachtigallen sind am eindrucksvollsten, wenn man sie zur richtigen Zeit antrifft. Tagsüber, sagt Valentin Amrhein, fallen sie nicht besonders auf. Nachts, wenn andere Arten sich zurückziehen, bringen die Männchen ihr ganzes Repertoire an Liedern zu Gehör und singen lange und ohne Pause. »Manche sagen, sie singen wunderschön, andere meinen, dass Amseln die gefühlvolleren Lieder haben. Die Nachtigallen seien bloß *laut*.«

Als er seine Doktorarbeit begann, war wenig über die Funktion der Gesänge bekannt. Valentin fing an, die Standorte einzelner Vögel und ihrer Reviere zu kartieren. Über ein Jahrzehnt hinweg haben er und seine Kollegen die Reviere von etwa 50 Vögeln ausgekundschaftet. Dazu mussten sie täglich fünf einstündige Rundgänge machen und dabei jeweils 4,5 Kilometer zurücklegen. So kam er zu seinem Ruf als ›Vogelkundler auf dem Velo‹.

Valentins erste wichtige Entdeckung war, dass männliche Nachtigallen aufhören zu singen, sobald sie eine Partnerin angezogen haben. Bis zu diesem Zeitpunkt singen sie – und zwar viel. Diese Korrelation deutet darauf hin, dass der Gesang eine Balzfunktion hat und dass die Weibchen vielleicht sogar einige Merkmale des Gesangs nutzen, um ihre Wahl zu treffen.

Sollte dies der Fall sein, so ähnelt es dem Verhalten anderer Vogelarten: Die Männchen stecken (in der Regel) ihr Revier in Sicht- oder Hörweite voneinander ab und beginnen dann ihren Auftritt. Der Gesang könnte eine Art Werbung sein, um die Weibchen anzulocken, wenn sie von ihren Winterwanderungen nach Hause zurückkehren. Das richtige Lied könnte auch Weibchen anlocken, die sich nicht in ihrer üblichen Umgebung aufhalten.

Das schien durch ihr Verhalten bei der Ansiedlung bestätigt zu werden. »Die Männchen sind ziemlich stark an das Gebiet gebunden, in dem sie geboren wurden«, sagt Valentin. »Die Weibchen sind da nicht so festgelegt; sie wechseln eher mal ihr Revier.«

Dennoch schätzt Valentin, dass etwa ein Drittel der Vögel mehr als eine Saison lang gepaart bleibt. Das mag eher Zufall sein als bewusste Entscheidung. Die Wahrscheinlichkeit, dass ein Vogel in den Folgejahren an dieselbe Stelle zurückkehrt – manchmal sogar in denselben Busch –, ist ziemlich groß. Das ist noch nicht alles: Andere Forscher haben gezeigt, dass Nachtigallen ihre Nachbarn erkennen, also erkennen sie sicher auch frühere Partner.

Die Männchen kehren Mitte April zurück, die Weibchen etwa eine Woche später, sie finden dann Partner und beginnen mit der Eiablage. Ein Weibchen legt 4 bis 6 Eier, eines pro Tag. Erst wenn alle Eier gelegt sind, beginnt das Weibchen mit dem Ausbrüten, so dass die Küken gleichzeitig schlüpfen. Der Mythos der lebenslangen Paarung zwischen den Vögeln ist jedoch längst durch eine Studie widerlegt worden, die gezeigt hat, dass im Durchschnitt ein Ei pro Nest die Gene eines anderen Vaters trägt.

»Sobald die Weibchen Eier legen, fängt etwa die Hälfte der Männchen wieder an, nachts zu singen, und zwar für ein paar Tage«, sagt Valentin. »Das könnte Zufall sein – der Drang zu singen ist stark. Es könnte aber auch sein, dass sie wissen, dass ihnen in der Nähe Damen lauschen, die vielleicht nicht ganz so fest verpartnert sind und sich nach besseren Genen umhören.«

Wenn die Funktion des Gesangs wirklich im Anlocken von Partnern bestünde, dann müssten die Weibchen ihre Wahl nachts treffen. Dies war nicht vollständig nachgewiesen worden. Das konnte man tun, erkannte Valentin, indem man Weibchen aus einem anderen Gebiet fand, sie nach La Petite Camargue brachte, sie freiließ und ihnen dann folgte.

Im Jahr 2002 fuhr er 70 Kilometer in den Norden, um einige Vögel zu fangen. »In diesem Jahr entpuppten sich die ersten beiden Vögel, die ich fing, als Männchen«, lacht er. »Wir dachten, okay, die behalten wir trotzdem. Wir brachten sie zurück und schnallten ihnen Funksender auf den Rücken. Dann ließen wir sie frei.« Wenn sie Männchen beobachten wollten, brauchten sie mehr, also ging er zurück und fing elf weitere ein.

Er war sich nicht sicher, was geschehen würde, wenn er Vögel in ein neues Gebiet verpflanzte – die Männchen hatten einen so ausgeprägten Sinn für ihre Heimat, würden sie sich nicht einfach davonmachen? Das taten sie nicht – zumindest nicht am ersten Tag. Später, nach zwei oder drei Tagen, flogen einige davon.

»Aber anfangs nahmen wir ein auffälliges Muster wahr: Die Männchen blieben ganz in der Nähe der Stelle, an der ich sie freigelassen hatte, und sie blieben dort fast die ganze Nacht. Im Morgengrauen begannen sie dann herumzufliegen und andere Männchen aufzusuchen.«

Sofort fiel ihm auf, dass dies mit etwas zusammenhängen könnte, das Forscher schon früher bemerkt hatten. Die intensivste Gesangsperiode der meisten Singvögel findet in der Stunde kurz vor Sonnenaufgang statt, eine Zeit, die als ›Morgenkonzert‹ bekannt ist. Die Männchen mussten nach Revieren Ausschau halten und sie dann für sich beanspruchen – war dies mit dem Morgenkonzert verbunden?

»In der Stunde vor Sonnenaufgang zogen die mit Funksignalen versehenen Männchen viel umher und besuchten andere singende Männchen. Danach ließen sie sich aber für den Rest des Tages und der Nacht in unbesetzten Revieren nieder. Es sieht also so aus, als würden die Männchen die Morgendämmerung nutzen, um die anderen sich dort aufhaltenden Vögel in Augenschein zu nehmen. Das Morgenkonzert soll verkünden, dass ein Platz besetzt ist, dass ihn bereits jemand beansprucht hat.«

Es handelte sich um eine wichtige Erkenntnis, solides Material für eine Publikation und eine Dissertation.

Als Valentin seinen Doktortitel in der Tasche hatte, wurde er Mentor eines neuen Doktoranden, Tobias Roth. Gemeinsam wollten sie das Experiment, das er damals in Angriff genommen hatte, noch einmal mit weiblichen Vögeln versuchen. Also machten sie sich auf den Weg, wieder in den Norden, ausgerüstet mit Netzen und Schlafsäcken.

Das Zeitfenster zum Fang der Weibchen war nicht sehr groß. Die Männchen trafen Anfang April ein, steckten ihr Revier ab und begannen zu singen. Die Weibchen kamen eine Woche später, verbrachten vermutlich ein paar Tage mit der Partnersuche und ließen sich dann nieder. Sie waren noch nicht markiert und konnten nicht verfolgt werden, also musste man raten, wann sie ankamen und wo sie sich aufhielten. Das Zeichen war, wenn ein Männchen aufhörte zu singen – das bedeutete, dass sich ein Weibchen niedergelassen hatte und es an der Zeit war, Netze um das Gebiet herum aufzustellen.

Die Strategie ging auf: Zwischen dem 21. April und dem 4. Mai 2007 fingen Tobias und Valentin zehn Weibchen und brachten sie zurück nach Petite Camargue. Innerhalb von fünf Stunden hatten sie den Vögeln einen Funksender auf den Rücken geklebt und sie in ihrem neuen Revier freigelassen. Nun mussten sie auf die Räder steigen und den Weibchen folgen.

In der ersten Nacht nach der Freilassung ging Valentin nach Hause in die Stadt – teilweise aus Erschöpfung. »Vielleicht habe ich auch nicht so recht an das geglaubt, was wir annahmen. Wenn die Männchen mit ihrem Gesang Partner anlocken sollten, dann müssten die Weibchen nachts unterwegs sein und von einem Busch zum nächsten fliegen.« Er machte es sich zu Hause gerade bequem, als er gegen Mitternacht einen Anruf von Tobias erhielt: »Sie bewegen sich! Sie bewegen sich!«

Über die nächsten 42 Stunden verfolgte das Team die Vögel kontinuierlich. In den nächsten drei Wochen kontrollierten sie die Weibchen, die sich niedergelassen hatten, und ließen von ihnen ab, sobald die Vögel begannen, Eier zu tragen. Das Muster bestätigte sich: Weibchen auf Partnersuche zogen nachts umher, nicht wie die Männchen während des Morgenkonzerts.

»Diese Studien waren reine Handarbeit«, sagt Valentin. »Wir hatten keine automatische Datenspeicherung, kein ausgeklügeltes Telemetriesystem, es waren einfach nur Tobias und ich und zwei Feldassistenten, die strategisch im Park auf unseren Fahrrädern positioniert waren und verzweifelt versuchten, den umherstreifenden Nachtigallen zu folgen, indem wir Telemetrie-Antennen in der Hand hielten, jede Nacht viele Kilometer zurücklegten und über Funkgeräte kommunizierten.«

Ein Vogel verschwand, und ein Mitglied des Teams gab den anderen ein Signal; vielleicht würde er in einem anderen Gebiet wieder auftauchen. Einige Weibchen verschwanden komplett, aber andere blieben im Beobachtungsgebiet. Sie flogen zu einem Busch, in dem sich ein Männchen nachts postiert hatte, lauschten eine halbe Stunde lang und flogen dann zum nächsten Busch, um einen anderen Vogel zu beobachten. Dann ging das Ganze von vorne los.

Valentin gibt zu, dass er nicht wirklich weiß, ob die Weibchen den Gesang vergleichen oder was ihnen wichtig war. »Ich weiß es nicht und ich weiß auch nicht, wie ich es prüfen könnte.« Das Gesangsrepertoire der Vögel ist einfach zu groß. Aus praktischen Gründen wählt ein Labor für jede Art von Analyse, die man durchführen möchte, in der Regel einen bestimmten Gesang aus und bleibt bei diesem.

»Ich glaube, das Weibchen bleibt einfach bei dem letzten Männchen, das es vor Ende der Nacht besucht«, lacht er. »Du weißt schon, wenn die Kneipe schließt ...«

Dennoch, sagt Valentin, sei es das schönste Experiment gewesen, das er je gemacht habe. »Ich hatte eine Hypothese. Sie war nicht ganz originell, denn andere Leute hatten schon in den Raum gestellt, dass der nächtliche Gesang der männlichen Nachtigallen für die Damenwelt bestimmt sein könnte, aber niemand hatte es jemals wirklich überprüft. Bestand der Zweck wirklich im Anlocken von Partnern, dann flogen die suchenden Weibchen wohl nachts umher und sahen sich mehrere Männchen an. Das ist genau das, was wir beobachtet haben.«

Was die Männchen betrifft: Sobald sie eine Partnerin gefunden haben, hören sie auf zu singen. »Sie fangen erst wieder an zu singen, wenn dem Weibchen etwas zustößt – wenn es von einem Tier getötet wird, während es auf dem Nest sitzt oder so. In der Nacht, in der es verschwindet, fängt das Männchen direkt wieder an zu singen.«

Niemand wusste, wo genau die Nachtigallen von La Petite Camargue den Winter verbringen. Ein GPS-Gerät konnte man nicht an einem der Vögel befestigen, es wäre zu schwer gewesen – aber man konnte ihn mit einem Geolokator ausstatten. Dabei handelt es sich um ein einfaches Gerät mit einem Lichtsensor, der sich einmal pro Minute einschaltet und die Intensität des Lichts aufzeichnet. So hat man eine Liste mit den Zeiten und der Lichtmenge. Damit kann man den Zeitpunkt des Sonnenaufgangs und des Sonnenuntergangs berechnen und daraus ableiten, wo auf dem Globus sich ein Vogel ungefähr befindet.

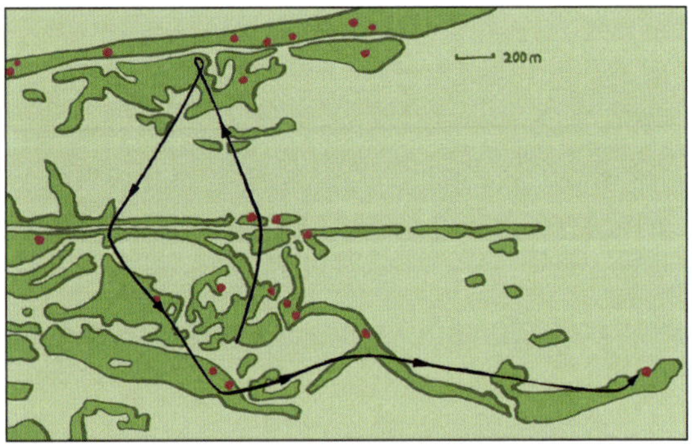

Manche weiblichen Nachtigallen legen im Lauf einer Nacht viele Kilometer zurück, sie lauschen den Gesängen mehrerer potenzieller Partner, bevor sie sich für einen von ihnen entscheiden.

Valentin beschreibt Studien über die Wanderungen anderer Vogelarten, wie z.B. Stare, die vor Jahren durchgeführt wurden, um Hypothesen über deren Navigationsverhalten zu prüfen. Zogen sie bloß nach Norden oder Süden, um in den gemäßigten Zonen zu bleiben? Oder hielten sie sich sowohl an den Breitengrad als auch an den Längengrad? Eine Gruppe verpflanzte Vögel mehrere Hundert Kilometer nach Westen, von Mitteleuropa nach Großbritannien. Im Winter flogen die Jungvögel nach Süden bis nach Spanien und nicht wie üblich nach Italien. Die älteren Vögel merkten, dass etwas nicht stimmte, korrigierten ihren Kurs und flogen wieder nach Osten.

Solche Experimente haben gezeigt, dass Vogelarten diverse Strategien zur Navigation haben, indem sie biologische ›Kompasse‹ und verschiedene Arten mentaler Karten verwenden. Sie können das

Magnetfeld der Erde und seine Neigung wahrnehmen, wodurch sie wissen, ob sie sich näher an den Polen oder am Äquator befinden, und einige haben noch genauere Karten. Tauben scheinen eine interne Karte zu erstellen, die es ihnen ermöglicht, bestimmte Orte anhand von Gerüchen in der Luft zu erkennen.

Aus einer Studie mit Geolokatoren wusste Valentin, dass die Nachtigallen der Petite Camargue irgendwo im Bereich der Elfenbeinküste landeten, vielleicht in Ghana. Im Jahr 2011 machte er sich mit einem Kollegen namens Pius Korner auf den Weg nach Afrika. Die Ghana Wildlife Society stellte einen Führer und einen Fahrer, und sie machten sich auf den Weg nach Süden. Aus einem Lautsprecher auf dem Autodach spielten sie Nachtigallengesänge ab, in der Hoffnung, dass die einheimischen Männchen darauf reagieren würden. In den südlichen Teilen Ghanas gab es jedoch keine Reaktion.

Jemand schlug ihnen vor, weiter nördlich ein Dorf namens Nsuatre zu besuchen. In der Savanne nördlich des Regenwaldes fanden sie in fast jedem Busch einen singenden Vogel. Junge Vögel im ersten Jahr lauschten und machten ihre ersten eigenen Gesangsversuche – die »ziemlich hässlich« seien, sagt er, nichts im Vergleich zu dem Repertoire, das sie später erwerben.

»Ich kam mir vor wie einer dieser Biologen, die sich auf völlig unbekanntes Terrain begeben«, sagt er. »In Afrika änderte sich das Muster des Gesangs. Die Männchen sangen am Tag, aber nicht in der Nacht. Andere Vögel hielten sich in ihrer Nähe auf, riefen, aber sangen nicht. Handelte es sich dabei um Weibchen? Bilden Nachtigallen im Winter Paare? Stimmt es, dass sie in ihrem Winterquartier nie brüten? Ich weiß es nicht. Noch nicht.«

Valentins Arbeit zeigt, dass die männlichen Nachtigallen, zumindest während ihrer Zeit im Norden, ihren Gesang auf unterschiedliche Weise einsetzen – um Partner anzulocken und um ihr Revier zu markieren. Die eine Form des Gesangs lockt Vögel an, die andere vertreibt sie.

Dabei wird mir klar, dass ich Sprache normalerweise als verbindend sehe, als etwas, das eine Gemeinschaft zusammenhält. Es gibt jedoch viele Demagogen heutzutage, die Rhetorik als Instrument zur Manipulation einsetzen. Das spaltet, und es macht mich nachdenklich – nutze auch ich Sprache, um andere zu vertreiben?

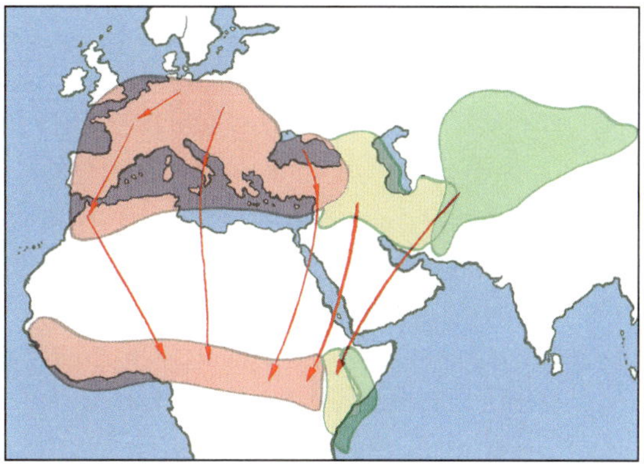

Im Winter wandern Nachtigallen vom nördlichen Eurasien nach Afrika; im Frühling kommen sie in ihre früheren Lebensräume zurück, oft sogar in dasselbe Gebüsch.

In den letzten acht Jahren hat Valentin den Fokus seiner Arbeit verändert: von Vögeln zu Studien über den Klimawandel und zu Bemühungen um eine sauberere Wissenschaft an sich. Er hat eine Reihe von Artikeln zu den statistischen Methoden verfasst, die Wissenschaftler verwenden, um die ›Signifikanz‹ ihrer Ergebnisse zu bestimmen, darüber, ob Forscher das von ihnen Behauptete wirklich beweisen können, und darüber, warum so viele Studien nur schwer oder gar nicht in anderen Labors zu wiederholen sind.

Zwei Studien zum gleichen Thema können, auch wenn sie auf die gleiche Weise durchgeführt wurden, Ergebnisse liefern, die in einem Fall als statistisch signifikant gelten, im anderen Fall jedoch nicht. »Es ist falsch, daraus abzuleiten, dass sie sich widersprechen, dass die eine richtig ist und die andere nicht oder dass sie unterschiedliche Dinge nachweisen«, sagt Valentin. »Und es ist höchst problematisch, wenn Menschen ein ›nicht signifikantes Ergebnis‹ – etwa bei den Nebenwirkungen eines Medikaments – so interpretieren, als ob es überhaupt keine Wirkung habe.«

Zusammen mit drei anderen Wissenschaftlern verfasste er ein Papier, ein Plädoyer für eine Änderung der Art und Weise, wie Wissenschaftler ihre Ergebnisse präsentieren. Sie schickten es an einen großen Kreis von Kollegen, und innerhalb kurzer Zeit hatten 800 weitere Wissenschaftler ihr Positionspapier mitunterzeichnet.

Als die Arbeit in der Fachzeitschrift *Nature* veröffentlicht wurde, erhielt sie die höchste Wertung für ›Online-Aufmerksamkeit‹, die bis dahin jemals gemessen wurde. »In der Zwischenzeit hat es Studien über COVID gegeben, die besser abgeschnitten haben«, sagt Valentin. »Dennoch hat unsere Arbeit die Art und Weise verändert, wie Wissenschaftler ihre Ergebnisse interpretieren.«

Es gibt eine ganze Dimension der Vogelstimmen, die im Gehirn abläuft: Wie kann eine Nachtigall so viele Lieder lernen und sich merken? Valentin empfahl mir, mich mit Nicole Geberzahn in Verbindung zu setzen.

Früher hatte sie in Berlin gearbeitet, im selben Labor wie Sarah Kiefer. Jetzt ist Nicole in Nanterre tätig, einem Vorort von Paris. An dem Tag, an dem wir uns unterhalten, ist es kalt, sie trägt eine Jacke und einen grünen Schal. Sie hat eine große runde Brille auf und dunkelbraunes Haar, das zu einem sehr kurzen Pony geschnitten ist. Für mich hat sie einen charmanten, französisch klingenden Akzent – obwohl Deutsch ihre Muttersprache ist, wie sie mir sagt. »Vielleicht habe ich mir den durch das Leben in Frankreich angeeignet«, sagt sie. Nicole erzählt, dass sie sich schon als Teenager für Verhaltensbiologie zu interessieren begann, als eine Freundin einen Vogel aufgeben musste und sie ihn übernahm. Einen Nymphensittich.

Sein Verhalten faszinierte sie, und so begann sie, Vögel zu sammeln: Wellensittiche und Kanarienvögel.

Mit dem Abitur suchte Nicole nach einer Universität, an der sie Verhaltensbiologie studieren konnte. Dietmar Todt und Henrike Hultsch hatten einen Studiengang an der Freien Universität Berlin eingerichtet, wo sie seit 1967 Pionierarbeit auf dem Gebiet des Vogelgesangs leisteten. Das ist jedenfalls die früheste Arbeit, die ich von Dietmar Todt zu diesem Thema gefunden habe. Er hatte bereits eine frühere Arbeit zum Thema schreiender Säuglinge geschrieben, von der ich gerne gewusst hätte, als meine Kinder noch klein waren.

In Berlin absolvierte Nicole einen Master und eine Promotion mit Schwerpunkt darauf, wie Vögel Lieder lernen und sich daran erinnern. Danach ging sie als Postdoc nach Leiden in den Niederlanden, wo sie sich mit dem afrikanischen Grillkuckuck beschäftigte. Der Grillkuckuck ist ein interessanter Vogel, denn er gehört zu den wenigen Vogelarten, bei denen die Geschlechter, was den Gesang betrifft, getauscht haben. Normalerweise singen die Männchen und die Weibchen treffen ihre Wahl. Beim Grillkuckuck ist es genau andersherum.

Es gibt da interessante Symmetrien: Das Weibchen steckt ein Revier ab und verteidigt es, und das Männchen trifft seine Wahl. Das Männchen kümmert sich um die Jungen im Nest. Das Weibchen legt die Eier, aber das ist auch schon alles. Danach kümmert es sich nicht mehr um den Nachwuchs.

Charles Darwin beobachtete, dass die Männchen vieler Arten ausgefeilte sekundäre Geschlechtsmerkmale haben – das Gefieder bei Vögeln, das Geweih bei Hirschen –, die dem Anlocken von Weibchen oder dem Wettbewerb um Partnerinnen dienen.

»Entweder, um direkt mit anderen Männchen zu konkurrieren, oder indirekt, um ihr Revier zu verteidigen«, sagt Nicole Geberzahn. »Darwin und andere Evolutionsbiologen gingen davon aus, dass die Weibchen diese Eigenschaften nutzen, um ihre Wahl zu treffen. Das ist wichtig, denn bei vielen Arten ist es das Weibchen, das die größte elterliche Investition in den Nachwuchs tätigt. Das beginnt schon bei den Eiern, die es produziert. Diese sind so viel größer als die männlichen Spermien, dass ihre Herstellung mit einem höheren biologischen Aufwand verbunden ist.«

Bei vielen Arten, sagt Nicole, hat dieses Ungleichgewicht mehrere Folgen. Die Weibchen investieren mehr: Sobald sie an einem Fortpflanzungsereignis beteiligt sind, sind sie beschäftigt. »Entweder haben sie den Nachwuchs zu versorgen oder sie müssen sich von all diesen biologischen Investitionen in die Fortpflanzung erholen. Dann machen sie weiter und pflanzen sich erneut fort. Bei Säugetieren gibt es zum Beispiel das Stillen. Die Männchen müssen das nicht tun, sie können losziehen und sich die ganze Zeit fortpflanzen. Das bedeutet, dass der Wettbewerb zwischen ihnen um die Weibchen zunimmt.«

Doch selbst bei Arten, die dem ›klassischen‹ Muster folgen, verfügen die Weibchen über den physischen Apparat und damit die grundlegende Fähigkeit zum Gesang. Und Nicole sagt, dass in den letzten drei oder vier Jahrzehnten klar geworden ist, dass das Paradigma – dass nur Männchen singen könnten – falsch sei, zumindest aus globaler Sicht.

Das Klischee habe eine gewisse Berechtigung, sagt sie, wenn man die Singvögel in den gemäßigten Zonen betrachte, die etwa 20 Prozent der Singvogelarten ausmachten. In den Tropen, wo 80 Prozent der Vögel brüten, ist das Bild viel vielfältiger.

»Dort gibt es konvergente Geschlechterrollen, klassische Geschlechterrollen und einige Arten, bei denen die Rollen vertauscht sind. Einer neueren Studie zufolge gab es beim gemeinsamen Vorfahren aller Singvögel wahrscheinlich Weibchen, die gesungen haben.«

Dies deutet darauf hin, dass es nicht vieler Mutationen bedarf, um das Singverhalten von einem Geschlecht auf das andere zu übertragen. Dasselbe könnte auch für andere geschlechtsspezifische Merkmale gelten.

Zumindest bei Vögeln (und Maulwürfen) ist Intersexualität keine Seltenheit. Sie wurde auch bei Möwen, Greifvögeln und diversen Wasservögeln beobachtet. Chemische Substanzen – und Hormone und Chemikalien, die wie Hormone wirken – sind in der Umwelt reichlich vorhanden. In einigen Fällen genügt es, Östrogen in das Ei eines männlichen Kükens einzubringen, damit es sich zu einem intersexuellen Typ entwickelt.

Was wäre notwendig, damit dies beim Menschen geschieht? Damit sekundäre Geschlechtsmerkmale – oder sogar primäre – von dem Geschlecht, mit dem sie traditionell assoziiert werden, auf das andere überwechseln? Könnte das genauso leicht geschehen wie bei Vögeln?

Da draußen in der riesigen Population von sieben Milliarden Menschen basteln Zufälle der Natur an unserer Spezies herum. Vergessen Sie die Kulturkriege, die flüchtigen Memes und die lauten Streitereien. Wenn es um Geschlechtereigenschaften geht, hat jeder Mensch ein brandneues Genom, ist ein neues Experiment. Wie viele Varianten in den Genen wären nötig, um ein Merkmal, das bei einem Geschlecht vorkommt, auf das andere zu übertragen? Auf andere? Wir können nicht wissen, wie all diese Innovationen ineinandergreifen oder welche bemerkenswerten neuen Menschentypen sie hervorbringen, um die Vielfalt unserer Spezies zu erweitern.

Einige Vögel, wie z.B. Stare, sind in der Lage, den Gesang anderer Arten und andere Arten von Geräuschen zu erlernen. Am besten kann das der Graurücken-Leierschwanz, ein Film von David Attenborough auf YouTube hält das fest. Der männliche Singvogel sucht sich im australischen Regenwald ein Revier, breitet sein Gefieder aus und beginnt, die Gesänge aller Vögel in der Umgebung zu imitieren. »Er kann die Rufe von mindestens 20 verschiedenen Arten nachmachen«, sagt Attenborough.

Der Vogel imitiert auch andere Geräusche, die

er gehört hat: die Sirene eines Polizeiautos, den Verschluss einer Kamera und den Motor, der den Film aufspult, Kettensägen. Ein Leierschwanz in einem australischen Zoo kann Babyschreie täuschend ähnlich wiedergeben.

Wie verarbeiten Vögel solche Klänge, und wie lange können sie sie sich merken? Ist es für einen Singvogel schwieriger, ein Lied aus dem Gedächtnis abzurufen, wenn er es vor langer Zeit gelernt hat? Nicole Geberzahn machte sich in Berlin an die Untersuchung dieser Fragen.

»Eine Sache, die ich bemerkenswert finde, ist, dass Vögel auf einer ganz anderen Zeitskala leben«, sagt Nicole. »Bei ihnen geht alles schneller. Der Herzschlag, der Stoffwechsel …«

Sie erzählt eine Anekdote über die Arbeit mit einer anderen Art, den Blaukopfschmetterlingsfinken. Das sind hübsche kleine Vögel mit himmelblauem Bauch und hellbraunem Rücken und leuchtend roten Schnäbeln.

»Sie haben ein superinteressantes Balzverhalten, außerdem singen die Weibchen, deshalb habe ich sie ausgewählt. In der Balz halten sie eine lange Faser in ihrem Schnabel. Die Annahme ist, dass diese als Symbol für das Nest steht. Sie singen mit geschlossenem Schnabel und hüpfen auf der Sitzstange umher.«

Nicole arbeitete vier Jahre lang mit den Blaukopfschmetterlingsfinken – sie kam ihnen bei ihrer Arbeit in einem Labor weiter südlich in Deutschland, in Seewiesen, »ziemlich nahe«. Noch nach all dieser Zeit entzogen sich einige Merkmale ihres Verhaltens selbst den schärfsten Augen. Das fand sie später heraus, nachdem sie das Labor verlassen hatte. Das Labor stellte einen neuen Postdoc aus Japan ein, der eine Hochgeschwindigkeitskamera mitbrachte. Als Nao Ota die Vögel filmte, stellte sie fest, dass die Vögel nicht nur auf der Sitzstange hüpften, sondern bei der Landung einen rasanten »Stepptanz« vollführten, der mit dem bloßen Auge nicht zu erkennen war.

»Vier Jahre lang war ich ganz nah an diesen Vögeln dran und habe das nie wahrgenommen«, sagt Nicole. »Mir wurde klar, dass es so viele Dinge an diesen Tieren gibt, die wir nicht sehen können, weil wir nicht die zeitliche Auflösung haben. Wir leben auf einer langsameren Zeitskala.«

Verlangsamt man das Ganze um das Zehnfache – auf 300 Bilder pro Sekunde –, ist der Tanz deutlich zu sehen und zu hören: Wenn ein Vogel landet, steppt er abwechselnd mit den Füßen: drei-, vier-, fünfmal.

Das änderte Nicoles Sichtweise: Vielleicht war es mit den Liedern ähnlich. »Wenn ich sie jetzt höre, spiele ich sie oft langsamer ab«, sagt sie. »Und ich höre dabei Dinge, die ich bei normaler Geschwindigkeit nie hören könnte.«

Dieses Experiment kann jeder nachmachen: Man sucht sich die Aufnahme eines Vogelgesangs auf YouTube und ändert die Abspielgeschwindigkeit. Fröhliches Zwitschern, das in normaler Geschwindigkeit auf- und abschwillt, wird plötzlich walgesangsartig, fragend, klagend und jammernd.

Es gibt so viel mehr zu hören.

Nicole hat sich von der Nachtigall und dem Blaukopfschmetterlingsfinken auf eine breitere Palette von Arten verlegt. In letzter Zeit hat sie sich für Rotkehlchen interessiert, die nur teilweise wandern. Sie sind überall, sogar im Winter: Mit orangener Brust hüpfen sie im Garten umher, hocken auf Stromleitungen und beide Geschlechter singen sich die Seele aus dem Leib.

Die Männchen umwerben die Weibchen, indem sie Nahrung sammeln und die Partnerinnen damit füttern, indem sie die Nahrung tief in den weit geöffneten Schnabel stoßen. Im Winter trennen sich die Paare, und jeder Vogel lässt sich in einem eigenen Revier nieder. Sie singen, um Grenzen zu markieren und Eindringlinge zu verjagen.

Rotkehlchen leben gerne in der Stadt. »Wir haben sie überall auf dem Campus hier in Paris«, sagt Nicole. »Wir wollen wissen, ob sich die Weibchen genauso an das Stadtleben anpassen wie die Männchen. Der meiste Stadtlärm spielt sich im niedrigen Frequenzbereich ab. Das heißt, die Vögel müssen in höhere Tonlagen wechseln, um gehört zu werden. Männliche Rotkehlchen ändern die Frequenzstruktur ihres Gesangs. Aber es gibt auch andere Strategien, um damit umzugehen.«

Eine Möglichkeit ist, früher mit dem Singen zu beginnen, bevor die Menschen aufwachen und der Verkehr beginnt. Das bedeutet, dass sie in der Lage sind, die innere Uhr umzustellen, die sie für den Beginn ihrer Lieder verwenden – vielleicht orientiert sich diese an der Tageslichtmenge. So können sie sich anpassen und dem Umgebungslärm ausweichen.

Das legte ein interessantes Experiment in Berlin nahe. Nach jahrelangen Debatten beschloss die Stadt im Jahre 2020, den Flughafen Tegel im Nordwesten der Stadt zu schließen. Henrik Brumm, der ein Labor in Seewiesen unterhielt, hatte bereits Studien durchgeführt, um zu zeigen, dass einige Singvögel ihren Gesang an die lauten Flugzeugstarts und -landungen anpassten, die am frühen Morgen begannen und am späten Abend endeten. Dazu verglich das Labor den Gesang in der Nähe des Flughafens mit dem von Vögeln derselben Art, die sich außerhalb der Reichweite befanden. Manchmal waren die Verschiebungen nicht sehr groß, bloß ein paar Minuten.

Dennoch.

Es war unklar, ob die Vögel eine Verhaltensentscheidung auf der Grundlage des Hintergrundgeräuschpegels trafen und ob diese wieder rückgängig gemacht werden konnte. Die Alternative war, dass spät singende Vögel mehr Schwierigkeiten bei der Partnersuche hatten, sich weniger häufig fortpflanzten und dass dies letztlich das Verhalten der Nachkommen in Richtung früherer Zeiten verschob. Kurzfristig wäre dies eine Folge der natürlichen Auslese.

Brumm dachte sich, dass man das herausfinden könnte, indem man vor der Schließung des Flughafens 15 Vogelarten untersuchte und danach noch einmal ansah. Was auch immer in den Gehirnen der Vögel die Tageszeiten mit dem Singverhalten verband – wahrscheinlich das Tageslicht –, war sicherlich genetisch programmiert. Aber wie fest war diese Programmierung? Wäre sie fest programmiert, würden die Vögel ihr Verhalten vielleicht anpassen, aber man würde erwarten, dass sie nach der Schließung des Flughafens wieder zu ihrem vorherigen Zeitplan zurückkehren. Wenn eine Auslese stattgefunden hatte, wäre jede Verschiebung endgültig, und die Vögel würden immer noch früher singen.

Brumm und seine Kollegin Léna de Framond fanden heraus, dass dies von der jeweiligen Art abhängt. Einige, darunter Nachtigallen, kehrten schnell zu ›normalen‹ Zeiten zurück. Rotkehlchen ebenfalls. Bei einigen Arten blieb die Veränderung jedoch bestehen, zumindest über die nächsten Monate.

Ein anderer Singvogel, der Zebrafink, hat ein Fenster zu der faszinierenden Frage aufgestoßen, wie der Gesang von Vögeln von einer Generation an die nächste weitergegeben wird und was passiert, wenn die Tiere ohne erwachsene ›Erzieher‹ aufwachsen. Um den Lernprozess zu verstehen, muss man die Dinge erneut verlangsamen.

Ich entdeckte Ofer Tchernichovski über seine wissenschaftlichen Arbeiten und dann durch ein YouTube-Video, in dem er seine Arbeit zum Lernverhalten der Vögel erläuterte. Später konnte ich dann persönlich mit ihm sprechen. Ofer hat weißes Haar, das ihm in Strähnen über die Stirn fällt. Er saß in seinem Haus in New York und trug ein leuchtend orangefarbenes Hemd. Details sind ihm wichtig. Wenn ich ihm eine vage Frage stellte (was ziemlich oft vorkam), warf er ein: »Was genau möchtest du wissen?« oder: »Ich finde diese Frage nicht besonders interessant.«

Ofer ist ein Israeli, der in Tel Aviv Zoologie studierte, sich für Tiermedizin interessierte und Tierarzt wurde. Sein Einstieg in das Gebiet des Vogelgesangs ergab sich durch Zufall.

»Ich interessierte mich dafür, wie Tiere den Raum verstehen, wie sie ihn wahrnehmen und erkunden. Aber ich hatte kein besonderes Interesse an Vögeln, bis Fernando Nottebohm von der

Rockefeller University zu Besuch in Israel war. Ich war auf der Suche nach einer Postdoc-Stelle und ging hin. Er hatte ein Vogellabor, an dem ich damals nicht so interessiert war. Ich wollte mit einem Säugetier arbeiten, und so stimmte er zu, mich nebenbei an einem Säugetierprojekt arbeiten zu lassen: ›Playing dead in an opossum‹ (Wenn die Beutelratte sich totstellt).«

Als Ofer sich dem Labor anschloss, sollte er auch etwas mit Vögeln machen, aber er wollte nicht an den Gesängen selbst arbeiten oder daran, wie Vögel lernen – das war das, was alle machten. Stattdessen schlug er ein Projekt zum ›Sexappeal‹ des Gesangs vor. Was macht ein Lied sexy?

Das Labor arbeitete an Zebrafinken, die den Vorteil haben, dass sie das ganze Jahr über brüten und relativ unkompliziert zu halten sind. Ihr Gesang galt im Allgemeinen nicht als besonders schön. »Sie haben einen lausigen Gesang, sehr einfach, sehr nasal«, sagt Ofer. Er ahmt ihr Geschnatter nach – Vogelforscher sind darin häufig gut. »*Babababababa …*« (Das habe ich sicher falsch geschrieben.)

Er machte die gleiche Feststellung wie die beiden Japanerinnen in Seewiesen: Wenn man verstehen will, was ein Vogel tut, musste man die Dinge stark verlangsamen.

»Als ich das ausprobierte, wurde mir klar, dass die Leute sich irrten: Der Gesang des Zebrafinken ist wirklich erstaunlich. Sehr rhythmisch und komplex.« Damals gab es noch keine guten Methoden, um die Gesänge zu analysieren. Das sollte gelöst werden, aber zunächst beschloss er, die Weibchen dazu zu bringen, ihm zu sagen, wie sehr sie bestimmte Lieder mochten.

Ofer schloss sich mit Hubert Schwabl zusammen, einem Endokrinologen – also jemandem, der sich mit der Wissenschaft der Hormone bestens auskennt. Schwabl brachte ihm bei, wie man den Östrogengehalt im Vogelkot misst. Das sollte klären, ob das Hören von Gesängen zur Bildung von mehr Östrogen führte – ein Zeichen für Erregung oder Fruchtbarkeit. Tatsächlich tat es das nicht: ganz im Gegenteil. Waren Weibchen den Gesängen der Männchen ausgesetzt, führte das zu einem Rückgang des Östrogenspiegels. Warum dies so war, war nicht klar, jedenfalls hatte das Experiment eindeutig nicht das erwartete Ergebnis.

Ofer beschloss, seine Taktik zu ändern und verschiedene Darbietungen ähnlicher Lieder zu untersuchen. Er begann ein Experiment, bei dem mehrere Vögel von einem einzigen Lehrer lernen und denselben Gesang imitieren sollten. Vielleicht würden sie ihn auf sehr subtile Weise unterschiedlich wiedergeben, und man könnte erkennen, welche Signale die Weibchen spannender finden.

»Ich dachte, dass die Leute das vielleicht etwas zu simpel sähen – dass die Weibchen den Vogel wählen, dessen Gesang einfach mehr Noten hat«, sagt Ofer. »Ich dachte mir: ›Ach, komm schon. Ihr projiziert da was auf das Tier.‹«

Macht beispielsweise die Anzahl der Noten, die eine Person in einer Minute spielen kann, einen Gitarristen für das andere Geschlecht attraktiver? Oder ist es die Vielfalt der Akkorde oder ein schmachtendes Vibrato? Wie dem auch sei – wenn es stimmt, dass Zebrafinkenweibchen ihre Wahl von einem Lied abhängig machen, sind sie diejenigen, die entscheiden, was als sexy gilt.

Während unseres Gesprächs ertönt im Hintergrund ein Klavier, und ich frage Ofer, ob er Musik mache. Er bejaht die Frage und bekennt, dass er viel übe.

Ich habe diese Frage gestellt, weil er in einem seiner Artikel den Vogelgesang unter den Gesichtspunkten betrachtet, wie unsere Spezies Musik auffasst. In diesem Artikel zählt er auf, wie Vogelstimmen Rhythmus, Tonhöhe, Emotionen, Vorfreude, Spannung, Entspannung und Überraschung beinhalten.

»Als Analysemodell ›Silben‹ zu verwenden, ist ein weiteres Beispiel der menschlichen Überheblichkeit«, sagt er. »Lieder sind mehrdimensionale, zeitlich veränderliche Signale. Man muss das Thema ganzheitlich betrachten, sowohl im Hinblick auf eine gesamte Darbietung als auch auf kleinere Einheiten. Die Idee, dass die Silbe eine natürliche Einheit sei, wird meiner Meinung nach nicht durch überzeugende wissenschaftliche Nachweise gestützt. Zumindest nicht in Bezug darauf, wie Vögel den Gesang wahrnehmen. Was die Produktion angeht, vielleicht in gewissem Maße.«

Wenn Menschen über menschliche Dinge wie Sprache oder Musik nachdenken, sagt er, gibt es eine ›Ground Truth‹, also den Feldvergleich. »Wir wissen, was wir mit Sprache wahrnehmen. Wir wissen, worum es in der Sprache geht. Beim Vogelgesang haben wir das nicht. Leute können Theorien aufstellen, wie sie wollen, es gibt aber weder genug Daten, um diese Theorien zu stützen, noch um sie zu kritisieren. Ich weiß es einfach nicht. Ich glaube nicht, dass die Analyse allein ausreicht. Wir brauchen eine Kombination aus sehr sorgfältig durchgeführten experimentellen Studien und Analysen.«

Es sei ein sehr schwieriges Vorhaben, sagt er, verstehen zu wollen, was in den ›Köpfen einer fremden Spezies‹ vor sich gehe. Lasse man sich früh auf eine falsche Entscheidung darüber ein, wie die Dinge funktionierten oder was sie bedeuteten, habe das auf ganzer Linie Konsequenzen.

»Ich erinnere mich aus der Frühzeit meines Studiums, wie ein Anatomieprofessor uns sagte, dass man beim Sezieren eines Tieres dessen Organe herauspräparieren und es nicht in Stücke hacken sollte«, lacht er. »Ich erinnerte mich an diesen Satz, als die Leute sich die Gesänge ansahen. Ich habe mich immer wieder gefragt: Ist diese Person ein Metzger oder ein Wissenschaftler? Nimmt man einen Song und hackt ihn mit einem Beil in Stücke, wird man seine ›Anatomie‹ nicht verstehen.«

Einige der wichtigsten Erkenntnisse von Ofer Tchernichovski und seiner Gruppe beziehen sich darauf, was passiert, wenn Zebrafinken ohne ›Gesangslehrer‹ aufgezogen werden. Welche Art von Gesang produziert ein Vogel, wenn es kein Vorbild gibt, das er nachahmen kann? Bei vielen Arten, mit denen das Experiment durchgeführt wurde, produziert die nächste Generation chaotische, ungeordnete Gesänge.

Das ist auch bei der ersten Generation der Zebrafinken der Fall. »Aber innerhalb von drei oder vier Generationen erlangen sie ihre angestammten Gesänge wieder«, sagt Ofer. »Wir glauben, dass dies geschieht, weil das Lernverhalten und die Nachahmung grundsätzlich vorgeprägt sind. Es kommt darauf an, was man hören kann, woran man sich erinnern kann und wie genau die Nachahmung ist. Vögel, die keinen Unterricht erhalten haben, denken sich seltsame Dinge aus, aber wenn sie zu seltsam sind, kann die nächste Generation sie möglicherweise nicht übernehmen oder imitieren. Daraus ergeben sich Restriktionen, und wenn man diese über mehrere Generationen hinweg immer wieder anwendet, führen sie tendenziell dazu, dass sich die Vögel wieder zebrafinkenähnlichen Gesängen annähern.«

Das bedeutet, dass die falsche Aneignung eines Liedes eine Form der Korrektur sein kann – und Ofers Labor hat gezeigt, dass sich zwei Faktoren die Waage halten: die Anzahl der Lieder, die ein Lehrer kennt, und die Genauigkeit, mit der ein Schüler sie nachahmt. Einen Rockstar wirklich genau nachzuahmen und viele neue Lieder zu lernen, können zwei unterschiedliche Fähigkeiten sein. Möglicherweise führt das zu einem Kompromiss: Tiere, die wirklich gut nachahmen können, haben am Ende vielleicht eine kleinere Sammlung an Liedern.

Und wenn der *Lehrer* nicht so viele Gesangssilben kennt, wird der Schüler kreativ und improvisiert. Normalerweise tut der Vogel das, indem er zusätzliche Phrasen ans Ende hängt.

»Das ist leichter zu verstehen, wenn man die gesamte Bevölkerung betrachtet«, sagt Ofer. »Es gibt einige Tendenzen. Hat der Lehrer eine unterdurchschnittliche Vielfalt an Liedern, dann wird die Vielfalt bei den Schülern tendenziell *größer*. Besitzt der Lehrer eine überdurchschnittliche Vielfalt, dann spiegelt das Repertoire der Schüler diese genauer wider.«

Das Endergebnis, so sagt er, sei eine *stabile polymorphe Kultur*: In der gesamten Population gibt es ein gesundes Maß an Vielfalt, das stabil bleibt. Wenn man dies über mehrere Generationen hinweg verfolgt, wird man feststellen, dass sich die Dinge ausgleichen.

Manche Lieder sind ›einflussreicher‹ als andere, und das hat mit etwas zu tun – nennen wir es Stil. Was ist damit gemeint? »Greift man ein Merkmal wie die Tonhöhe heraus«, sagt Ofer, »und sieht sich das gesamte Spektrum der Vögel an, dann mögen sie eine gute Mischung. Singt ein Lehrer ein Lied, das überwiegend hoch ist, werden die Schüler es wahrscheinlich in den mittleren Bereich bringen.«

Setzt man sich an ein Klavier, stellt man den Hocker in die Mitte, so dass man in beide Richtungen gleich weit reichen kann. Bei manchen Stücken verbringt man viel Zeit im hohen Sopranbereich, bei anderen im Bass. Im Allgemeinen sitzen die Vögel gerne in der Mitte; sie sind meist Tenöre oder Altisten. Das gilt auch für andere Merkmale von Liedern. Das Tempo sollte weder zu schnell noch zu langsam sein.

All diese Faktoren tragen dazu bei, dass die Anzahl und Vielfalt der Gesänge nicht zu einer Monokultur zusammenfällt, aber auch nicht außer Kontrolle gerät und ein riesiges Repertoire erreicht, das unmöglich zu erlernen oder zu pflegen wäre. Das Gleichgewicht ergibt sich aus der Häufigkeit, mit der die Vögel bestimmte Gesänge hören, und aus ›korrigierenden‹ Imitationen, die ein klassisches Repertoire von Gesängen im Mittelbereich in Gang halten. Sie können ihre Musik nicht auf YouTube, Apple Music oder Spotify speichern. Das gesamte Repertoire wird am Leben gehalten, indem sie singen und sich erinnern. Und wenn die Kultur einbricht, bauen sie sie von Grund auf neu.

Eine *stabile polymorphe Kultur* scheint also erstrebenswert zu sein. Genetisch gesehen ist dies bei unserer Spezies bereits der Fall. Improvisationen in unserer DNA bringen neue Menschen, neue Körper und sogar das physiologische Äquivalent zu neuen Liedern hervor. Manchmal sind die Improvisationen im Code etwas zu wild und verursachen eine genetische Krankheit – was für den einen jedoch eine Krankheit ist, kann sich für den anderen als Geschenk erweisen. Menschen mit einer Variante eines Gens namens HBB können die gefürchtete Sichelzellenanämie entwickeln. Erhalten sie die Kopie des Gens jedoch nur von einem Elternteil, kann es ihnen besser ergehen, wenn sie von einer Mücke gestochen werden. Der Parasit, der Malaria verursacht, wird ihre Blutzellen nicht als gastfreundlich empfinden.

Die Gespräche mit Ines Theileis und Sarah Darwin, Sarah Kiefer und Valentin Amrhein, Nicole Geberzahn und Ofer Tchernichovski haben etwas in meinem Leben verändert. Es begann, als ich auf dem Weg zur Arbeit war, nur so ein Gefühl: In meinem Leben fehlte etwas Wichtiges. Es begann, als ich auf den Gesang der Vögel hörte.

Sie machten nichts anders als sonst. Sie hatten immer gesungen, laut, aber ich hatte nicht hingehört. Während ich herumlief, hatte ich mir meine Gedanken gemacht, mich um das gekümmert, was gerade zu tun war. Ich hatte die Lautstärke abgedreht, alles ausgeblendet.

Als ich endlich hinhörte, stürzte der Lärm der ganzen Welt auf mich herein. Diese Stadt ist in Klang getaucht, die Straßenbahnen, die Stimmen, die vielen Sprachen: Deutsch, Amerikanisch, Türkisch, Russisch, Ukrainisch, Chinesisch. Die Stadt lebt: Jeden Tag klingt Berlin ein bisschen anders.

Öffne einen Sinneskanal, öffne sie alle. Ein riesiger gelber Kran hievt Träger auf ein Einkaufszentrum. Die Luft ist eiskalt und der Himmel strahlend blau. Ein einzelnes Wölkchen zieht hinter einem orangefarbenen Gebäude vorbei. In der Luft liegt der Geruch von Feuerwerk.

DANKSAGUNG

Dieses Buch gibt es nur, weil viele dazu beigetragen haben. Mein Dank gilt:

Kat Menschik, die es von Anfang an mitgestaltet hat und deren wunderschöne Bilder es unverwechselbar machen.

Gary Lewin für seine Unterstützung bei der Beschaffung von Finanzmitteln und der Verwaltung des Projekts.

Gary und den vielen anderen Wissenschaftlern, die in dem Buch vorkommen, ihre Geschichten beigesteuert haben und ihr Bestes taten, um mir zum Verständnis der Dinge zu verhelfen. Alle verbleibenden Fehler gehen ausschließlich auf mein Konto.

Wolfgang Hörner und der ganzen Bande des Galiani-Verlags, die von Anfang an an das Buch geglaubt und es durch alle Entwicklungsstadien bis zu dieser wundervollen Ausgabe begleitet haben: von der Embryogenese durch die Kindheit und eine sehr herausfordernde Adoleszenz.

Der Stiftung Charité, die durch ihr innovatives *science x media* Tandemprogramm wesentliche Mittel zur Verfügung gestellt hat, und insbesondere Nina Schmidt, die uns als Ansprechpartnerin kontinuierlich zur Seite stand.

Stefan Widdess, der das Buch brilliant und in Lichtgeschwindigkeit übersetzt hat, als alle Fristen schon verstrichen schienen.

Den Mitgliedern des SCOTT-Programms (Science Communication Teacher Training) am Max-Delbrück-Centrum, die an der anfänglichen Recherche beteiligt waren.

Meinen Kollegen am Max-Delbrück-Centrum, insbesondere Michaela Herzig, Maike Sander, Michelle Weidner, Patricia Krüger und dem Team der MDC-Bibliothek, und Heike Graßmann für moralische, institutionelle und technische Unterstützung.

Lisa Hodge für ihr großartiges Sensitivity Reading und die sehr hilfreichen Ratschläge und dem Rest meiner Familie für ihre Geduld: Gabi Krietemeyer, Sharon Hodge und Jesper Hodge.

Salim Seyfried, der mich mit Kat bekannt machte und mir in der Anfangsphase äußerst nützliche Ratschläge gab.

Seven Coffee auf der Friedrichstraße in Berlin, wo große Teile dieses Buchs geschrieben wurden.

ZUM AUTOR

Russ Hodge hat einen Traumjob: Er ist Autor fürs Max-Delbrück-Centrum Berlin, stellt anschaulich und lebendig für die Öffentlichkeit dar, was seine Kollegen in jahrelanger oft mühseliger Kleinarbeit herausfinden: Spitzenwissenschaft übersetzt in spannende Geschichten.

Russ Hodge ist in Kansas (USA) geboren und aufgewachsen, lebt aber seit über 35 Jahren in Deutschland. Er ist Autor von zehn populärwissenschaftlichen Büchern, hat über 500 Artikel über wissenschaftliche Forschung und literarische Belletristik geschrieben. Er hat Abschlüsse in Französisch, Psychologie, Linguistik und Alter Musik. Am Max-Delbrück-Centrum für Molekulare Medizin (MDC) in Berlin arbeitet er als Wissenschaftsjournalist und Kommunikationstrainer, verfasst theoretische Arbeiten zur Wissenschaftskommunikationstheorie und -didaktik und leitet das Programm »Science Communication Teacher Training«. Seine theoretischen Arbeiten, originelle Biologie-Cartoons und andere Ausflüge in den wissenschaftlichen Humor finden Sie in seinem Blog *www.goodsciencewriting.com*. Er ist außerdem ein professioneller Musiker, der regelmäßig mit der Viola da Gamba und mittelalterlichen Streichinstrumenten auftritt und Aufnahmen macht.

ZUR ILLUSTRATORIN

Kat Menschik ist freie Illustratorin in Berlin. Seit 2002 gibt sie dem Feuilleton der *Frankfurter Allgemeinen Sonntagszeitung* das Gesicht und illustrierte zahlreiche Bücher u.a. von Haruki Murakami. Die von ihr herausgegebene und von ihr ausgestattete Reihe *Lieblingsbücher* gilt als eine der schönsten Buchreihen der Welt und wurde mehrfach prämiert. Dort erscheint seit 2016 jedes Halbjahr ein von ihr ausgewähltes und ausgestattetes Buch, u.a. Franz Kafka *Ein Landarzt*, *Kat Menschiks und des Diplom-Biologen Doctor Rerum Medicinalium Mark Beneckes Illustrirtes Thierleben*, *Durch den wilden Kaukasus Tomaten*, *Kat Menschiks und des Psychiaters Doctor Medicinae Jakob Hein illustrirtes Kompendium der psychoaktiven Pflanzen*, gemeinsam mit Volker Kutscher *Mitte* und *Moabit* und gemeinsam mit Jaqueline Kornmüller *Das Haus verlassen*.

MIX
Papier | Fördert gute Waldnutzung
FSC® C011124

1. Auflage 2024

Aus dem Englischen von Stefan Widdess
Verlag Galiani Berlin

Illustrationen und Covergestaltung Kat Menschik
Lektorat Wolfgang Hörner
Gesetzt aus der Odile und der Elido
Satz Buch-Werkstatt GmbH, Bad Aibling
Druck und Bindung Mohn Media Mohndruck GmbH, Gütersloh

ISBN 978-3-86971-309-0

Weitere Informationen zu unserem Programm finden Sie unter www.galiani.de